高职高专“十三五”规划教材

机械制图

● 肖　莉　主编 ● 苏　勇　梁爱珍　副主编 ● 杨春杰　主审

第二版

JIXIE ZHITU

化学工业出版社

·北京·

全书内容包括：绪论、制图的基本知识和技能、正投影的基础知识、立体的投影、轴测图、组合体、物体的表达方法、标准件和常用件、零件图、装配图、展开图与焊接图等。

本书章节编排合理，循序渐进，重点突出。对每一章节、每个新问题，尽量注意从感性认识入手，逐步引入概念和定义分析，符合学生的认知规律，力求体现高职高专应用型教学特色。

与本书配套的有肖莉主编的《机械制图习题集》第二版。

本书按80～100学时编写，既可作为高职高专院校的机械和近机械类专业的教材，也可供成人教育相近专业教学使用和有关工程技术人员参考。

图书在版编目（CIP）数据

机械制图/肖莉主编．—2版．—北京：化学工业出版社，2018.5

高职高专“十三五”规划教材

ISBN 978-7-122-31844-2

Ⅰ．①机…　Ⅱ．①肖…　Ⅲ．①机械制图-高等职业教育-教材　Ⅳ．①TH126

中国版本图书馆CIP数据核字（2018）第058864号

责任编辑：高　钰
责任校对：边　涛　　　装帧设计：刘丽华

出版发行：化学工业出版社（北京市东城区青年湖南街13号　邮政编码100011）
印　　装：高教社（天津）印务有限公司
787mm×1092mm　1/16　印张14　字数345千字　2018年7月北京第2版第1次印刷

购书咨询：010-64518888（传真：010-64519686）　售后服务：010-64518899
网　　址：http://www.cip.com.cn
凡购买本书，如有缺损质量问题，本社销售中心负责调换。

定　　价：37.00元

前　言

为了更好地适应现代高等职业技术教育的现状，本书仍保持第一版“简明实用”的编写宗旨，在充分总结各院校机械制图课程教学改革研究与实践成果和经验的基础上，本着“着重职业技术技能训练，基础理论以够用为度，实用为主”的原则进行了修订。为了满足不同专业和不同学时的实际需求，本书主要有以下特点：

① 全书配有多媒体教学的 PowerPoint 课件，部分知识点配有 Flash 动画，并将免费提供给采用本书作为教材的院校使用，如有需要，请发电子邮件至：cipedu@163. com 获取。

② 坚持基础理论以应用为目的，本书内容的选择循序渐进，突出重点，全书重点放在组合体和机件的表达方法的读图及绘图能力的培养上，理论联系实际，深入浅出，逐步引入概念和定义分析，符合初学者的认知规律，力求体现高职高专应用型教学特色。

③ 遵循从三维立体到二维图形的认知规律，将第一版中轴测图调到组合体前面，有利于学生创新能力的培养。

④ 全书采用新的《机械制图》标准与《技术制图》标准。

⑤ 与本书配套的《机械制图习题集》第二版同时出版，习题集的编排顺序与本书体系保持一致。

参加本书编写的都是长期从事高职高专“机械制图”教学和研究工作的一线教师，他们把多年的教学和科研经验都融入了书中。参加编写的有：广西工业职业技术学院肖莉（绪论、第一、四章及附录），广西工业职业技术学院苏勇（第五、九章），山西工贸学校梁爱珍（第七章），广西机电技师学院吴云艳（第二章），锦州师范高等专科学校吕刚（第三章），广西工业职业技术学院徐华（第八章），广西工业职业技术学院农琪（第六章），广西工业职业技术学院黄斌斌（第十章）。

本书由肖莉担任主编并负责统稿，苏勇、梁爱珍任副主编，由湖北理工学院杨春杰教授担任主审。

本书在编写的过程中参考了一些国内同类著作，在此特向有关作者致谢！同时得到了各院校领导和许多教师帮助，在此一并表示感谢！

由于编者水平所限，书中难免存在错漏与不妥之处，恳请广大读者批评指正。

编　者

2018 年 3 月

前言

[illegible]

目　录

绪论

一、本课程的地位和性质

工程技术上根据投影原理，并遵循国家制图标准或有关规定，准确表达工程对象的形状、大小及技术要求等内容的图，称为工程图样，简称图样。不同的生产部门，对图样有不同的要求和名称，如机械图样、水利图样、建筑图样等，用于表达机器、仪器等的图样，称为机械图样。

本课程研究的对象是“机械图样”。设计者将自己的设计思想用图样表达出来；制造者依据图样将产品制造生产出来；使用者通过了解图样对机械设备进行操作、维修和保养。因此图样与文字、语言一样，是人类表达和交流技术思想的重要工具，被称为工程技术界的共同语言，所有工程技术人员都必须学习和掌握这种语言，具备识读和绘制机械图样的基本能力。

《机械制图》是高等职业技术类院校一门必修的专业基础课。它研究绘制和阅读机械图样的原理和方法，为培养学生的空间思维能力和绘图技能打下必要的基础，亦为学习后继的专业课程及发展自身的职业能力打下坚实的基础。

二、本课程的主要任务

本课程的主要任务是培养学生具有绘制和阅读机械图样的基本能力，达到实现技术应用型人才的培养目标。

① 掌握制图国家标准的基本内容，具有查阅国家标准和手册的能力；

② 学习正投影法的基本原理及应用；

③ 培养绘制和阅读机械图样的基本能力；

④ 培养空间想象能力和空间几何问题分析能力；

⑤ 培养认真负责的工作态度和严谨细致的工作作风。

三、本课程的学习方法

本课程是一门既有理论又有较强实践性的专业技术基础课，学习时应注意以下几点：

① 坚持理论联系实际的学风，理论上要重点掌握正投影法的基本理论和基本方法，学习中要培养自己的空间想象力，注重由物画图，由图想物。平时可多自制一些物体的模型，降低想象难度。

② 学与练相结合。认真听课和及时复习，多动手绘图、多读图、多想象，通过画图训练促进读图能力的培养。

③ 要正确、熟练使用绘图工具和仪器，通过模型测绘练习，掌握它们的使用方法。同时加强徒手绘制草图的练习，提高绘图的实际能力。

④ 要重视学习和严格遵守制图方面的国家标准和行业标准，掌握正确查阅和使用有关手册的方法，对常用的标准应该牢记并能熟练运用。画图应做到投影正确，视图选择和配置恰当，尺寸完整，字体工整，图面整洁，符合国家标准。

⑤ 在学习过程中应有意识的培养自学能力，提高创新意识。有利于实现工程设计思想能力及创造性实施工程设计方案表达能力的素质目标。

第一章　制图的基本知识和技能

工程图样是工程界的语言，是设计和制造机械过程中的重要资料，是工程技术人员表达设计意图、交流技术思想、组织和指导生产的重要工具，是现代工业生产中必不可少的技术文件，是一种交流技术的语言。因此，在设计、绘制和阅读图样时，必须严格遵守制图国家标准和相关的技术标准。本章主要介绍国家标准中的一些规定和平面图形的绘制方法。

第一节　国家标准关于制图的有关规定

工程图样是现代机器制造过程中指导生产必不可少的重要技术文件，是技术交流的有效工具。为了便于管理和交流，国际上统一规定了“ISO”标准，我国也制定了《技术制图》和《机械制图》等一系列国家标准，对图样的内容、格式、表达方法等都作了统一规定。《技术制图》国家标准是一项基础技术标准，在内容上具有统一性和通用性，它涵盖机械、冶金、化工、电气、建筑等各行业，在制图标准体系中处于最高层次。《机械制图》国家标准是机械专业制图标准。机械设计和机械制造等必须严格执行该标准，工程技术人员必须严格遵守其有关规定。

国家标准（简称国标），代号是“GB”，例如：“GB/T 14689—2008”，G是“国家”一词汉语拼音的第一个字母，B是“标准”一词汉语拼音的第一个字母，T是“推荐性”一词汉语拼音的第一个字母。“14689”表示该标准的编号，“2008”表示该标准发布的年份。

一、图纸的幅面和格式（GB/T 14689—2008）

1. 图纸幅面

绘制图样时，图纸幅面尺寸应优先采用表1-1中规定的基本幅面，尺寸关系如图1-1所示。

表1-1　图纸的基本幅面及图框尺寸

mm

<table>
<tr><th>幅面代号</th><th>A0</th><th>A1</th><th>A2</th><th>A3</th><th>A4</th></tr>
<tr><td>$B \times L$</td><td>841×1189</td><td>594×841</td><td>420×594</td><td>297×420</td><td>210×297</td></tr>
<tr><td>a</td><td colspan="5">25</td></tr>
<tr><td>c</td><td colspan="3">10</td><td colspan="2">5</td></tr>
<tr><td>e</td><td colspan="2">20</td><td colspan="3">10</td></tr>
</table>

注：a、c、e 为留边宽度。

必要时，允许沿基本幅面的短边成整数倍加长幅面，但加长量必须符合国家标准（GB/T 14689—2008）中的规定。

图框线必须用粗实线绘制。图框格式分为留有装订边和不留装订边两种，如图1-2和图1-3所示。两种格式图框的周边尺寸 a、c、e 见表1-1。但应注意，同一产品的图样只能采用一种格式。

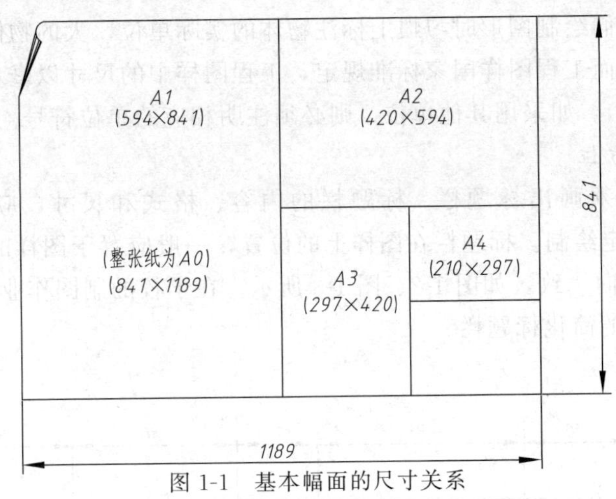

图 1-1　基本幅面的尺寸关系

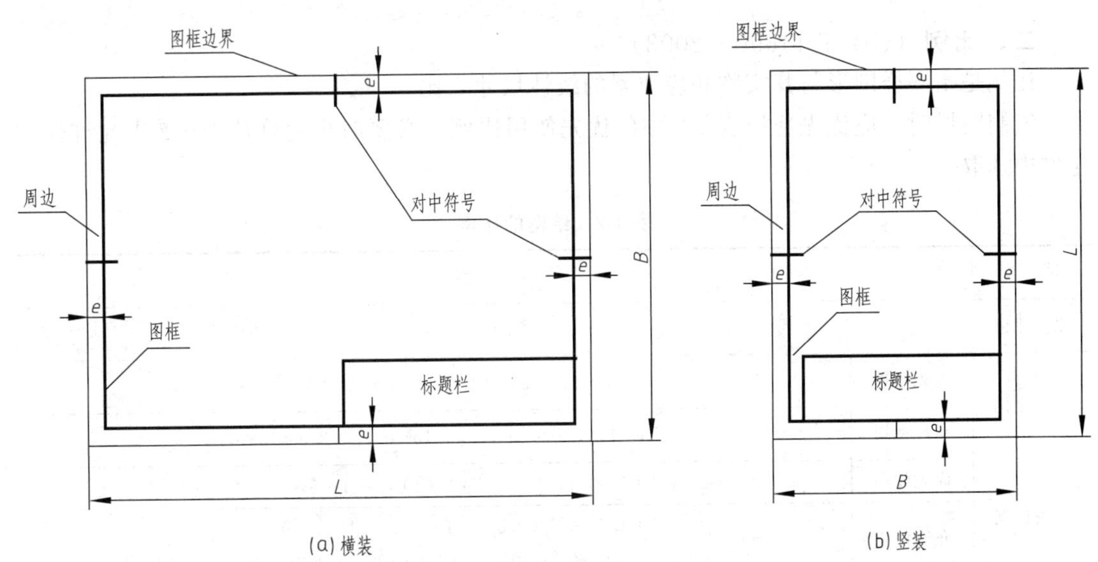

图 1-2　留有装订边图样的图框格式

图 1-3　不留装订边图样的图框格式

日常生活中，人们绘制图形时习惯上标注物体的实际单位，大的物体以米为单位，小的物体以厘米为单位，而工程图样国家标准规定，工程图样中的尺寸以毫米为单位时，不需标注单位符号（或名称）。如采用其他单位，则必须注明相应的单位符号。

2. 标题栏及其方位

在工程图样中必须画出标题栏。标题栏的内容、格式和尺寸，应按国家标准 GB/T 10609.1—2008 的规定绘制。标题栏在图样上的位置，一般应置于图样的右下角，标题栏中的文字方向与看图方向一致，如图 1-2、图 1-3 所示。在学校的制图作业中，为了简化作图，建议采用图 1-4 所示的简化标题栏。

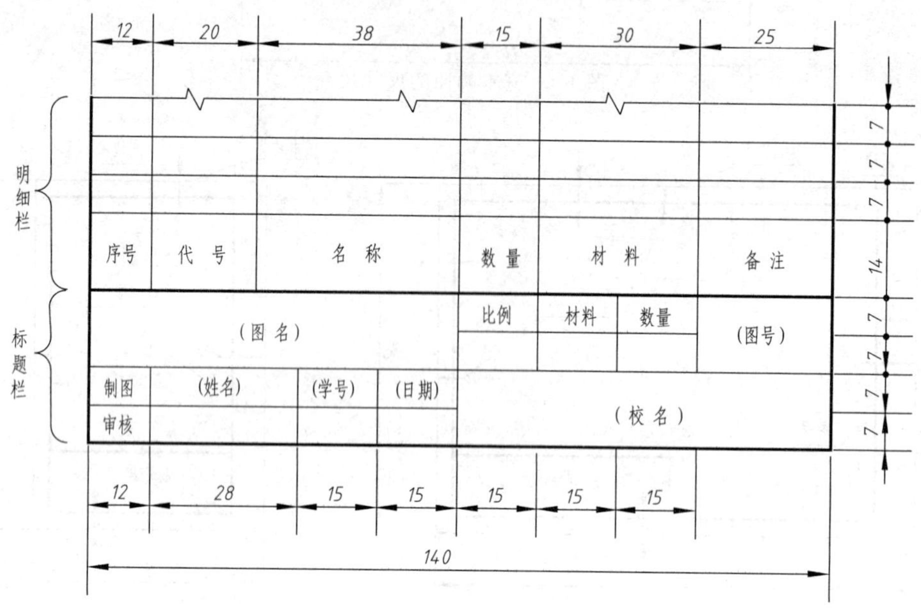

图 1-4 简化的标题栏格式

二、比例（GB/T 14690—2003）

比例是指图样图形与其实物相应要素的线性尺寸之比。

绘制图样时，应优先选择表 1-2 中的优先使用比例。必要时也允许从表 1-2 中允许使用比例中选取。

表 1-2 绘图的比例

种 类		比 例
原值比例		1∶1
放大比例	优先使用	5∶1　2∶1　5×10^n∶1　2×10^n∶1　1×10^n∶1
	允许使用	4∶1　2.5∶1　4×10^n∶1　2.5×10^n∶1
缩小比例	优先使用	1∶2　1∶5　1∶10　1∶2×10^n　1∶5×10^n　1∶1×10^n
	允许使用	1∶1.5　1∶2.5　1∶3　1∶4　1∶6 1∶1.5×10^n　1∶2.5×10^n　1∶3×10^n　1∶4×10^n　1∶6×10^n

注：n 为正整数。

为了从图样上直接反映出实物的大小，绘图时应尽量采用 1∶1 比例。但因各种实物的大小与结构不同，绘图时，应根据实际需要选取放大比例或缩小比例。比例一般应在标题栏中的“比例”一栏内填写。图样中所标注的尺寸数值必须是实物的实际大小，与绘制图形时所采用的比例无关，如图 1-5 所示。

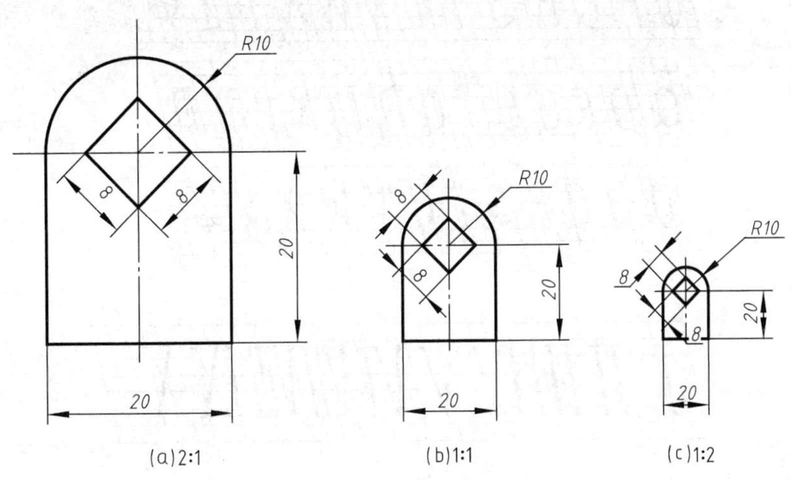

图 1-5　用不同比例画出的机件

三、字体（GB/T 14691—2003）

在图样上除了要用图形来表达机件的结构形状外，还必须用数字及文字来说明它的大小和技术要求等其他内容。

1. 基本要求

① 图样和技术文件中书写的汉字、数字和字母，都必须做到：字体工整、笔画清楚、间隔均匀、排列整齐。

② 字体高度（用 h 表示）的公称尺寸系列为：1.8mm、2.5mm、3.5mm、5mm、7mm、10mm、14mm、20mm。

③ 汉字应写成长仿宋体字，并应采用国家正式公布的简化字。汉字的高度 h 应不小于 3.5，如需更大的字，其字高应按$\sqrt{2}$的比率递增，其字宽一般为 $h/\sqrt{2}$。

④ 字母和数字分 A 型和 B 型。A 型字体的笔画宽度 $d=h/14$，B 型字体的笔画宽度 $d=h/10$。在同一张图样上，只允许选用一种型式的字体。

⑤ 字母和数字可写成斜体或直体。斜体字字头向右倾斜，与水平基准线成 75°。

2. 字体示例

汉字示例：

横平竖直注意起落结构均匀填满

方格机械制图轴旋转技术要求等

字母示例：

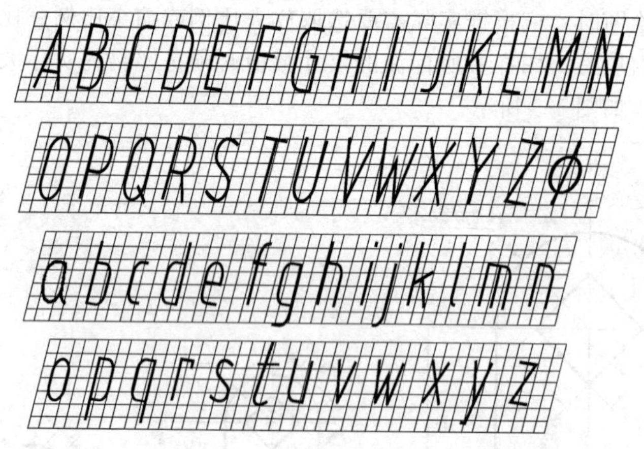

罗马数字：

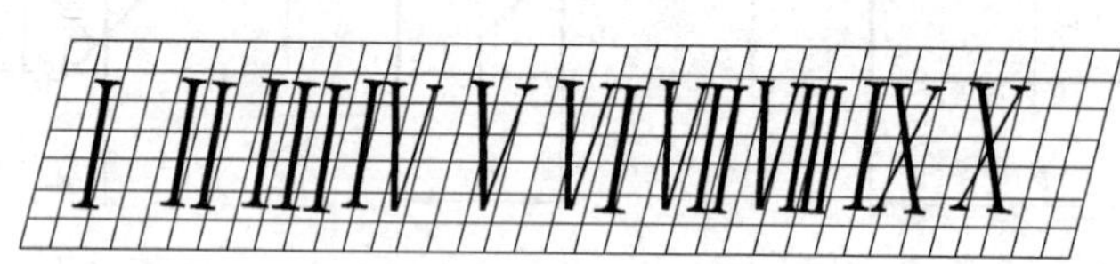

数字示例：

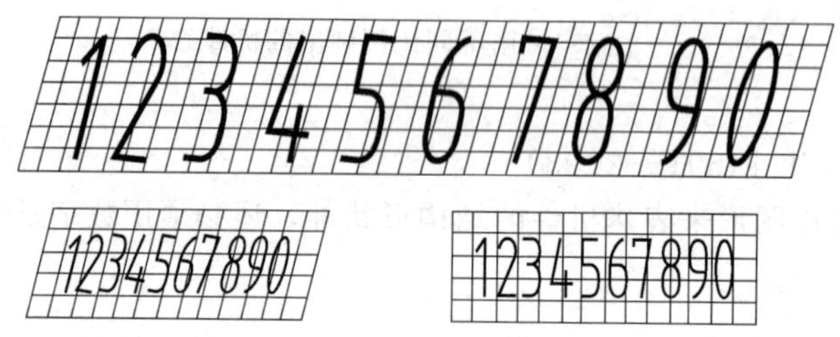

四、图线及其画法（GB/T 17450—1998、GB/T 4457.4—2002）

图线是组成图形的基本要素，形状可以是直线或曲线、连续线或不连续线。国家标准中规定了在工程图样中使用的图线，其型式、名称、宽度以及应用示例见表 1-3 和图 1-6。

表 1-3　常用图线的型式、宽度和主要用途

图线名称	图　线　型　式	图线宽度	主要用途
粗实线		d	可见轮廓线
细实线		约 $d/2$	尺寸线，尺寸界线，剖面线，引出线，螺纹牙底线
波浪线		约 $d/2$	断裂处的边界线，视图和剖视的分界线
双折线		约 $d/2$	断裂处的边界线，视图与剖视的分界线
细虚线		约 $d/2$	不可见轮廓线，不可见过渡线
粗虚线		d	允许表面处理的表示线
细点画线		约 $d/2$	轴线，对称中心线
粗点画线		d	有特殊要求的表面的表示线
细双点画线		约 $d/2$	假想投影轮廓线，中断线，轨迹线

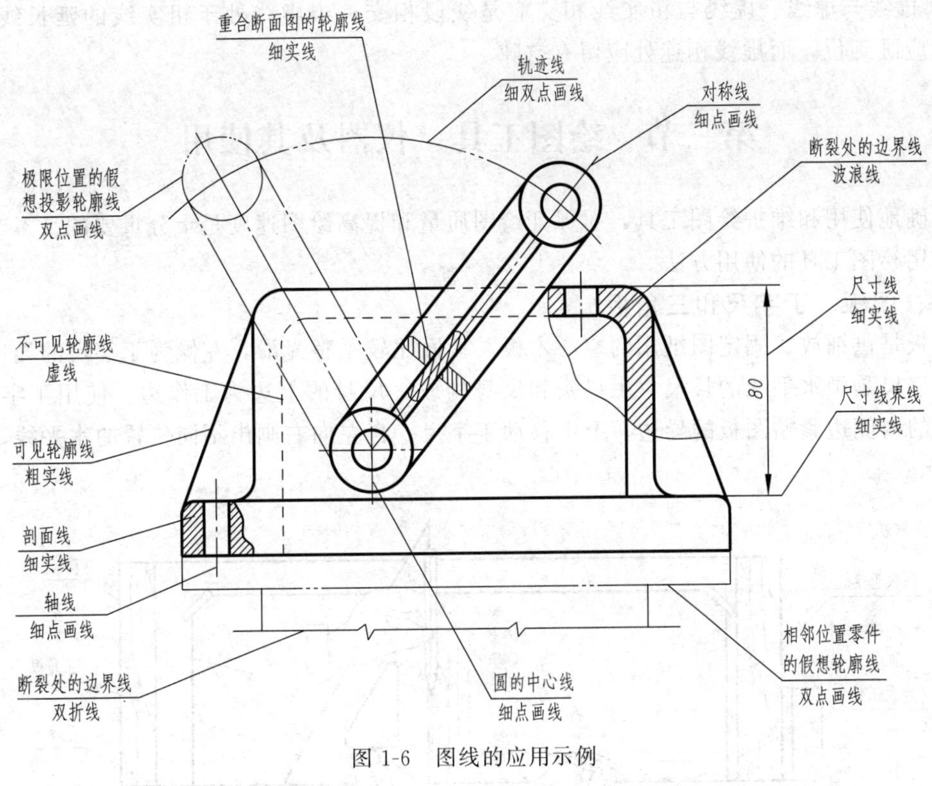

图 1-6　图线的应用示例

图线分为粗、细两种。以粗线宽度作为基础，粗线的宽度 b 应按图的大小和复杂程度，在 0.5～2mm 之间选择，细线的宽度应为粗线宽度的 1/3。图线宽度的推荐系列为：0.18、0.25、0.35、0.5、0.7、1、1.4、2（单位：mm）。若各种图线重合，应按粗实线、虚线、点画线的先后顺序选用线型。

如图 1-7 所示，图线画法应遵守以下原则：

① 同一图样中，同类图线的宽度应基本一致；

② 虚线、点画线及双点画线的线段长度和间隔应各自大小相等；

③ 两条平行线（包括剖面线）之间的距离应不小于粗实线宽度的两倍，其最小距离不得小于 0.7mm；

④ 点画线、双点画线的首尾应是线段而不是点；点画线彼此相交时应该是线段相交；中心线应超过轮廓线 2～3mm；

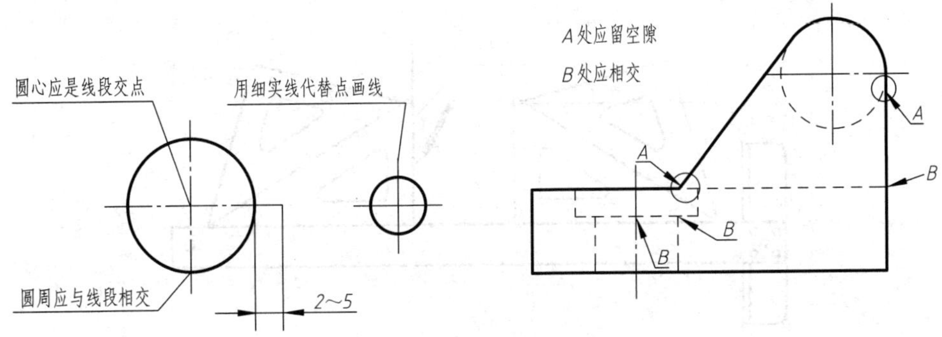

图 1-7　图线的画法

⑤ 虚线与虚线、虚线与粗实线相交应是线段相交；当虚线处于粗实线的延长线上时，粗实线应画到位，而虚线相连处应留有空隙。

第二节　绘图工具、仪器及其使用

正确地使用和维护绘图工具，对保证绘图质量和提高绘图速度是十分重要的。本节介绍几种常用绘图工具的使用方法。

一、图板、丁字尺和三角板

图板是供铺放、固定图纸用的空心木板，板面比较平整光滑，左侧为丁字尺的导边。

丁字尺是画水平线的长尺，由尺头和尺身构成，尺身的上边为工作边。使用丁字尺时，将尺头的内侧边紧贴图板的导边，上下移动丁字尺，自左向右画出不同位置的水平线，如图1-8所示。

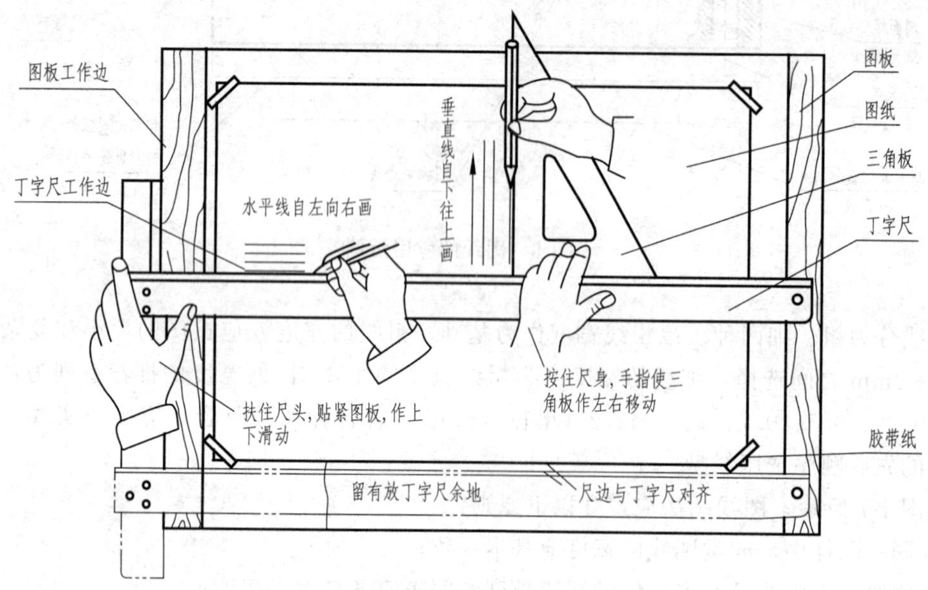

图1-8　图板及丁字尺的使用

三角板包括45°三角板和30°～60°三角板各一块。三角板与丁字尺配合使用时，可画垂直线和15°整倍数的斜线。两块三角板配合使用时，可画出任意斜线的水平线和垂直线，如图1-9所示。

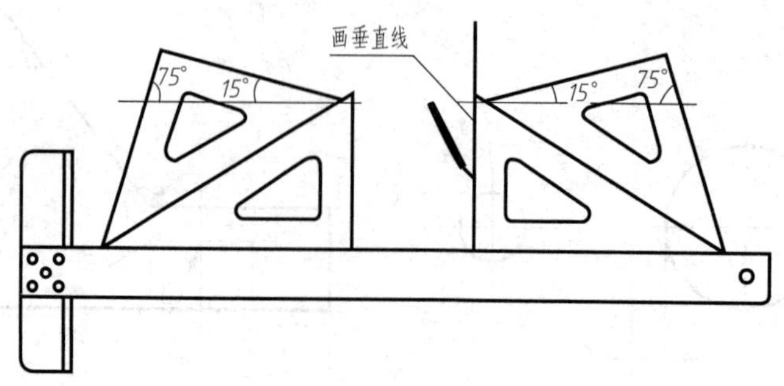

图1-9　三角板的使用

二、圆规和分规

圆规是用来画圆或圆弧的工具。圆规的一条腿上装有钢针，钢针有两种不同形状的尖端：带台阶的尖端是画圆或圆弧时定心用的，带锥形的尖端可作分规使用。另一条腿上除具有肘形关节外，还可以根据作图需要装上不同的附件。圆规的附件有钢针插脚、铅芯插脚、鸭嘴插脚和延伸插杆等。画图时，要注意调整钢针在固定腿上的位置，使两脚在并拢时钢针略长于铅芯而可插入图板内，再将圆规按顺时针方向旋转，并稍向画线方向倾斜，且要保证针脚和铅芯均垂直于纸面，如图 1-10 所示。

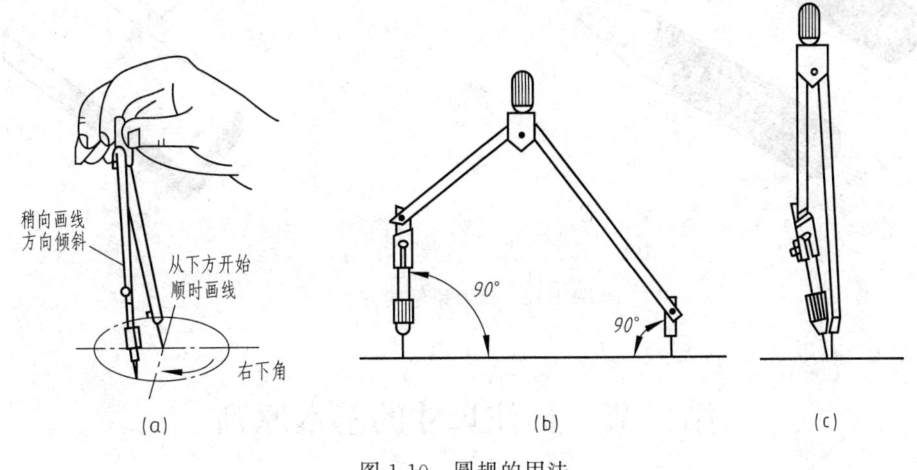

图 1-10　圆规的用法

分规是用来量取尺寸和等分线段或圆周的工具。分规的两条腿均安有钢针，使用前，应检查分规两脚的针尖并拢后是否平齐，用分规测量尺寸如图 1-11(a) 所示；用分规等分线段的用法如图 1-11(b) 所示。

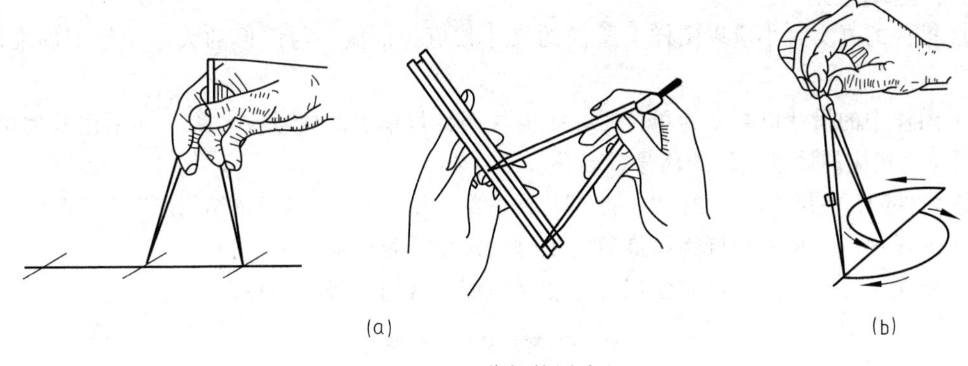

图 1-11　分规的用法

三、铅笔

绘图铅笔的铅芯有软、硬之分，分别以标号“B”和“H”来表示。“B”数值愈大，铅芯愈软，画出的图线愈黑；“H”数值愈大，铅芯愈硬，画出的图线愈淡。标号“HB”表示铅芯软硬适中。铅笔应从没有标号的一端开始使用，以便保留软硬的标号。

画图时，一般用“H”铅笔打底稿，用“HB”铅笔写字、画箭头，用“B”铅笔加深图线。画底稿线、细线和写字时，铅笔应削成锥形头部，加深粗实线的铅笔应削成四棱柱形头部，以保证画出均匀一致的粗实线，如图 1-12 所示。

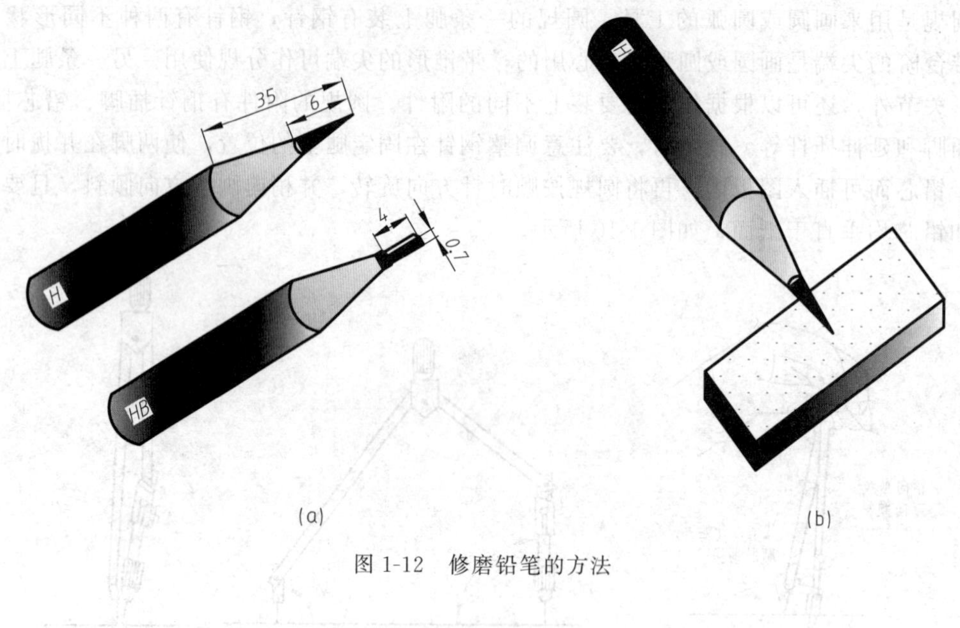

图 1-12　修磨铅笔的方法

第三节　标注尺寸的基本原则

在工程图样中，图形只能表达机件的结构形状，而机件的大小则由在图形上所标注尺寸来确定。尺寸的标注是一项极为重要的工作，必须认真、细致，一丝不苟。标注尺寸时，应严格遵守国家标准（GB/T 4458.4—2003、GB/T 16675.2—2012）有关尺寸注法的规定，做到正确、完整、清晰、合理。

一、基本原则

① 机件的真实大小应以图样上所注的尺寸数值为依据，与图形的大小及绘图的准确程度无关。

② 图样中的尺寸以毫米为单位时，不需注明计量单位的代号或名称，如采用其他单位，则必须注明相应的计量单位的代号或名称。

③ 机件的每一尺寸，在图样中一般只标注一次，并应标注在反映该结构最清晰的图形上。

④ 图样中所注尺寸是该物体最后完工时的尺寸，否则应另加说明。

⑤ 标注尺寸时，应尽可能使用符号和缩写词。常用符号的缩写词见表 1-4。

表 1-4　常用的符号和缩写

名　称	符号及缩写	名　称	符号及缩写	名　称	符号及缩写
半径	R	45°倒角	C	沉孔	⌴
直径	ϕ	正方形	□	埋头孔	∨
厚度	t	深度	↧	均布	EQS

二、尺寸的构成

一个完整的尺寸一般由尺寸数字、尺寸线、尺寸界线及表示尺寸线终端的箭头或斜线组成，如图 1-13 所示。在同一张图样上，尺寸线终端只能采用一种形式，不可交替使用。

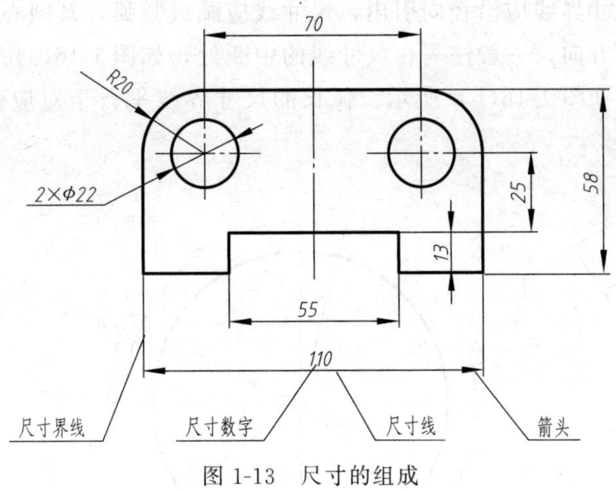

图 1-13　尺寸的组成

(1) 尺寸线终端　尺寸线终端有箭头和斜线两种形式。机械图样一般用箭头形式，如图1-14(a) 所示，斜线一般应用于建筑图样或是小尺寸的标注，如图 1-14(b) 所示。图中 d 为粗实线的宽度，h 为尺寸数字高度。机械图样中采用实心三角箭头。

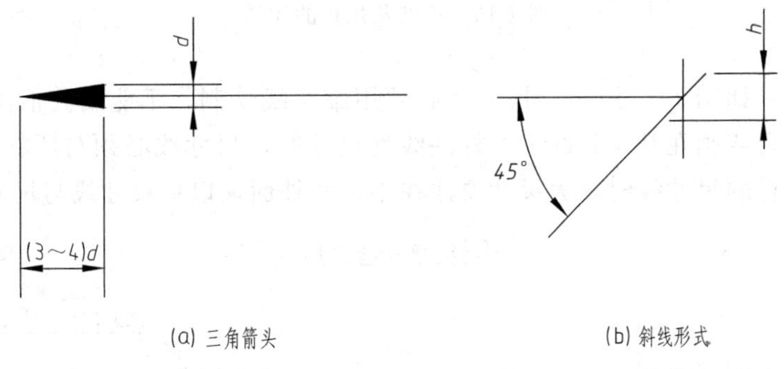

图 1-14　箭头的形式和画法

(2) 尺寸数字　尺寸数字用来表示机件的实际大小，一般应注在尺寸线的上方，如图1-15(a)所示，也允许注写在尺寸线的中断处。尺寸数字一律用标准字体书写，同一张图样上尺寸数字应保持字高一致。尺寸数字不可被任何图线通过，必要时可以把图线断开。

数字的方向随尺寸线方位的变化而变化，如图 1-15(b) 所示方向注写，但应避免在 30°范围内标注尺寸。当无法避免时，可采用如图 1-15(c) 所示形式注写。

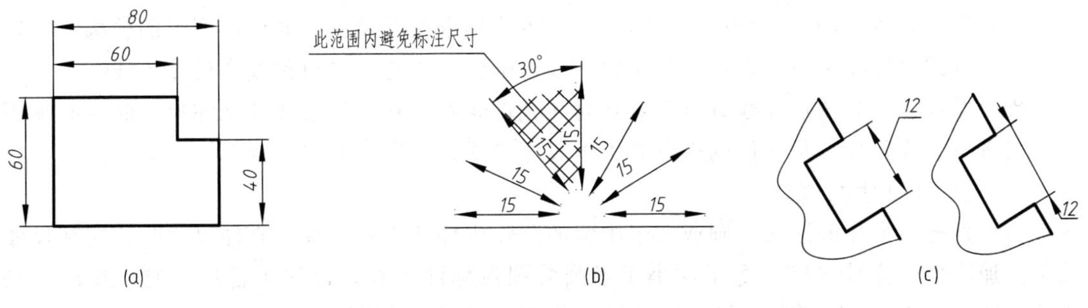

图 1-15　线性尺寸的注写

标注角度时，尺寸界线应沿径向引出，尺寸线应画成圆弧，其圆心是该角的顶点。角度的数字一律写成水平方向，一般注写在尺寸线的中断处，如图 1-16(a) 所示。必要时允许写在外面或引出标注，如图 1-16(b) 所示。弧长的尺寸界线平行于对应弦长的垂直平分线如图 1-16(c) 所示。

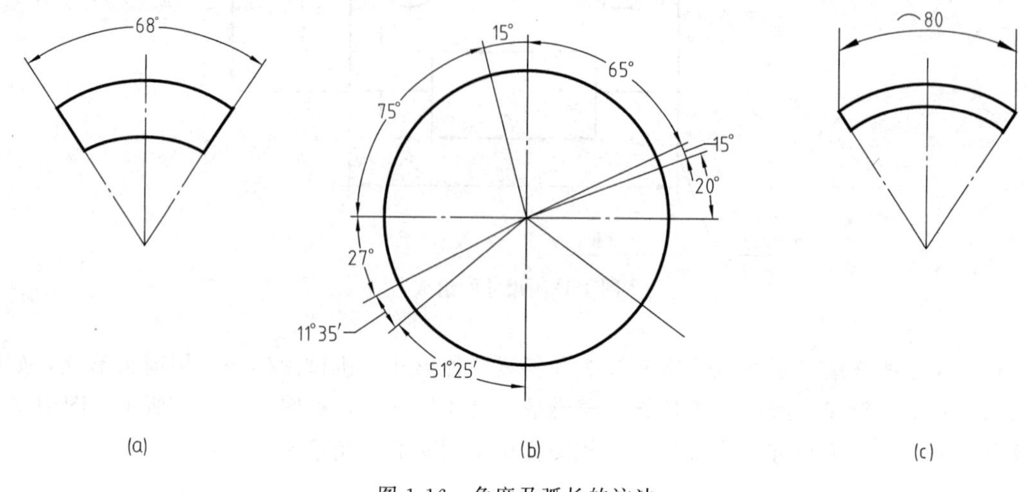

图 1-16　角度及弧长的注法

(3) 尺寸线　如图 1-17 所示，尺寸线必须用细实线绘制，不能用其他图线代替，也不得与其他图线重合或画在其延长线上。标注线性尺寸时，尺寸线必须与所标注的线段平行，当有几条相互平行的尺寸线时，大尺寸要注在小尺寸外面，以免尺寸线与尺寸界限相交。

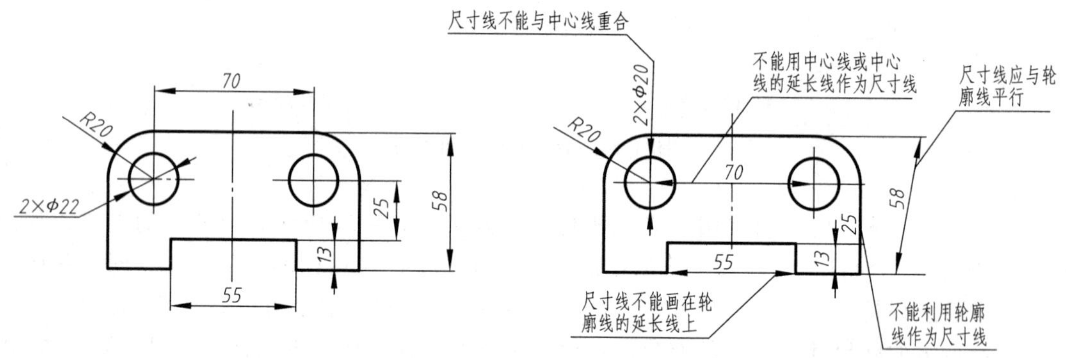

图 1-17　尺寸线的画法

(4) 尺寸界线　如图 1-18(a) 所示，尺寸界线用细实线绘制，并应由图形的轮廓线、轴线、中心线或对称线引出。也可以利用轮廓线、轴线、中心线或对称线作尺寸界线。

尺寸界线一般应与尺寸线垂直，必要时才允许倾斜。在光滑过渡处标注尺寸时，必须用细实线将轮廓线延长，从它们的交点处引出尺寸界线，如图 1-18(b) 所示。

三、常用尺寸的注法

(1) 直径与半径的注法　圆或大于半圆的圆弧应标注直径，标注直径尺寸时，应在尺寸数字前加注直径符号“ϕ”；等于或小于半圆的圆弧标注半径，标注半径尺寸时，加注半径符号“R”，且尺寸线一般应通过圆心或延长线通过圆心，如图 1-19 所示。

(2) 小尺寸的注法　在没有足够的位置画箭头或注写数字时，允许用圆点或斜线代替箭

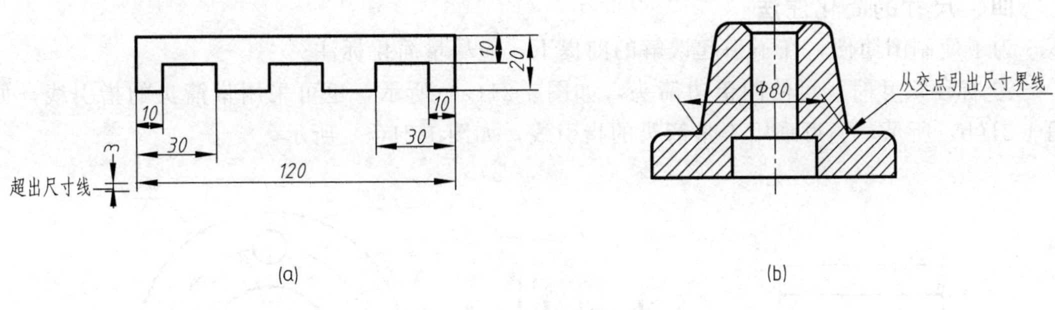

图 1-18　尺寸界线的画法

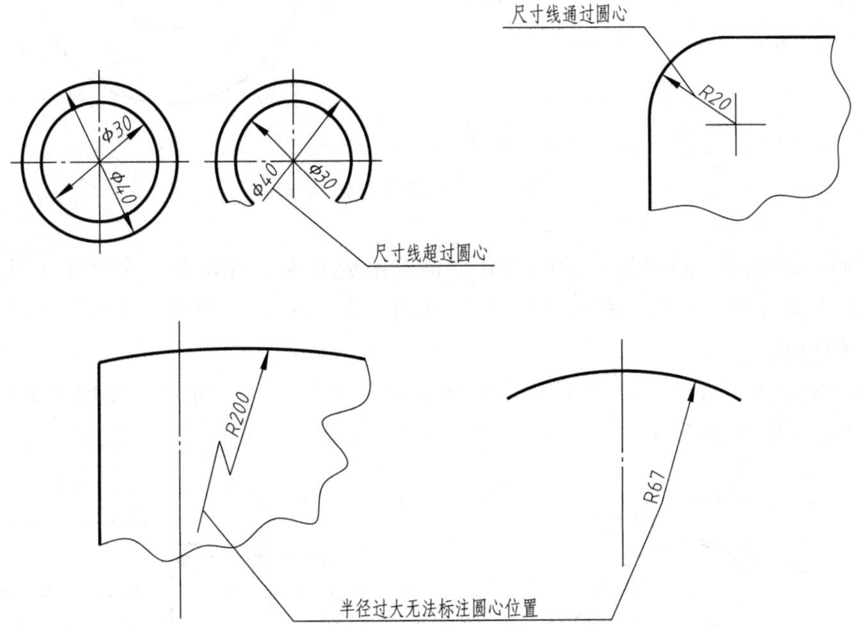

图 1-19　直径与半径的注法

头。当直径或半径尺寸较小时，箭头和数字都可以布置在外面，数字可引出标注，如图1-20所示。

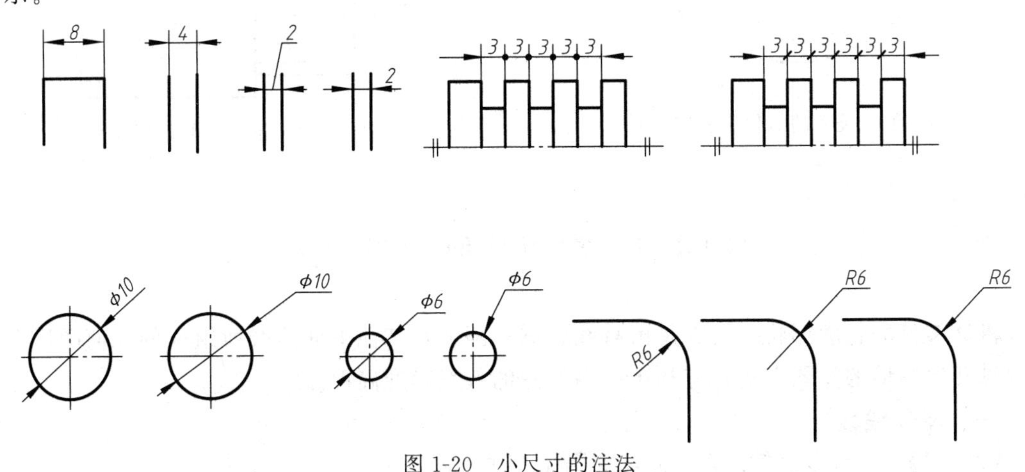

图 1-20　小尺寸的注法

四、尺寸的简化注法

为了使制图简便，在不引起误解的前提下，应尽量简化标注。

① 标注尺寸时，可使用单边箭头，如图 1-21(a) 所示，也可采用带箭头的指引线，如图 1-21(b) 所示，还可采用不带箭头的指引线，如图 1-21(c) 所示。

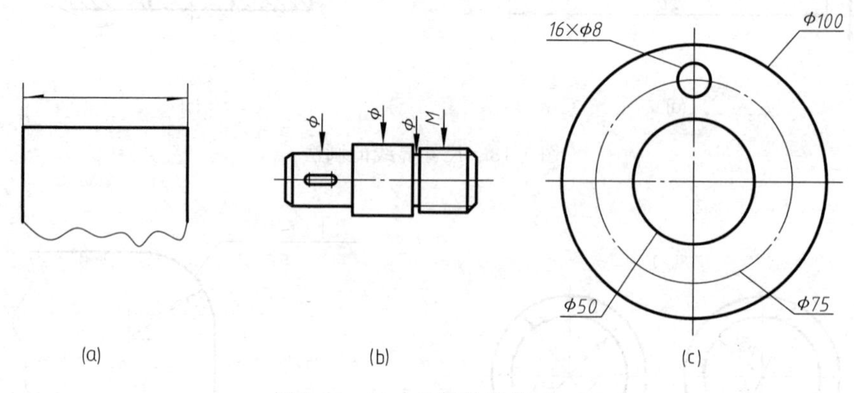

图 1-21 尺寸的简化注法（一）

② 在同一图形中，对于尺寸相同的孔、槽等组成要素，可仅在一个要素上注出其尺寸和数量，并用缩写词“EQS”表示“均匀”，如图 1-22 所示，在直径为 100 的圆上共有 8 个直径为 12 的通孔。

③ 表示断面为正方形时，可在正方形尺寸数字前加“□”符号，或用“数字×数字”的形式标注，如图 1-23 所示。

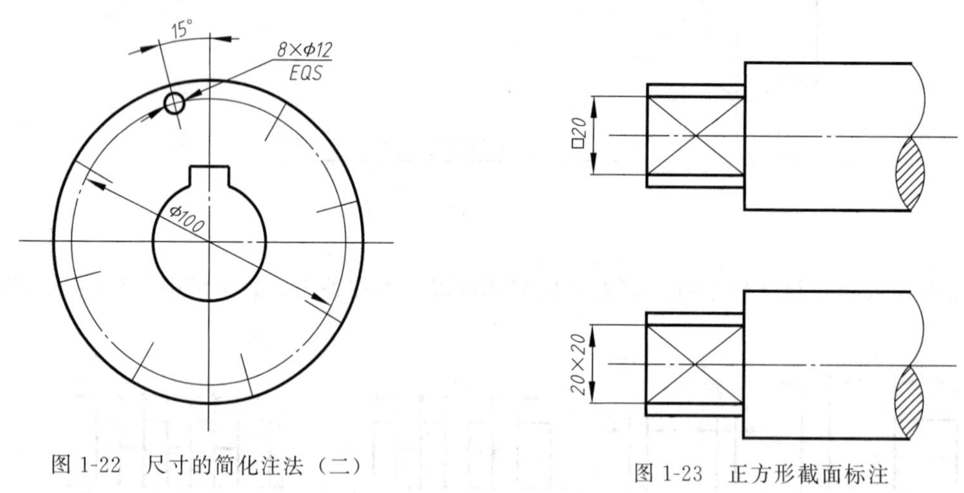

图 1-22 尺寸的简化注法（二）

图 1-23 正方形截面标注

第四节 常用几何作图方法

机器零件的轮廓形状一般都是由直线、圆、圆弧及其他平面曲线所组成的几何图形。掌握常见几何图形的作图方法，有利于提高绘图的效率和准确性。

一、等分线段

【例 1-1】 三等分已知线段 AB，如图 1-24 所示。

① 过端点 A 作任一直线 AC；

② 用分规以任意的长度在 AC 上截取三等分得 1、2、3 点；

③ 连接 $3B$；

④ 过 1、2 点作 $3B$ 的平行线交 AB 于 $1'$、$2'$即得三等分点。

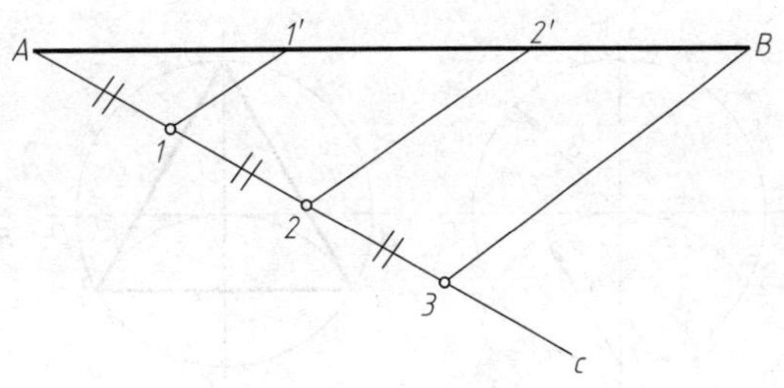

图 1-24　等分线段

二、等分圆周及作正多边形

(1) 三等分圆周和作正三角形　如图 1-25所示，先使 30°三角板的一直角边过直径 AB，用丁字尺作导边，过 A 用三角板的斜边画直线交圆于 1 点，将 30°三角板翻转 180°，过 A 用斜边画直线，交圆于 2 点，连接点 1、2，则△A12 即为圆内接三边形。

(2) 六等分圆周和作圆的内接正六边形　作图步骤如下（见图 1-26）：

① 首先任作一个圆；

② 将丁字尺水平放好，过圆的左侧象限点Ⅰ点，用 60°三角板画斜边ⅠⅡ；

③ 平移三角板，过右侧象限点Ⅳ，画斜边ⅣⅤ；

④ 翻转三角板，过圆的左侧象限点Ⅰ点，用 60°三角板画斜边ⅠⅥ；

⑤ 平移三角板，过右侧象限点Ⅳ，画斜边ⅣⅢ；

⑥ 用丁字尺连接两水平边ⅡⅢ、ⅤⅥ，即得圆的内接正六边形。

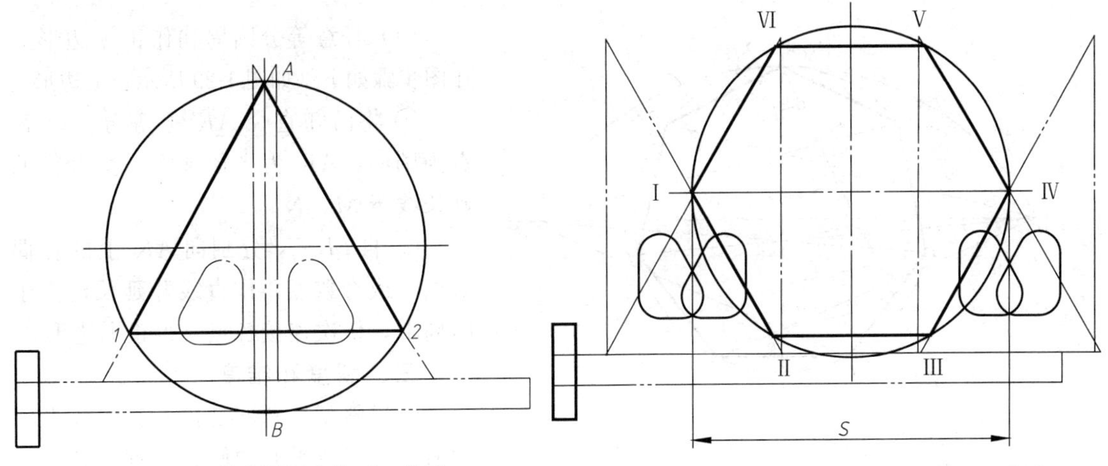

图 1-25　三等分圆周和作正三角形

图 1-26　六等分圆周和作圆的内接正六边形

用圆规作圆的内接正三（六）边形，作图步骤如下（见图 1-27）：

① 首先任作一个圆；

② 以圆的下方象限点 C 点为圆心，R 为半径作弧，分别交圆周得 E、F 两点；

③ 以圆的上方象限点 A 点为圆心、R 为半径作弧，分别交圆周得 H、I 两点；

④ 依次连接 A、E、F 各点，即得到圆的内接正三（六）边形。

运用同样的方法，也可以以 B、D 为圆心作圆的内接正三（六）边形。

(3) 五等分圆周和作正五边形　作图步骤如下（见图 1-28）：

① 平分半径 OM 得 O_1，以点 O_1 为圆心，以 O_1A 为半径画弧，交 ON 于点 O_2；

② 以 O_2A 为弦长，自 A 点起在圆周依次截取得各等分点。

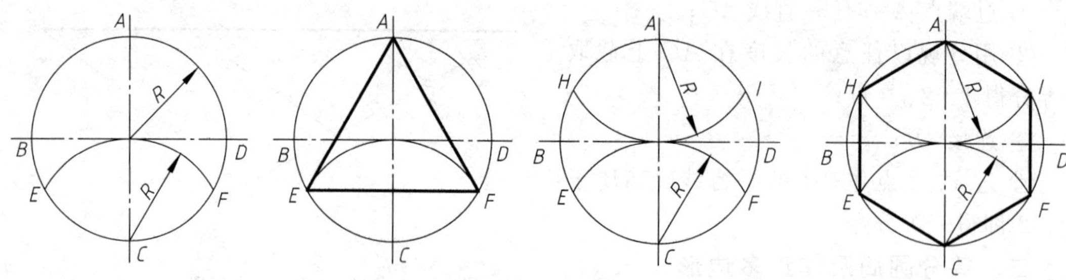

图 1-27 用圆规作圆的内接正三（六）边形

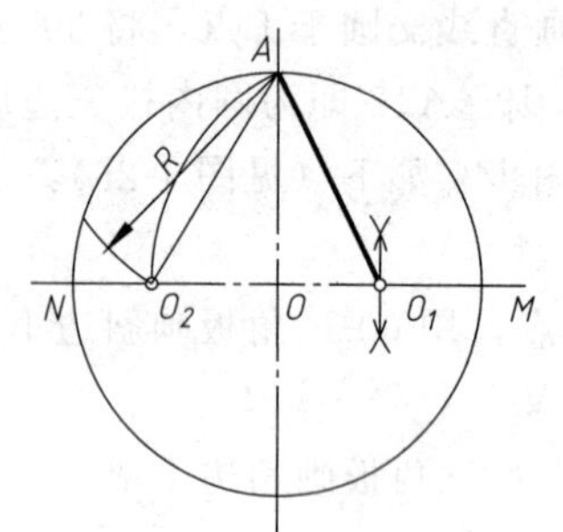

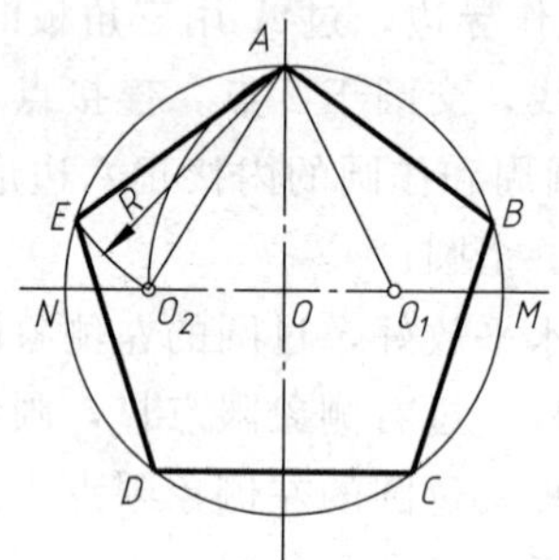

图 1-28 五等分圆周和作正五边形

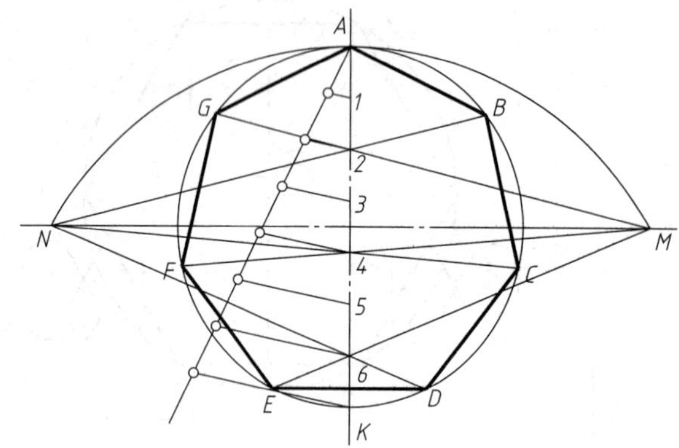

图 1-29 七等分圆周及作正七边形

(4) 任意等分圆周和作正 n 边形

作图步骤如下（如图 1-29 所示正七边形）：

① 将已知直径 AK 七等分。以 K 点为圆心，AK 为半径画弧，交直径的延长线于 M、N。

② 自 M、N 分别向 AK 上的各偶数点（或奇数点）作直线并延长，交于圆周上，依次连接各点，得正七边形。

三、斜度和锥度

(1) 斜度　斜度是指一直线或平面对另一直线或平面的倾斜程度，其大小用两直线或平面夹角的正切来度量。在图上标注为 $1:n$。并在其前加斜度符号“∠”，且符号的方向与斜度的方向一致。

求一直线 AC 对另一直线 AB 的斜度为 $1:5$，如图 1-30 所示。

① 将 AB 线段 5 等分；

② 过 B 点作 AB 的垂直线 BC，使 $BC:AB=1:5$；

③ 连 AC，即为所求的倾斜线。

(2) 锥度　锥度是指正圆锥体底圆的直径与其高度之比或圆锥台体两底圆直径之差与其高度之比。在图样上标注锥度时，用 $1:n$的形式，并在前加锥度符号“◁”，符

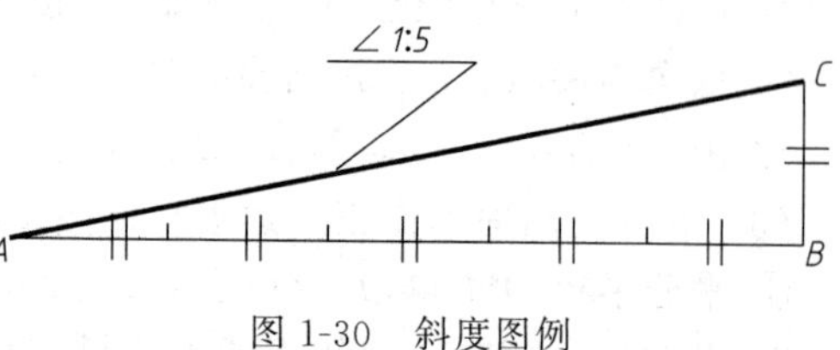

图 1-30 斜度图例

号的方向与锥度方向一致。

已知圆锥台的锥度为 1∶3，作圆锥台如图 1-31 所示。

① 自 A 点在轴线上量取 $AO=3$ 个单位长度得 O 点；

② 过 O 点作轴线的垂线 BC，截取 $OC=OB=0.5$ 个单位长度，即 $BC:AO=1:3$，连接 AB、AC 得圆锥体，其锥度为 1∶3；

③ 过 E 点作 EM 平行于 AB，过点 F 作 FN 平行于 AC。

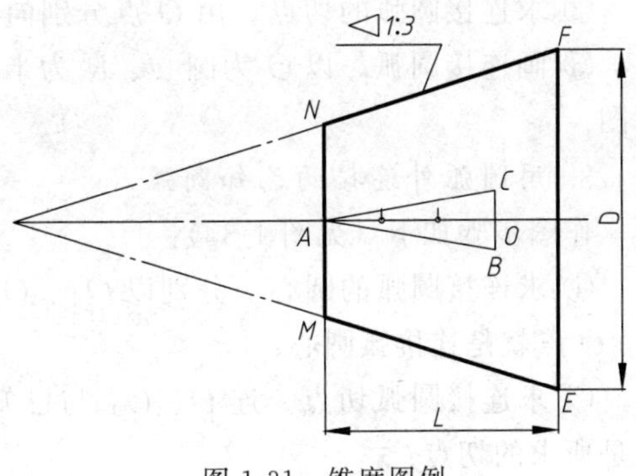

图 1-31　锥度图例

四、圆弧连接

用一圆弧光滑地连接相邻两直线或圆弧的作图方法，称为圆弧连接。光滑连接是指线段之间连接一定是相切，问题的关键是求出连接弧的圆心和切点。

1. 圆弧连接的作图原理（见表 1-5）

表 1-5　圆弧连接的作图原理

类别	圆弧与直线连接（相切）	圆弧与圆弧连接（外切）	圆弧与圆弧连接（内切）
图例	R	R, R_1+R, R_1	R, R_1-R, R_1
说明	直线与圆光滑连接时，由圆心向直线作垂线，其垂足到圆心的距离等于半径	两圆弧相互外切时，两圆心的连线等于两圆的半径和，切点在两圆心的连线上	两圆相互内切时，两圆心的连线等于两圆的半径差，切点在圆心连线的延长线上

2. 用圆弧连接锐角和钝角的两边

作图步骤如下（见图 1-32）：

① 求连接圆弧的圆心。用两个三角板配合，分别作与已知角两边相距为 R 的平行线，交点 O 即为连接弧圆心；

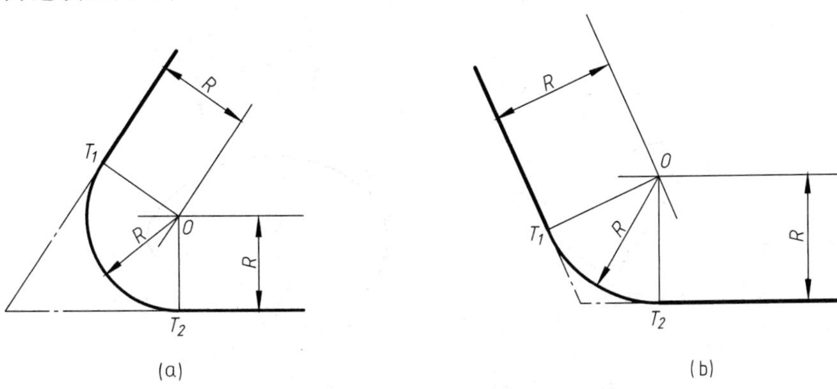

图 1-32　用圆弧连接锐角和钝角的两边

② 求连接圆弧的切点。由 O 点分别向已知角两边作垂线，垂足 T_1、T_2 即为切点；

③ 画连接圆弧。以 O 为圆心、R 为半径，在两切点 T_1、T_2 之间画连接圆弧，即完成作图。

3. 用圆弧外连接两已知圆弧

作图步骤如下（见图 1-33）：

① 求连接圆弧的圆心。分别以 O_1、O_2 为圆心，以 R_1+R、R_2+R 为半径，画弧交于 O，O 点就是连接弧圆心；

② 求连接圆弧切点。连 O、O_1 与已知弧交于 A，连 O、O_2 与已知弧交于 B，A、B 就是所求的切点；

③ 画连接圆弧。以 O 为圆心，R 为半径画圆弧，连接两已知圆弧于 A、B，完成作图。

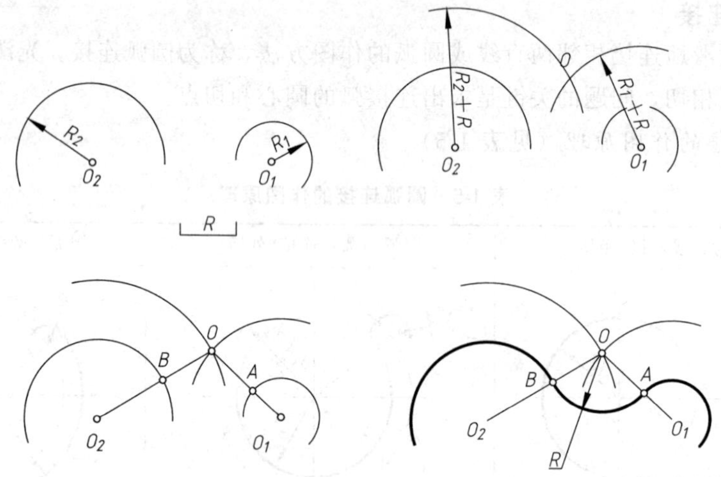

图 1-33　圆弧连接两圆弧外连接画法

4. 用圆弧内连接两已知圆弧

作图步骤如下（见图 1-34）：

① 求连接圆弧的圆心。分别以 O_1、O_2 为圆心，以 $R-R_1$、$R-R_2$ 为半径，画弧交于 O，O 点就是连接弧圆心；

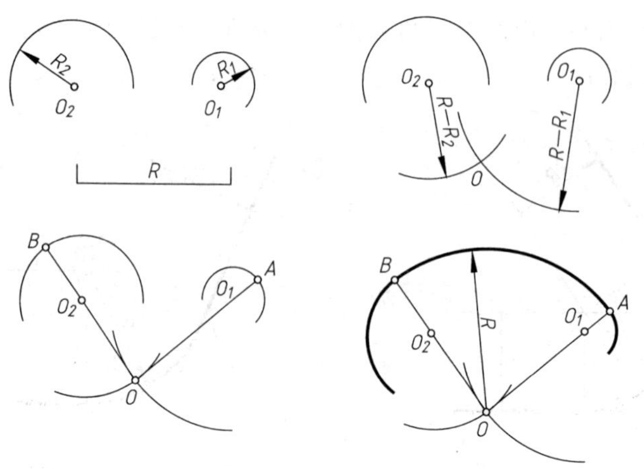

图 1-34　圆弧连接两圆弧内连接画法

② 求连接圆弧切点。连 OO_1、OO_2 并延长，分别交于 A、B 两点，A、B 就是所求的切点；

③ 画连接圆弧。以 O 为圆心，R 为半径画圆弧，连接两已知圆弧于 A、B，完成作图。

5. 用圆弧混合连接两已知圆弧

作图步骤如下（见图 1-35）：

① 求连接圆弧的圆心。分别以 O_1、O_2 为圆心，以 R_1+R、R_2-R 为半径，画弧交于 O，O 点就是连接弧圆心；

② 求连接圆弧切点。连 OO_1 与已知弧交于 A 点、连 OO_2 并延长与已知弧交于 B 点，A、B 就是所求的切点；

③ 画连接圆弧。以 O 为圆心，R 为半径画圆弧，连接两已知圆弧于 A、B，完成作图。

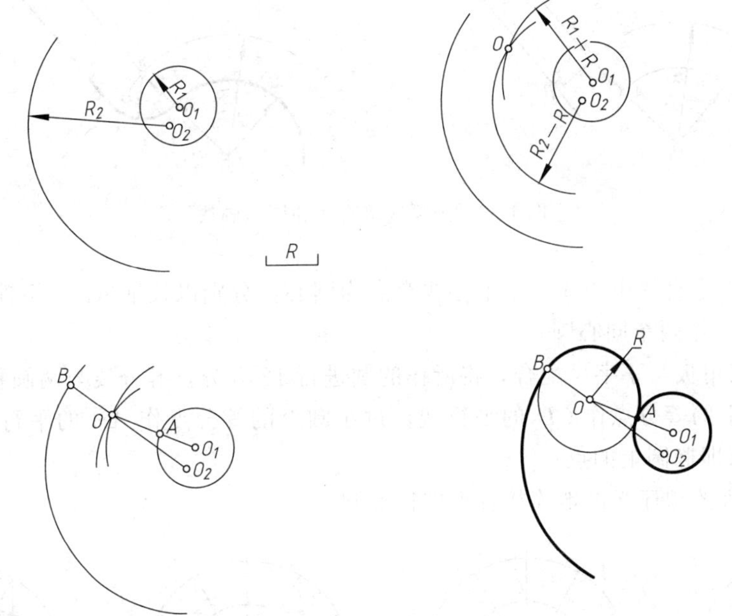

图 1-35　圆弧混合连接两圆弧画法

6. 用圆弧连接已知直线和圆弧（外切）

作图步骤如下（见图 1-36）：

① 求连接圆弧的圆心。作直线 L_2 平行于直线 L_1，两线的距离为 R；以 O_1 为圆心，R_1+R 为半径画弧与直线 L_2 相交于 O 点，O 点就是连接弧圆心；

② 求连接圆弧切点。连接 OO_1 与已知圆弧交于 A 点，过 O 点作 OB 垂直于直线 L_1，与直线交于 B 点，A、B 就是所求的切点；

③ 画连接圆弧。以 O 点为圆心、R 为半径画圆弧，连接直线 L_1 和圆弧 O_1 于 A、B，完成作图。

五、椭圆的画法

椭圆是常见的非圆曲线。已知椭圆长轴和短轴，可以用同心圆法或四心近似法画出椭圆。

1. 同心圆法

作图步骤如下（见图 1-37）：

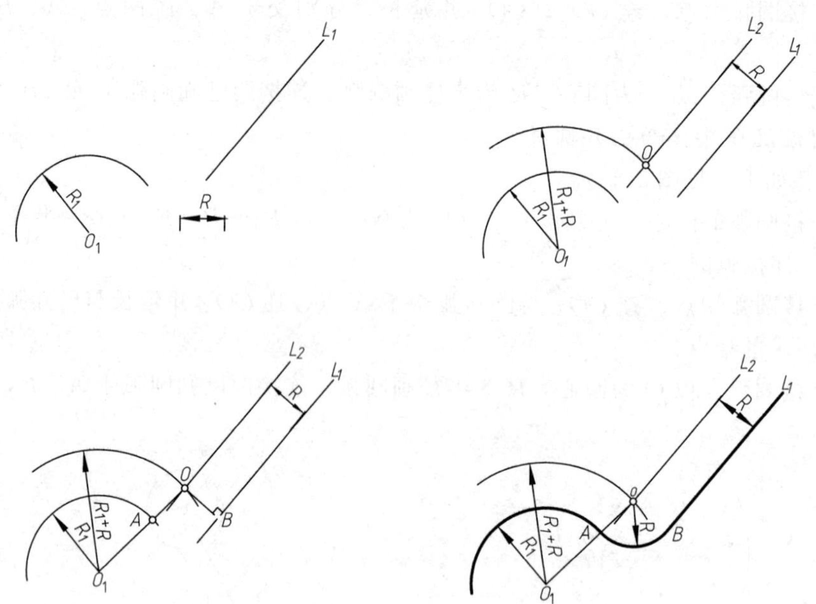

图 1-36　圆弧连接直线和圆弧画法

① 作两相互垂直的中心线，以中心线交点为圆心，分别以长轴 AB、短轴 CD 长度为直径（大小自定），作两个同心圆；

② 用 30°三角板与丁字尺配合，将所作的圆进行 12 等分，等分线与两圆相交；

③ 过大圆上的等分点作 CD 的平行线，过小圆上的等分点作 AB 的平行线，每两条对应平行线的交点即椭圆上的点；

④ 用曲线板按顺序光滑地连接各点即得椭圆。

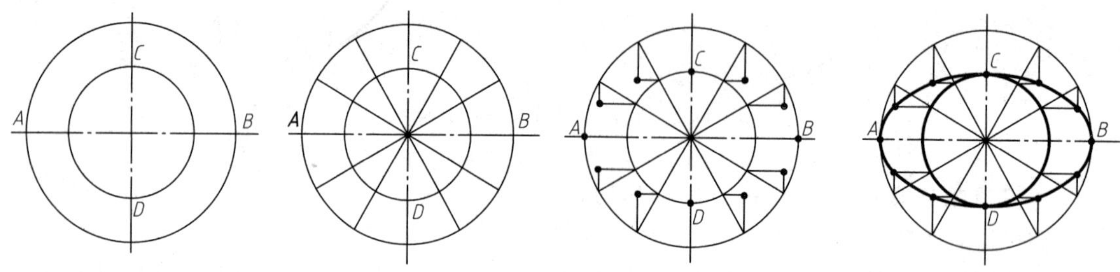

图 1-37　同心圆法画椭圆

2. 四心近似法

作图步骤如下（见图 1-38）：

① 作相互垂直的两中心线，交于点 O，分别在水平线和垂直线上确定椭圆的长、短轴 AB 和 CD；

② 连 AC；以 O 为圆心，OA 为半径画弧交于 DC 延长线的 E 点；再以 C 为圆心，CE 为半径画弧与 AC 交于 F 点；

③ 作 AF 的垂直平分线，与 AB 交于点 3，与 CD 交于点 1；量取 1、3 两点的对称点 2 和 4（1、2、3、4 点即圆心）；

④ 连接 23 点、24 点、41 点并延长，得到一菱形；

⑤ 以 1、2 点为圆心，以 1C、2D 为半径画弧，与菱形的延长线相交，即得两条大圆弧；再以 3、4 点为圆心，3A、4B 为半径画弧，与所画的大圆弧连接，即得到椭圆。

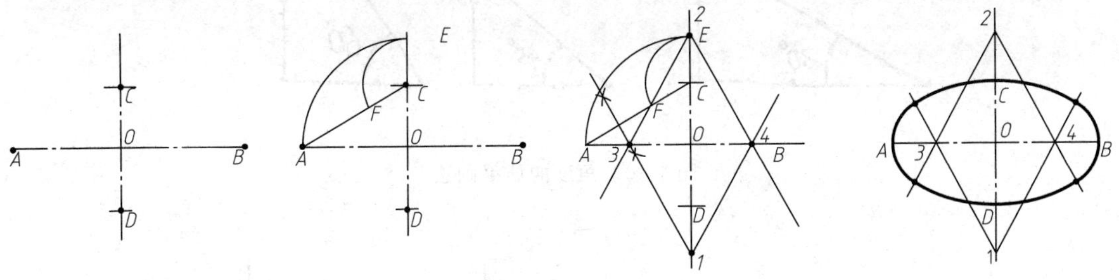

图 1-38　四心近似法画椭圆

六、徒手绘图简介

随着计算机绘图技术的发展，工程现场绘制草图显得更加重要，而在测绘现场，为了提高绘图速度和准确性，对于不用绘图工具和仪器而按目测比例和徒手画的情况不断在增加。徒手绘制草图是工程技术人员必须掌握的一项重要的基本技能。

1. 直线的徒手画法

徒手画直线的基本要领是，笔杆垂直于纸面并略向画线方向倾斜，眼观直线的终点，手腕不动，用手臂带动笔作水平移动或垂直移动，直线尽量要一笔画成，做到粗细均匀，如图 1-39 所示。

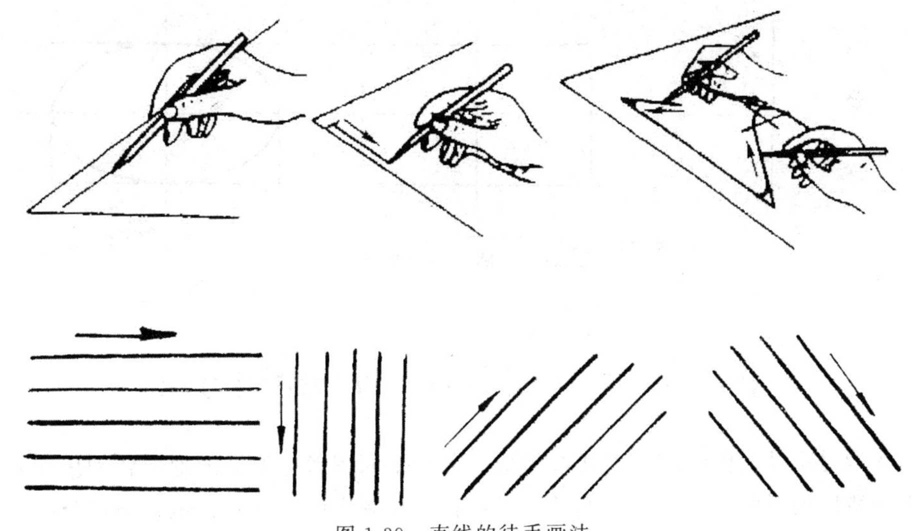

图 1-39　直线的徒手画法

2. 常用角度的徒手画法

画常用的 30°、45°、60°等角度时，根据两直角边的比例关系，画出端点然后连接，如图 1-40 所示。

3. 圆的徒手画法

画小圆时，凭目测在中心线上按半径定出四点。画大圆时，先画中心线，目测半径，多画几条过圆心的线，图线越多，圆的精度就越高，如图 1-41 所示。

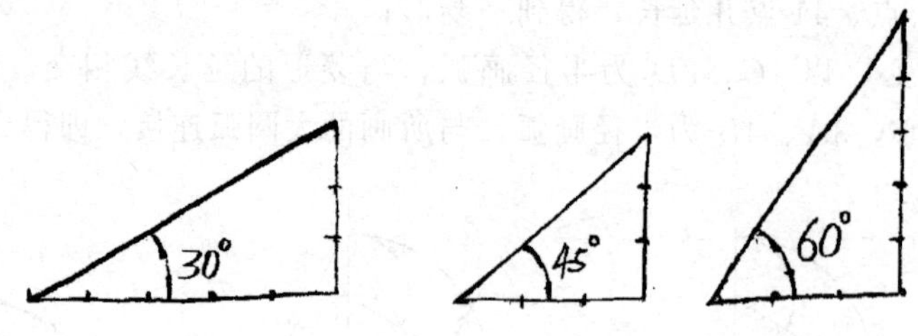

图 1-40　角度的徒手画法

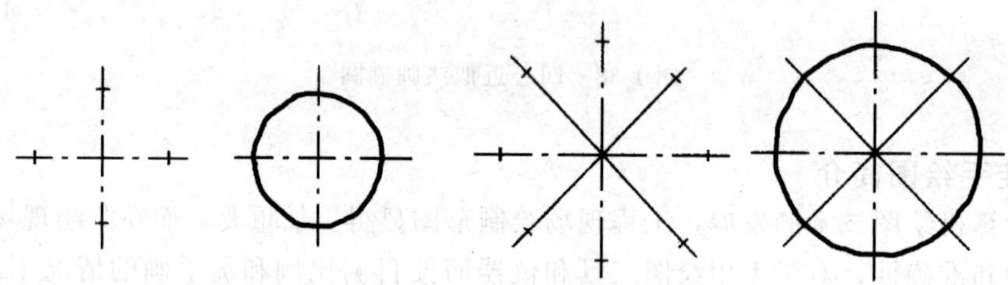

图 1-41　圆的徒手画法

4. 椭圆的徒手画法

先画出椭圆的长短轴，目测定出其四个点，过这四点画一矩形，然后徒手画椭圆与矩形相切，如图 1-42 所示。

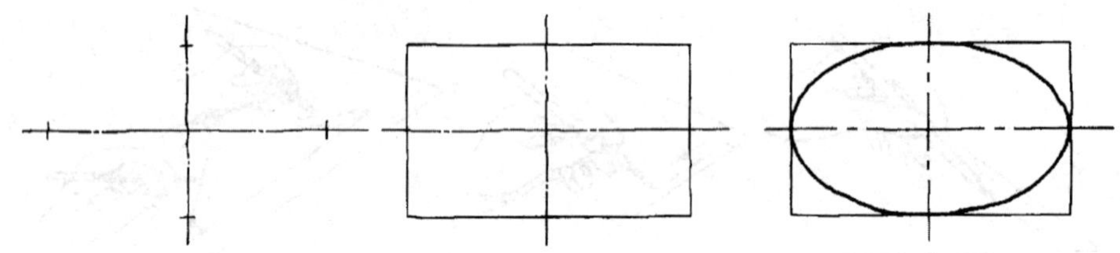

图 1-42　椭圆的徒手画法

第五节　平面图形的分析与绘图方法

平面图形是由几何图形和一些线段组成。分析平面图形是根据图形形状和尺寸来分析各几何图形和线段的形状、大小和它们的相对位置。绘制平面图形时，也是通过分析尺寸和线段之间的关系，才能掌握正确的作图方法和步骤。

一、尺寸分析

平面图形中的尺寸按其作用可分为两类。

1. 定形尺寸

确定平面图形上几何元素形状大小的尺寸，称为定形尺寸。例如：线段长度、圆及圆弧的直径和半径、角度大小等。如图 1-43 所示吊钩平面图中的 $\phi38$、$M24$、$R80$、$R55$ 等均为定形尺寸。

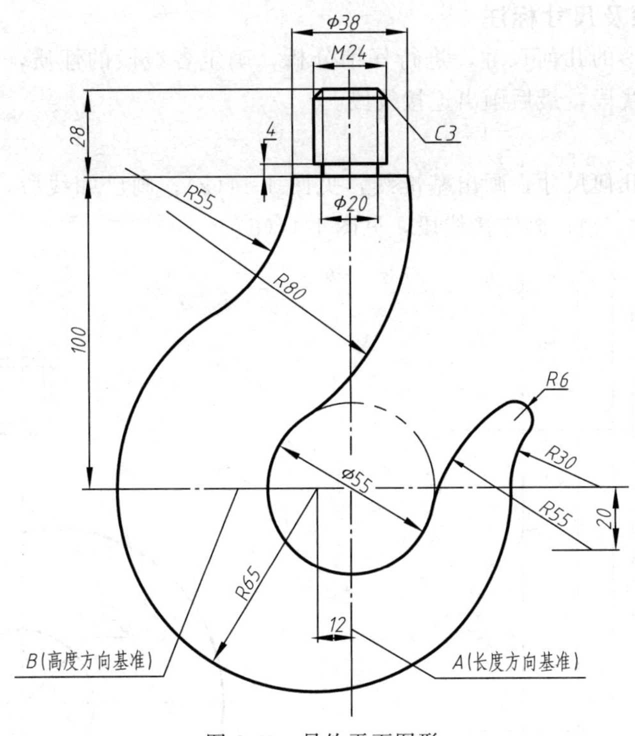

图 1-43　吊钩平面图形

2. 定位尺寸

确定几何元素位置的尺寸称为定位尺寸。如圆心和直线相对于坐标系的位置等，如100、28、20、12 等均为定位尺寸。标注定位尺寸时必须与尺寸基准（坐标轴）相联系。

标注定位尺寸时，必须有个起点，这个起点称为尺寸基准。平面图形有长度和高度两个方向，每个方向至少应有一个尺寸基准。定位尺寸通常以对称图形的对称线、中心线、轴线、较长的直线作为尺寸基准，如图 1-43 中的 A 基准和 B 基准。

二、线段分析

1. 已知线段

定形尺寸和两个定位尺寸齐全，能根据已知尺寸直接画出的线段，称为已知线段。

如图 1-43 中的 $\phi55$、$R65$、$\phi38$、$M24$、$\phi20$ 等尺寸，此类图形可以直接画出。

2. 中间线段

只有定形尺寸和一个方向的定位尺寸，另一个定位尺寸必须根据相邻的已知线段的几何关系求出的线段，称为中间线段。

如图 1-43 中的 $R30$、$R55$ 圆弧，圆心的上下位置由一个方向的定位尺寸确定，但缺少确定圆心左右位置的定位尺寸，画图时，必须根据 $R65$ 和 $\phi55$ 圆弧相切这一条件才能将它画出。

3. 连接线段

只有定形尺寸，没有定位尺寸，其定位尺寸必须根据相邻两端的已知线段求出的线段，称为连接线段。

如图 1-43 中的 $R6$、$R55$ 、$R80$ 圆弧，只能根据和它相邻的相切条件，才能将其画出。

画图时，应先画已知线段，再画中间线段，最后画连接线段。

三、绘图步骤及尺寸标注

根据所绘制图形的几何尺寸，进行仔细分析，确定各线段的性质，首先应画出已知线段，其次画出中间线段，最后画出连接线段。

1. 绘制底稿

按图中的实际几何尺寸，画出基准线，见图 1-44(a)；画已知线段，见图 1-44(b)；画中间线段，见图 1-44(c)；画连接线段，见图 1-44(d)。

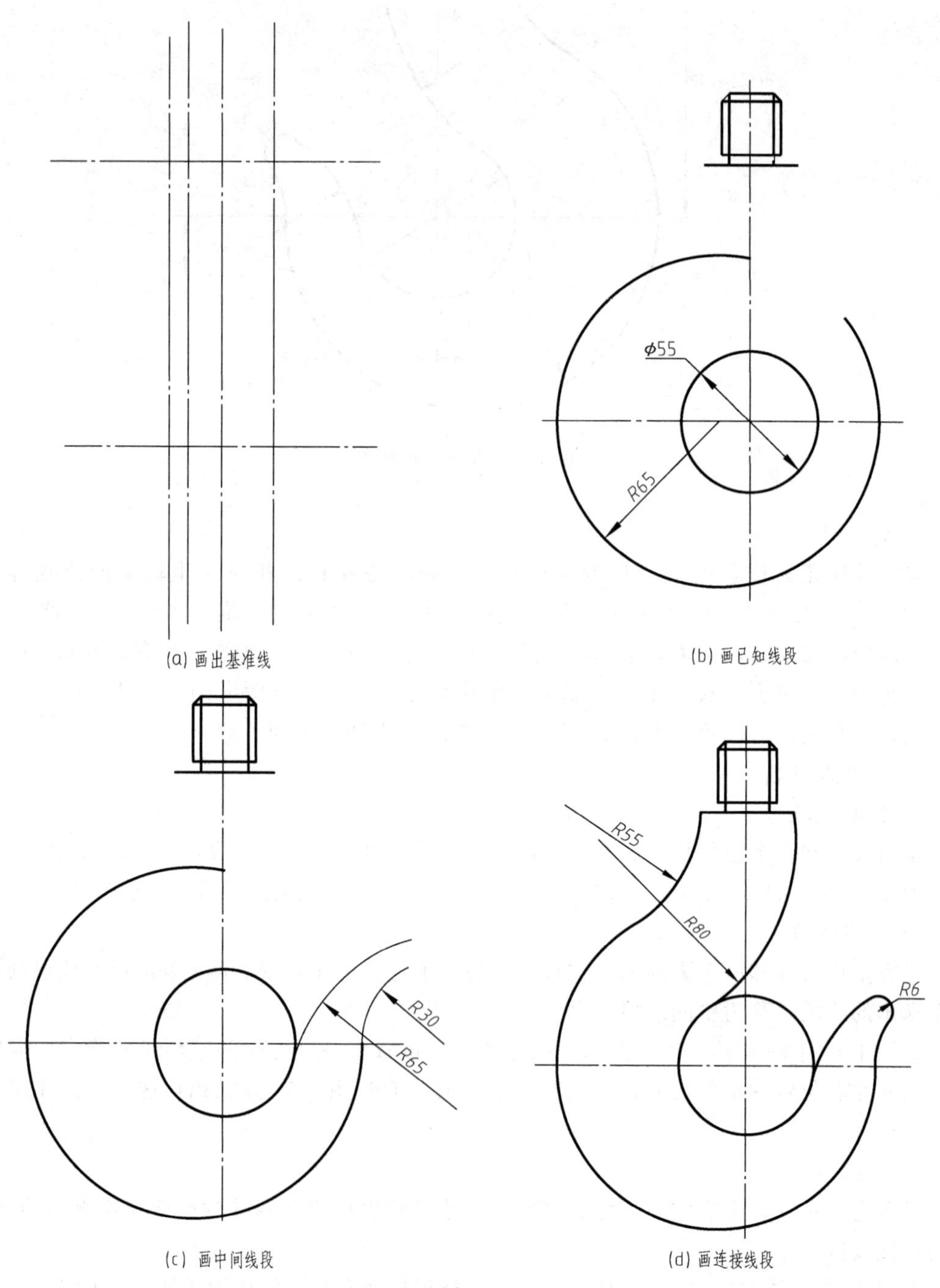

(a) 画出基准线　(b) 画已知线段　(c) 画中间线段　(d) 画连接线段

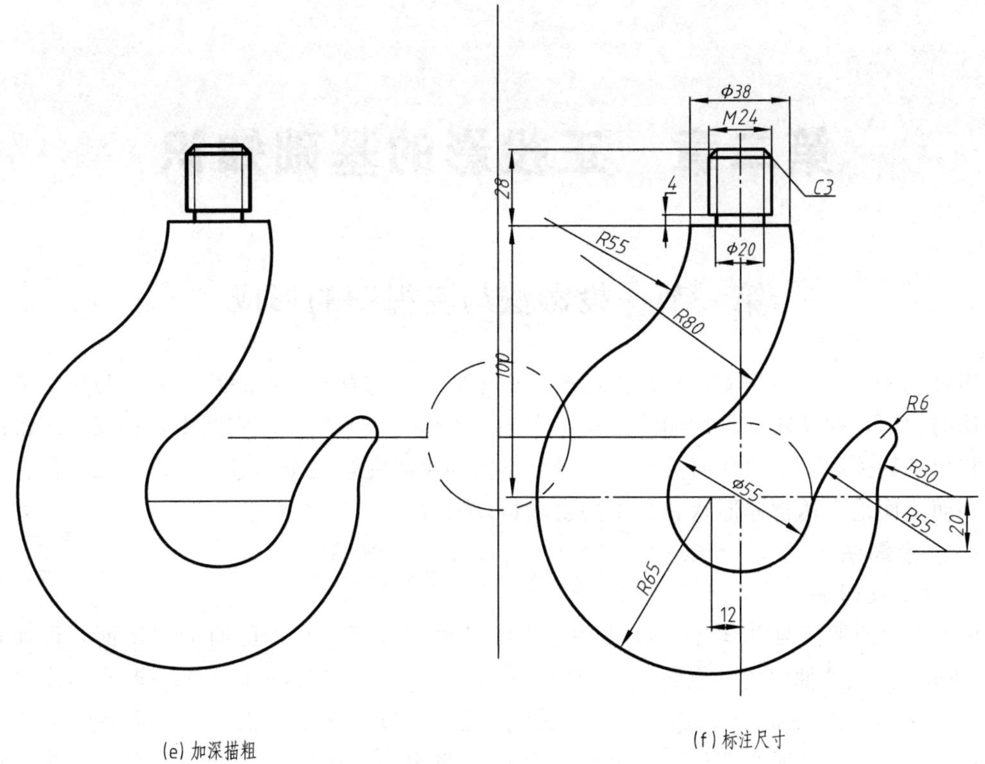

(e) 加深描粗

(f) 标注尺寸

图 1-44　吊钩平面图形绘制过程

绘制底稿时，图线要清淡、准确，并保持图面整洁。

2. 加深描粗图线

整个图形画完之后要对图线进行加深描粗处理，见图 1-44(e)。

3. 标注尺寸

图形绘制完毕，进行尺寸标注，见图 1-44(f)。

四、注意事项

① 布置图形时，考虑图形的几何尺寸，选准位置，它不同于计算机绘图，一旦落笔就不能移动位置。

② 画底稿时，要用硬一点的铅笔，建议采用“H”，图线应细而准确，能准确找出连接弧的圆心和切点。

③ 加深图线时应按“先粗后细，先曲后直，先水平、后垂斜”的原则，尽量做到图线的规格一致。

④ 标注尺寸时，箭头要符合规定，大小要一致，仔细检查，不能缺少尺寸。

第二章　正投影的基础知识

第一节　投影法与三视图的形成

用灯光或日光照射物体，在地面或墙上产生影子，这种现象叫投影。这个投影只能反映出物体的轮廓，却反映不出物体的形状和大小。人们在长期的生产实践中，积累了丰富的经验，找出了物体和影子的几何关系，经过科学的抽象研究，逐步形成了投影方法，使在图纸上准确而全面地表达物体形状和大小的要求得以实现。

一、投影法

1. 中心投影法

图 2-1 中的平行四边形 $ABCD$ 在中心光源 S 的照射下，在投影面 P（墙面）得到它的投影 $abcd$。把光源抽象为一点 S，叫做投影中心。经过 S 点与物体上任一点的连线（例如 SA）叫做投射线；平面 P 叫做投影面；SA 的延长线与 P 平面的交点 a，叫 A 点在 P 面上的投影。因为所有投射线都是从一个投影中心 S 发出的，所以叫做中心投影法。在日常生活中，常见的照相、电影和人眼看东西得到的映象，都属于中心投影。

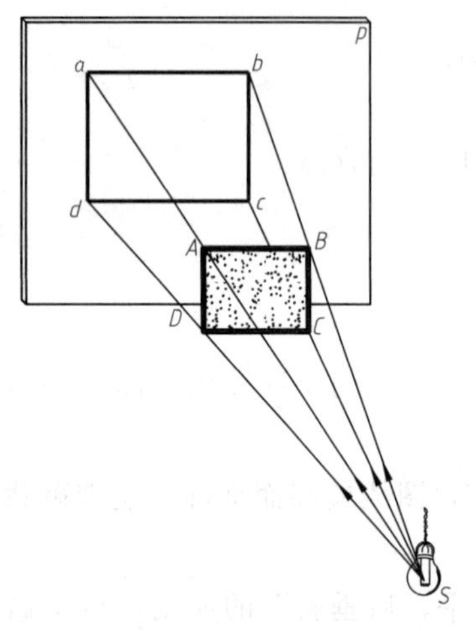

图 2-1　中心投影

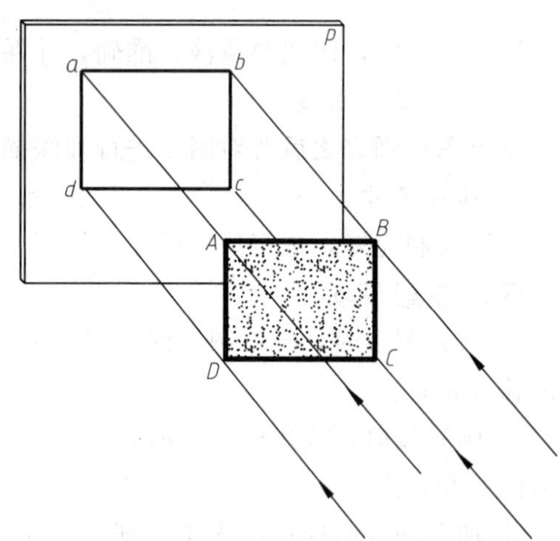

图 2-2　平行投影

2. 平行投影法

光源在无限远处（例如日光的照射），这时所有的投射线可以看成是互相平行的，这种投影方法叫做平行投影，如图 2-2 所示。

在平行投影中，根据投影线与投影面是否垂直，又可分为斜投影和正投影两种。

(1) 斜投影法　投射线与投影面倾斜的平行投影法。根据斜投影法所得到的图形，称为斜投影，如图 2-3 所示。

（2）正投影法　投射线与投影面垂直的平行投影法。根据正投影法所得到的图形称为正投影，如图 2-4 所示。

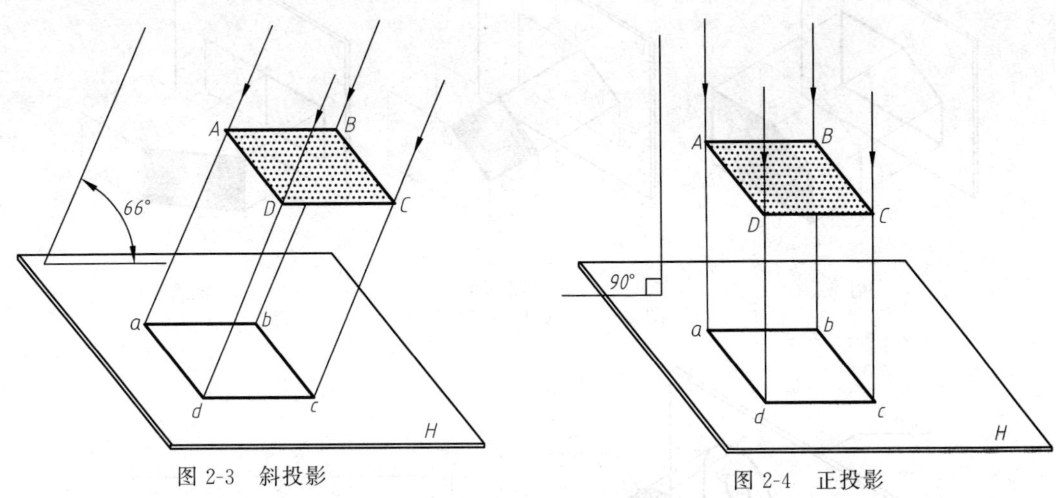

图 2-3　斜投影　　图 2-4　正投影

因为正投影法容易表达空间物体的形状和大小，度量性好，作图简便，所以在工程上应用最广。工程图样都是采用正投影法绘制的，所以它是工程图样的主要理论基础。

二、正投影的基本性质

（1）真实性　当直线或平面与投影面平行时，其投影反映实形，这种性质称为真实性，如图 2-5(a)，图 2-6(a) 所示。

（2）积聚性　当直线或平面与投影面垂直时，其投影积聚为一个点（或一条直线），这种性质称为积聚性，如图 2-5(b)，图 2-6(b) 所示。

（3）类似性　当直线或平面与投影面倾斜时，其投影变短或变小，但投影的形状与原来形状相类似，这种性质称为类似性，如图 2-5(c)，图 2-6(c) 所示。

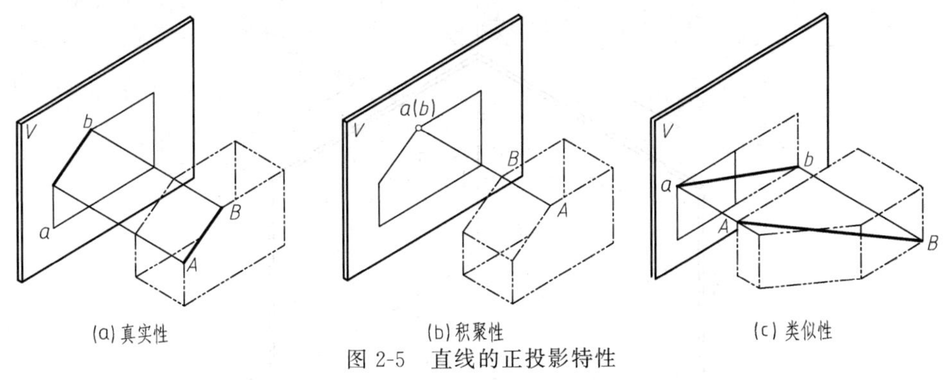

图 2-5　直线的正投影特性

三、三视图的形成

1. 视图的基本概念

按正投影法绘制出的图形称为视图。如图 2-7 所示，同一个物体分别向某个方向进行投射，得到某个投影绘制在平面图形中就形成了视图。

2. 三视图的形成

（1）三面体系的建立　如图 2-8 所示，三面体系由三个两两相互垂直的平面组成，它们分别为正立投影面（简称正面或 V 面）、水平投影面（简称水平面或 H 面）、侧立投影面

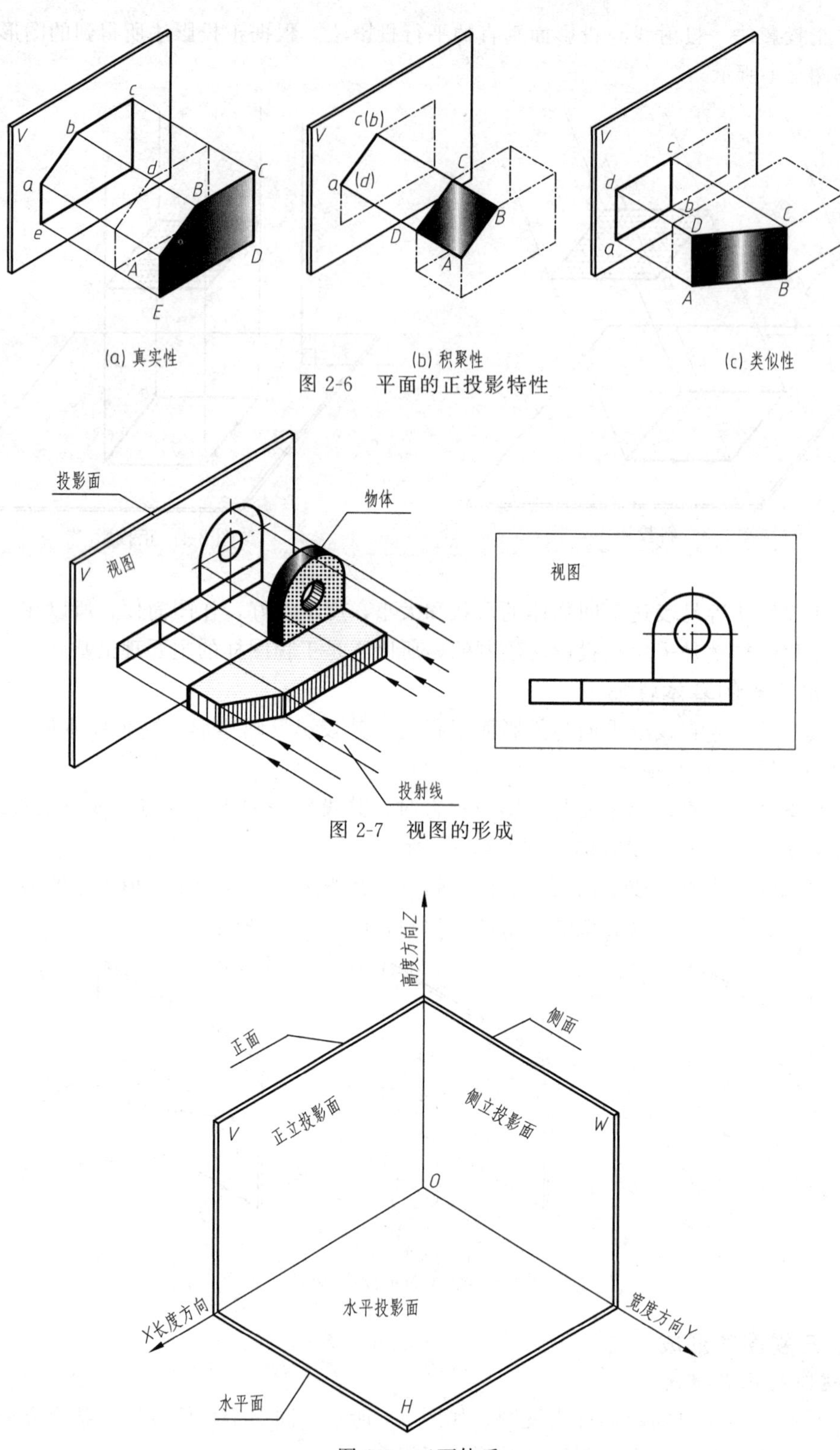

图 2-6　平面的正投影特性

图 2-7　视图的形成

图 2-8　三面体系

（简称侧面或 W 面）组成。

相互垂直的投影面之间的交线，称为投影轴，它们分别是：

OX 轴，是 V 面与 H 面的交线，它代表长度方向；

OY 轴，是 H 面与 W 面的交线，它代表宽度方向；

OZ 轴，是 V 面与 W 面的交线，它代表高度方向。

三个投影轴相互垂直，其交点称为原点，用 O 表示。

（2）三视图的形成　把物体放在相互垂直的三面投影体系中，将物体向三个投影面进行正投影，得到物体的三面投影。其正面投影称为主视图，水平投影称为俯视图，侧面投影称为左视图，如图 2-9 所示。

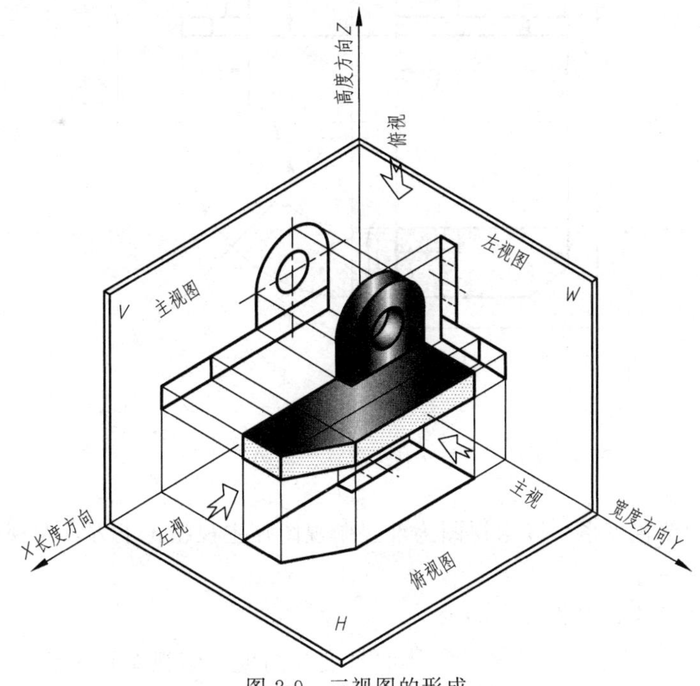

图 2-9　三视图的形成

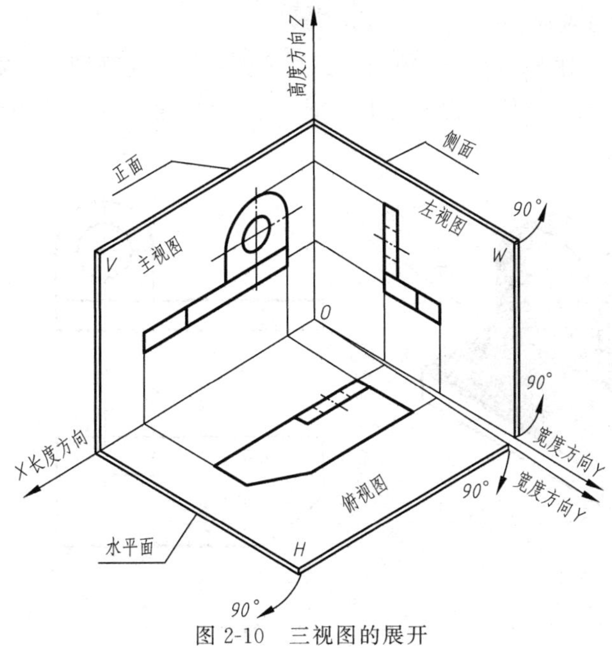

图 2-10　三视图的展开

（3）三视图的展开　如图 2-10 所示，V 面不动，H 面绕 X 轴向下旋转 90°，W 面绕 Z 轴向右旋转 90°，与 V 面展开成为一个平面。展开后的平面图形如图 2-11 所示。

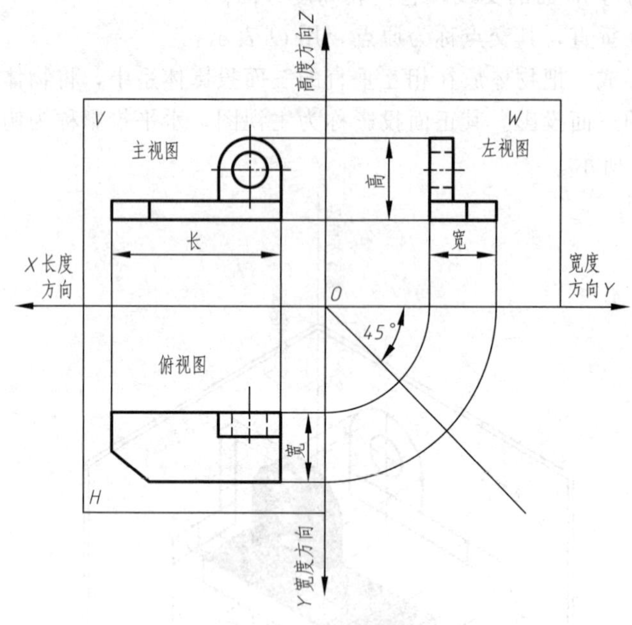

图 2-11　平面三视图

（4）三视图的位置关系　以主视图为准，俯视图在主视图正下方，左视图在主视图的正右方，如图 2-11 所示。

（5）三视图之间的对应关系

① 尺寸关系：主视图——反映了物体的长度和高度；俯视图——反映了物体的长度和宽度；左视图——反映了物体的高度和宽度。

三视图之间的投影规律：

主、俯视图——长对正；主、左视图——高平齐；俯、左视图——宽相等。

② 物体在三视图上的方位：物体有上、下、左、右、前、后 6 个方位，如图 2-12 所示。

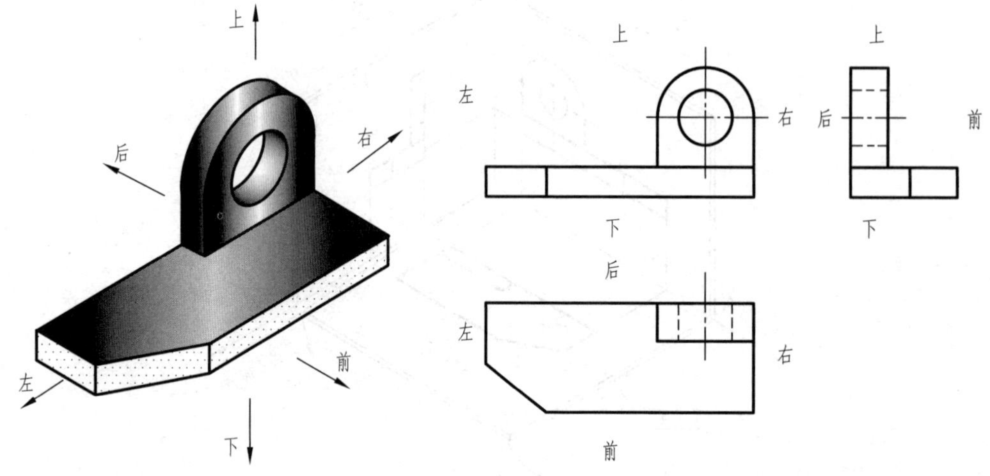

图 2-12　三视图的方位

主视图反映物体的上、下、左、右 4 个方位；俯视图反映物体的左、右、前、后 4 个方位；左视图反映物体的上、下、前、后 4 个方位。

第二节　点、直线、平面的投影

点、线、面是构成物体表面最基本的几何要素。为了迅速而正确地画出物体的投影，必须首先掌握这些几何元素的投影规律。

一、点的投影

1. 点的投影规律

(1) 点投影的形成　国家标准规定：空间点用大写字母如 A、B、C…表示，点的水平投影用相应的小写字母表示，如 a、b、c…；点的正面投影用相应的小写字母加一撇表示，如 a'、b'、c'…；点的侧面投影用相应的小写字母加两撇表示，如 a''、b''、c''…。

如图 2-13(a) 所示，将空间点 A 置于三个相互垂直的投影面体系中，分别过 A 点作垂直于 V 面、H 面、W 面的投射线，得到点 A 的正面投影 a'、水平投影 a 和侧面投影 a''。点 A 的三面投影不在同一个平面内，称为点的投影的立体图。

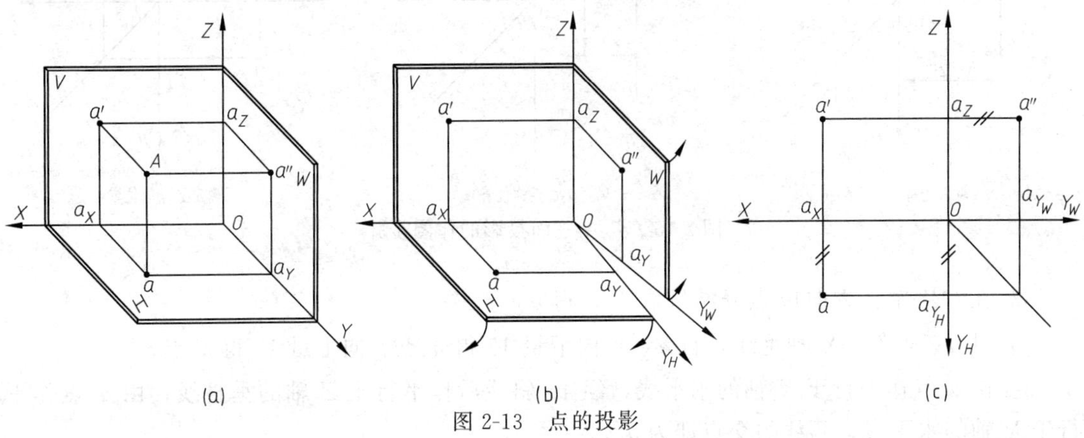

图 2-13　点的投影

(2) 点的投影图　为了在一个平面内表达空间点的三面投影，如图 2-13(b) 所示，正投影面（V 面）不动，将水平投影面（H 面）、侧立投影面（W 面）按箭头所指的方向旋转 90°，这样与正投影面处于同一个平面上，便得到点 A 的三面投影。图中 a_X、a_Y、a_Z 分别为点的投影连线与投影轴 X、Y、Z 的交点。

(3) 点的投影规律　由点的三面投影图，可得点的投影规律。

① 点的两面投影连线垂直于相应的投影轴。即：

$aa' \perp OX$，$a'a'' \perp OZ$，$aa_{YH} \perp OY_H$，$a''a_{YW} \perp OY_W$。

② 点的投影到投影轴的距离，等于该点到相应的投影面的距离，如图 2-14 所示，即：

$a'a_X = a''a_{Y_W} = Aa = Oa_Z = Z$　　表示点 A 到 H 面的距离；

$a\,a_X = a''a_Z = A\,a' = Oa_Y = Y$　　表示点 A 到 V 面的距离；

$a'a_Z = aa_{Y_H} = A\,a'' = Oa_X = X$　　表示点 A 到 W 面的距离。

【例 2-1】　已知点 A（20、15、18），求作它的三面投影。

作图步骤，如图 2-15 所示。

① 画出投影轴，标出坐标名称，在 Y_H 和 Y_W 之间作 45°斜线；

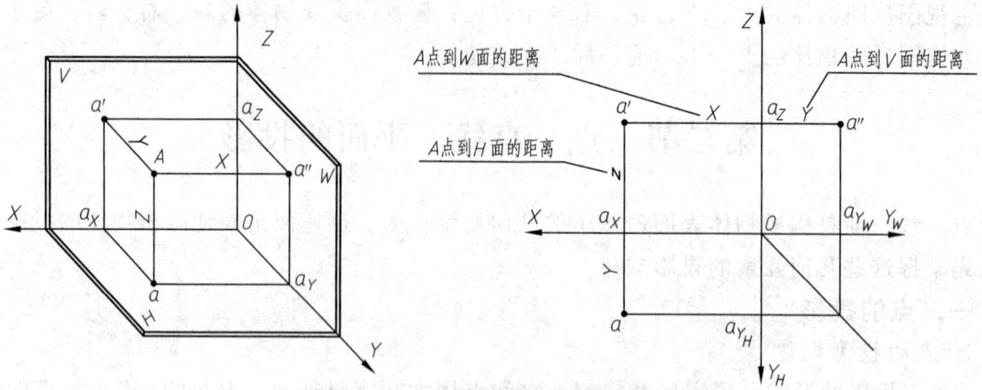

图 2-14　点的投影到投影面的距离

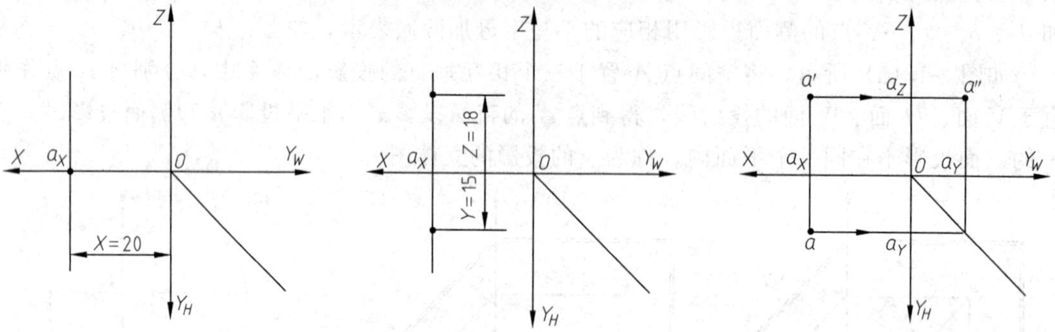

取X坐标　　确定a、a′点的位置　　确定a″点的位置

图 2-15　点 A 三面投影的作图步骤

② 在 OX 轴正方向 O 点开始量取 20，得 $a_X=20$；

③ 过 a_X 点作 OX 轴垂线，自 a_X 点向下量 15 得 a 点、向上量 18 得 a'点；

④ 由 a 点作平行于 X 轴的水平线，经 45°斜线后作平行于 Z 轴的垂直线；由 a'点作平行于 X 轴的水平线，两线的交点即为 a''。

2. 两点的相对位置

空间两点的相对位置，可以由两点的坐标关系来确定。如图 2-16 所示，X 坐标值反映点的左、右位置，X 坐标值大者在左；Y 坐标反映点的前、后位置，Y 坐标值大者在前；Z

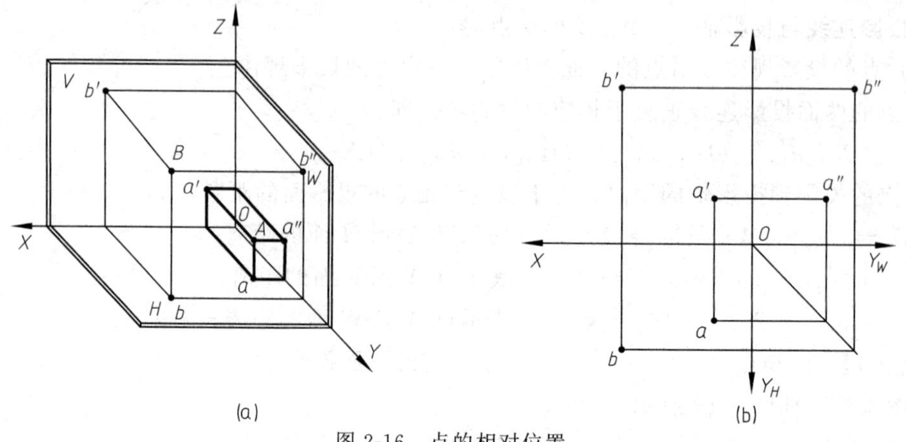

(a)　　(b)

图 2-16　点的相对位置

坐标值反映点的上、下位置，Z 坐标值大者在上。

从图 2-16 中可以看出，由于 A 点的 X 坐标小于 B 点的 X 坐标，所以点 A 在点 B 的右边；A 点的 Y 坐标小于 B 点的 Y 坐标，所以点 A 在点 B 的后面；A 点的 Z 坐标小于 B 点的 Z 坐标，所以点 A 在点 B 的下方。

【例 2-2】 已知空间点 A（5，10，15）的三面投影，B 点在 A 点的左边 10，前面 4，下方 8。求作 B 点的三面投影。

作图步骤，如图 2-17 所示。

① 首先画出 A 点的三面投影，如图 2-17(a) 所示；

② 在 $a\ a'$左边作距离为 10 的平行线，如图 2-17(b) 所示；

③ 在 $a\ a''$下方作距离为 8 的平行线，两线交点即为 b'，如图 2-17(c) 所示；

④ 在水平投影 aa_{YH} 前方作距离为 4 的平行线，两线交点即为 b，如图 2-17(d) 所示；

⑤ 由宽相等，通过 45°斜线作出点 b''，如图 2-17(e) 所示；

⑥ 完成图形，如图 2-17(f) 所示。

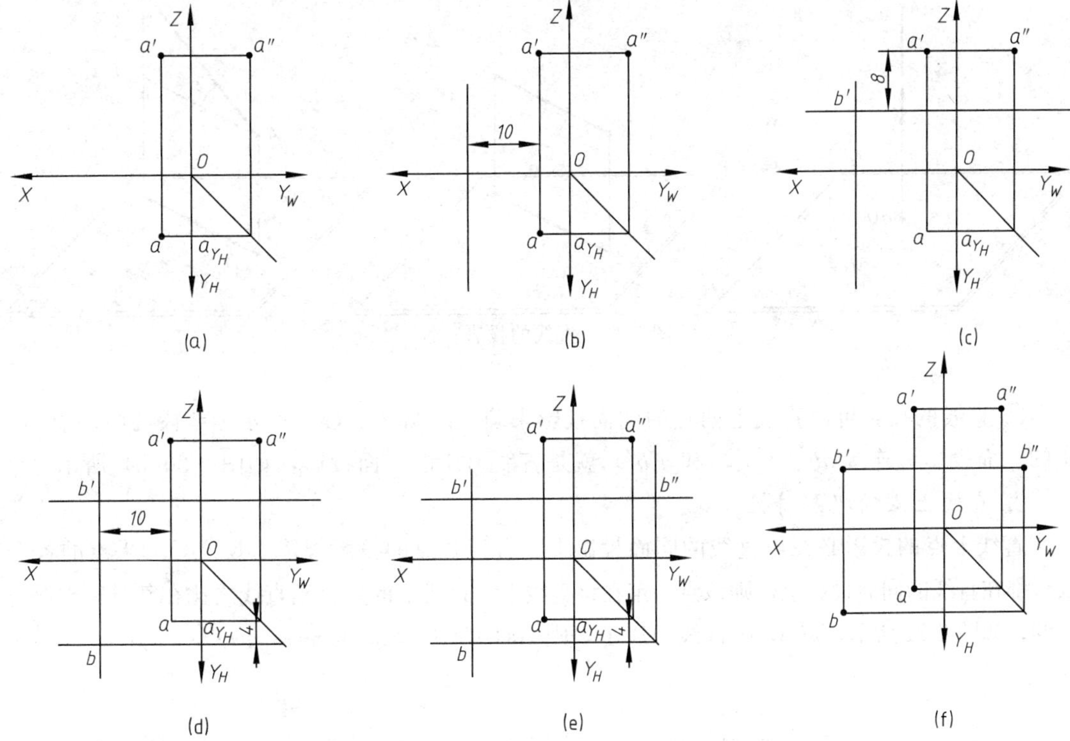

图 2-17　求点的相对位置坐标

3. 重影点的表示方法

如图 2-18 所示，A、B 两点的投影中，A 点在 B 点的正前方，a'和 b'相重合。在 V 面的投影中，A 可见，B 不可见。在投影图中，对不可见的点投影，加圆括号表示。图中 B 的 V 面投影表示为（b'）。

二、直线的投影

1. 直线的三面投影

① 直线的投影一般仍是直线，特殊情况下，直线垂直于投影面，它在投影面上的投影积聚为一点，如图 2-19 所示。

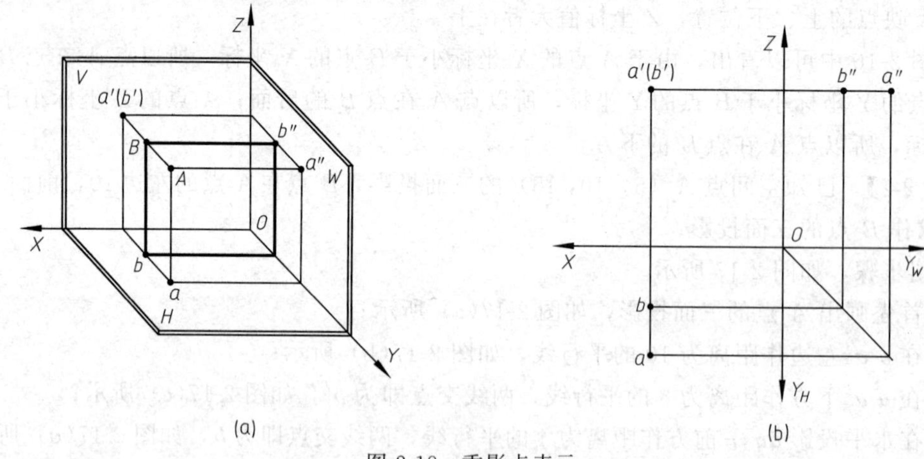

图 2-18　重影点表示

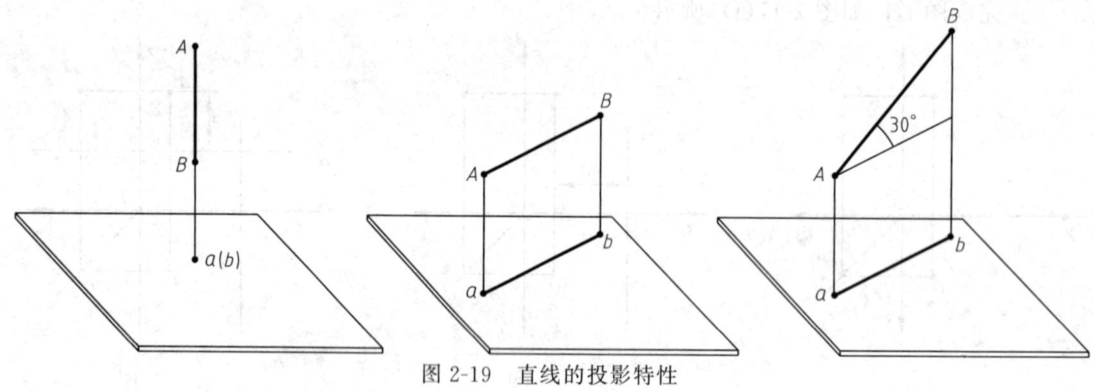

图 2-19　直线的投影特性

② 直线的投影可由直线上两点的同面投影来确定。图 2-20(a) 所示为线段的两端点 A、B 的三面投影，连接 ab、$a'b'$、和 $a''b''$，就是直线 AB 的三面投影，如图 2-20(b) 所示。

2. 直线上点的投影特性

直线上点的投影必在该直线的同面投影上，且符合点的投影规律。反之，如果点的各个投影都在直线的同面投影上，则该点一定在该直线上。直线上的点分割直线之比在其投影中保持不变，如图 2-21 所示，点 M 在直线 AB 上，则 $AM:MB=am:mb=a'm':m'b'=a''m'':m''b''$。

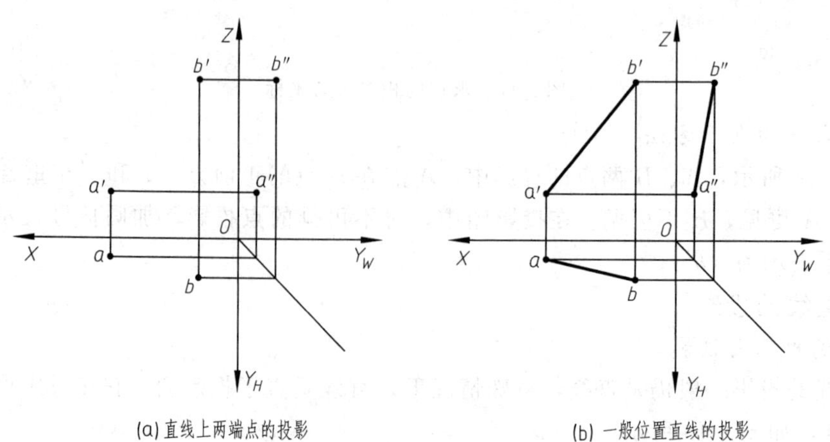

图 2-20　直线的三面投影

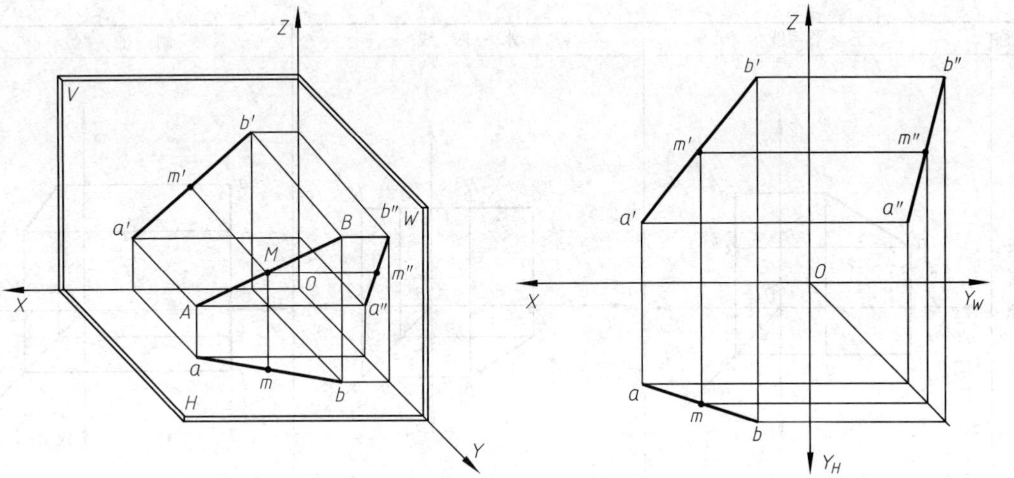

图 2-21　属于直线上点的投影

3. 各种位置直线的投影特性

直线按空间位置分为三类：投影面的平行线、投影面的垂直线和一般位置直线。平行线和垂直线又称特殊位置直线。

(1) 投影面平行线　平行于一个投影面而与其他两个投影面倾斜的直线，称为投影面平行线。共有三种，定义如下：

正平线　平行于 V 面并与 H、W 面倾斜的直线；

水平线　平行于 H 面并与 V、W 面倾斜的直线；

侧平线　平行于 W 面并与 H、V 面倾斜的直线。

投影面平行线的投影特性见表 2-1。

(2) 投影面垂直线　垂直于一个投影面，与另外两个面平行的直线，称为投影面垂直线。按照所垂直的投影面不同，共有三种，定义如下：

正垂线　垂直于 V 面并与 H 面、W 面平行的直线；

铅垂线　垂直于 H 面并与 V 面、W 面平行的直线；

侧垂线　垂直于 W 面并与 H 面、V 面平行的直线。

投影面垂直线的投影特性见表 2-2。

表 2-1　投影面平行线的投影特性

名称	正　平　线	水　平　线	侧　平　线
轴测图	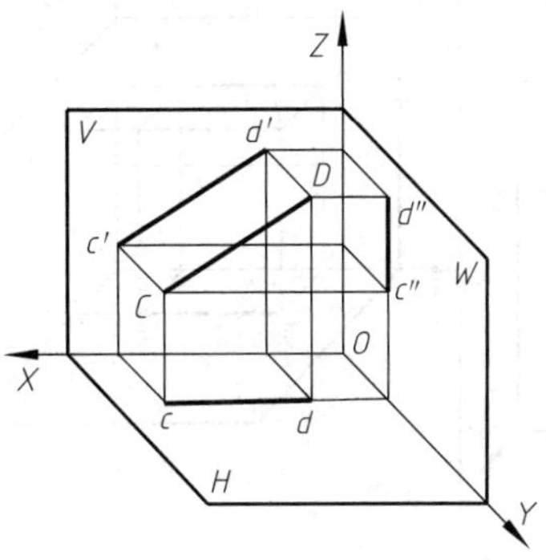	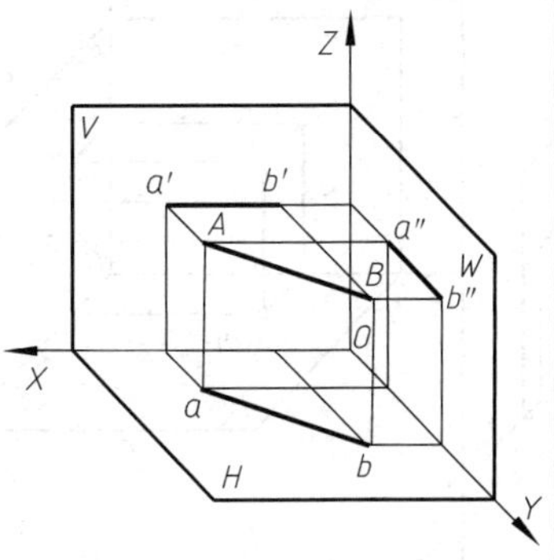	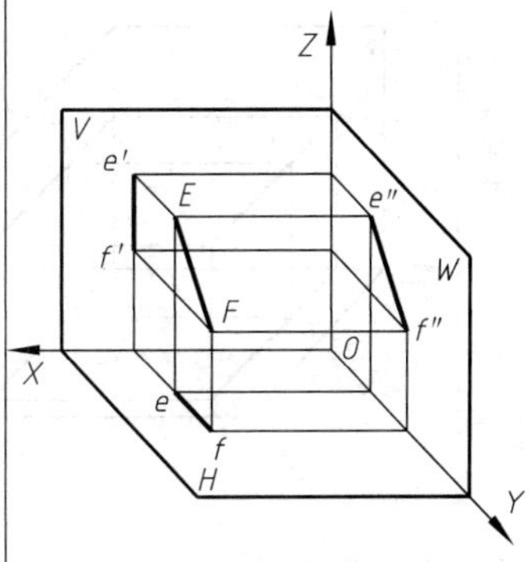

续表

名称	正平线	水平线	侧平线
投影图			
模型展示			
投影特性	平行于正投影面，倾斜于其他两面，正面投影 $c'd'$ 等于实长	平行于水平投影面，倾斜于其他两面，水平投影 ab 等于实长	平行于侧立投影面，倾斜于其他两面，侧面投影 $e''f''$ 等于实长

表 2-2 投影面垂直线的投影特性

名称	正垂线	铅垂线	侧垂线
轴测图	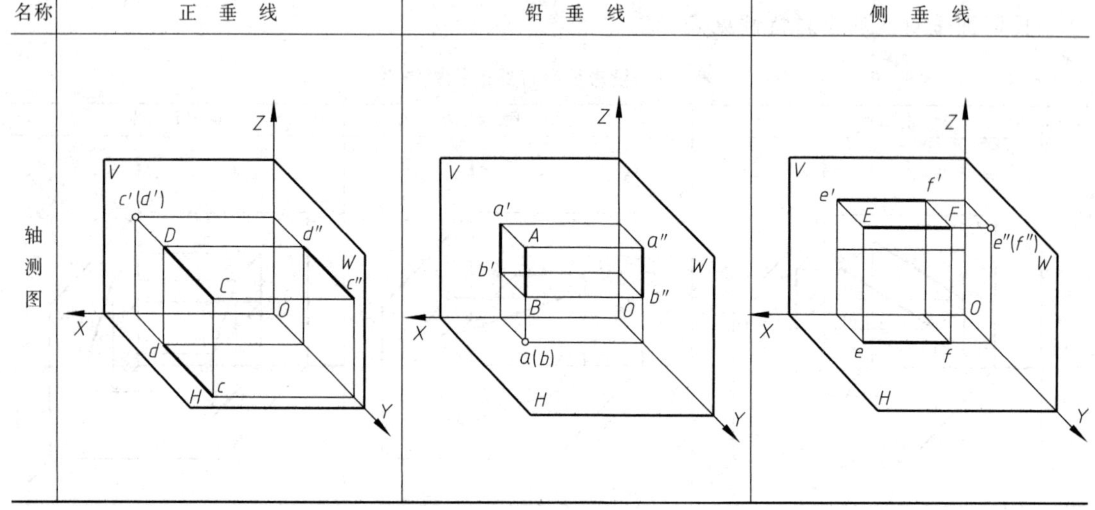		

续表

名称	正垂线	铅垂线	侧垂线
投影图	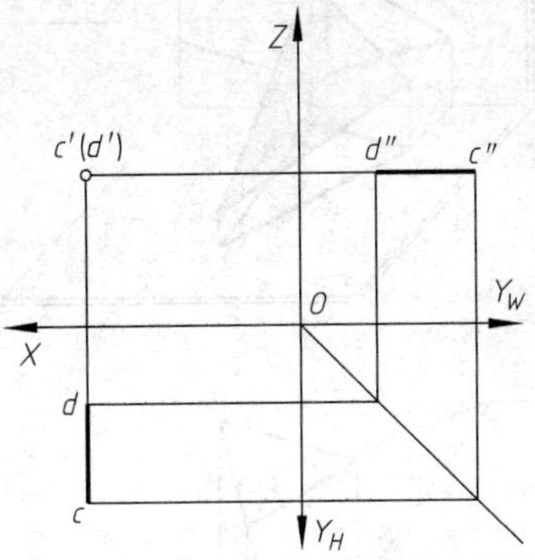	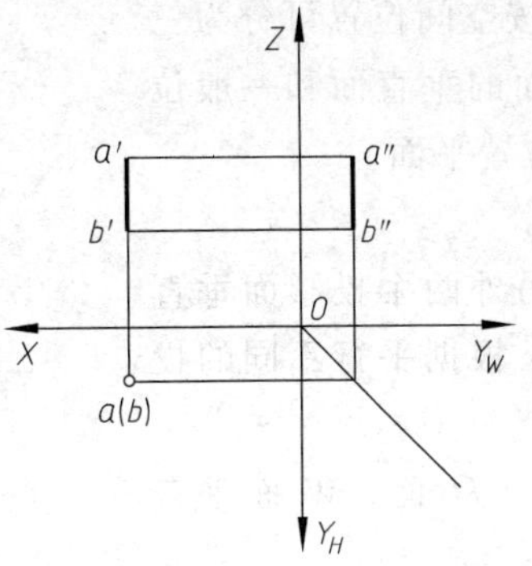	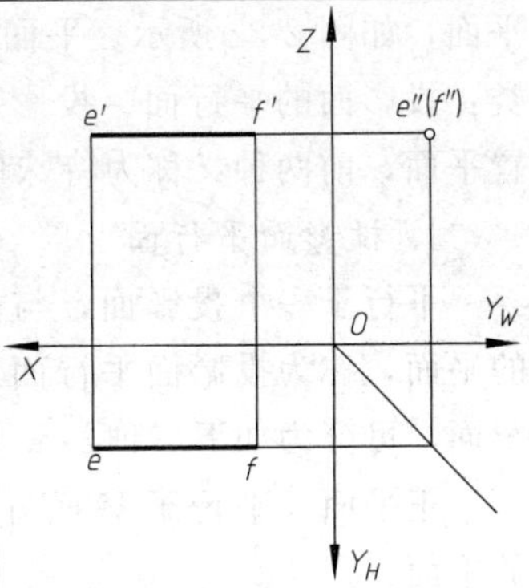
模型展示	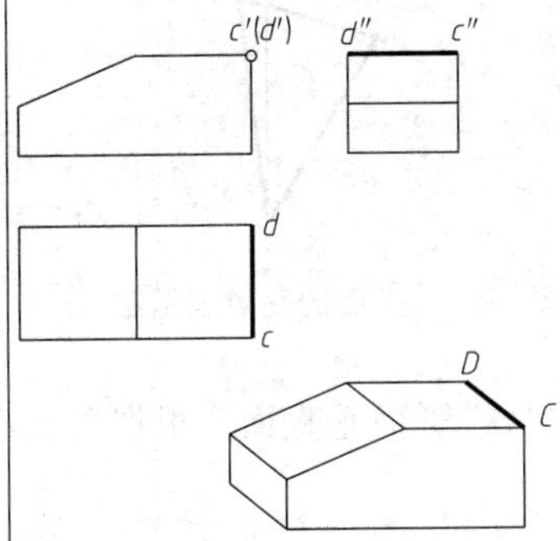	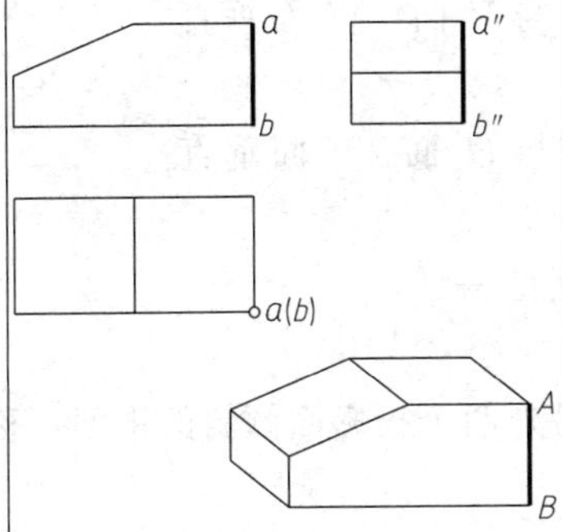	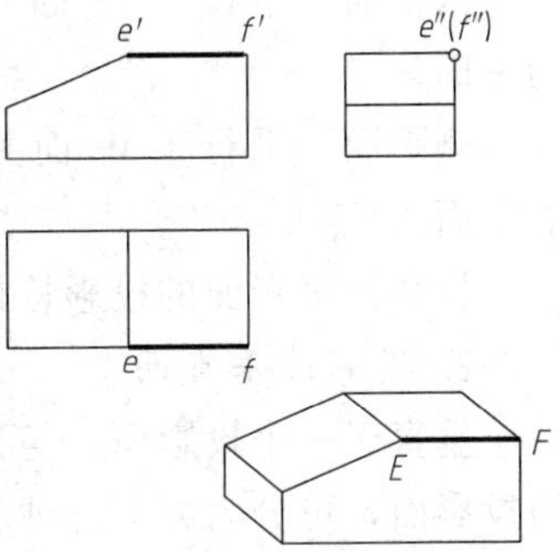
投影特性	垂直于正投影面，在正投影面积聚成一点，其他两面投影垂直于相应的投影轴，并且反映直线的实长	垂直于水平投影面，在水平投影面积聚成一点，其他两面投影垂直于相应的投影轴，并且反映直线的实长	垂直于侧立投影面，在侧立投影面积聚成一点，其他两面投影垂直于相应的投影轴，并且反映直线的实长

(3) 一般位置直线　对三个投影面都倾斜的直线，称为一般位置直线。一般位置直线的投影特性见表 2-3。

表 2-3　投影面一般位置直线的投影特性

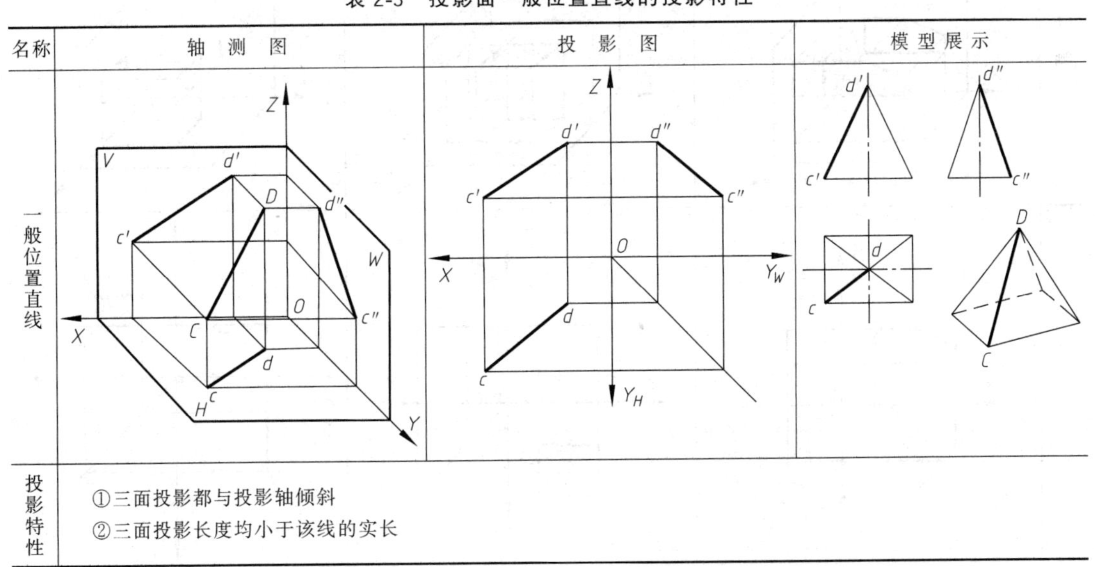

名称	轴测图	投影图	模型展示
一般位置直线			
投影特性	①三面投影都与投影轴倾斜 ②三面投影长度均小于该线的实长		

三、平面的投影

在投影中，一般常用平面图形来表示空间的平面，如图 2-22 所示。平面按空间位置可分为三类：投影面的平行面、投影面的垂直面和一般位置平面，前两种又称为特殊位置平面。

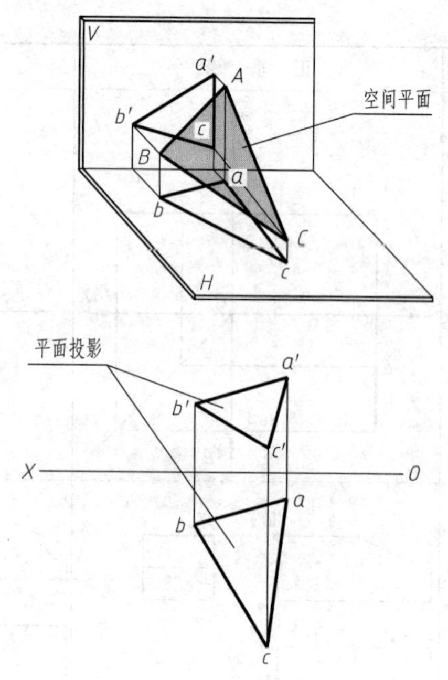

图 2-22 平面的一般表示法

1. 投影面平行面

平行于一个投影面，与另外两个投影面垂直的平面，称为投影面平行面。根据平行不同的投影面，可分为如下三种：

正平面 平行于 V 面并与 H 面、W 面垂直的平面；

水平面 平行于 H 面并与 V 面、W 面垂直的平面；

侧平面 平行于 W 面并与 H 面、V 面垂直的平面。

投影面平行面的投影特性见表 2-4。

2. 投影面垂直面

垂直于一个投影面，与另外两个投影面倾斜的平面，称为投影面垂直面。根据垂直不同的投影面，可分为如下三种：

正垂面 垂直于 V 面并与 H 面、W 面倾斜的平面；

铅垂面 垂直于 H 面并与 V 面、W 面倾斜的平面；

侧垂面 垂直于 W 面并与 H 面、V 面倾斜的平面。

表 2-4 投影面平行面的投影特性

名称	正 平 面	水 平 面	侧 平 面
轴测图			
投影图			

续表

名称	正平面	水平面	侧平面
模型展示	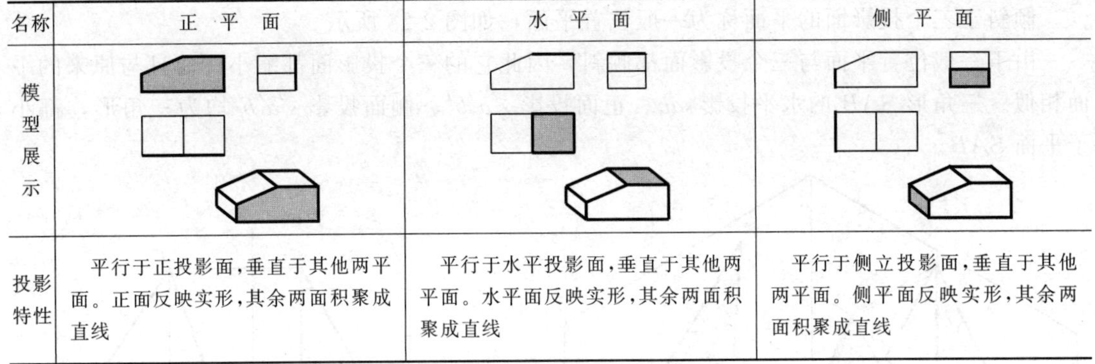		
投影特性	平行于正投影面，垂直于其他两平面。正面反映实形，其余两面积聚成直线	平行于水平投影面，垂直于其他两平面。水平面反映实形，其余两面积聚成直线	平行于侧立投影面，垂直于其他两平面。侧平面反映实形，其余两面积聚成直线

投影面垂直面的投影特性见表 2-5。

表 2-5　投影面垂直面的投影特性

名称	正垂面	铅垂面	侧垂面
轴测图	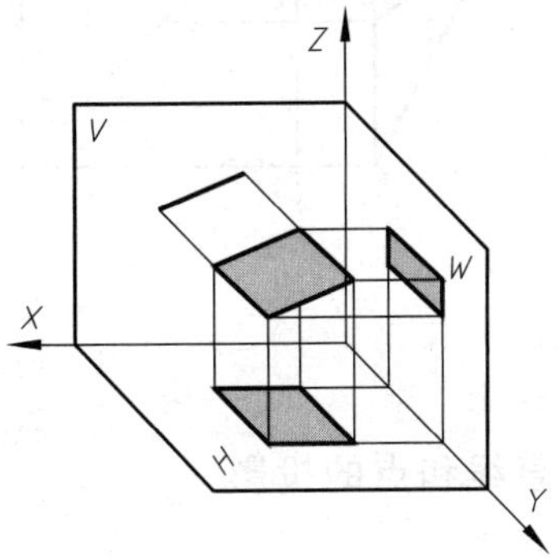	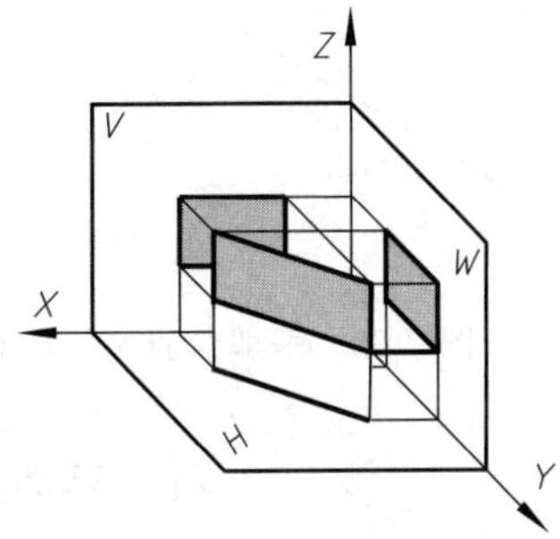	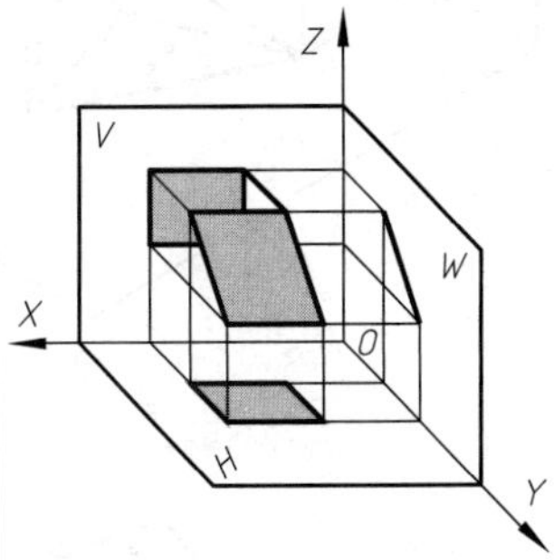
投影图	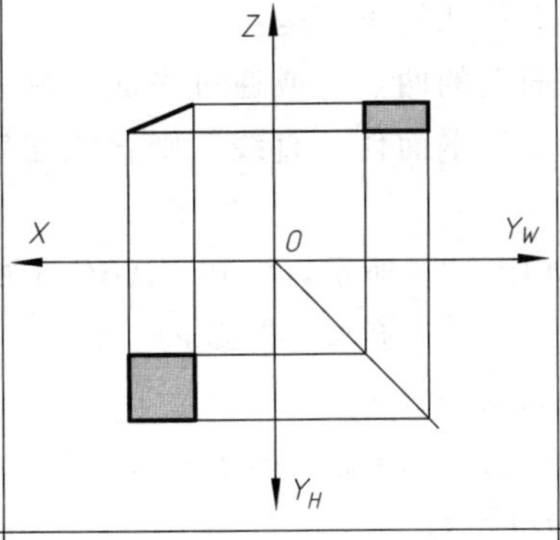	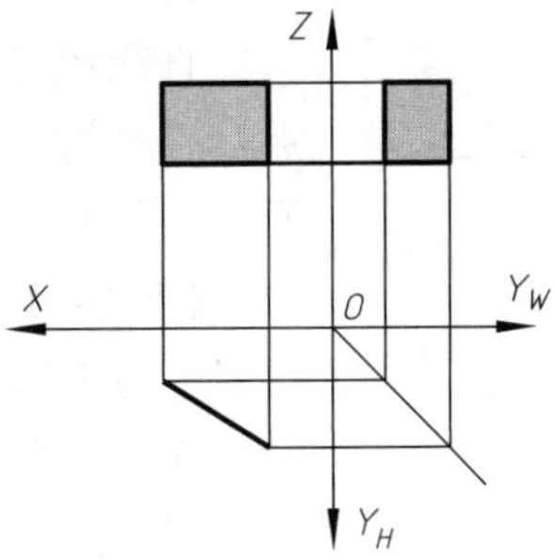	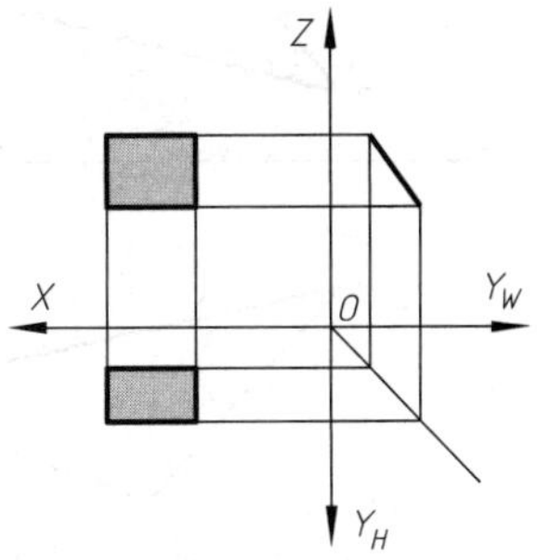
模型展示	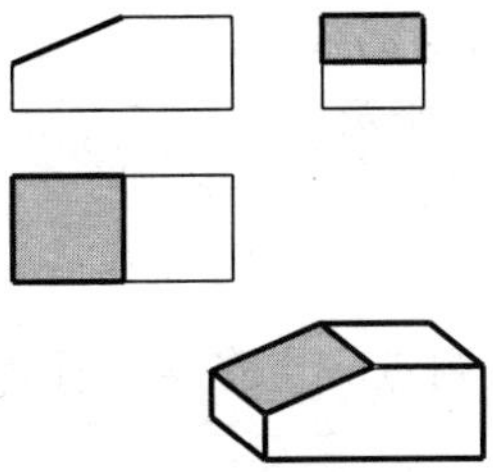	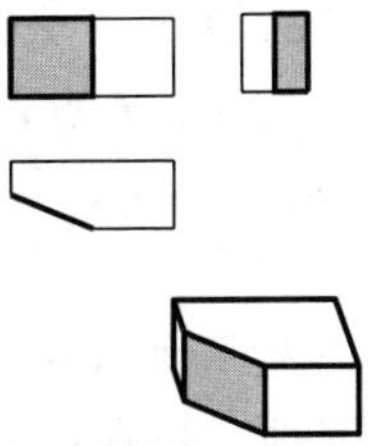	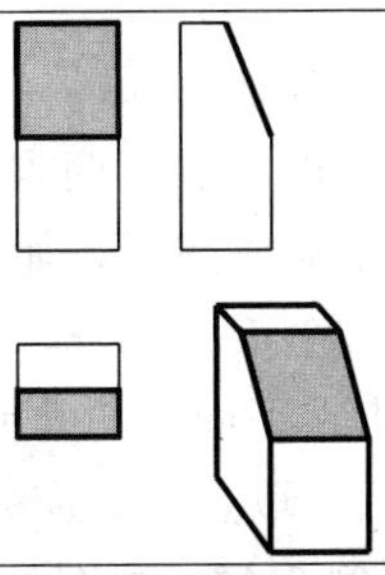
投影特性	垂直于正投影面，正投影面投影是斜线。其余两个投影成比原来小的类似形	垂直于水平投影面，水平投影面投影是斜线。其余两个投影成比原来小的类似形	垂直于侧立投影面，侧立投影面投影是斜线。其余两个投影成比原来小的类似形

3. 一般位置平面

倾斜于三个投影面的平面称为一般位置平面，如图 2-23 所示。

由于一般位置平面与三个投影面都倾斜，因此它的三个投影面都缩小，而且与原来的平面相似。三角形 SAB 的水平投影 sab、正面投影 $s'a'b'$、侧面投影 $s''a''b''$均为三角形，都小于平面 SAB。

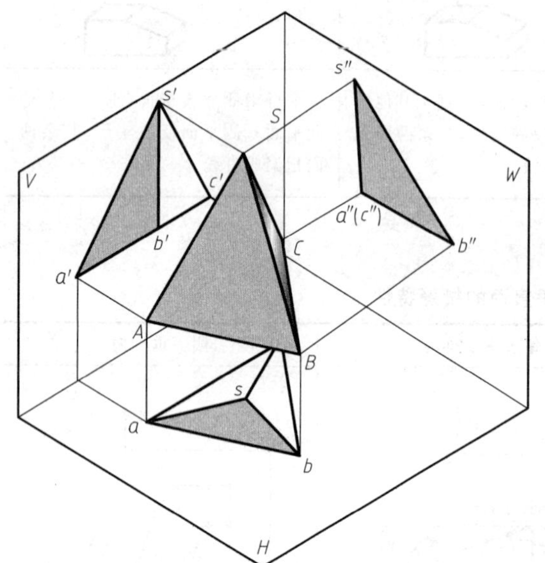

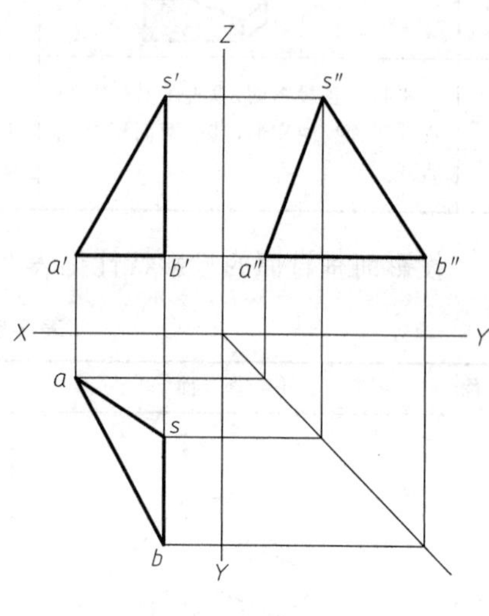

图 2-23 一般位置平面的投影

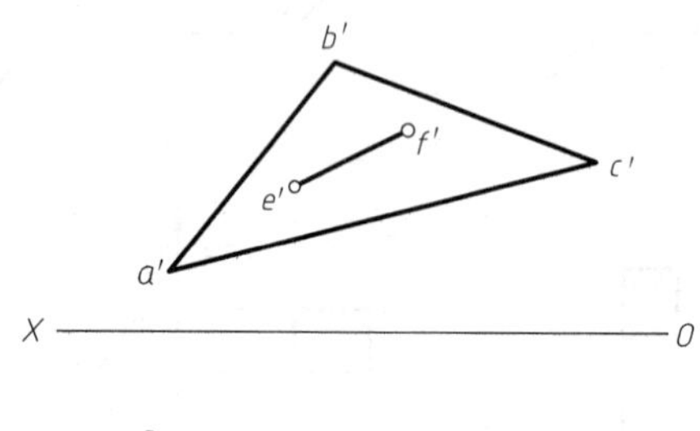

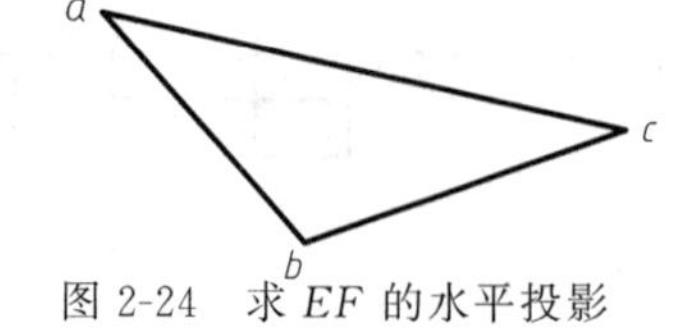

图 2-24 求 EF 的水平投影

四、平面上直线和点的投影

1. 平面上的直线

直线在平面上的几何条件是：

直线经过平面上的两点，或通过平面上的一个点，且平行于属于该平面任一直线，则直线在该平面上。

【例 2-3】 如图 2-24 所示，已知△ABC 上的直线 EF 的正面投影 $e'f'$，求水平投影 ef。

作图步骤，如图 2-25 所示。

① 将 $e'f'$延长，分别交 $a'b'$ 于 m'，交 $b'c'$ 于 n'，如图 2-25(a) 所示；

② 分别由 m'、n'作竖直线，交 ab 于 m，交 bc 于 n，如图 2-25(b) 所示；

③ 由 e'、f'两点作竖直，交 mn 于 e、f 点，如图 2-25(c) 所示；

④ 完成图形，如图 2-25(d) 所示。

2. 平面上的点

点在平面上的几何条件是：若点在平面内的一条直线上，则点一定在该平面上。因此，在平面上取点时，应先在平面上取直线，再在该直线上取点。

【例 2-4】 如图 2-26 所示，已知△ABC 上点 E 的正面投影 e'和点 F 的水平投影 f，求作它们的另一面投影。

作图步骤，如图 2-27 所示。

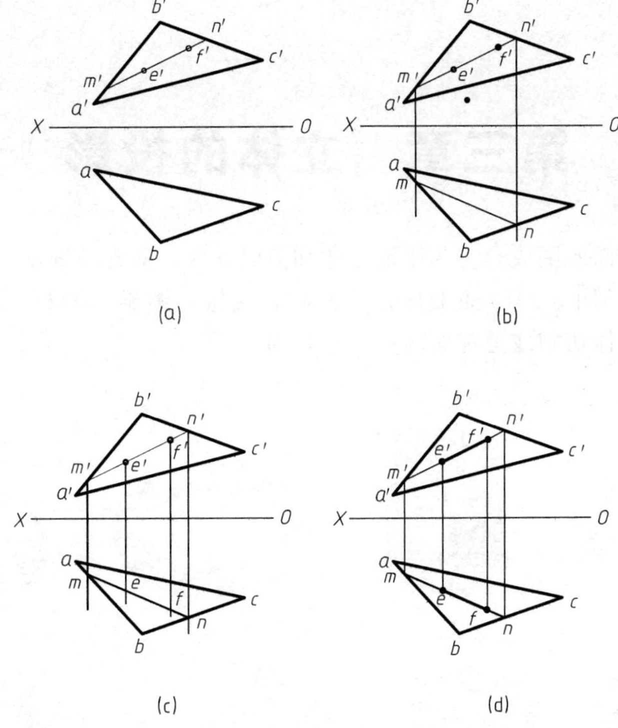

图 2-25 求 EF 点水平投影的步骤

① 过 e'点作一条辅助直线 $a'1'$，根据投影关系，作出水平投影 $a1$，如图 2-27(a)；

② 过 e'作竖直线与 $a1$ 相交，交点 e 就是所求点，如图 2-27(b)；

③ 连接 af，af 交 bc 于 2，根据投影原理作出 $2'$点，如图 2-27(c)；

④ 过 f 作垂直线与 $a'2'$的延长线相交，交点 f'即为所求，如图 2-27(d)。

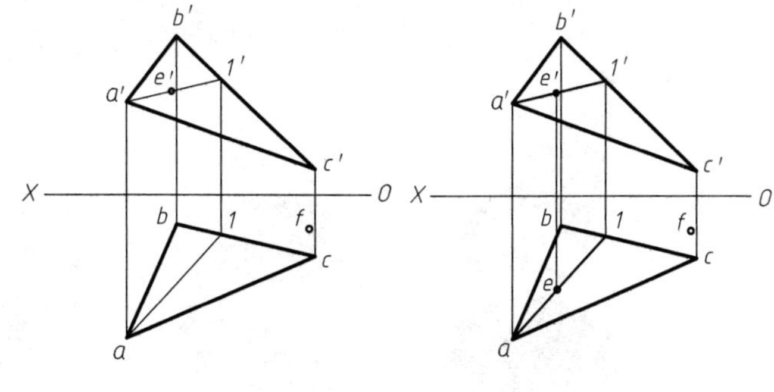

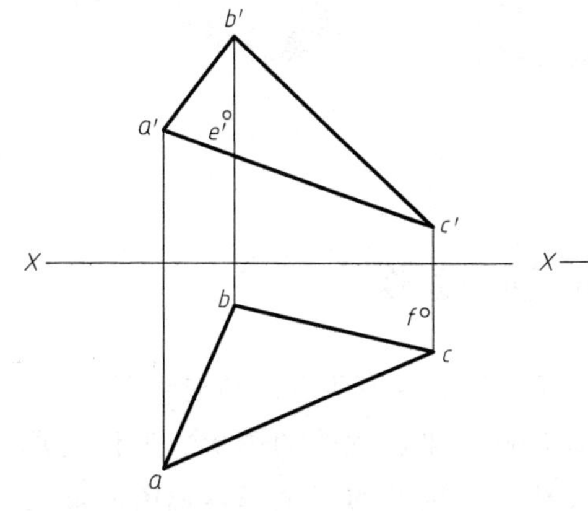

图 2-26 求点投影

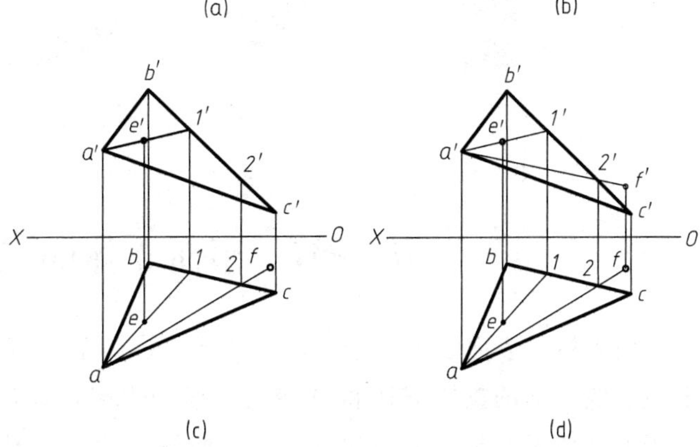

图 2-27 求点投影作图步骤

第三章 立体的投影

立体由若干个表面所围成，分为平面立体和曲面立体，通常情况下立体分为基本体（见图 3-1）和组合体（见图 3-2）。基本体是指棱柱、棱锥、圆锥、圆柱、圆环、球等简单立体，组合体是由基本体切割或叠加所组成的复杂物体。

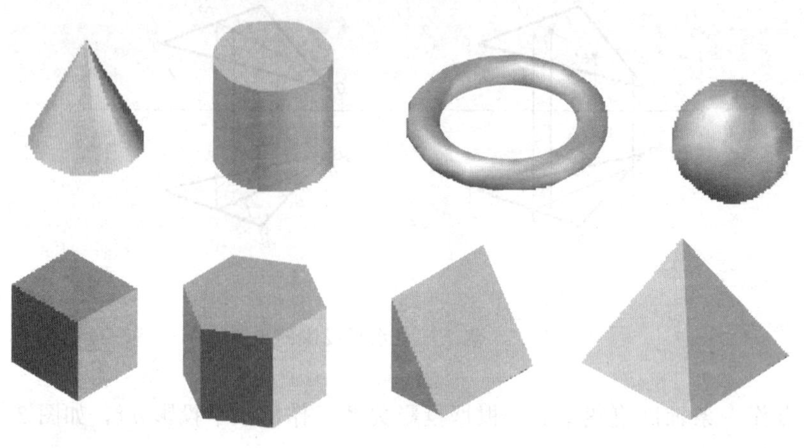

图 3-1 简单几何体

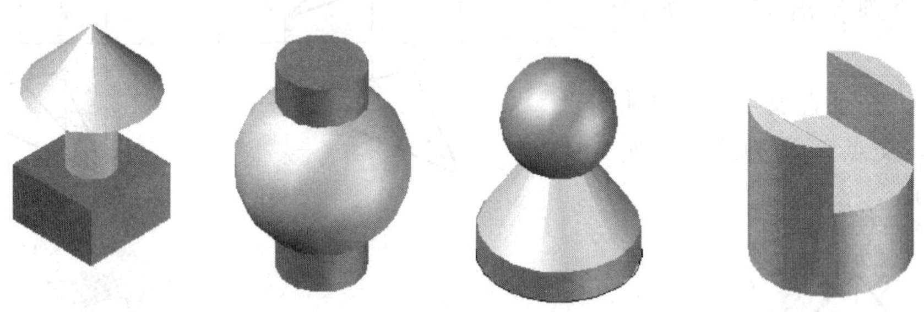

图 3-2 复杂几何体

第一节 平面立体的三面投影

平面立体的表面是由若干个平面所构成。而平面可看作是由一些直线和棱线所构成，按照点、线、面的投影规律将这些线、面画出来，即可画出平面立体的图形。工程上常见的平面立体有两种：棱柱和棱锥。下面就介绍六棱柱和三棱锥的三个基本视图的形成和画法。

一、棱柱

1. 棱柱的三面投影

如图 3-3(a) 所示的正六棱柱，六棱柱是由上、下正六边形和六个侧面（矩形）所构成。将它置于三投影面体系中，使其顶面、底面均为水平面，它们的水平投影反映实形，正面和侧面投影积聚为一直线。棱柱有六个侧面，前后为正平面，其正面投影反映实形，水平投影及侧面投影积聚为一直线。棱柱的其他四个侧面均为铅垂面，水平投影积聚为直线，正面投影和侧面投影为类似形。

直棱柱的投影特点：一个投影为多边形，反映棱柱的形状特征，另外两个投影是由矩形（实线和虚线）组成的矩形线框。

作图时，先画出对称中心线，再画出反映棱柱形状特征的投影——反映顶底面的正多边形，然后根据棱柱的高作出其他两个投影，如图 3-3(b) 所示。

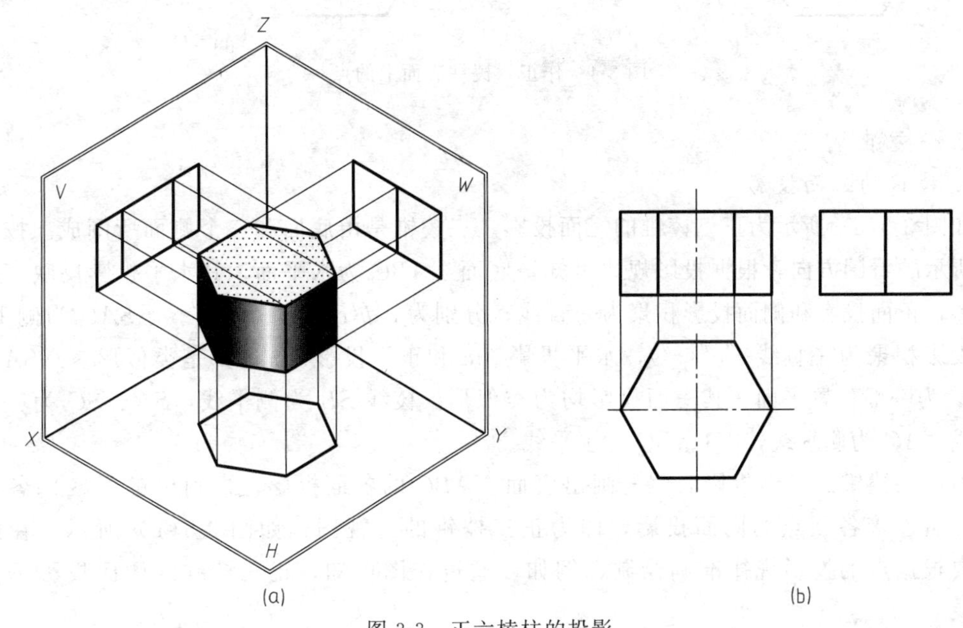

图 3-3　正六棱柱的投影

2. 棱柱表面上的点

在平面立体表面上的点，实质上就是平面上的点。作立体表面上点的投影时，首先确定点在平面上的位置，根据点的二面投影，求出第三面投影。在确定点的实际位置时，一定要判别点的可见性。若点所在表面的投影可见，则点的同面投影也可见；反之为不可见。正六棱柱的各个表面都处于特殊位置，因此在表面上的点可利用平面投影的积聚性来作图。

【例 3-1】 如图 3-4(a) 所示，已知正六棱柱表面上点 M 和点 N 的正面投影 m'、n'，求这两点的水平投影 m、n 和侧面投影 m''、n''。

解： 由于点 M 正面投影 m' 是可见的，因此点 M 必定在正六棱柱的左前侧面上，而左前侧面为铅垂面，其水平投影具有积聚性，因此 m 必在其有积聚性的水平投影上，由 m' 向下引投影连线可求出 m。根据 m' 和 m，由点的投影规律可求出 m''。由于点 N 正面投影 n' 是不可见的，因此点 N 必定在正六棱柱的后侧面上，而后侧面为正平面，其水平投影具有积聚性，因此 n 必在其有积聚性的水平投影上，由 n' 向下引投影连线可求出 n。根据 n' 和 n，由点的投影规律可求出 n''。如图 3-4(b) 所示。

注意：对不可见的点的投影，需加圆括号表示。

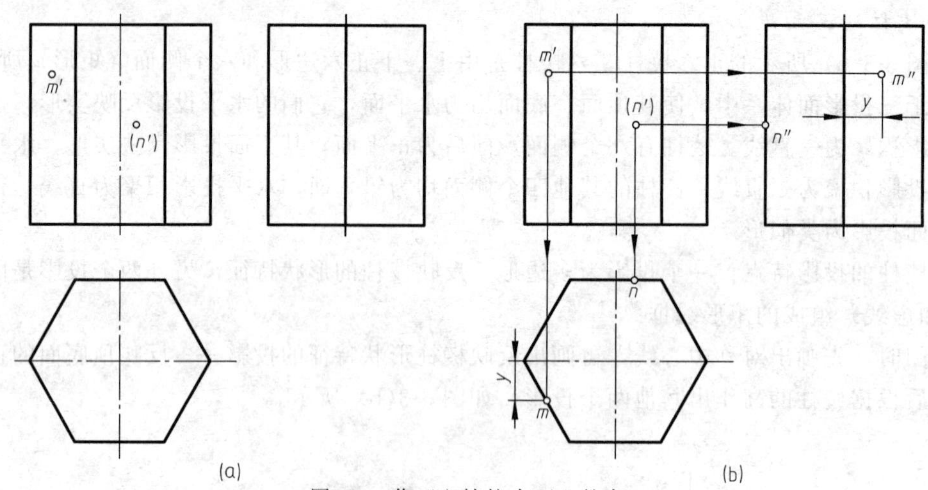

图 3-4　作正六棱柱表面上的点

二、棱锥

1. 棱锥的三面投影

如图 3-5(a) 所示为正三棱锥的三面投影。三棱锥是由底面和三个侧面所围成。按立体图中所示的看图方向，根据投影规律可知，底面△*ABC* 为水平面，其水平投影反映三角形的实形，正面投影和侧面投影积聚为一直线，分别为 *a'b'c'* 和 *a''*(*c''*)*b''*。△*SAC* 为侧垂面，侧面投影积聚为一直线 *s''a''*(*c''*)，水平投影 *sac* 和正面投影 *s'a'c'* 都是类似形。△*SAB* 和△*SBC* 为一般位置平面，其三面投影均为类似形。棱线 *SB* 为侧平线，*SA*、*SC* 为一般位置直线，*AC* 为侧垂线，*AB*、*BC* 为水平线。

画正三棱锥的三面投影时，先画出底面△*ABC* 的各面投影，再画出锥顶 *S* 的各面投影，然后连接各顶点的同面投影，即为正三棱锥的三视图，如图 3-5(b) 所示。在画图时，要根据点的投影规律准确绘制，例如，通过作图可知，正三棱锥的侧面投影不是等

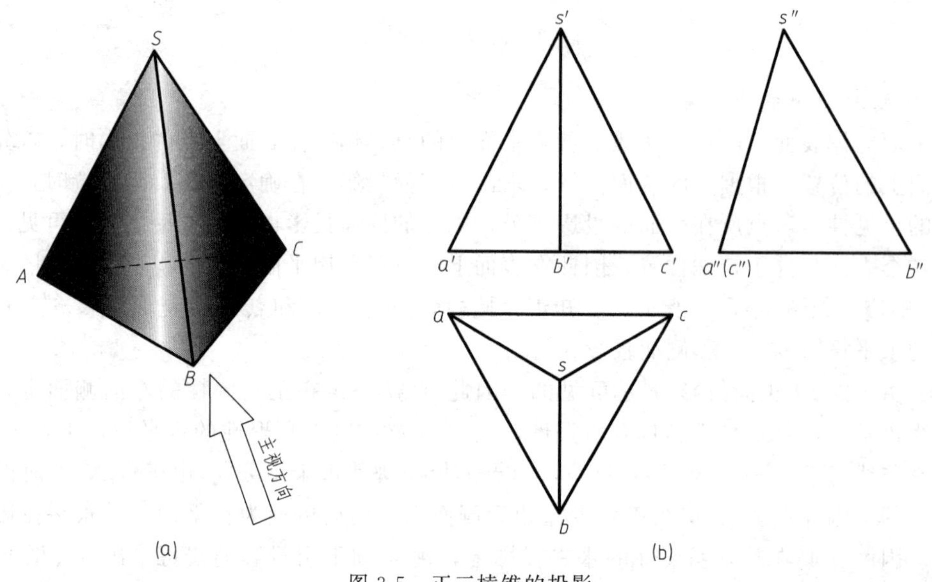

图 3-5　正三棱锥的投影

腰三角形。

2. 棱锥表面上的点

求作棱锥表面上点的投影和求棱柱表面上的点的投影相类似，首先要确定平面的三面投影，然后判断点在平面中的位置，由点的二面投影，按投影规律确定第三面投影。

【例 3-2】 如图 3-6(a) 所示，已知正三棱锥表面上点 M 的正面投影 m'，求点 M 的其余两面投影。

解法一：

由于 m' 是可见的，因此该点在一般位置平面——侧面 $\triangle SAB$ 上，可过锥顶 S 和点 M 作一辅助线 SⅠ，得其正面投影 $s'1'$，然后，作出辅助线 SⅠ 的水平投影 $s1$，在 $s1$ 上求出 M 点的水平投影 m，再根据 m、m' 求出 m''。作图步骤如图 3-6(b) 所示。

解法二：

过点 M 作一辅助线ⅠⅡ，使ⅠⅡ$/\!/AB$，得其正面投影 $1'2'$，然后，作出辅助线ⅠⅡ的水平投影 12，在 12 上求出 M 点的水平投影 m，再根据 m、m' 求出 m''。作图步骤如图 3-6(c) 所示。

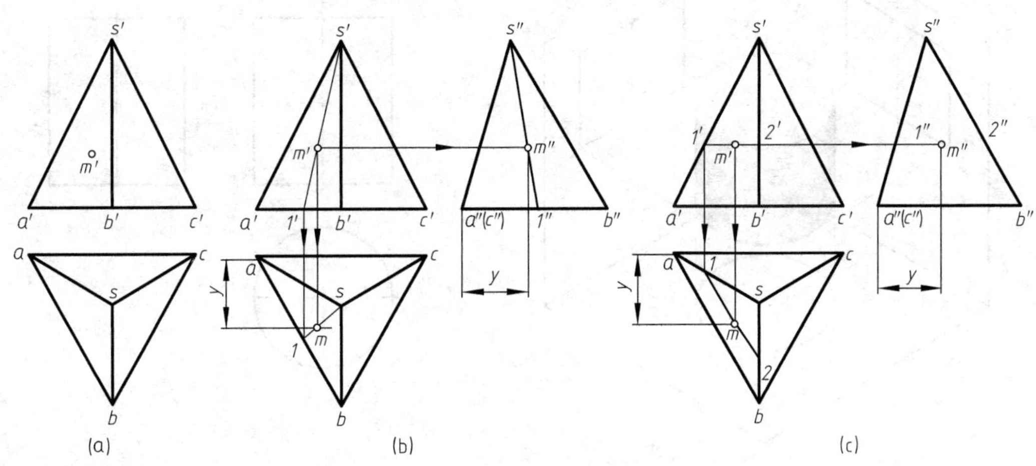

图 3-6　作正三棱锥表面上的点

第二节　回　转　体

由一动线（直线或曲线）绕一定直线回转而形成的曲面称为回转面。定直线称为回转轴。动线称为回转面的母线。回转面上任一位置的母线称为素线。母线上任意一点绕轴线回转所形成的圆称为纬圆。由回转面或回转面与平面所围成的立体称为回转体。常见的回转体有圆柱、圆锥、圆球和圆环等。

一、圆柱

1. 圆柱面的形成

圆柱面是由一条直母线绕与它平行的轴线旋转而成的。圆柱体由圆柱面和顶面、底面组成，如图 3-7

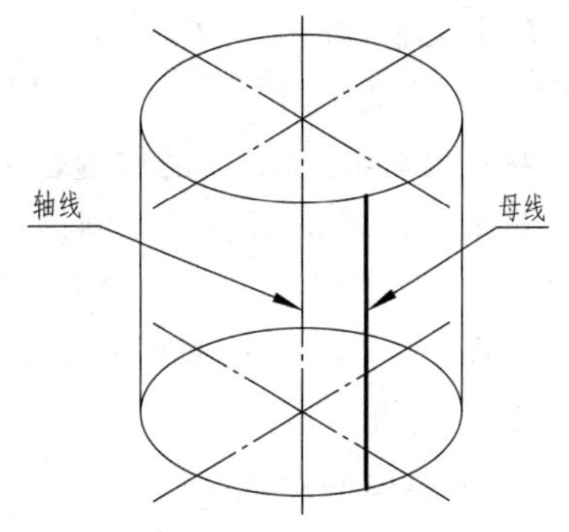

图 3-7　圆柱的形成

所示。

2. 圆柱的三面投影

如图 3-8 所示，圆柱的顶面、底面是水平面，正面和侧面投影均积聚为一直线。由于圆柱的轴线垂直于水平面，圆柱面的所有素线都垂直于水平面，故其水平投影积聚为圆。圆柱面的正面投影和侧面投影为形状、大小相同的矩形线框。矩形的两条水平线，分别是圆柱顶面和底面有积聚性的投影。在正面投影中，左右两轮廓线是圆柱面上最左、最右素线的投影，即圆柱面前、后分界线（转向轮廓线）的投影。它们把圆柱面分为前、后两部分，这两条素线是可见的前半部分与不可见的后半部分的分界线。在圆柱的侧面投影中，矩形的左右两轮廓线分别是圆柱的最前、最后素线的投影，即圆柱面左、右分界线（转向轮廓线）的投影。它们把圆柱面分为左、右两部分，这两条素线是可见的左半部分与不可见的右半部分的分界线。

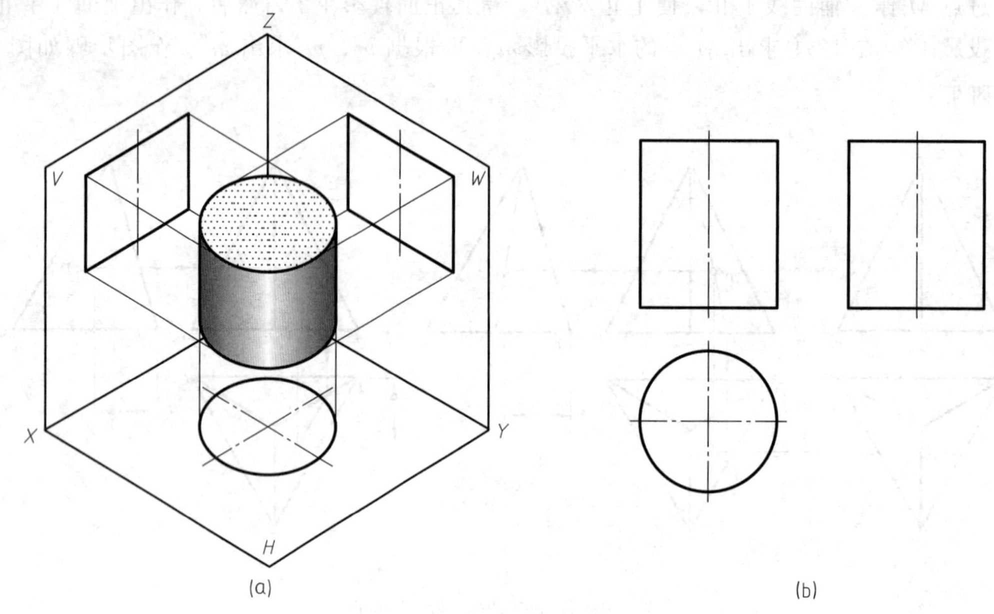

图 3-8 圆柱的投影

3. 圆柱表面上的点

圆柱表面上的点一定在圆柱的外表面上，由于圆的外表面水平投影为一个圆，所以点的水平投影一定在圆上，根据投影规律，很容易求出点的三面投影。

【例 3-3】 如图 3-9(a) 所示，已知圆柱面上点 M 和点 N 的正面投影 m'、n'，求另两面投影 m、m''和 n、n''。

解：根据给定的 m'的位置，可判定点 M 在前半圆柱面的左半部分；因圆柱面的水平投影有积聚性，故 m 必在前半圆周的左部，m''可根据 m'和 m 求得。根据给定的 n'的位置及可见性，可判定点 N 在后半圆柱面的右半部分；因圆柱面的水平投影有积聚性，故 n 必在后半圆周的右部，n''可根据 n'和 n 求得。作图步骤如图 3-9(b) 所示。

二、圆锥

1. 圆锥面的形成

圆锥面是由一条直母线绕与它相交的轴线旋转而成的。圆锥体由圆锥面和底面组成。如

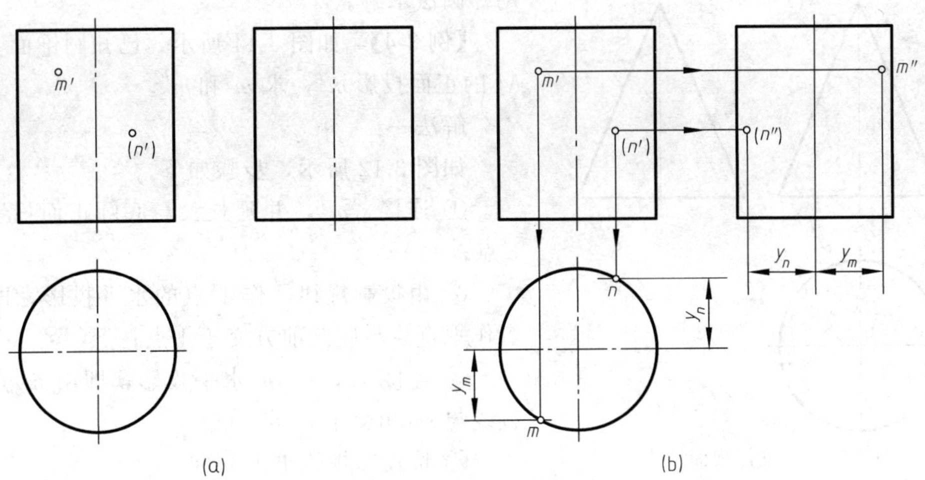

图 3-9　作圆柱表面上的点

图 3-10(a) 所示。

2. 圆锥的三面投影

图 3-10(b) 为圆锥的三面投影。水平投影的圆形反映圆锥底面的实形，同时也表示圆锥面的水平投影。它的正面投影和侧面投影为同样大小的等腰三角形，其下边为圆锥底面的积聚性投影。正面投影中三角形的左、右两边，分别表示圆锥面最左素线和最右素线（反映实长）的投影，它们是圆锥面正面投影可见的前半部分与不可见部分的后半部分的分界线；左视图中三角形的两边，分别表示圆锥面最前、最后素线的投影（反映实长），它们是圆锥面侧面投影可见的左半部分与不可见部分的右半部分的分界线。

画圆锥的三面投影时，先画出圆锥底面的各个投影，再画出锥顶点的投影，然后分别画出特殊位置素线的投影，即完成圆锥的三面投影。

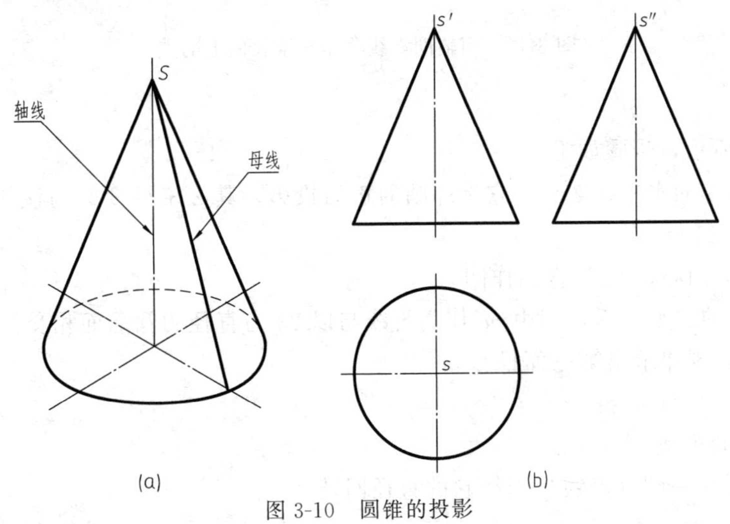

图 3-10　圆锥的投影

3. 圆锥表面上的点

圆锥是由圆锥面和底面围成的，如果在底面上取点，可在底面有积聚性的投影上取点。如果在圆锥面上取点，由于圆锥面的三面投影均不具有积聚性，所以应采用辅助素线法或辅

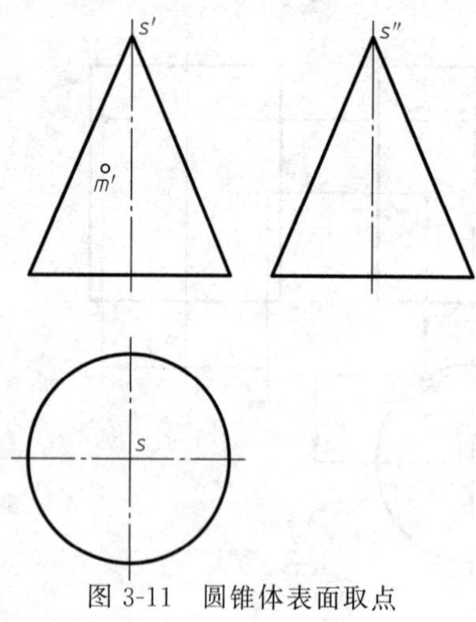

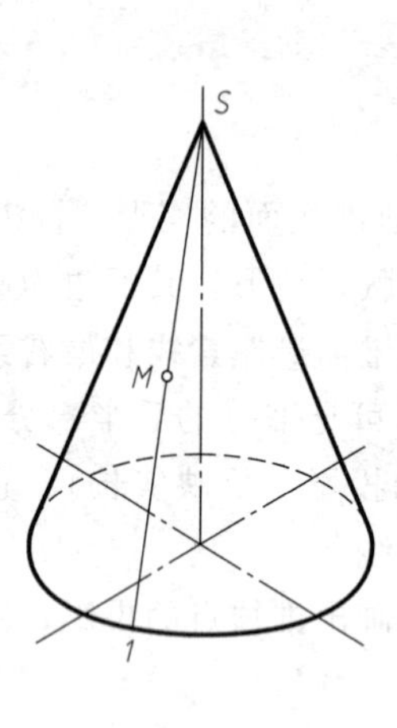

图 3-11　圆锥体表面取点

助纬圆法求解。

【例 3-4】　如图 3-11 所示，已知圆锥面上的点 M 的正面投影 m'，求 m 和 m''。

解法一：

如图 3-12 所示，步骤如下。

① 连接 $s'm'$，并延长，与底圆正面投影交于 $1'$ 点；

② 由投影规律，作 $1'$ 点的水平投影，即由 $1'$ 点作垂直线与底圆前方交于 1 点；

③ 连接 $s1$，作 m' 水平投影，即由 m' 点作垂直线与 $s1$ 相交于 m 点；

④ 按投影规律求出 m'' 点。

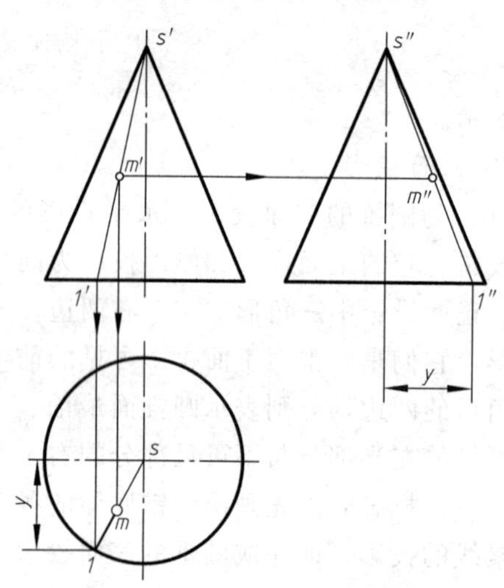

图 3-12　用辅助素线法作圆锥表面上的点

解法二：

如图 3-13 所示，步骤如下。

① 过 m' 所作的水平线 $2'3'$，它是纬圆的正面投影，其 $2'3'$ 长度即为该纬圆的直径，作 $2'3'$ 的水平投影 23 点；

② 以 s 点为圆心，23 为直径作圆；

③ 作 m' 点的水平投影，即由 m' 作竖直线与以 23 为直径的圆前面相交，交点为 m；

④ 根据投影规律求出第三面投影 m''。

三、圆球

1. 圆球面的形成

圆球面可看作一圆（母线）围绕它的直径回转而成。

2. 圆球的三面投影

如图 3-14 所示，圆球的三面投影，都是与圆球直径相等的圆。正面投影的轮廓圆是前、后两半球面的可见与不可见的分界线；水平投影的轮廓圆是上、下两半球面的可见与不可见的分界线；侧面投影的轮廓圆是左、右两半球面的可见与不可见的分界线。

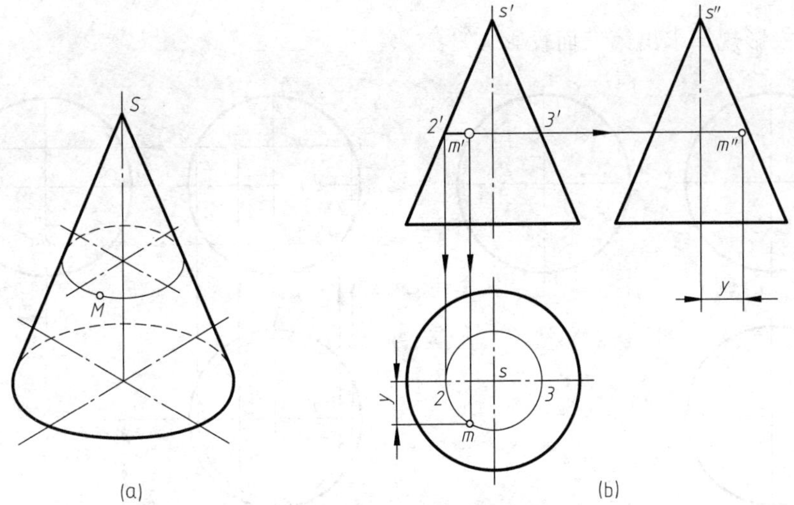

图 3-13 用辅助纬圆法作圆锥表面上的点

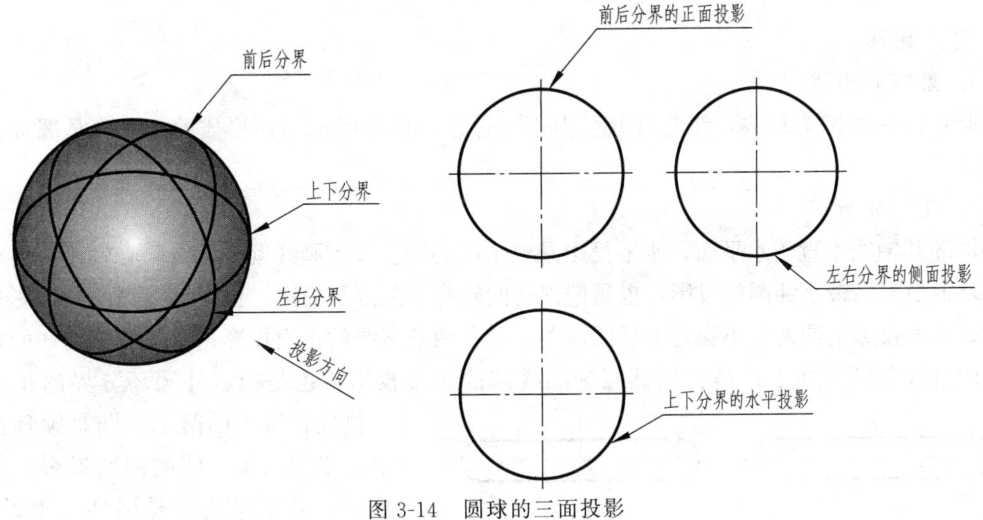

图 3-14 圆球的三面投影

3. 圆球表面上的点

作圆球表面上点的投影，要明确球的三面投影的意义，确定所求点所在与其平行的投影面所在圆的位置，根据投影规律，求出点的三面投影。

【例 3-5】 如图 3-15(a) 所示，已知圆球面上点 M 的正面投影 m 和点 N 的水平投影 n'，求其他两面投影。

解：如图 3-15(b) 所示，作图步骤如下。

① 过点 m' 作平行于 X 轴的辅助线，与圆交于 $1'$ 点和 $2'$ 点；

② 作 $1'$ 点和 $2'$ 点的水平投影 1 点和 2 点；

③ 以水平圆的圆心为圆心，以 1 至 2 点为直径画圆；

④ 过 m' 作垂直线与所作圆相交于前方，即为所求 m 点；

⑤ 根据投影规律作出第三面投影 m''；

⑥ 由于 N 点在圆球的前后分界线上，正面投影在圆上，由 n 作垂线与大圆的下方交于

n'点；

⑦ 根据投影规律求出第三面投影 n''。

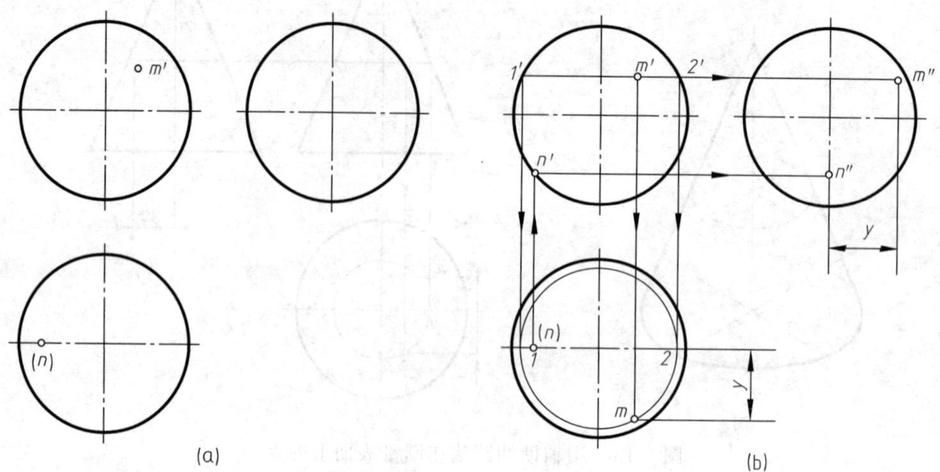

图 3-15 作圆球表面上的点

四、圆环

1. 圆环的形成

圆环面是以圆为母线，绕与其共面但不通过圆心的轴线回转而形成的。圆环是圆环面围成的立体。

2. 投影分析

圆环其轴线垂直于水平面，水平投影是三个同心圆。细点画线圆是母线同心轨迹；内外实线圆环上最大、最小纬圆的投影，也是俯视转向轮廓线的水平投影。正面投影和侧面投影形状相同。正面投影上的两个小圆是圆环面最左、最右两条素线的正面投影；两条与圆相切的水平方向的直线是圆环面上最高、最低两条纬线圆的正面投影，也是内、外圆环分界的正面投影。侧面投影上的两个小圆是圆环面上最前、最后两条素线的侧面投影，和它相切的两条水平直线是圆环面上最高、最低两条纬线圆的侧面投影。由于内环面的正面和侧面投影均为不可见，所以圆素线靠近轴线的半圆应画成虚线。

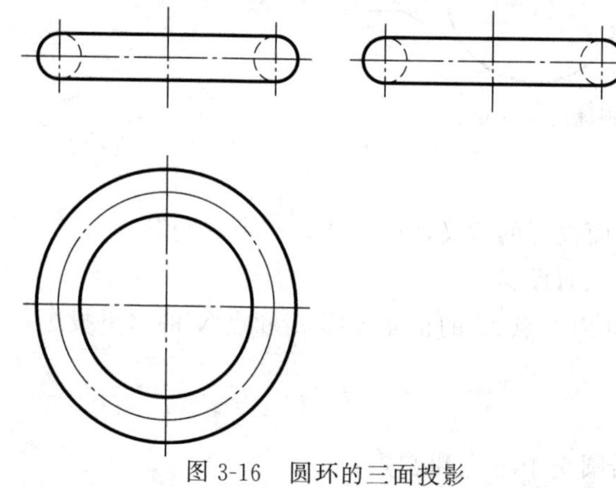

图 3-16 圆环的三面投影

3. 作图步骤

先画出圆环的轴线、对应中心线的三面投影，再画与圆环的轴线所垂直的投影面上的投影，最后画其他两个投影，如图 3-16 所示。

第三节 切 割 体

在物体上经常出现平面与平面立体表面相交或与回转体表面相交的情况。交线是平面与立体表面的共有线。绘图时，为了清楚地表达物体的形状，必须正确地画出其交线的投影。

平面与立体表面的交线在一般情况下是不能直接画出来的，因此必须先设法求出属于交线上的若干个点，然后把这些点连接起来。

当平面切割立体时，与立体表面所形成的交线称为截交线；切割立体的平面称为截平面；因截平面的截切在立体表面上被截交线围成的平面称为截断面。

一、平面切割平面立体

平面立体被截切产生的截交线是由直线组成的平面多边形。多边形的边是立体表面与截平面的交线，而多边形的顶点则是立体棱线与截平面的交点。截交线既在立体表面上，又在截平面上，所以它是立体表面和截平面的共有线，截交线上的每一点都是它们的共有点。因此，求截交线实际上是求截平面与平面立体棱线的交点，或求截平面与平面立体表面的交线。

（1）截交线的性质　平面立体被平面截切时，立体表面形状的不同和截平面相对于立体的位置不同，所形成截交线的形状也不同，但任何截交线均具有以下两个性质：

① 封闭性——截交线是封闭的平面多边形；

② 共有性——截交线是截平面与立体表面的共有线。

（2）画截交线的一般方法

① 空间分析。分析截平面与立体的相对位置，确定截交线的形状；分析截平面与投影面的相对位置，确定截交线的投影特征。

② 画投影图。求出平面立体上被截断的各棱线与截平面的交点，然后顺次连接各点成封闭的平面图形。求各棱线与截平面的交点的方法叫做棱线法。

1. 平面切割棱柱

【例 3-6】 如图 3-17(a) 所示，已知正五棱柱被正垂面截切掉左上方的一块，被切割掉的部分用双点画线表示，完成立体被截切后的三面投影。

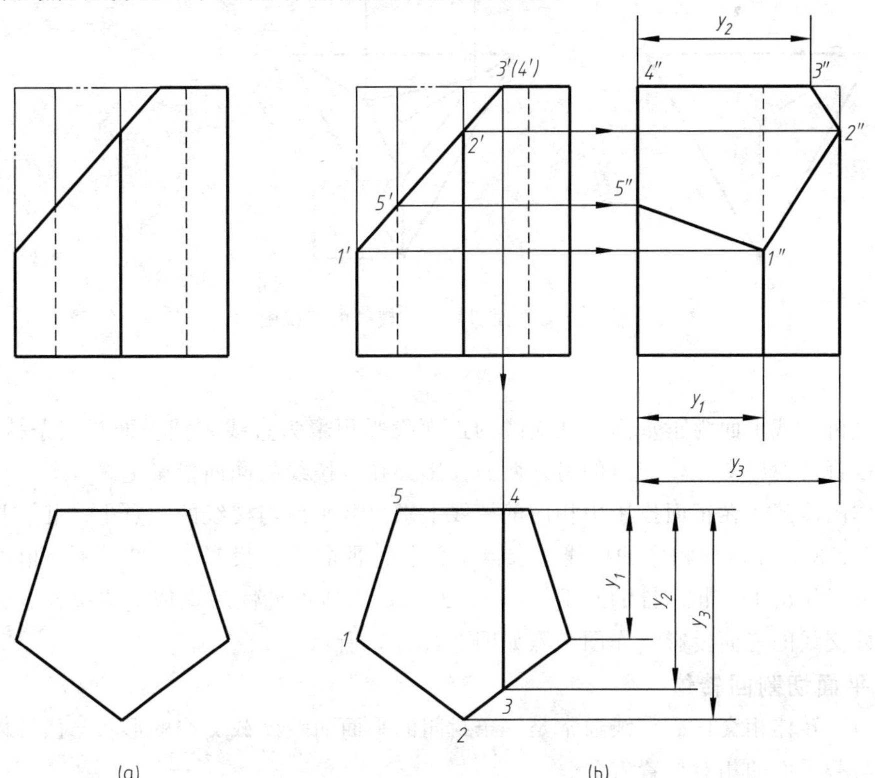

图 3-17　平面切割正五棱柱的三视图

解：

(1) 分析　由图可知，正五棱柱被正垂面截切，截交线的正面投影积聚为一条直线。水平投影除顶面上的截交线外，其余各段截交线都积聚在正五边形上。

(2) 作图步骤　画出正五棱柱轮廓线的侧面投影，由截交线的正面投影可得截平面的各个顶点Ⅰ、Ⅱ、Ⅲ、Ⅳ、Ⅴ的正面投影1′、2′、3′、4′、5′，在水平面和侧面相应的棱线上求得Ⅰ、Ⅱ、Ⅲ、Ⅳ、Ⅴ的水平投影1、2、3、4、5，侧面投影1″、2″、3″、4″、5″，依水平投影的顺序连接侧面投影各交点，可得截交线的投影。正五棱柱轮廓线的侧面投影被截去的部分用双点画线表示。

(3) 判别可见性　俯视图、左视图上截交线的投影均为可见，在左视图中右后棱线的投影不可见，应画成虚线。作图步骤如图3-17(b)所示。

2. 平面切割棱锥

【例3-7】　如图3-18(a)所示，已知正三棱锥被正垂面截切，求截切后的水平投影和侧面投影。

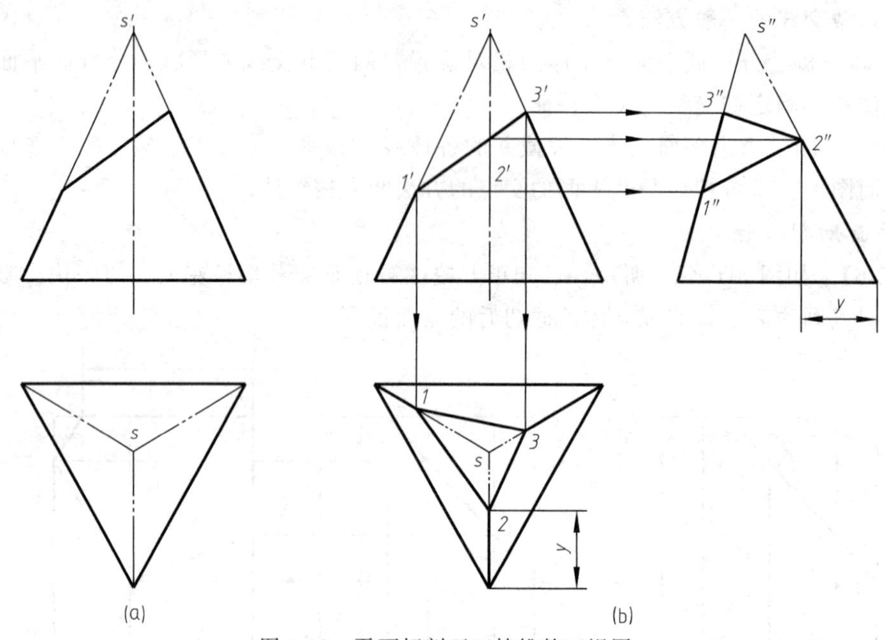

图3-18　平面切割正三棱锥的三视图

解：

(1) 分析　截平面为正垂面，截交线的正面投影积聚为直线。截平面与三条棱线相交，从正面可以直接找出交点，交点的另外两面投影必在各棱线的同面投影上。

(2) 作图步骤　在正面投影中相应的棱线上求出截平面与棱线的交点Ⅰ、Ⅱ、Ⅲ的正面投影1′、2′、3′，在侧面相应的棱线上求得Ⅰ、Ⅱ、Ⅲ的侧面投影1″、2″、3″，根据点的投影规律，可以作出Ⅰ、Ⅱ、Ⅲ的水平投影1、2、3，判断可见性后，依次连接各点的同面投影，即得截交线的三面投影。作图步骤如图3-18(b)所示。

二、平面切割回转体

平面与回转体相交，截交线通常是一条封闭的平面曲线。截交线的形状与回转体的几何性质及其与截平面的相对位置有关。

（1）截交线的性质 平面切割回转体产生的截交线有如下性质：

① 截交线是截平面和回转体表面的共有线，截交线上有点是它们的共有点；

② 截交线是封闭的平面图形；

③ 截交线的形状，取决于回转体的几何性质及截平面对回转体轴线的相对位置。

（2）求截平面的方法和步骤 截交线上有一些能确定其形状和范围的特殊点，包括转向轮廓线上的点（可见与不可见的分界点）和极限位置点（最高、最低、最左、最右、最前、最后点）等，其他的点为一般点。求截交线时，通常先作出这些特殊点，然后按需要再求作若干一般点，最后依次光滑连接各点的同面投影，并判别可见性。当截平面为特殊位置平面时，截交线的投影就积聚在截平面具有积聚性的同面投影上，可利用在回转体表面上取点的方法求作截交线。

具体步骤如下：

① 分析回转体的几何性质、截平面与投影面的相对位置、截平面与回转体轴线的相对位置，初步判断截交线的形状及其投影；

② 求出截交线上的点，首先找特殊点，然后按需要再补充若干一般点；

③ 补全轮廓线，光滑地连接各点并判别可见性，求得截交线的投影。

1. 平面切割圆柱体

平面与圆柱体相交，截交线的形状取决于截平面与圆柱轴线的相对位置。平面截切圆柱体截交线的形式有三种，见表 3-1。

表 3-1 平面与圆柱体相交

立体图	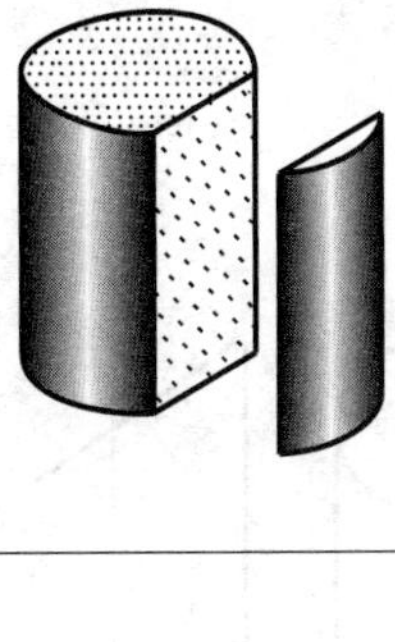	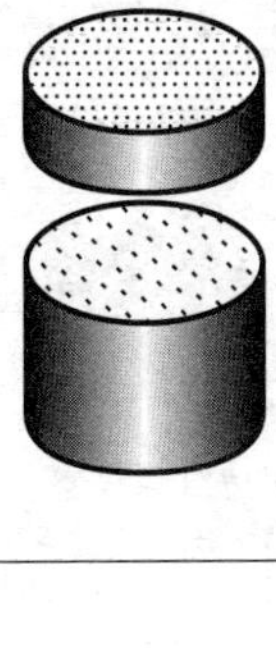	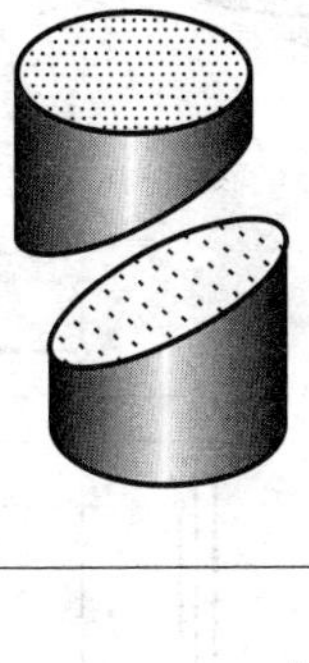
投影图	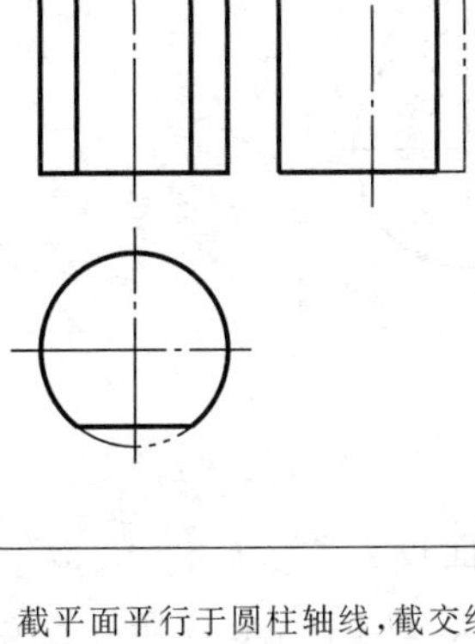	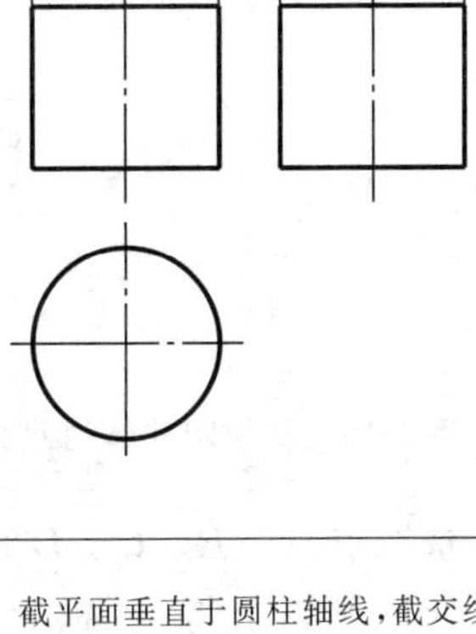	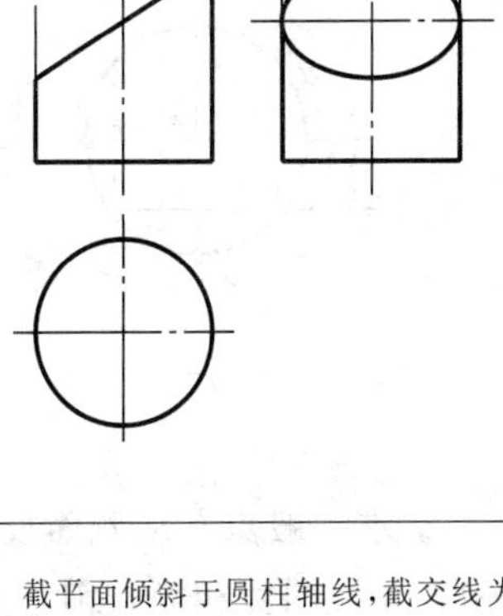
交线情况	截平面平行于圆柱轴线，截交线为矩形	截平面垂直于圆柱轴线，截交线为圆	截平面倾斜于圆柱轴线，截交线为椭圆

【例 3-8】 如图 3-19(a)、(b) 所示，已知斜切圆柱体的水平投影和侧面投影，求作其正面投影。

解:

(1) 分析 圆柱的轴线是铅垂线，截平面为侧垂面，斜切圆柱体的截交线为椭圆。

截交线的侧面投影积聚为直线，水平投影积聚在圆周上，正面投影为椭圆。

(2) 作图步骤

① 求特殊点。截交线最前素线上的点Ⅰ和最后素线上的点Ⅲ分别是截交线的最低点和最高点。截交线最右点Ⅱ和最左点Ⅳ分别是最右素线和最左素线与截平面的交点。作出点Ⅰ、Ⅱ、Ⅲ、Ⅳ的侧面投影1″、2″、3″、4″，根据从属关系求出点Ⅰ、Ⅱ、Ⅲ、Ⅳ的水平投影1、2、3、4和正面投影1′、2′、3′、4′。如图 3-19(c) 所示。

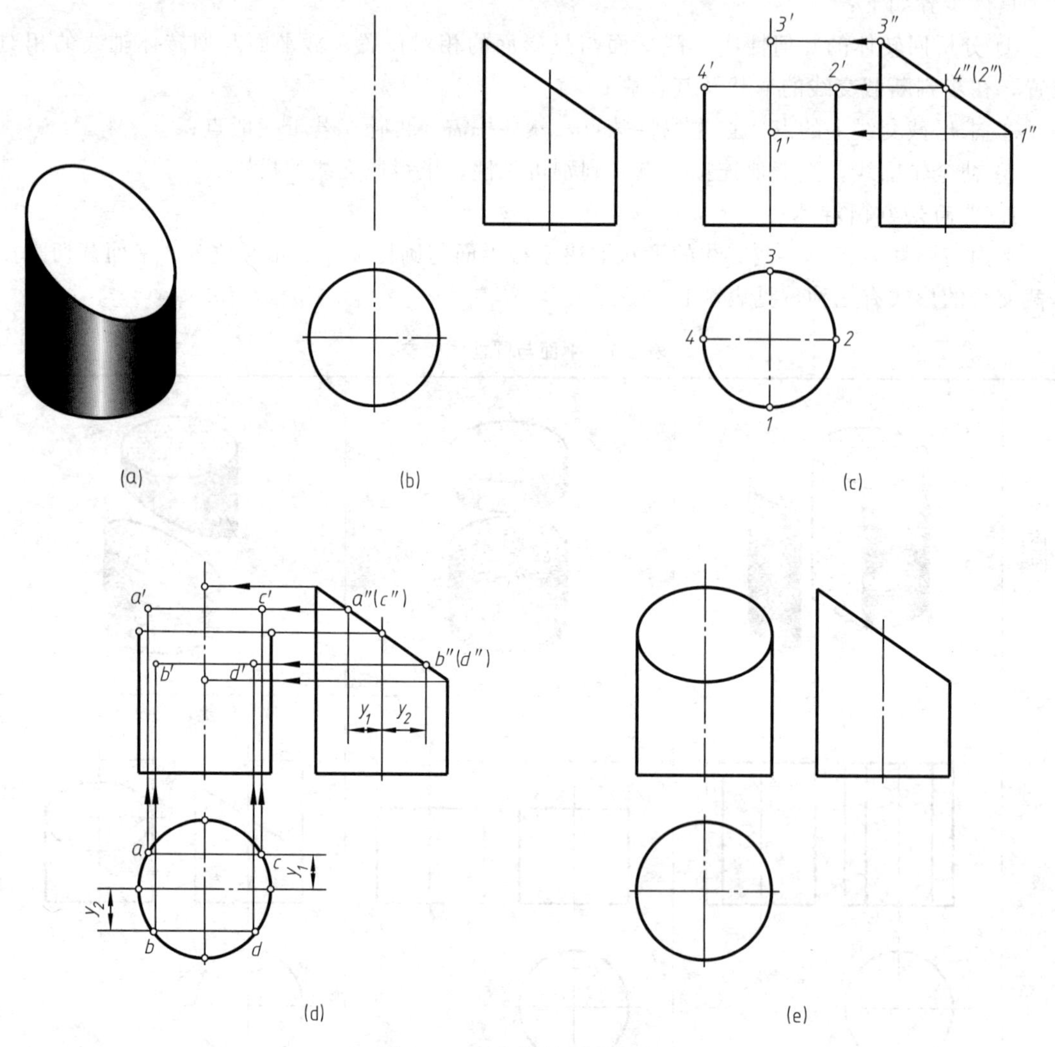

图 3-19 斜切圆柱体的截交线

② 求一般点。从侧面投影上选取点 A、B、C、D 的侧面投影 a''、b''、c''、d''，然后根据俯、左视图宽相等，前后对应的原则，求得点 A、B、C、D 的水平投影 a、b、c、d，根据点的投影规律，求出点 A、B、C、D 的正面投影 a'、b'、c'、d'。如图 3-19(d) 所示。

③ 按截交线的顺序，光滑地连接各点的正面投影。正面投影的轮廓线画到 2、4 为止，并与椭圆相切，如图 3-19(e) 所示。

【例 3-9】 如图 3-20(a) 所示，已知带切口圆柱体的正面投影和水平投影，求作其侧面投影。

解：

(1) 分析　圆柱体上部被四个截平面截切，下部被三个截平面截切，为左右对称的图形。其中竖直的四个面是平行于圆柱轴线的侧平面，它们与圆柱面的截交线为两条铅垂线，与顶面的截交线为正垂线。其余三个截平面是垂直与圆柱轴线的水平面，它们与圆柱面的截交线为圆弧。侧平面与水平面间产生的交线均为正垂线。

(2) 作图步骤　在正面和水平面上找出点Ⅰ、Ⅱ、Ⅲ、Ⅳ、Ⅴ、Ⅵ、Ⅶ的正面投影和水平投影 1′、2′、3′、4′、5′、6′、7′ 和 1、2、3、4、5、6、7，根据点的投影规律作出点Ⅰ、Ⅱ、Ⅲ、Ⅳ、Ⅴ、Ⅵ、Ⅶ的侧面投影 1″、2″、3″、4″、5″、6″、7″，按顺序依次连接各点，如图 3-20(b) 所示。

(3) 判别可见性　圆柱下部截平面交线的侧面投影为不可见，应画成虚线。擦去不必要的图线，校核加深，如图 3-20(c) 所示。

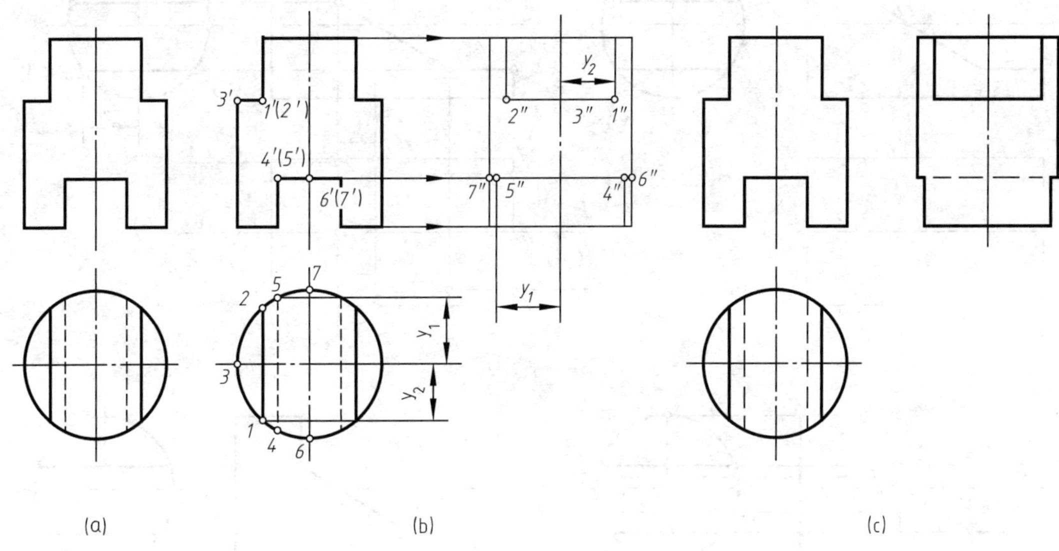

图 3-20　带切口圆柱体的投影

【例 3-10】 如图 3-21(a) 所示，已知圆柱体被三个平面截切后的正面和侧面投影，求其水平投影。

解：

(1) 分析　圆柱的轴线是侧垂线，截断体分别被侧平面、正垂面、水平面截切圆柱体而成。侧平面与圆柱轴线相垂直，截交线为圆弧，其正面投影、水平投影均为直线，侧面投影为圆弧。正垂面与圆柱轴线相倾斜，截交线为部分椭圆，正面投影为直线，侧面投影与圆重合，水平投影为椭圆弧。水平面与圆柱轴线相平行，截交线为矩形，水平投影为矩形，正面投影、侧面投影均为直线。

(2) 作图步骤

① 求特殊点。侧平面截切圆柱所形成截交圆弧的最高点Ⅰ和前后两端点Ⅱ、Ⅲ的侧面

投影 1″、2″、3″和正面投影 1′、2′、3′ 可直接求出，并根据两面投影求出其水平投影 1、2、3。Ⅱ、Ⅲ点也是部分椭圆的两个端点，另外两个端点Ⅳ、Ⅴ正面投影 4′、5′和侧面投影 4″、5″可直接求出，并根据两面投影求出其水平投影 4、5。点Ⅵ、Ⅶ是部分椭圆短轴的端点，也是截交线的最前点和最后点。其正面投影 6′、7′ 和侧面投影 6″、7″可直接求出，根据两面投影求出其水平投影 6、7。水平面与圆柱的截交线是矩形，点Ⅳ、Ⅴ是矩形截交线的两个端点，另外两个端点Ⅷ、Ⅸ的正面和侧面的投影也可以直接求出，并根据两面投影求出水平投影，如图 3-21(b) 所示。

② 求一般点。圆弧和矩形的截交线不需要一般点。在截交线的椭圆部分选 A、B、C、D 四点，可直接求出其正面和侧面的投影 a'、b'、c'、d' 和 a''、b''、c''、d''，并根据其两面投影求出水平投影 a、b、c、d，如图 3-21(c) 所示。

(3) 用光滑的曲线连接各点的水平面投影，并补全轮廓线。水平投影转向轮廓线画到 6、7 为止，并与椭圆相切，如图 3-21(d) 所示。

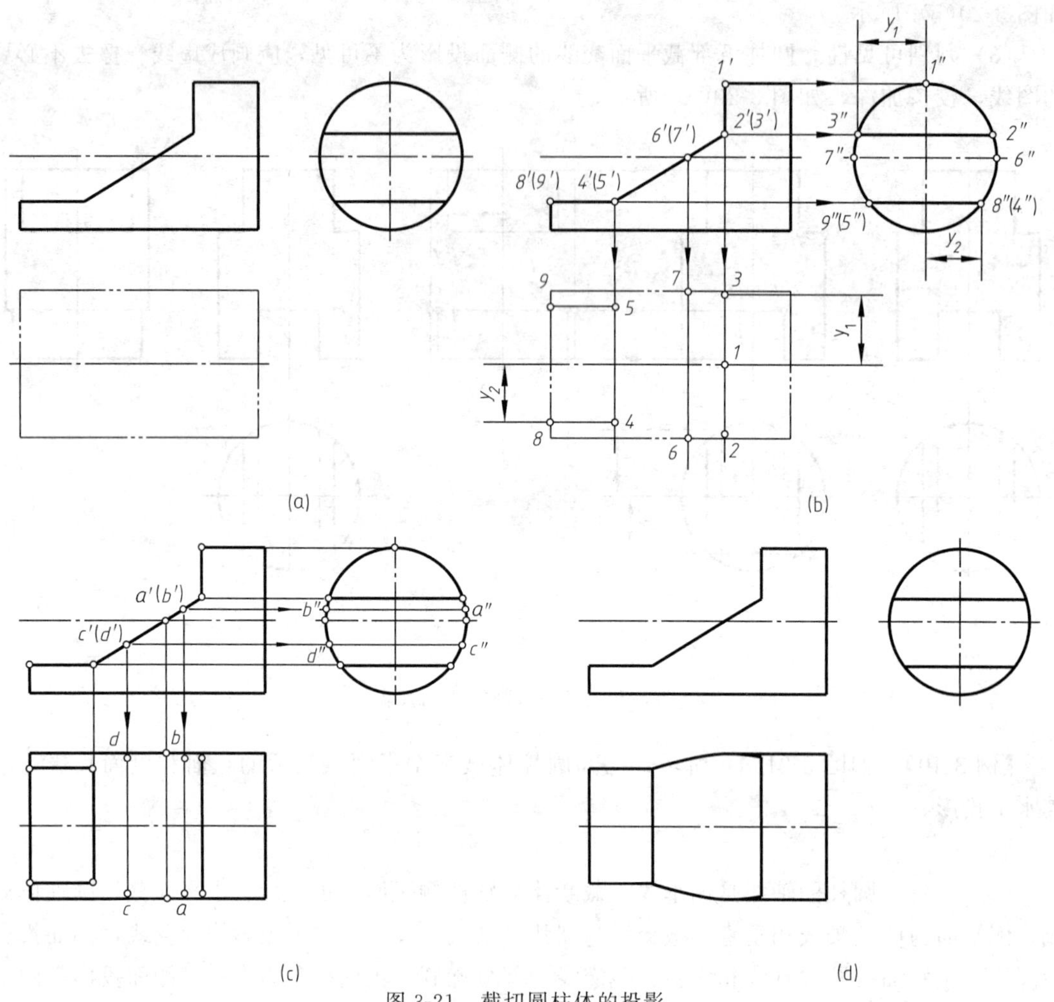

图 3-21　截切圆柱体的投影

2. 平面切割圆锥体

根据截平面与圆锥体的截切位置和与轴线倾角的不同，截交线有五种不同的情况，见表 3-2。

表 3-2　平面与圆锥的交线

立体图	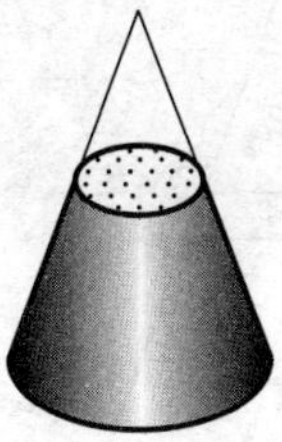	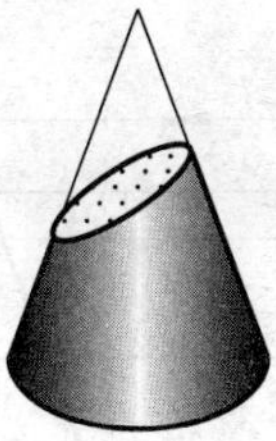	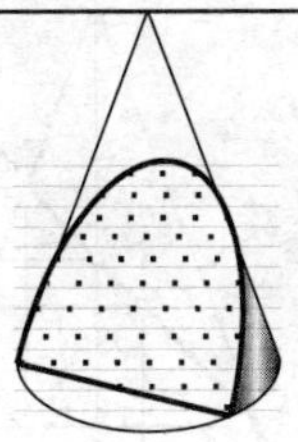	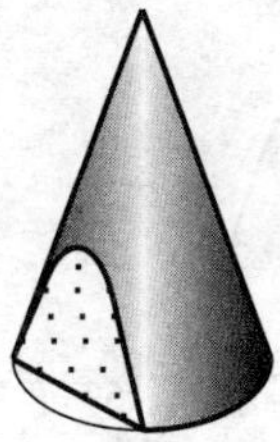	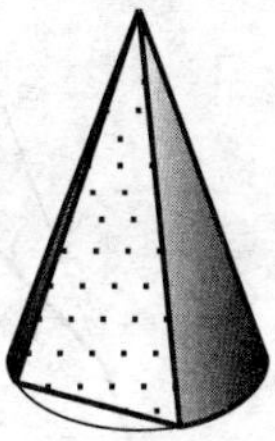
投影图	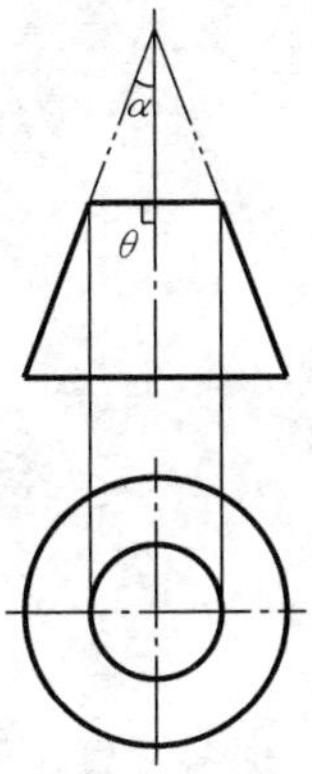	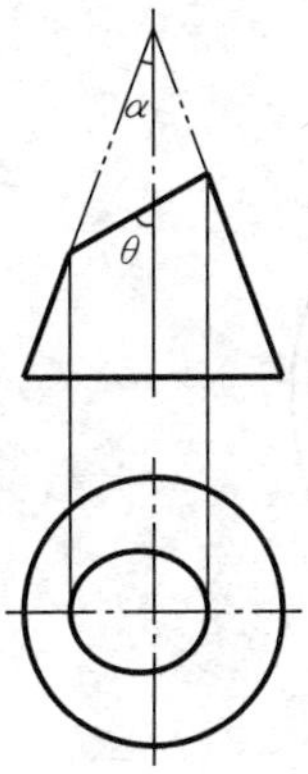	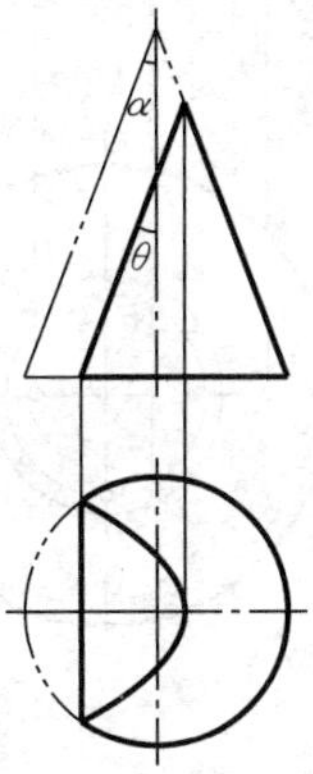	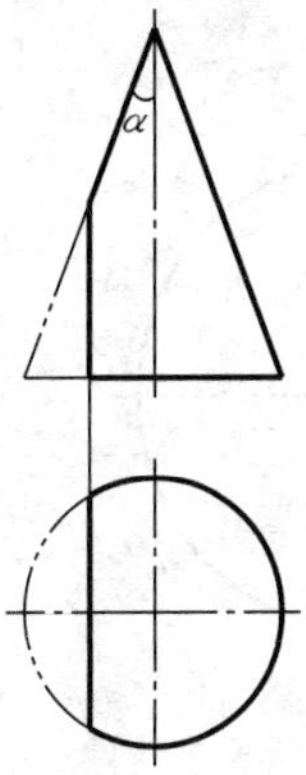	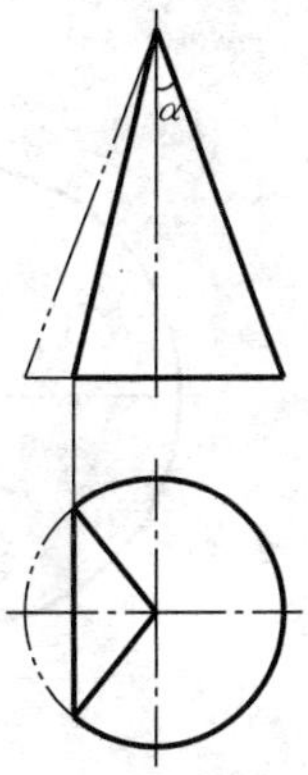
交线情况	截平面垂直于圆锥轴线（$\theta=90°$），截交线为圆	截平面倾斜于圆锥轴线，且 $\theta>\alpha$，截交线为椭圆	截平面倾斜于圆锥轴线，且 $\theta=\alpha$，截交线为抛物线	截平面平行于圆锥轴线，且 $\theta=0$ 或 $\theta<\alpha$，截交线为双曲线	截平面通过圆锥锥顶，截交线为三角形

【例 3-11】 如图 3-22(a) 所示，已知圆锥体的正面投影和部分水平面投影，补全平面截切圆锥体的水平投影和侧面投影。

解：

(1) 分析　圆锥体的轴线为铅垂线，截平面与圆锥轴线的倾角大于圆锥母线与轴线的夹角，所以截交线为椭圆。由于截平面是正垂面，截交线的正面投影为直线，水平投影和侧面投影均为椭圆。

(2) 作图步骤

① 求特殊点。截交线的最低点Ⅰ和最高点Ⅱ，是椭圆长轴的两个端点，它们的正面投影 1′、2′ 可以直接求出，水平投影 1、2 和侧面投影 1″、2″按点从属于线的关系求出。截交线的最前点Ⅴ和最后点Ⅵ，是椭圆短轴的两个端点，它们的正面投影为 1′2′的中点，利用“纬圆法”可以求出它们的水平投影 5、6 和侧面投影 5″、6″。圆锥体最前、最后素线与正面投影的交点 3′、4′ 可以直接求出，水平投影 3、4 和侧面投影 3″、4″可按点从属于线的关系求出，如图 3-22(b) 所示。

② 求一般点。在正面投影中，选择适当的位置作截平面上的点 a'、b'，利用“辅助纬圆法”可以求出它们的水平投影 a、b 和侧面投影 a''、b''，如图 3-22(c) 所示。

③ 用光滑的曲线连接各点同面投影，求出截断体的水平投影和侧面投影，并补全轮廓线，侧面投影轮廓线画到 3″、4″，并与椭圆相切，如图 3-22(d) 所示。

【例 3-12】 如图 3-23(a) 所示，已知圆锥体的侧面投影和部分正面投影，补全平面截切圆锥体的水平投影和正面投影。

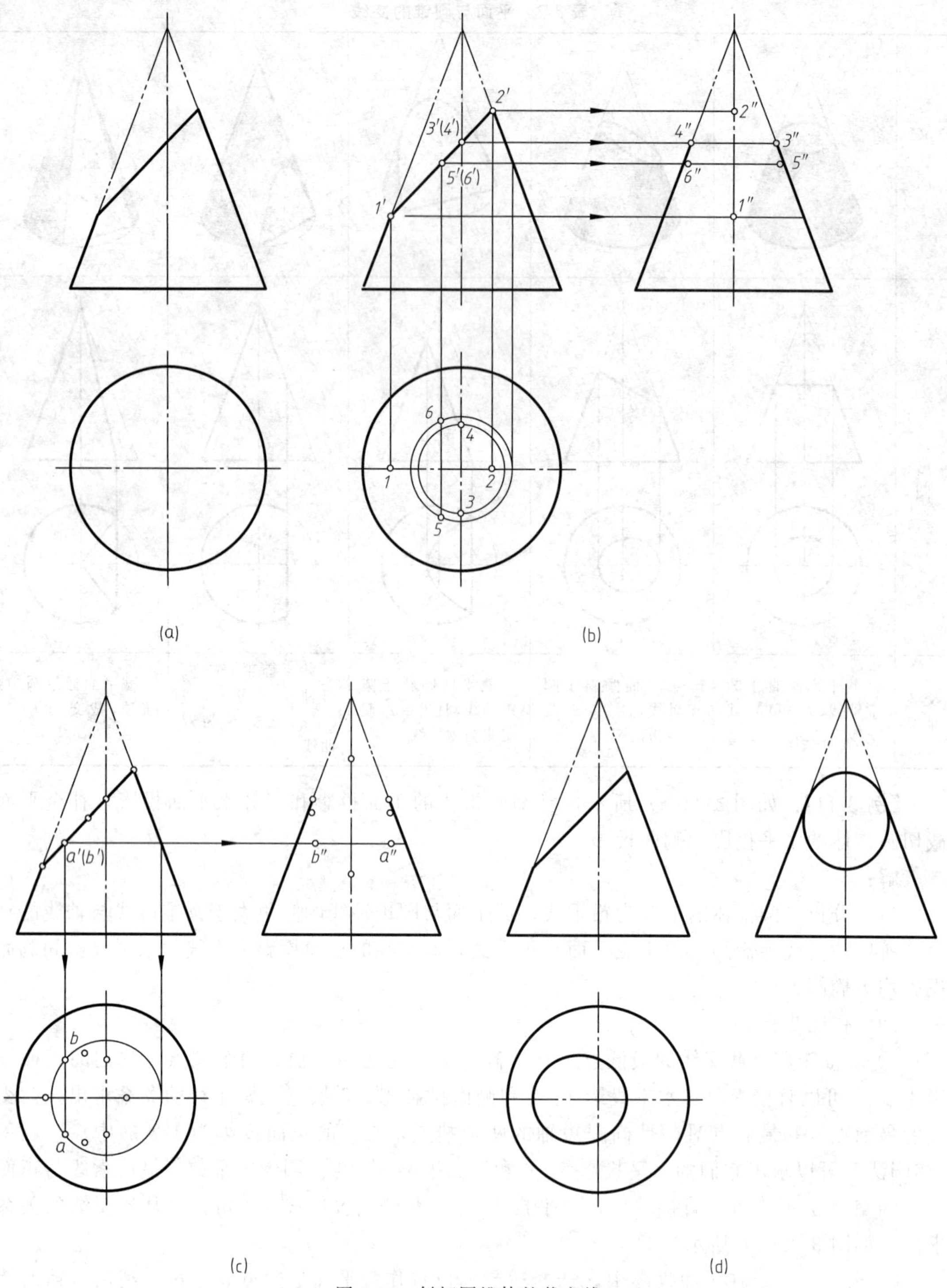

图 3-22　斜切圆锥体的截交线

解：

(1) 分析　截平面为不过锥顶而平行于圆锥轴线的正平面，截交线为双曲线，其侧面和水平投影积聚为直线，正面投影为双曲线。

(2) 作图步骤

① 求特殊点。在侧面投影上找出截平面与圆锥最前素线的交点 1″及双曲线与圆锥底面的交点 2″、3″，由它们的侧面投影可以直接求出其水平投影 1、2、3 和正面投影 1′、2′、3′，如图 3-23(b) 所示。

② 求一般点。在侧面投影中取一般点 a''、b''，利用“纬圆法”可以求出它们的水平投影 a、b 和正面投影 a'、b'，如图 3-23(c) 所示。

③ 用光滑的曲线连接各点的同面投影，求出截交线的水平和正面投影，如图 3-23(d) 所示。

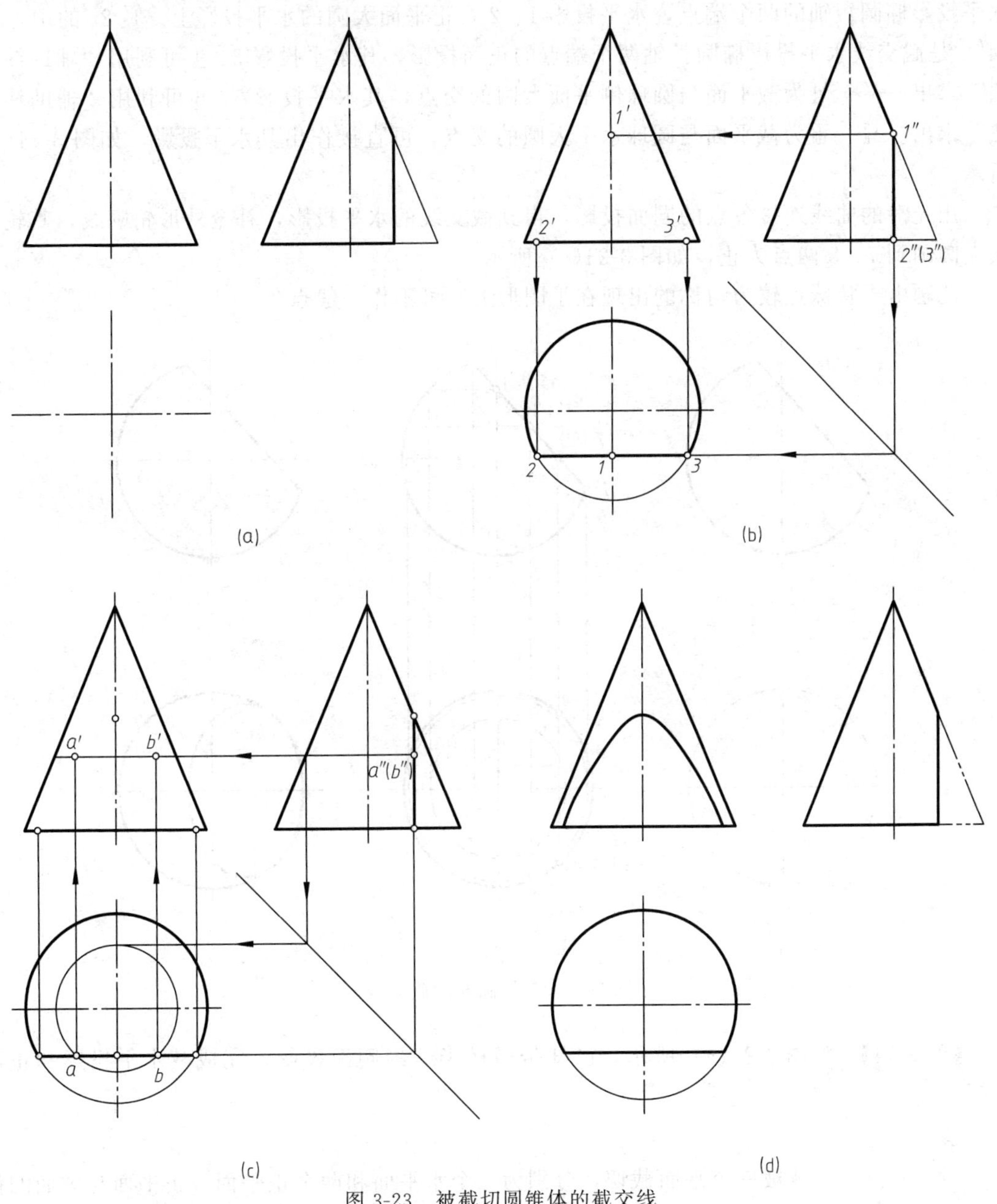

图 3-23　被截切圆锥体的截交线

3. 平面切割球体

平面与圆球相交，不论截平面处于什么位置，其截交线都是圆。当截平面平行于某一投影面时，截交线在该投影面上的投影为圆，在另外两个投影面上的投影积聚为直线。当截平面垂直于某一投影面时，截交线在该投影面上的投影积聚为直线，在另外两个投影面上的投影为椭圆。

【例 3-13】 如图 3-24(a) 所示，已知圆球体被截切后的正面投影，求作其水平投影。

解：

(1) 分析　截平面为正垂面，截交线的正面投影积聚为直线，水平投影为椭圆。

(2) 作图步骤　截交线的最低点Ⅰ和最高点Ⅱ是截交线的最左点和最右点，也是截交线水平投影椭圆短轴的两个端点，水平投影 1、2 在正平面大圆的水平投影上。1′2′ 的中点 3′(4′) 是截交线水平投影椭圆长轴两个端点的正面投影，其水平投影 3、4 可利用“辅助纬圆法”求出。Ⅴ、Ⅵ为截平面与圆球侧平面大圆的交点，其水平投影 5、6 可利用“辅助纬圆法”求出。Ⅶ、Ⅷ为截平面与圆球水平大圆的交点，可直接作出其水平投影，如图 3-24(b) 所示。

用光滑的曲线连接各点的同面投影，得到截交线的水平投影，补全外形轮廓线，其轮廓线大圆画到 7、8 两点为止，如图 3-24(c) 所示。

此题由于特殊点较为匀称的出现在了图形上，可不作一般点。

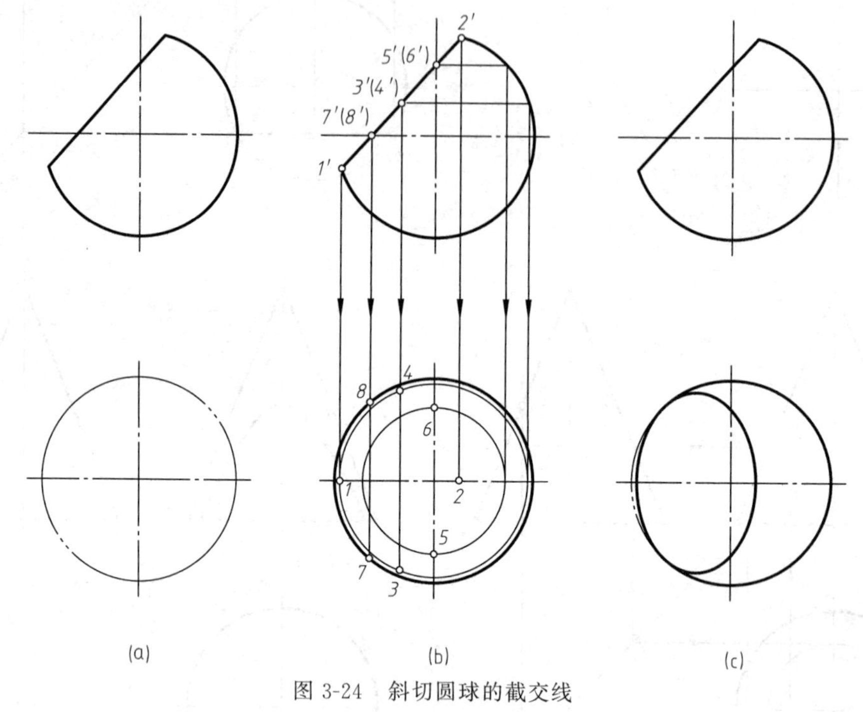

图 3-24　斜切圆球的截交线

【例 3-14】 如图 3-25(a) 所示，已知带通槽半球的侧面投影，完成其水平投影和正面投影。

解：

(1) 分析　半球被三个平面截切，分别为一个水平面和两个正平面。正平面与球面的截交线为一段圆弧，正面投影反映实形，与水平截平面的交线为侧垂线。水平截平面与球面的截交线为两段圆弧，水平投影反映实形，截交线圆弧的半径可以根据截平面位置来确定。

(2) 作图步骤　正平面截切圆球所形成截交圆弧的最高点Ⅰ和前后两端点Ⅱ、Ⅲ的侧面投影 1″、2″、3″可直接求出，利用“辅助纬圆法”和点的投影特性可以求出其水平投影 1、2、3 和正面投影 1′、2′、3′。水平截平面的最前和最后点Ⅳ、Ⅴ的侧面投影 4″、5″可直接求出，根据点的投影特性可以求出其水平投影 4、5 和正面投影 4′、5′，如图 3-25(b) 所示。

由于此图形前后对称，所以只作出图形的后半部分就可得出整个图形的三面投影。正面投影中 2′ 3′ 线不可见，球的轮廓大圆只画到 4′、5′ 处，如图 3-25(c) 所示。

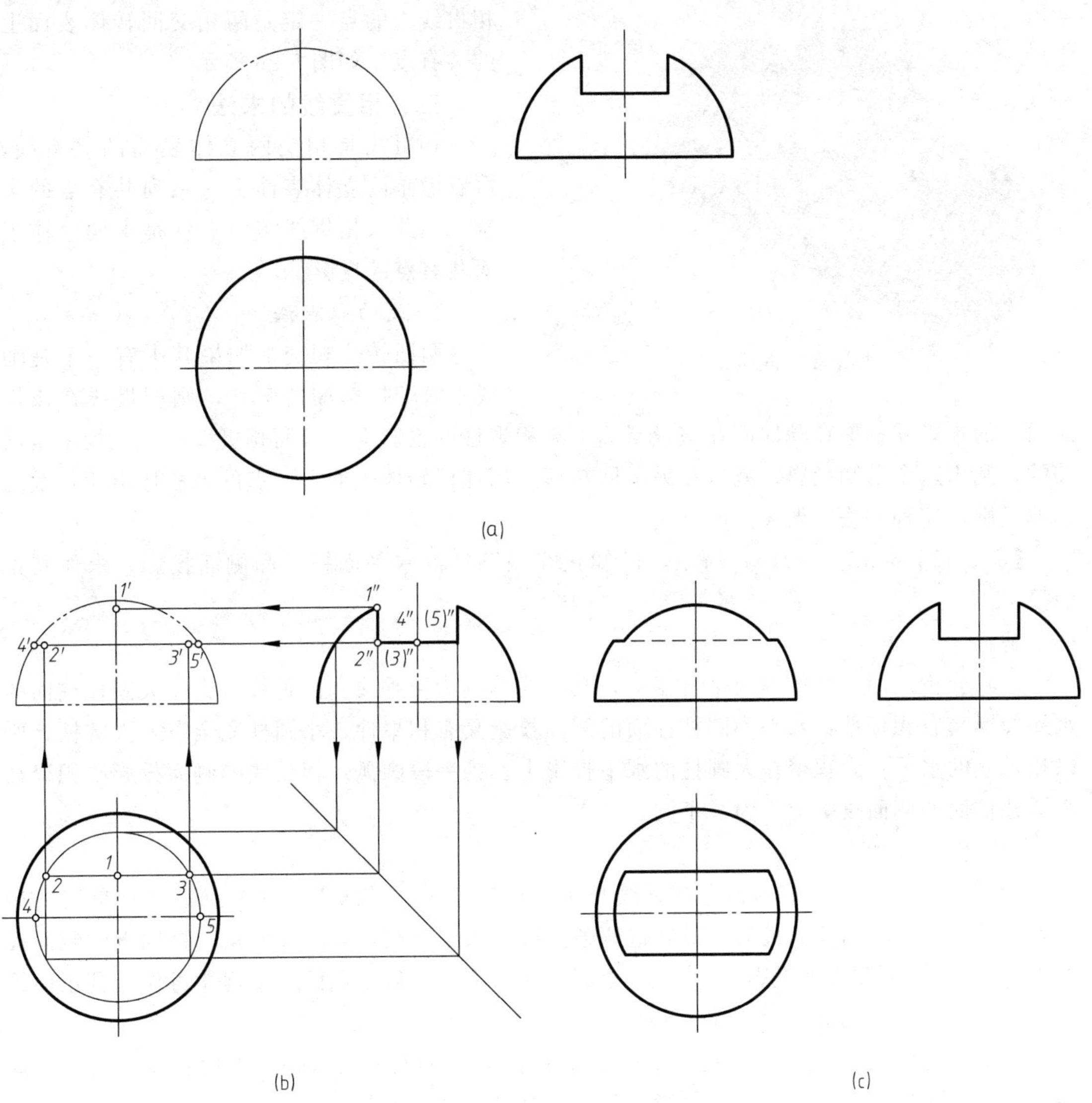

图 3-25　带通槽半球的三面投影

第四节　相　贯　体

一、相贯体的形成

两回转体相交，其表面的交线称为相贯线，它们相交后可以看成是一个整体，称为相贯体。

二、相贯线的特性

由于两相交回转体的形状、大小和相对位置各不相同，所产生的相贯线也各不相同，但它们都有着相同的性质：

① 表面性——相贯线位于两相交回转体的表面上；

② 封闭性——相贯线一般是封闭的空间曲线，特殊情况下也可以是平面曲线或直线段；

③ 共有性——相贯线是两相交回转体的表面上的共有线，也是两立体表面的分界线，相贯线上的点一定是两相交回转体表面上的共有点。如图 3-26 所示。

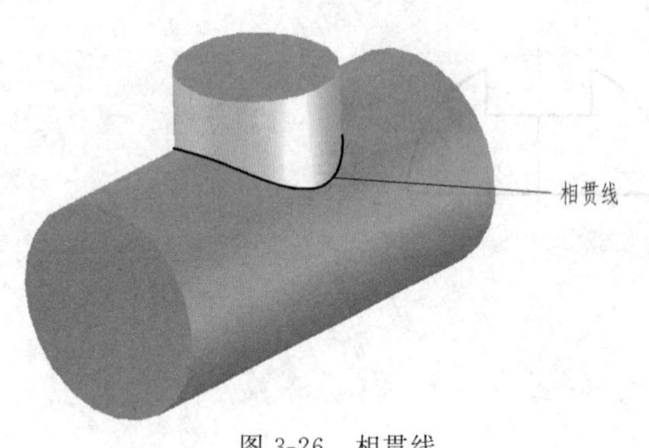

图 3-26　相贯线

三、相贯线的求法

相贯线是相交两立体表面的共有线，可看做是两立体表面上一系列共有点的集合，因此求相贯线实质上就是求两立体表面共有点的投影。

1. 表面取点法

两回转体相交，如果其中有一个是轴线垂直于投影面的圆柱，则相贯线在该投影面上的投影就积聚在圆柱面在该投影面上有积聚性的投影上，因而相贯线的这一投影是已知的，利用这个已知投影，就可在另一回转体上用在回转体表面上取点的方法作出相贯线的其他投影，这种方法叫做表面取点法。

【例 3-15】 如图 3-27(a) 所示，已知正交两圆柱的水平面投影和侧面投影，求作其正面投影。

解：

(1) 分析　两圆柱体轴线垂直相交，其轴线分别为铅垂线和侧垂线，直立大圆柱柱面的水平投影具有积聚性，水平小圆柱柱面的侧面投影具有积聚性，小圆柱完全贯入大圆柱，所以相贯线的水平投影积聚在大圆柱的水平投影上，为一段圆弧；相贯线的侧面投影则积聚在小圆柱柱面的侧面投影上，为一个圆。

(2) 作图步骤

① 求特殊点。大圆柱的最左侧素线与小圆柱交于Ⅰ、Ⅲ两点，这两点也是相贯线的最高点和最低点。小圆柱的最前、最后这两条素线与大圆柱交于Ⅱ、Ⅳ两点，这四点的侧面投影 $1''$、$2''$、$3''$、$4''$和水平投影 1、2、3、4 可直接求得，然后由点的投影规律可作出其正面投影 $1'$、$2'$、$3'$、$4'$，如图 3-27(b) 所示。

② 求一般点。先在相贯线的已知投影如水平投影中取点 a、(b)，然后根据点的投影规律作出其侧面投影 a''、b''和正面投影 a'、b'，如图 3-27(c) 所示。

③ 判别相贯线的可见性。相贯线只有同时位于两个立体的可见表面时，这段相贯线的投影才是可见的，否则就不可见。前半相贯线的正面投影可见，因前后对称，后半相贯线与前半相贯线的正面投影相重合。

④ 用光滑的曲线连接各点，得相贯线的正面投影。如图 3-27(d) 所示。

【例 3-16】 如图 3-28(a) 所示，已知一个圆柱体上有一圆柱孔，求其相贯线。

解： 圆柱体上挖去一个圆柱孔，两圆柱的轴线相互垂直，其作图过程与例 3-15 类似，需要注意的是，圆柱孔在主视图中的轮廓线为不可见，要画成虚线。作图步骤如图 3-28(b)

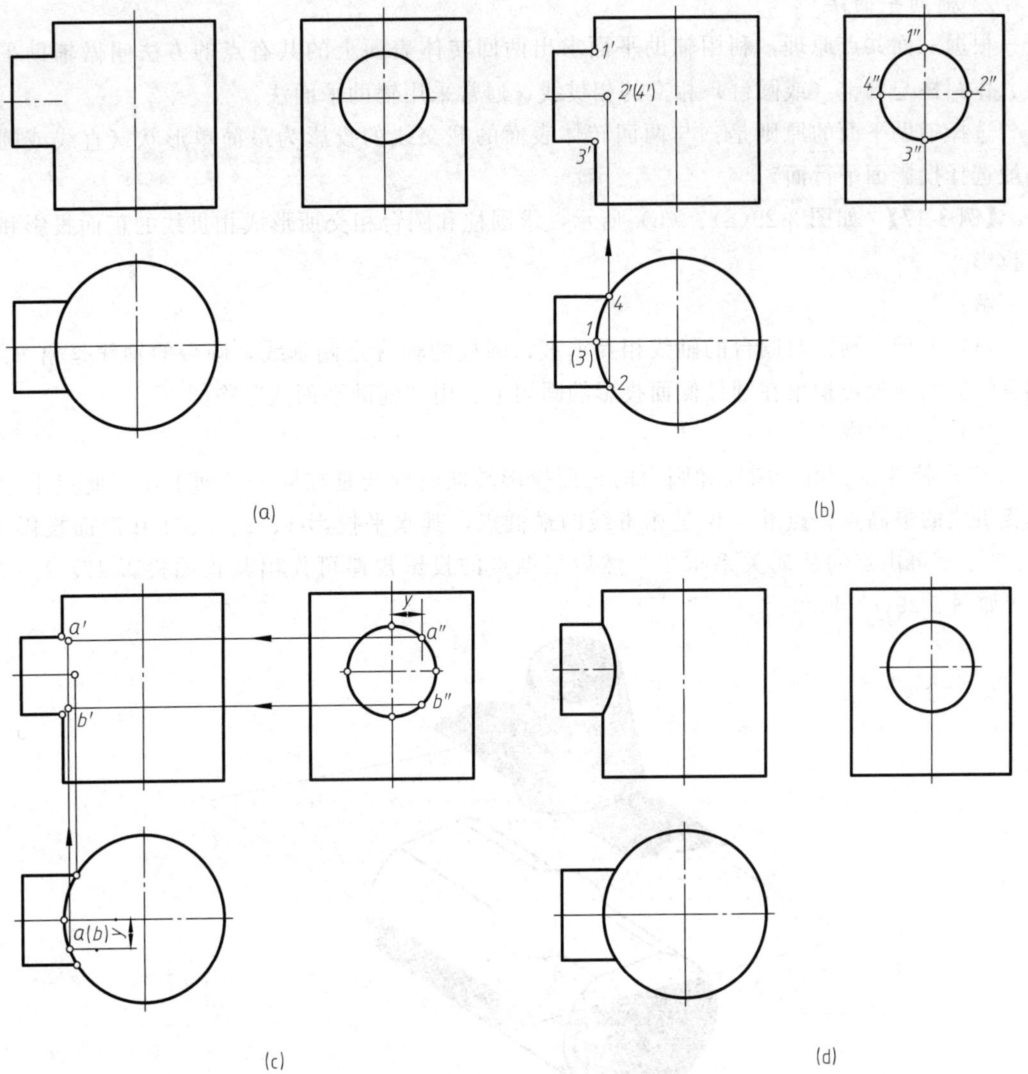

(a)　(b)

(c)　(d)

图 3-27　两圆柱垂直相交的相贯线

所示，请读者根据图形自行分析。

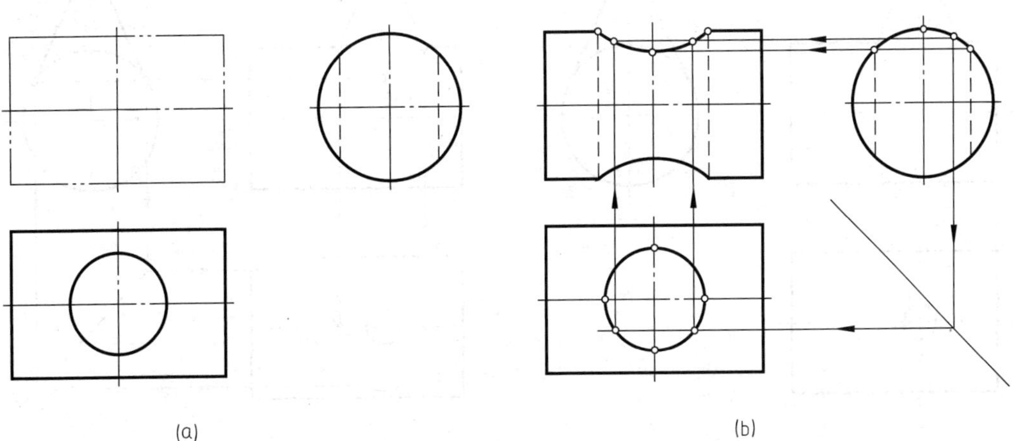

图 3-28　穿孔圆柱的相贯线

2. 辅助平面法

根据三面共点原理，利用辅助平面求出两回转体表面上的共有点的方法叫做辅助平面法。作圆柱与圆锥（或圆台）相交的相贯线，通常采用辅助平面法。

选择辅助平面的原则是：与两回转体表面的截交线的投影为最简单形状（直线或圆）。一般选择投影面平行面。

【例 3-17】 如图 3-29(a)、(b) 所示，求圆柱和圆台相交所形成相贯线的正面投影和水平投影。

解：

(1) 分析　圆柱与圆台的轴线相互垂直，圆柱的轴线是侧垂线，圆台的轴线是铅垂线。相贯线的侧面投影积聚在圆柱侧面投影的圆周上。用“辅助平面法”作图。

(2) 作图步骤

① 求特殊点。由于圆柱和圆台的正面投影转向轮廓线是在同一平面上，因此点Ⅰ、Ⅲ是相贯线的最高点，点Ⅱ、Ⅳ是相贯线的最低点，其水平投影 1、2、3、4 和侧面投影 1″、2″、3″、4″可由点的从属关系求出，然后根据点的投影规律可作出其正面投影 1′、2′、3′、4′，如图 3-29(c) 所示。

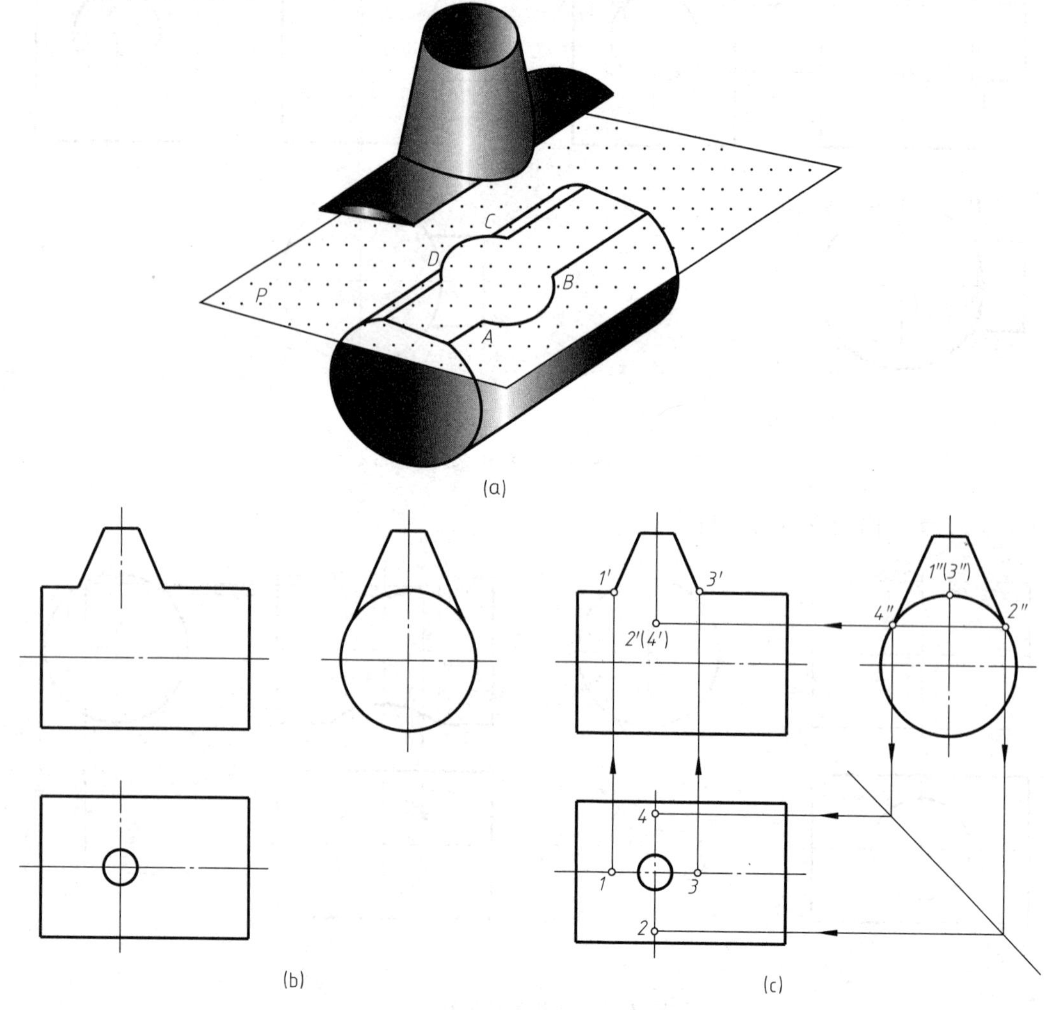

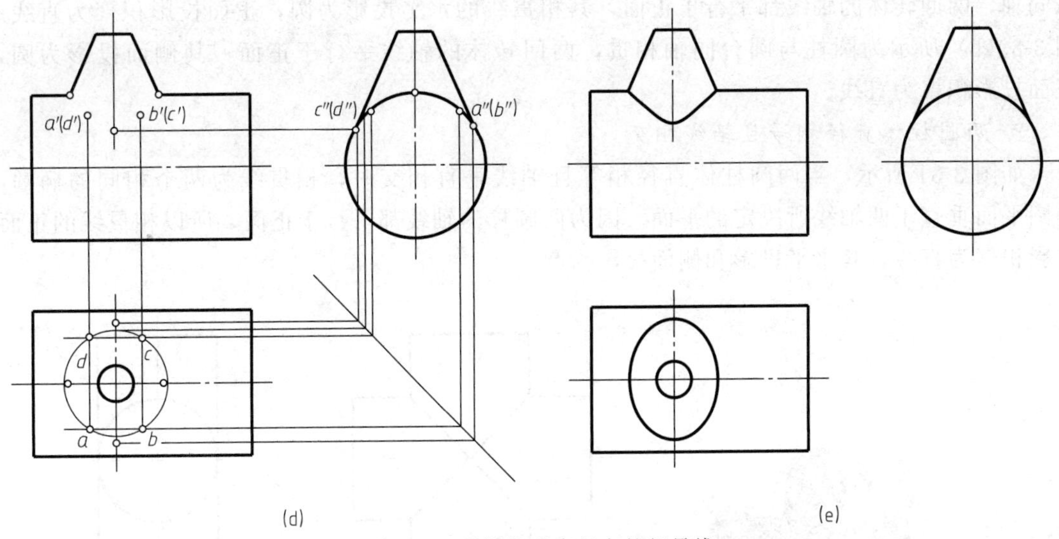

图 3-29　两圆柱垂直相交的相贯线

② 求一般点。作辅助水平切面，与圆柱的交线为矩形，与圆台的交线为圆，矩形与圆的交点即为所求，根据从属关系和点的投影规律可以作出点 A、B、C、D 的正面投影，如图 3-29(d) 所示。

③ 判别可见性。在正面投影中，前半相贯线的投影可见，后半相贯的投影与前半相贯线的投影重合。

④ 用光滑的曲线连接各点，得相贯线的正面投影和水平投影。如图 3-29(e) 所示。

四、相贯线的特殊情况

一般情况下，两回转体的相贯线是封闭的空间曲线，但在特殊情况下相贯线可能是平面曲线或直线。

1. 两回转体同轴

当两个回转体同轴相交时，它们的相贯线都是平面曲线——圆。当回转体同轴线平行于投影面时，相贯线在该投影面上的投影是垂直于轴线的直线。如图 3-30(a) 所示，圆柱和圆

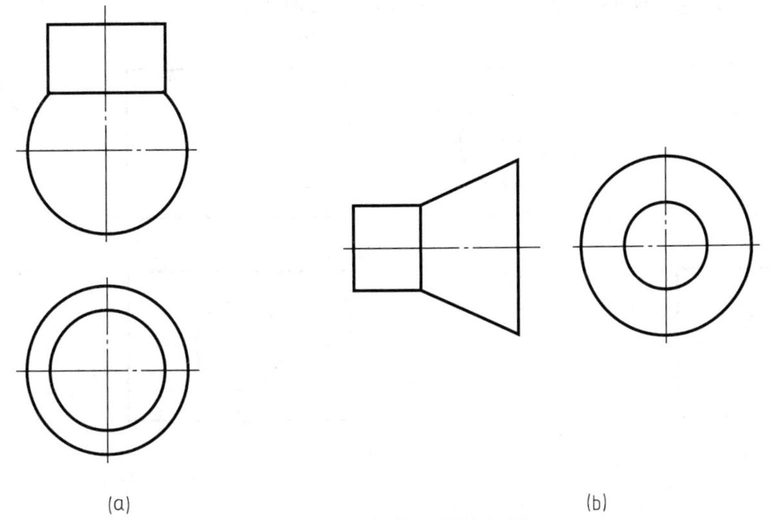

图 3-30　回转体同轴线相贯

球同轴，两回转体的轴线都平行于正面，其相贯线的水平投影为圆，正面投影积聚为直线。图 3-30(b) 所示为圆柱与圆台同轴相贯，两回转体的轴线平行于正面，其侧面投影为圆，正面投影积聚为直线。

2. 两圆柱体直径相等且轴线相交

如图 3-31 所示，当两圆柱体直径相等且轴线垂直相交时，相贯线为两个相同的椭圆，椭圆平面垂直于两轴线所决定的平面。因为两圆柱的轴线都平行于正面，所以相贯线的正面投影积聚为直线，其水平投影和侧面投影为圆。

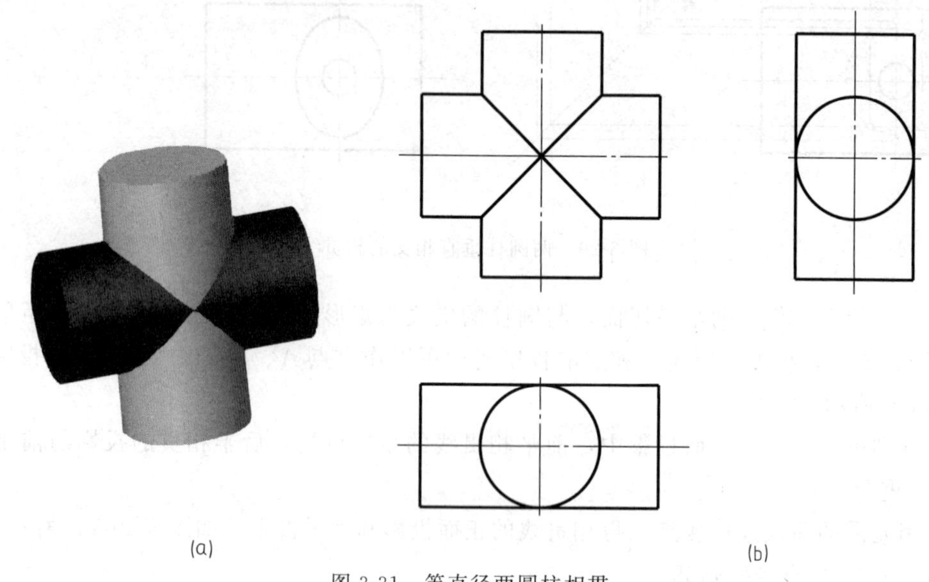

图 3-31 等直径两圆柱相贯

【例 3-18】 如图 3-32(a) 所示，已知两轴垂直相交的圆柱孔水平投影和侧面投影，作出其相贯线的正面投影。

解： 两圆柱孔是等直径孔，它们的相贯线为椭圆，两回转体的轴线都平行于正面，相贯线的正面投影为直线。与圆柱轴线垂直的圆柱孔与圆柱外表面的相贯线为空间曲线。

结果如图 3-32(b) 所示，请读者自行分析作图过程。

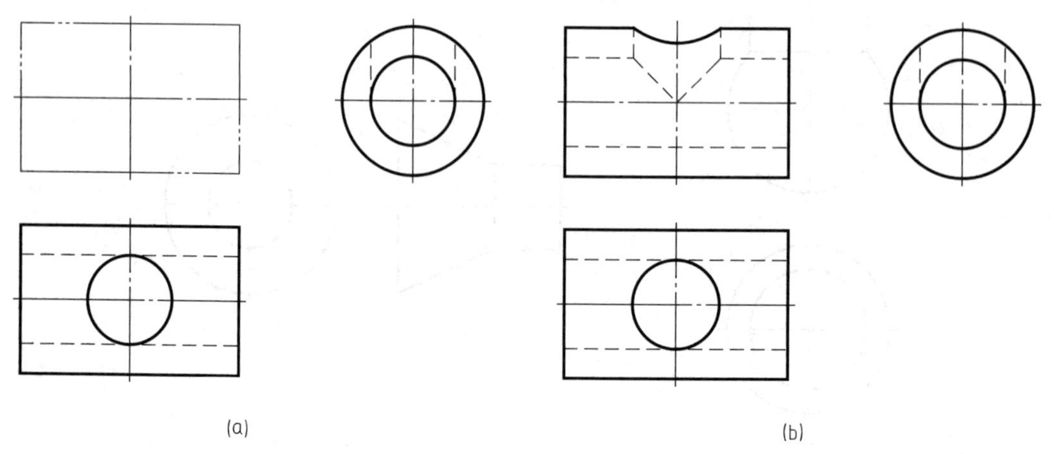

图 3-32 孔与带通孔圆柱相贯

第四章　轴　测　图

在生产中使用的机械图样是用正投影法绘制的多面投影图，它反映物体的真实形状及大小，但每个视图只能反映其二维空间大小，缺乏立体感。轴测图是用平行投影法绘制的富于立体感的单面投影图，它通常用来表达机器外观、内部结构或工作原理等，但其度量性差，作图较为复杂，因此在机械图样中只能作为辅助图样。

第一节　轴测投影概述

一、轴测图的形成

将物体连同其直角坐标系，沿不平行于任一坐标面的方向，用平行投影法将其投射在单一投影面上所得到的三维图形称为轴测图。

如图 4-1 所示为轴测图的两种形成法。

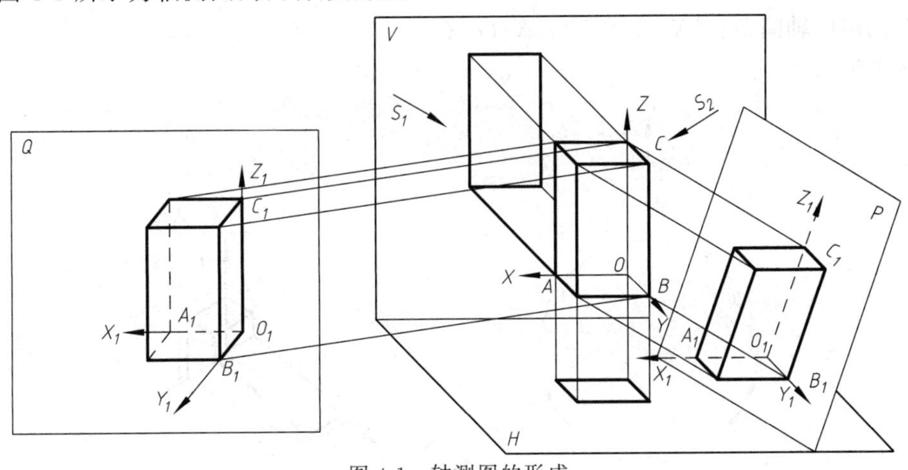

图 4-1　轴测图的形成

(1) 正轴测图　设单一投影面 P 与物体上三根直角坐标轴 OX、OY、OZ 都倾斜，用正投影法即投影方向 S_1 与轴测投影面 P 垂直，将物体投射到 P 面上，所得的图形为正轴测图。

(2) 斜二测图　设单一投影面 Q 平行于物体上 XOZ 平面，用斜投影法即投影方向 S_2 与轴测投影面 Q 倾斜，将物体投射到 Q 面上，所得的图形为斜轴测图。

二、轴间角和轴向伸缩系数

(1) 轴间角　两根轴测轴之间的夹角（$\angle XOY$、$\angle XOZ$、$\angle YOZ$）称为轴间角。

(2) 轴向伸缩系数　轴测轴上的线段与坐标轴上对应线段长度的比值称为轴向伸缩系数。如图 4-1 所示。

X 轴的轴向伸缩系数　　$p_1 = O_1A_1/OA$

Y 轴的轴向伸缩系数　　$q_1 = O_1B_1/OB$

Z 轴的轴向伸缩系数　　　　　$r_1=O_1C_1/OC$

显然，轴间角和轴向伸缩系数是画轴测图的两个主要参数，不同种类的轴测图，其轴间角与轴向伸缩系数也不同，所以正（斜）轴测图又分为正（斜）等轴测图、正（斜）二轴测图、正（斜）三轴测图三种。

三、轴测图的投影特性

轴测图是用平行投影法绘制的单面投影图，所以它仍具有以下平行投影的特性。

① 物体上相互平行的线段，其轴测投影仍保持平行。

② 物体上与坐标轴平行的线段，其在轴测图中必平行于相应的轴测轴，且同一轴向所有的线段的轴向伸缩系数相同。

由于轴测图的种类较多，本章简要介绍常用的正等轴测图（简称正等测）和斜二等轴测图（简称斜二测）的画法。

第二节　正等轴测图

一、轴间角和轴向伸缩系数

使物体的空间直角坐标轴对轴测投影面等角度倾斜，用正投影法将物体投射到轴测投影面上，所得的轴测图称为正等轴测图，简称正等测。如图 4-2(a) 所示。

正等测图的轴间角：$\angle X_1O_1Y_1=\angle X_1O_1Z_1=\angle Y_1O_1Z_1=120°$

轴向伸缩系数：　　　　　$p_1=q_1=r_1=0.82$

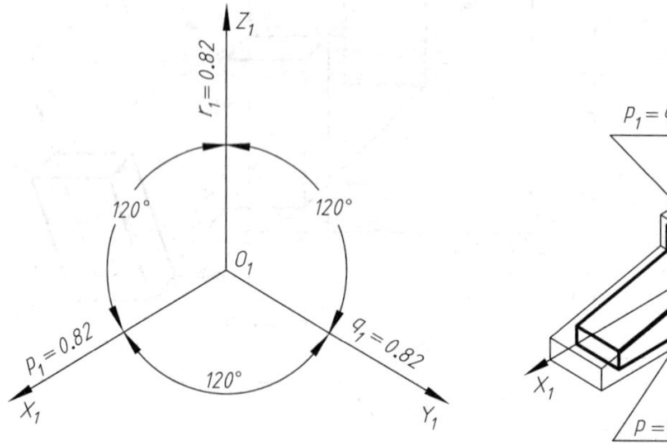

(a) 正等测轴间角和轴向伸缩系数及轴测轴的画法　　(b) 两种轴向伸缩系数不同的正等测的比较

图 4-2　正等测图

实际作图时，若按轴向伸缩系数 0.82 画图，物体上只要与坐标轴平行的线段都要乘以 0.82 才确定其轴测投影长度，作图很繁琐。为了作图简便，通常采用简化的轴向伸缩系数 $p=q=r=1$。作图时，凡平行于坐标轴的线段即可按其实际尺寸直接画量取，无须换算。

这样画出来的正等测图比原来用轴向伸缩系数画出的图放大了 1/0.82＝1.22 倍，但形状不变，如图 4-2(b) 所示。

二、正等测画法

正等测图常用的基本画法为坐标定点法。即定好空间直角坐标系及轴测轴，再按轴测图的投影物性画出其轴测投影，然后分别对应的点连线，完成轴测图。

1. 平面立体正等测图

【例 4-1】 如图 4-3(a) 所示，根据正六棱柱的两视图，画出其正等测图，如图 4-3(b) 所示。

解：

(1) 分析　正六棱柱前后、左右对称，故选顶面的中心为坐标原点，以六边形的中心线为 X 轴和 Y 轴，棱柱的轴线为 Z 轴，从上底开始作图。国标规定，轴测图可见的轮廓线用粗实线，不可见的轮廓线一般不画出。

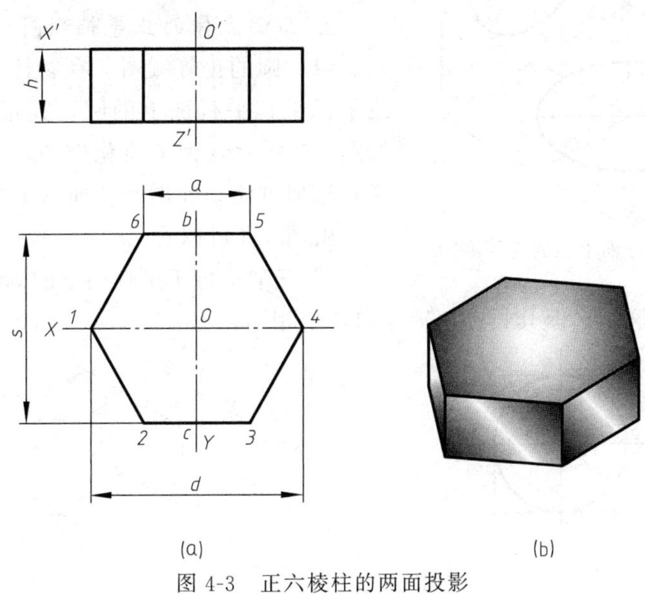

图 4-3　正六棱柱的两面投影

(2) 作图步骤　如图 4-4 所示。

① 作轴测轴，并在 O_1X_1、O_1Y_1 量得 1_1、4_1 和 a_1、b_1 四点，如图 4-4(a) 所示。

② 通过点 a_1、b_1 作 O_1X_1 轴的平行线，量得 2_1、3_1 和 5_1、6_1 四点，连成顶面，如图

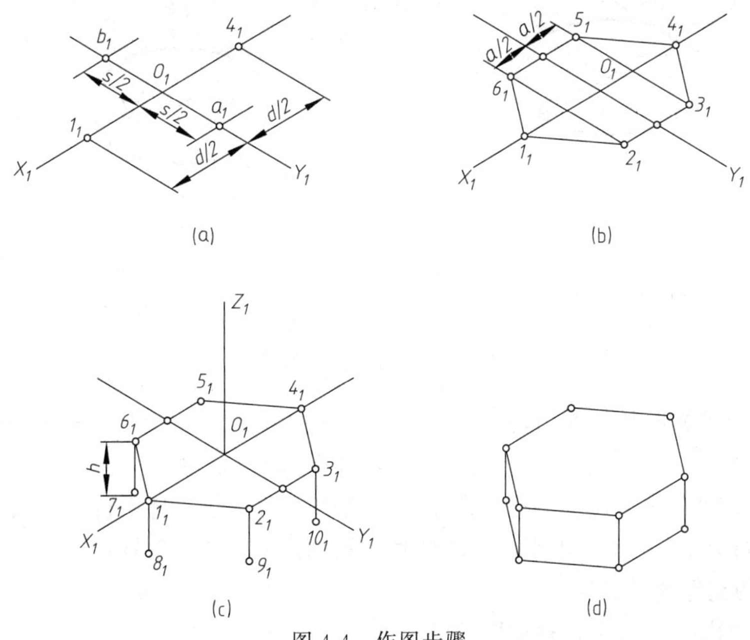

图 4-4　作图步骤

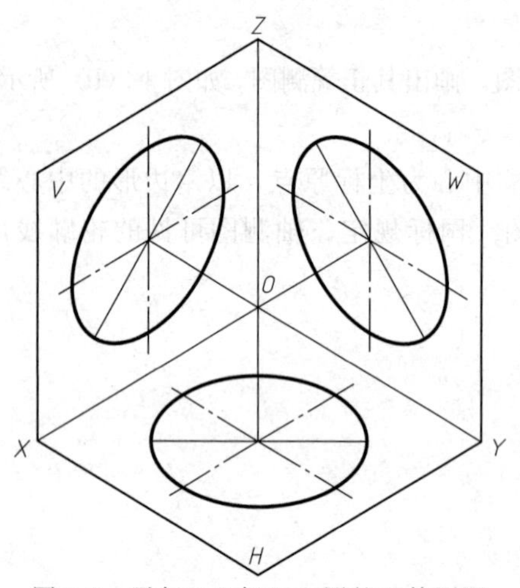

图 4-5 平行于坐标面上圆的正等测图

4-4(b) 所示。

③ 由点 6_1、1_1、2_1、3_1 沿 O_1Z_1 向下量取高度 h，得 7_1、8_1、9_1、10_1 四点，如图 4-4(c) 所示。

④ 依次连接 7_1、8_1、9_1、10_1 四点，作图结果如图 4-4(d) 所示。

2. 曲面立体的正等轴测图

(1) 圆的正等测图　在物体三个坐标面上的圆或平行于其平行面上的圆，其正等测图均为椭圆，如图 4-5 所示。为了简化作图，其正等测图可采用四心近似画法，作图步骤如图 4-6 所示。

由图 4-6 可以看出：

① 三个平行于坐标面上的圆的正等测均为形状和大小完全相同的椭圆，但其长、短轴方向各不相同；

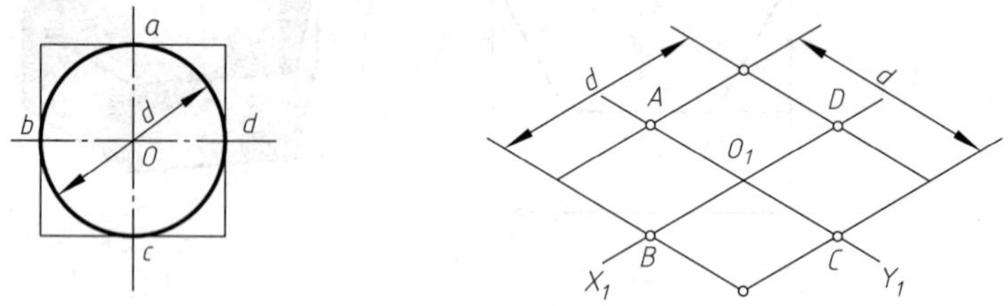

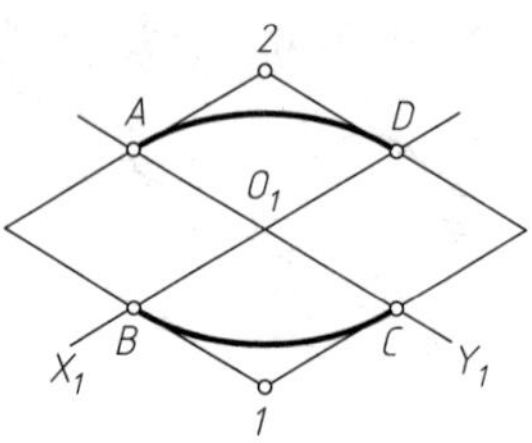

(a) 定坐标，作圆的外切正方形

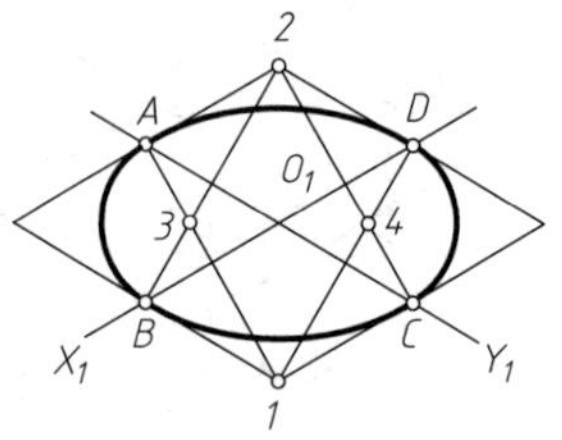

(b) 画轴测轴，按圆的直径截取 A、B、C D四点，作正方形的正等测图

(c) 分别以 1、2为圆心、以1A 或 2B为半径画两个大圆弧

(d) 连接 1A、1D、2B、2C 得交点 3和 4 两点，分别以3、4两点为圆心、3A或 4D为半径画小圆弧，与大弧连接即完成

图 4-6 圆的正等测画法

② 椭圆的长轴方向与其外切菱形长对角线的方向一致，且垂直于不属于此坐标面的那根坐标轴，如图 4-5 所示，水平面上的椭圆，长轴垂直于 OZ 轴；

③ 椭圆的短轴方向与其外切菱形长短对角线的方向一致，且平行于不属于此坐标面的那根坐标轴，如图 4-5 所示，水平面上的椭圆，短轴由平行于 OZ 轴。

(2) 圆柱的正等测图画法

【例 4-2】 如图 4-7 所示，根据圆柱的两视图，画出其正等测图。

解：圆柱体的轴线垂直于水平面，上、下底面为与水平面平行且大小相等的圆，可采用四心近似画法画出两个高为 h 的底圆的正等测图即椭圆，再作椭圆的公切线即完成。作图步骤如图 4-7 所示。

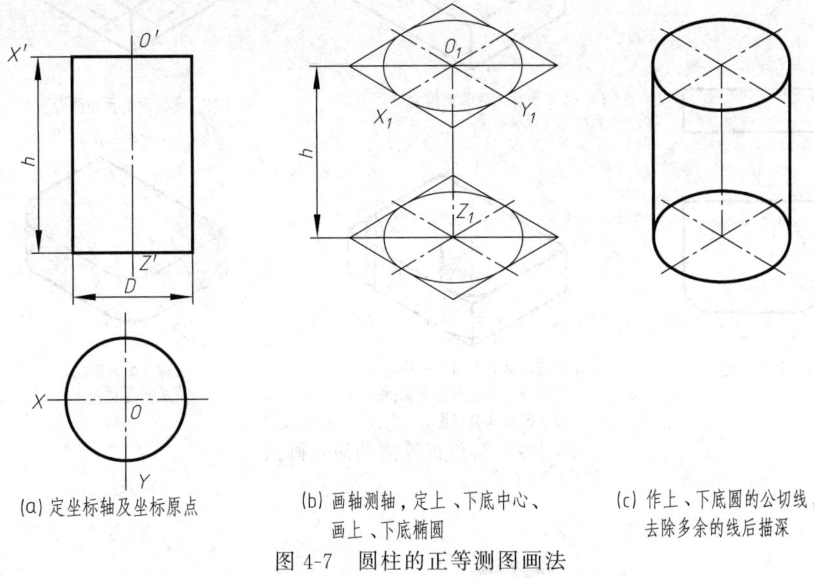

图 4-7　圆柱的正等测图画法

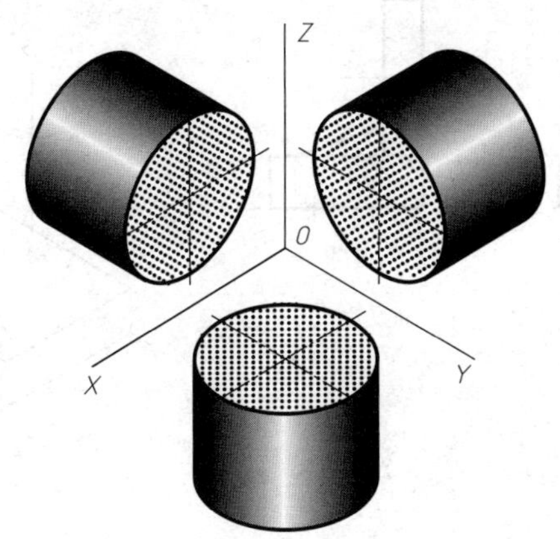

图 4-8　不同方向圆柱的正等测

当圆柱轴线垂直正面或侧面时，轴测图画法与垂直于水平面时的画法相同，只是圆平面内所含的轴线应分别为 X、Z 和 Y、Z 轴，如图 4-8 所示。

【例 4-3】 如图 4-9 所示，作圆角的正等测图。

解：平行于坐标面的圆角实质上是圆的一部分。特别是常见的四分之一圆周的圆角，其正等测正好是上述近似椭圆的四段弧中的一段，作图步骤如图 4-9 所示。

3. 组合体的正等测画法

采用形体分析法画组合体的正等测图，对于叠加型及切割型的组合体仍采用对应的方法，有时也可两种方法并用，下例用一带圆角的组合体来阐明叠加型或切割型的正等测图的画法。

【例 4-4】 如图 4-10 所示支承座的三视图，画出其正等测图。

解：根据支承座是由底板、支承板和肋板组成，底板及支承板上均开有圆孔，可采用综合法作图，其作图步骤如图 4-10 所示。

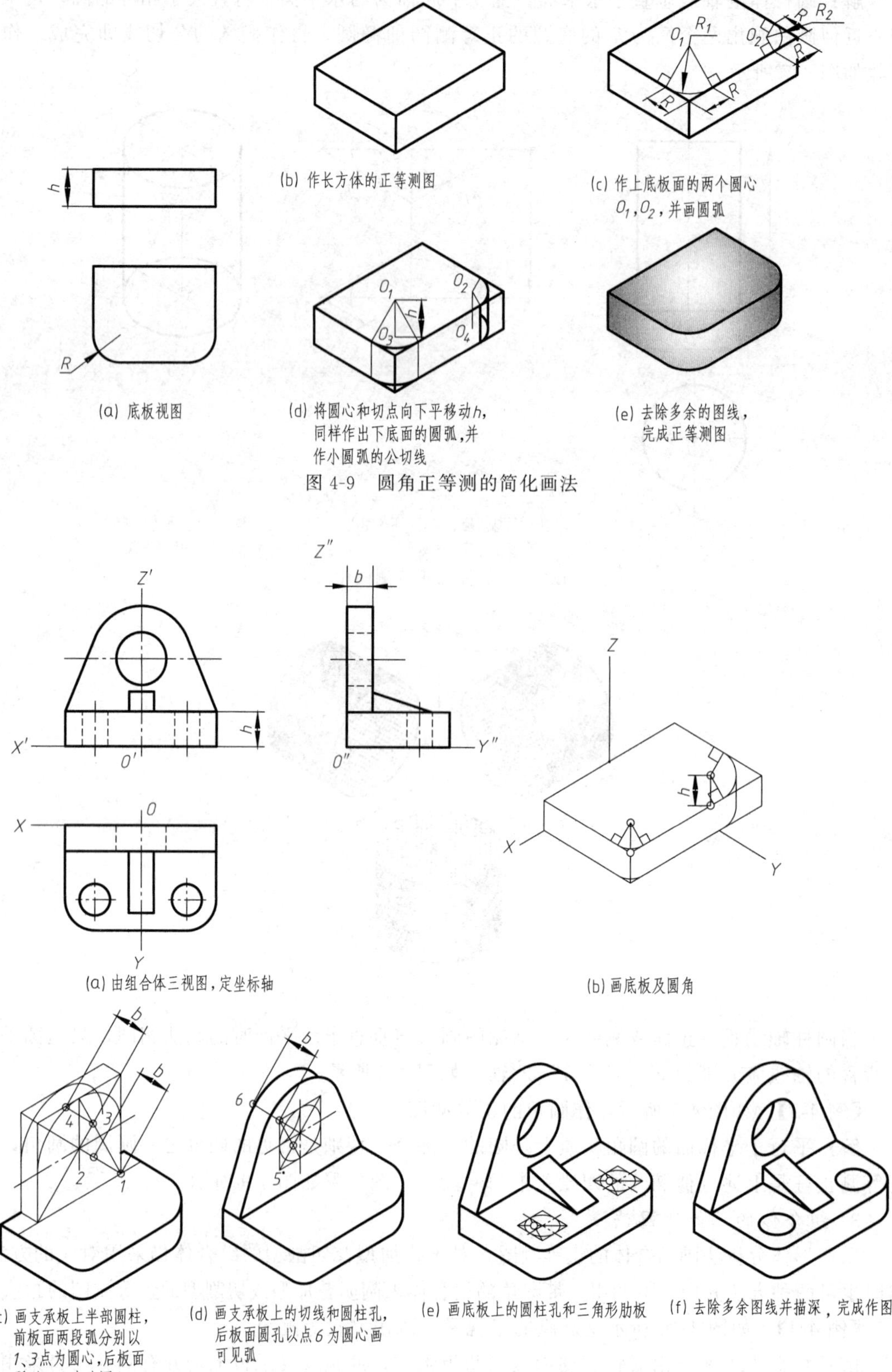

图 4-9 圆角正等测的简化画法

图 4-10 支承座的正等测画法

第三节 斜二轴测图

一、轴间角和轴向伸缩系数

在物体的空间直角坐标系中，使 OX 轴和 OY 轴平行于轴测投影面，用斜投影法将物体投射到轴测投影面上，所得的轴测图称为斜二等轴测图，简称斜二测。如图 4-11 所示。

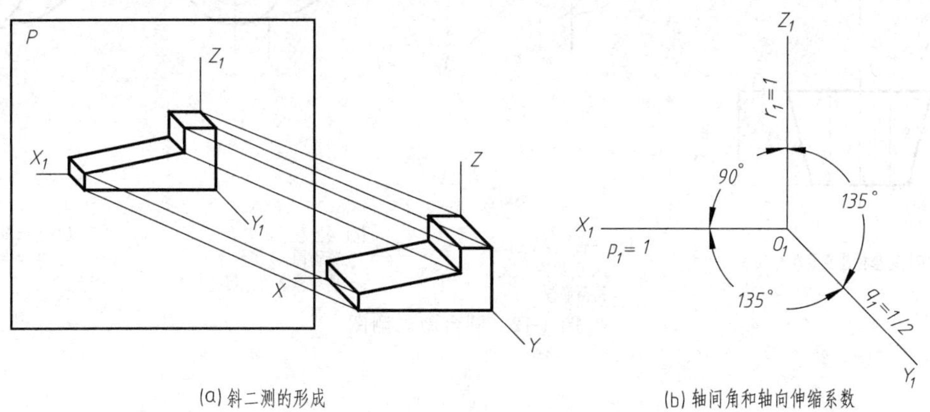

图 4-11 斜二测的轴间角和轴向伸缩系数

斜二测图的轴间角：　　$\angle X_1O_1Y_1=\angle Y_1O_1Z_1=135°$，$\angle X_1O_1Z_1=90°$

轴向伸缩系数：　　$p_1=r_1=1$　$q_1=1/2$

由此可知，平行于坐标面 $X_1O_1Z_1$ 的圆的斜二测仍是大小相同的圆；平行于坐标面 $X_1O_1Y_1$ 和 $Y_1O_1Z_1$ 的圆的斜二测是椭圆。

二、斜二测画法

斜二测的特点是：物体上平行于 $X_1O_1Z_1$ 坐标面的表面，其轴测投影都反映实长和实形。所以，当物体有较多的圆或曲线平行于 $X_1O_1Z_1$ 坐标面时，采用斜二测作图比较简便易画。

斜二测的画法与正等测的画法相似，只是它们的轴间角和轴向伸缩系数不同，斜二测中 OY 轴的轴向伸缩系数 $q_1=1/2$，因此，作画时，沿 OY 轴方向应取物体实际长度的一半。

【例 4-5】 如图 4-12 所示，根据圆台的两视图，作其斜二测图。

解： 同轴圆柱孔圆台的前、后端以及孔都是圆，将其前、后端面放成平行于正面的位置，作图比较简便。步骤如图 4-12 所示。

【例 4-6】 如图 4-13 所示，绘制组合体的斜二测图。

解： 此组合体上的圆都平行于正面，底板四个角倒角为圆柱面，因此采用斜二测表达比较简便。作画步骤如图 4-13 所示。

三、两种轴测图的比较

上述介绍了正等测和斜二测的画法，在选择哪一种轴测图来表达机件时，应根据机件的结构特点来选用，即使所画的轴测图立体感强，度量性好，又要作图简便。

在立体感和度量方面，正等测较斜二测好，正等测在三个方向可直接度量长度而斜二测只能在两个方向直接度量，在另一方向（O_1Y_1 轴向）要按比例缩短，则作图就比较麻烦。当机件在一个投影方向上有较多的圆或圆弧时，用斜二测就比较简便，而对于在三个方向均有圆或圆弧的机件，则采用正等测就较为适宜。

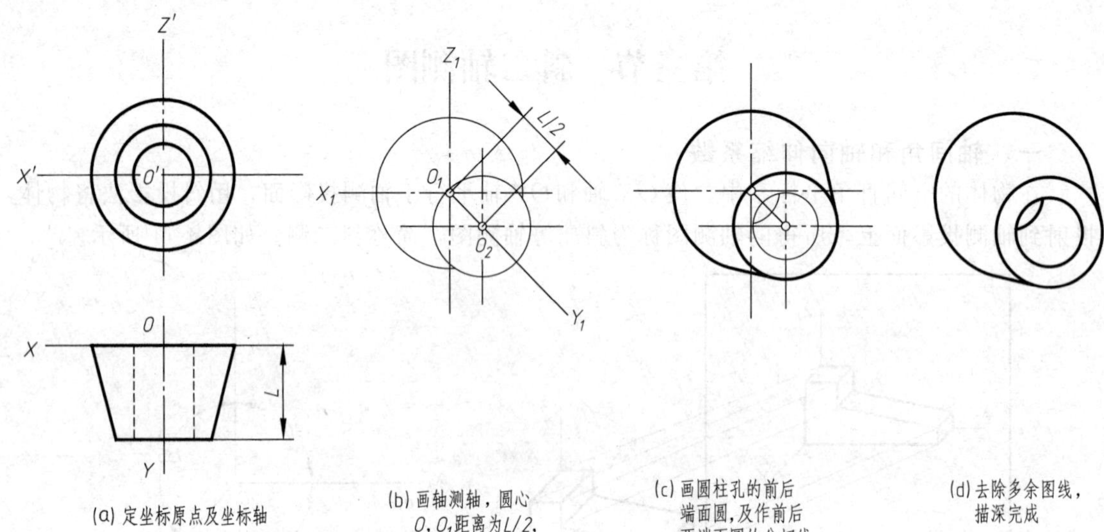

(a) 定坐标原点及坐标轴

(b) 画轴测轴，圆心 O，O1距离为L/2，画两底圆

(c) 画圆柱孔的前后端面圆，及作前后两端面圆的分切线

(d) 去除多余图线，描深完成

图 4-12　圆台斜二测图

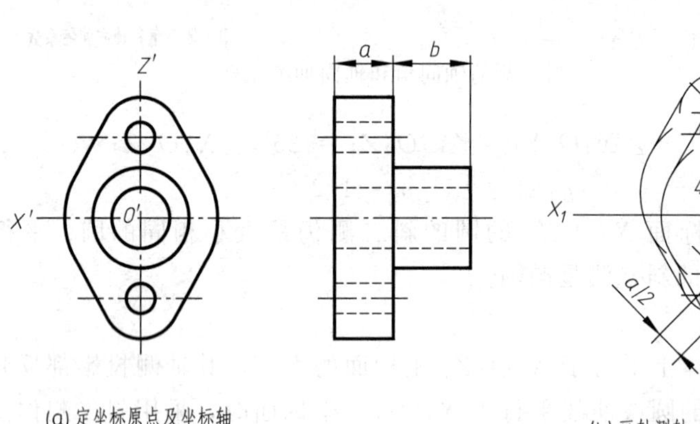

(a) 定坐标原点及坐标轴

(b) 画轴测轴，在1、2、3点画底板前板面的圆，在4、5、6点画后板面的圆的可见部分，并作圆的公切线

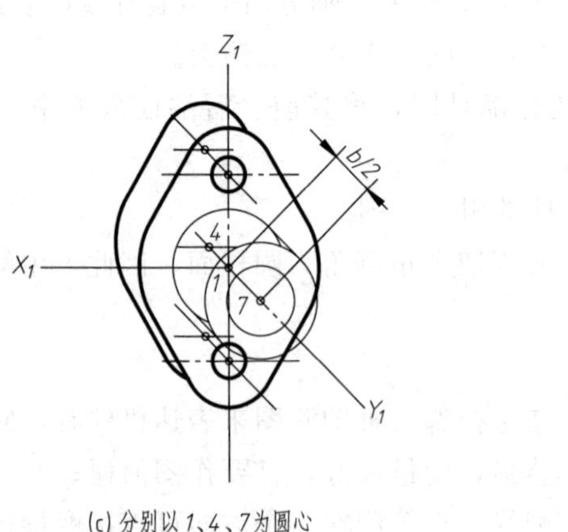

(c) 分别以1、4、7为圆心画圆柱的可见圆，并作圆的公切线

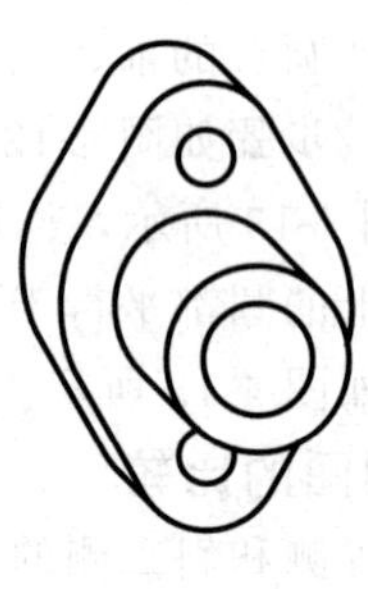

(d) 去除多余的图线，描深完成

图 4-13　绘制组合体的斜二测图步骤

如图 4-14 所示物体，它在两个与坐标面平行的平面都有圆或圆弧，所以采用正等测较合适，且立体感比斜二测强。

如图 4-15 所示物体，它在径向具有较多的圆，所以采用斜二测较合适，可使作图简化。

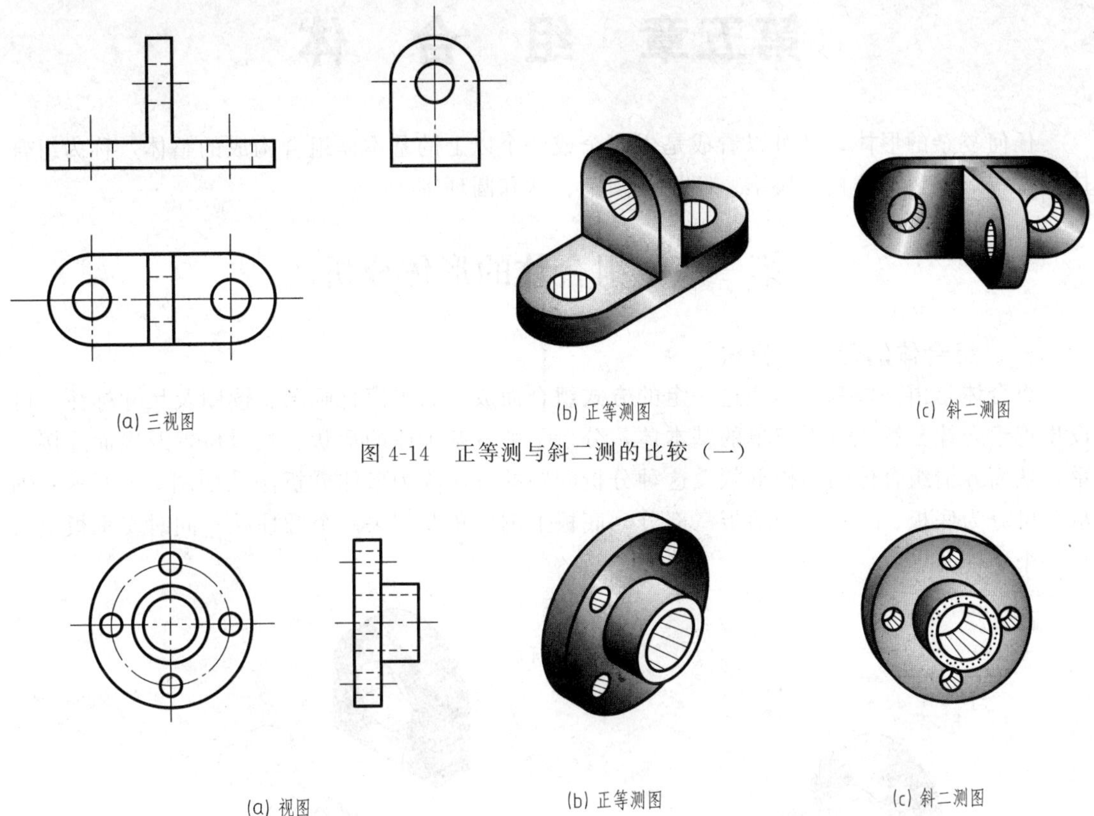

(a) 三视图　(b) 正等测图　(c) 斜二测图

图 4-14　正等测与斜二测的比较（一）

(a) 视图　(b) 正等测图　(c) 斜二测图

图 4-15　正等测与斜二测的比较（二）

第五章　组　合　体

任何复杂的形体，都可以看成是由两个或两个以上的基本体组合构成的整体，称为组合体。基本形体包括棱柱、棱锥、圆柱、圆锥、球和圆环等。

第一节　组合体的形体分析

一、组合体的形体分析法

组合体是由一些基本体经过一定的方式组合而成，为了简化画图、读图及尺寸标注，可设想把组合体分解成若干简单的基本体，分析了解各基本体的形状、相对位置及表面连接关系，从而弄清组合体的结构形状，这种分析问题的方法称为形体分析法。如图 5-1 所示，轴承座可分为底板、支承板和肋板三部分，底板上倒圆角及切去两个圆柱孔，同时支承板上切除一个圆柱孔。

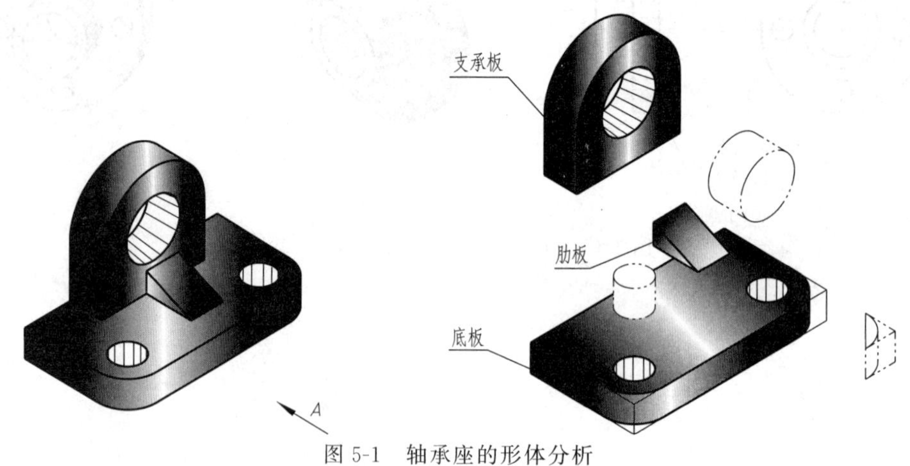

图 5-1　轴承座的形体分析

二、组合体的组合形式

组合体按其组成的方式，通常分为叠加型和切割型两种。常见的组合体则是这两种方式的综合，如图 5-2 所示。

三、基本体之间表面连接关系

从组合体的整体来分析，各基本体之间都有一定的相对位置，并且各形体之间的表面也存在一定的连接关系。其形式一般分为平行、相切和相交等情况。

（1）平行　平行指两基本体表面间同方向的相互关系。它又可分为共面和不共面两种情况：当相邻两形体的表面互相平齐连成一个平面，即共面，结合处没有界线，如图 5-3(a) 所示；如果两形体的表面不共面，而是相错，结合处须画出分界线，如图 5-3(b) 所示。

（2）相切　相切是指两个基本体的相邻表面光滑过渡。相切处不存在明显的轮廓线，则不应画出切线，如图 5-4(a) 所示。

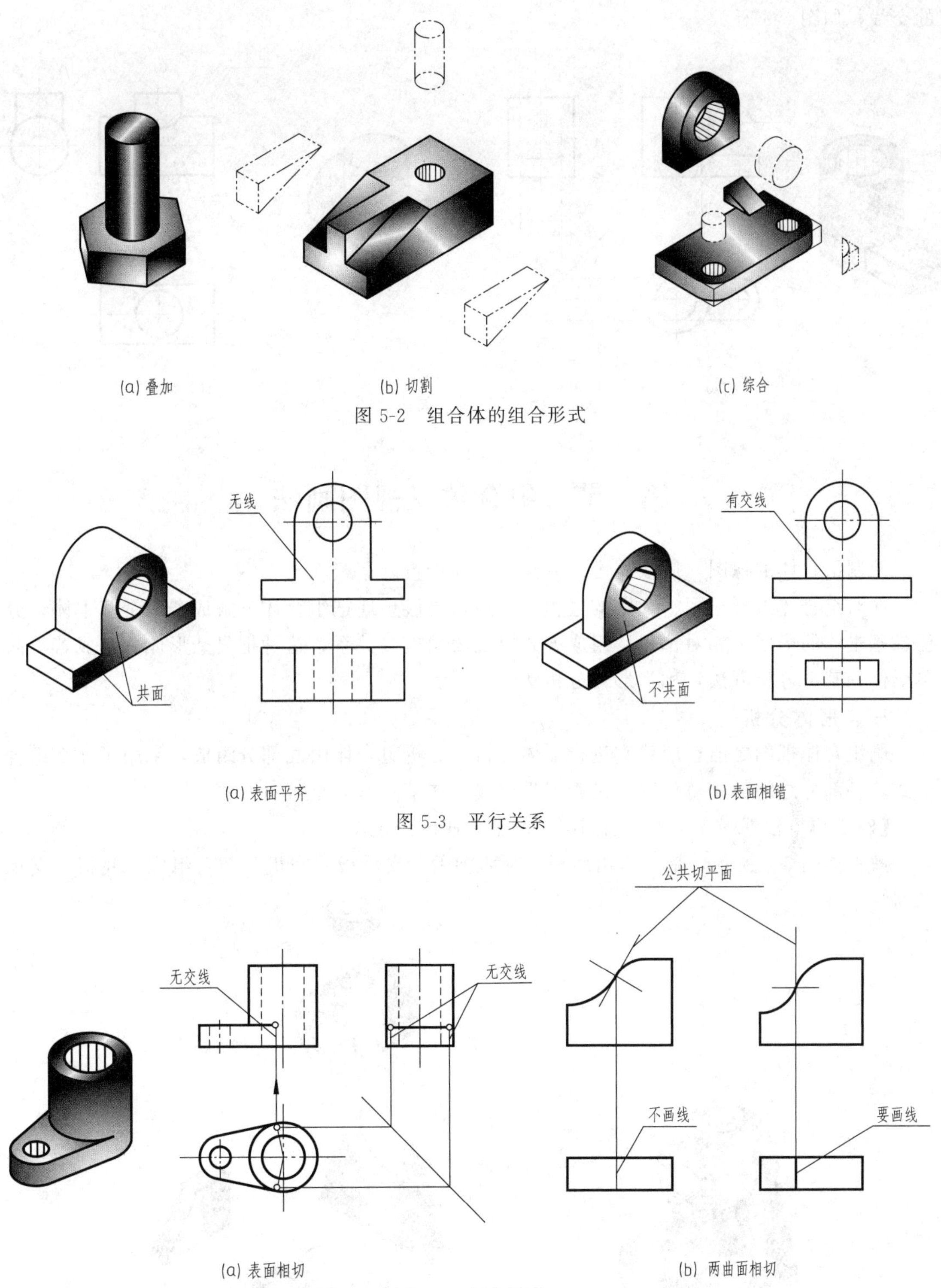

图 5-2　组合体的组合形式

图 5-3　平行关系

图 5-4　相切关系

有一种特殊情况是，当两曲面相切时，要看两曲面的公切线是否垂直于投影面。若公切线垂直于投影面，则在该投影面上相切处画线，否则不画线，如图 5-4(b) 所示。

(3) 相交　相交指两基本体的表面相交所产生的交线（截交线或相贯线），应画出相交的交线，如图 5-5 所示。

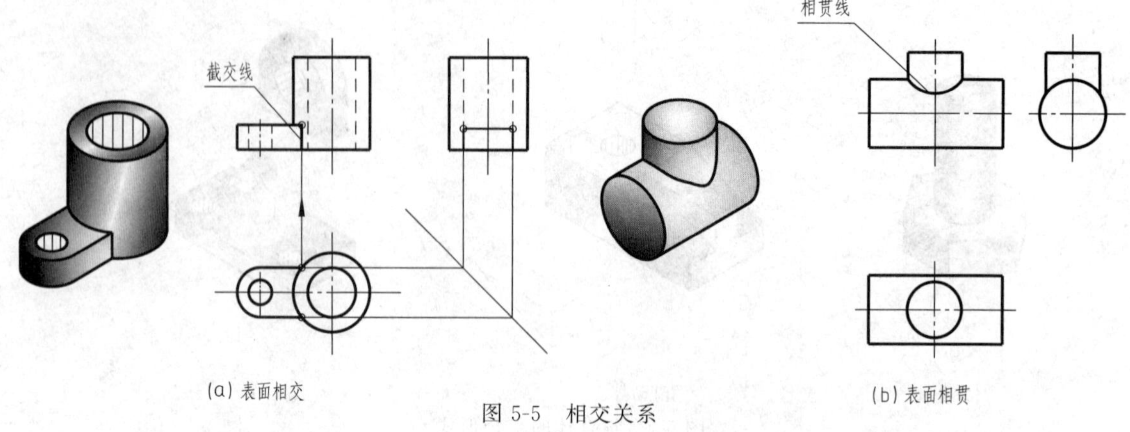

图 5-5　相交关系

第二节　组合体三视图画法

绘制组合体的视图，应按一定的方法、步骤进行。

在对组合体进行绘图、读图的过程中，通常要假想地把组合体分解成若干个基本体，分析各基本体的形状、相对位置、组成方式以及表面连接关系，这种把复杂形体分解成若干简单形体的基本分析方法，称为形体分析法。

一、形体分析

画组合体视图之前，应对它进行形体分析，分析组合体由几部分组成，采用了什么组合形式，各部分之间的相对位置，是否产生交线，在某一方向是否对称等。

【例 5-1】 根据图 5-6 所示轴测图，画轴承座的三视图。

解： 如图 5-6 所示，轴承座由底板、圆筒轴承、支承板、肋板和凸台组成。底板、支承

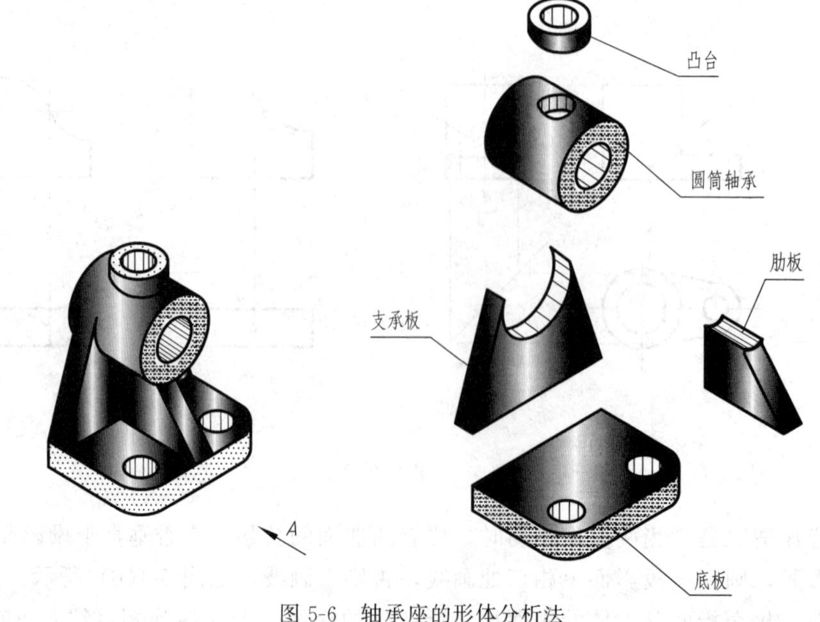

图 5-6　轴承座的形体分析法

板和肋板是不同形状的平板，支承板的左、右侧面都与轴承的外圆柱面相切，肋板的左、右侧面与轴承的外圆柱面相交，底板的顶面与支承板、肋板的底面相互重合，则在三者重合处注意是否有交线。凸台与轴承是两个垂直相交的空心圆柱体，在外表面与内表面上均有相贯线。

二、视图选择

选择视图首先要确定主视图，因为看图或画图大都从主视图开始考虑，一般将能反映该组合体各部分形状特征（即形体的形状特点）及位置特征（即形体间的相互位置关系）最多的方向作为主视图的投影方向。图 5-6 所示的轴承座，沿 A 向观察，满足了上述的基本要求，可作为主视图，则其他视图的方向可随之确定。

三、画图的方法与步骤

（1）选择比例，确定图幅　视图确定以后，根据组合体的大小，选比例和图幅，考虑注尺寸所需的位置及画标题栏，均匀的布置视图，所以选择的幅面要比所需的视图面积大一些。

（2）布置视图，画作图基准线　应将视图均匀的布置在幅面上，相邻两个图之间的空档应保证能注全所需的尺寸，由此画各个视图的作图基准线。作图基准线通常选组合体的底面、对称面、重要端面，回转轴线等，如图 5-7(a) 所示。

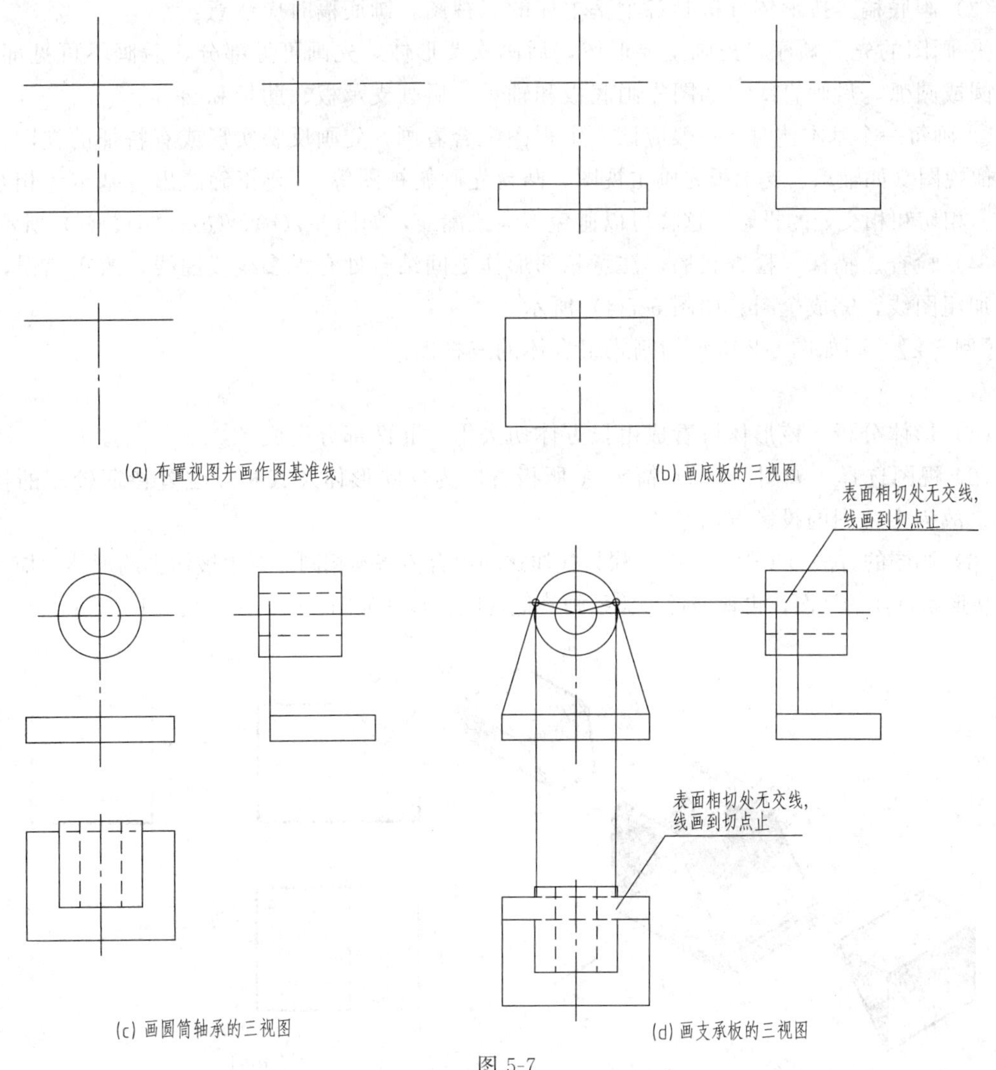

图 5-7

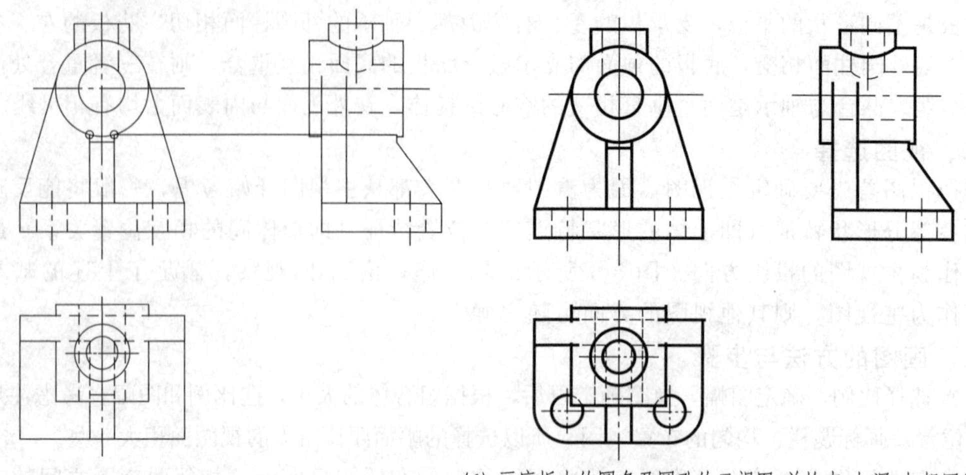
(e) 画肋板与凸台的三视图

(f) 画底板上的圆角及圆孔的三视图,并检查,加深、加粗图线

图 5-7 画轴承座三视图

(3) 画底稿　按形体分析画各个基本体的三视图，画底稿时应注意：

① 画图的先后顺序，先画主要形体，后画次要形体，先画可见部分，后画不可见部分，先画圆或圆弧，后画直线。如图先画底板和轴承，后画支承板、肋板和凸台。

② 画每一个基本体时，一般应该三个视图配合着画，先画反映实形或有特征的视图，再画其他视图（如轴承、支承板先画主视图，凸台先画俯视图等）。要正确画出各基本体相互间平行、相切和相交处的投影，这样可以避免多线或漏线，如图 5-7(b)、(c)、(d)、(e) 所示。

(4) 检查、描深　检查底稿，注意相邻形体之间结合处有无多线或漏线，改正错误，描深、加粗图线，完成全图。如图 5-7(f) 所示。

【例 5-2】 画如图 5-8 所示切割式组合体的三视图。

解：

(1) 形体分析　该形体可看成由长方体切去Ⅰ、Ⅱ两部分组成。

(2) 视图选择　如图 5-8(a) 箭头 *A* 所指方向为反映形体及其相互位置特征较多的投影方向，故为主视图的投影方向。

(3) 画图的方法与步骤　画图步骤与叠加式的组合体基本相同。对于被切去的形体，应先画出反映形状特征的视图，再根据投影关系画其他视图，步骤如图 5-8(b)、(c)、(d) 所示。

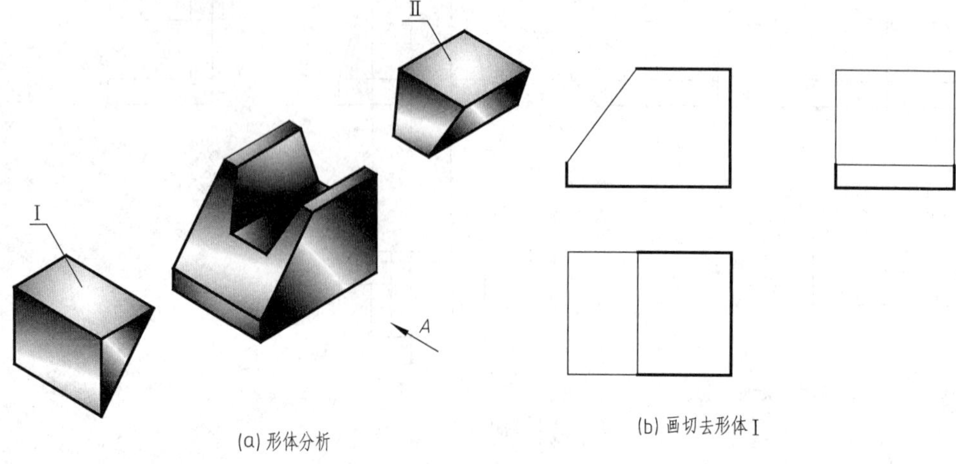

(a) 形体分析

(b) 画切去形体Ⅰ

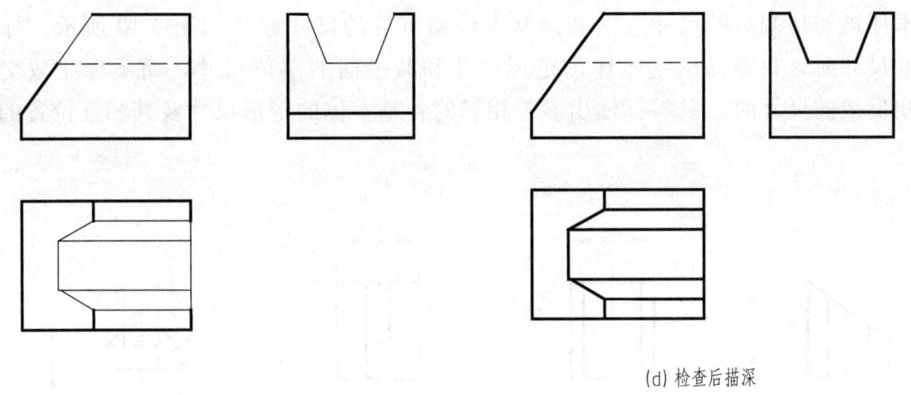

图 5-8 画切割式组合体三视图

第三节 组合体尺寸标注

视图只能表达组合体的结构和形状，若要表达它的大小，则需要注出尺寸。而组合体尺寸标注的要求是：正确，完整，清晰。

正确——标注尺寸必须符合制图国家标准关于尺寸注法的规定。

完整——标注尺寸既不遗漏，也不重复的标注在视图上。

清晰——尺寸注写布局整齐、清晰，便于读图。

一、基本几何体的尺寸注法

掌握组合体的尺寸标注，必须先了解常见基本几何体的尺寸标注，如图 5-9 所示。平面立体一般要标出长、宽、高三个方向的尺寸；回转体一般要注出径向和轴向两个方向的尺寸。

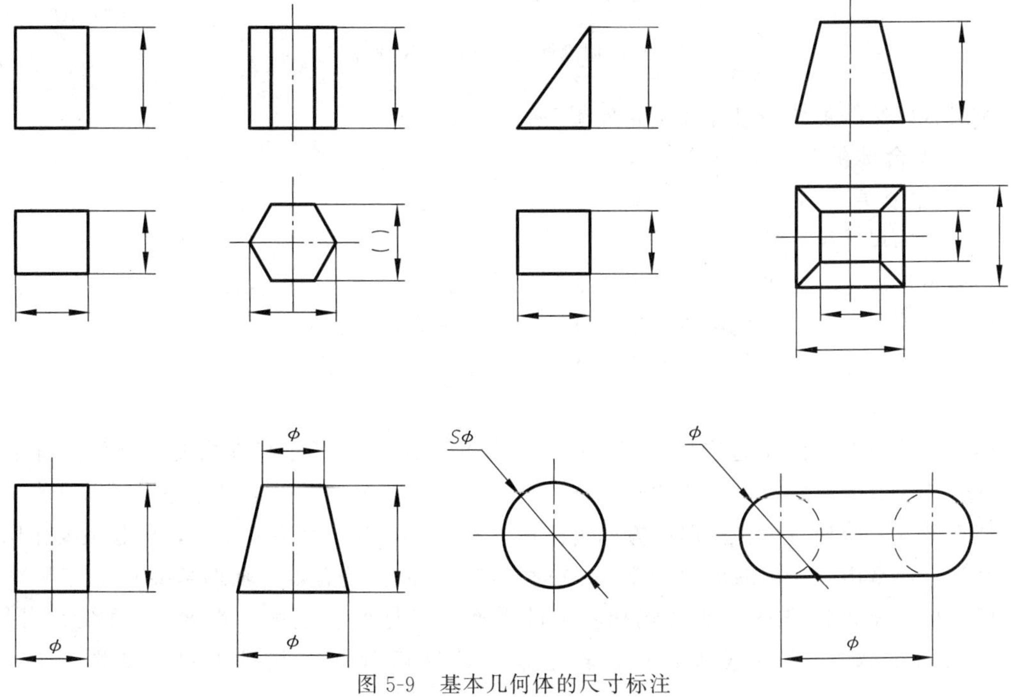

图 5-9 基本几何体的尺寸标注

基本体被切切割后的尺寸注法和两基本体相贯后的尺寸标注如图 5-10 所示。标注截交线部分的尺寸时，只需标出基本体的定形尺寸和截平面的定位尺寸，而不标注截交线的尺寸；注相贯线的尺寸时，只需标注出参与相贯的各基本体的定形尺寸及其相互位置的定位尺寸即可。

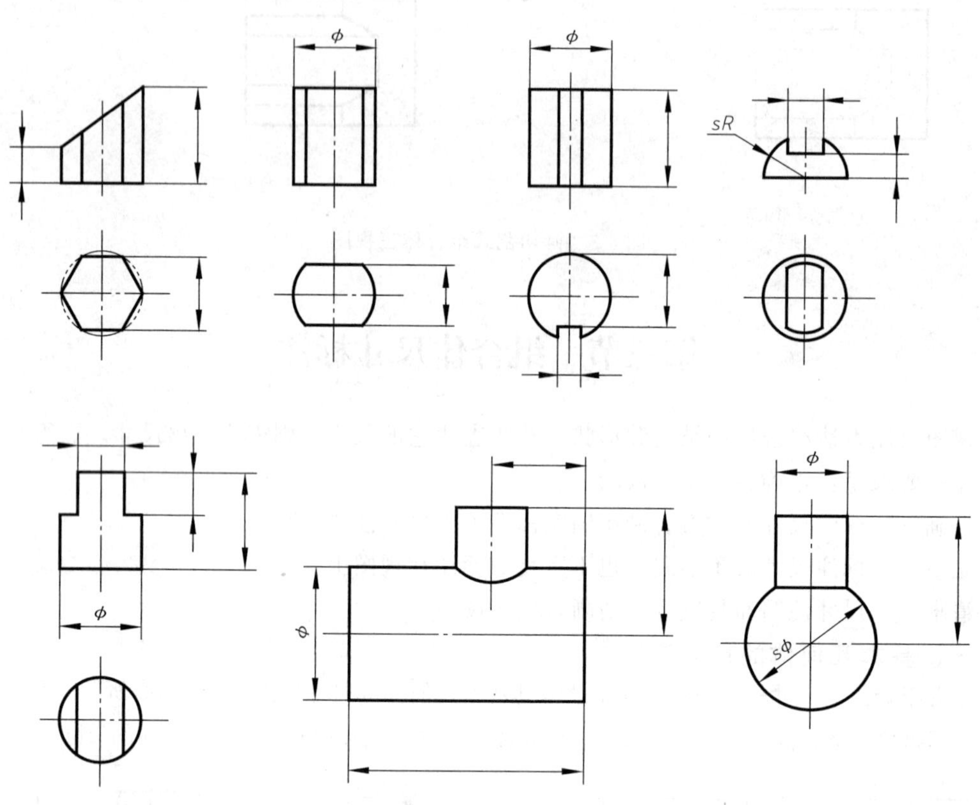

图 5-10　切割体与相贯体的尺寸标注

常见板状结构形体的尺寸注法，如图 5-11 所示。

二、组合体的尺寸标注

1. 尺寸分类

组合体的尺寸可分成以下三类。

（1）定形尺寸　表示组合体各组成部分长、宽、高三个方向的大小尺寸。

（2）定位尺寸　表示组合体各组成部分相对位置的尺寸。

（3）总体尺寸　表示组合体外形的总长、总宽、总高的尺寸。

2. 尺寸基准

（1）尺寸基准　标注定位尺寸时，必须选择尺寸基准。尺寸基准指的是标注尺寸的起点，即一些面、线或点。组合体的长、宽、高三个方向都至少有一个尺寸基准，以它来确定基本体在该方向的相对位置。但同方向上的尺寸基准只能有一个主要基准，即起主要作用的那个基准（通常由它注出的尺寸较多），同时在这个方向上还有若干辅助基准。

（2）尺寸基准的选择　通常选择较大的平面（对称面、底面、端面）、直线、（回转轴线、转向轮廓线）、点（球心）或较重要的轮廓面等作为尺寸基准，如图 5-12(a) 所示。

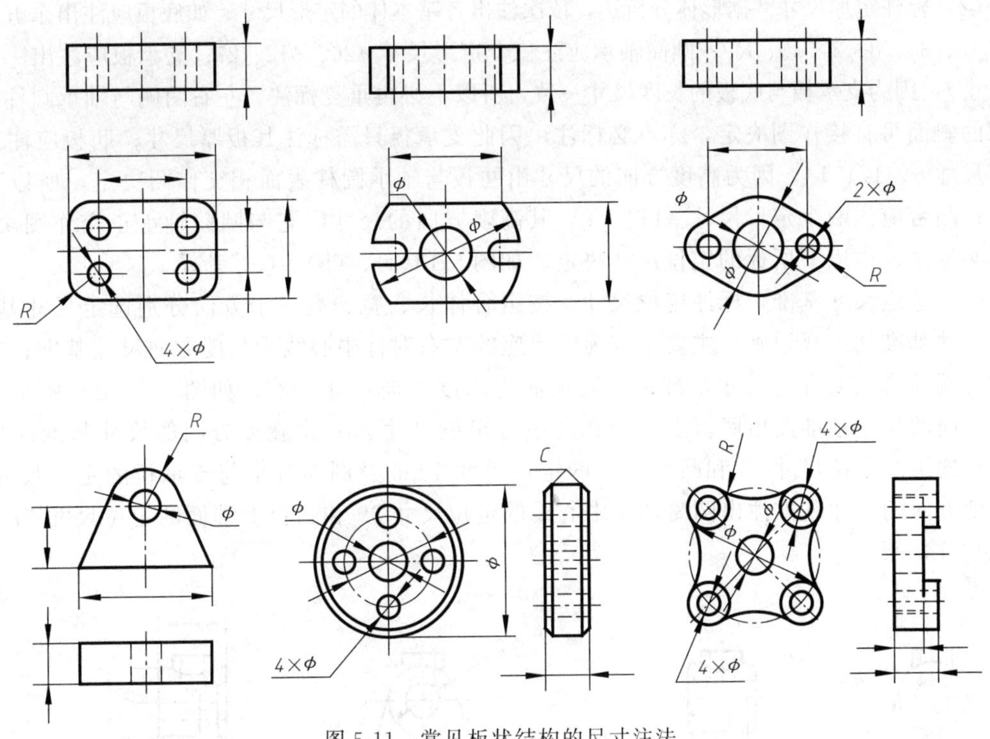

图 5-11　常见板状结构的尺寸注法

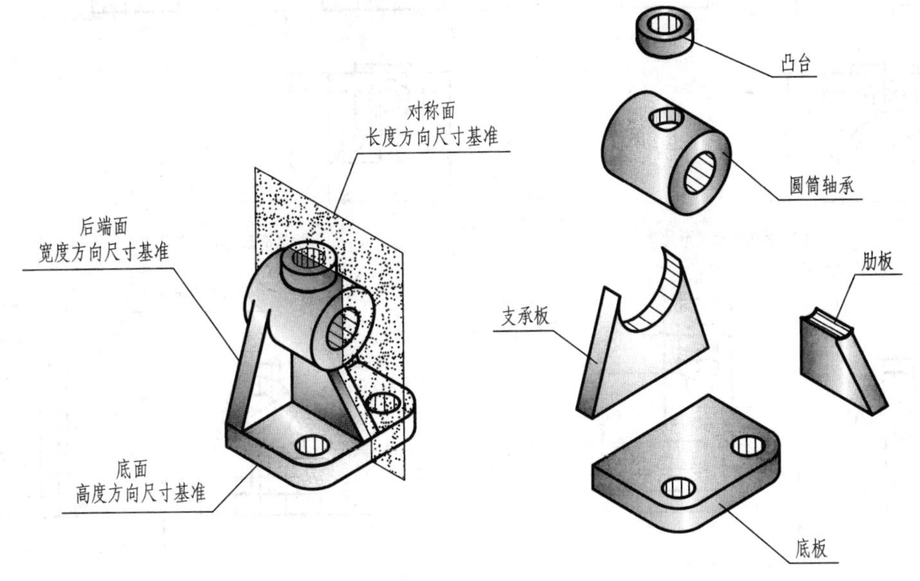

图 5-12　轴承座的尺寸基准及形体分析

3. 组合体尺寸标注的方法与步骤

以图 5-12 所示的轴承座为例来阐明组合体尺寸标注的基本要求及方法和步骤。

(1) 形体分析　根据轴承座的三视图可分为底板、圆筒轴承、支承板、肋板和凸台五部分组成，分清各形体之间的形状和相互位置关系，如图 5-12(b) 所示。

（2）标注定形尺寸　据形体分析法，依次注出各基本体的定形尺寸。如底板应注出个五定形尺寸 46、34、8、2×ϕ9、R9；圆筒轴承应注三个定形尺寸 ϕ26、ϕ12、27；支承板应注出一个定形尺寸 7、因为支承板与底板的长度尺寸一致，所以不必再重复标注，左右两侧与轴承圆柱表面相切的斜面可直接作图决定，亦不必标注，因此支承板只需标注其板厚尺寸；肋板应注三个定形尺寸 6、17、14，因为高度方向的尺寸由肋板与轴承圆柱表面相交作图决定，所以不必标注；凸台应注两个定形尺寸 ϕ14、ϕ8，其高度方向的尺寸因它与圆筒轴承正交作图决定，亦不必标注，由以下所标的定位尺寸决定。如图 5-13(a)、(b)、(c) 所示。

（3）选定尺寸基准，标注定位尺寸　按组合体长、宽、高三个方向分别选定尺寸基准，根据尺寸基准的选择原则，主要基准为轴承座的左右对称中心线为长度方向尺寸基准；支承板的后端面为宽度方向尺寸基准；下底板面为高度方向尺寸基准，如图 5-13(d) 所示。由长度方向的尺寸基准注出底板上两圆孔的中心定位尺寸 28；由宽度方向的尺寸基准注出底板上孔的中心定位尺寸 25 和凸台中心的定位尺寸 13.5 及圆筒轴承与支承板的定位尺寸 3；由高度方向的尺寸基准注出圆筒轴承中心线的定位尺寸 39 和凸台上端面的定位尺寸 57，如图 5-13(e) 所示。

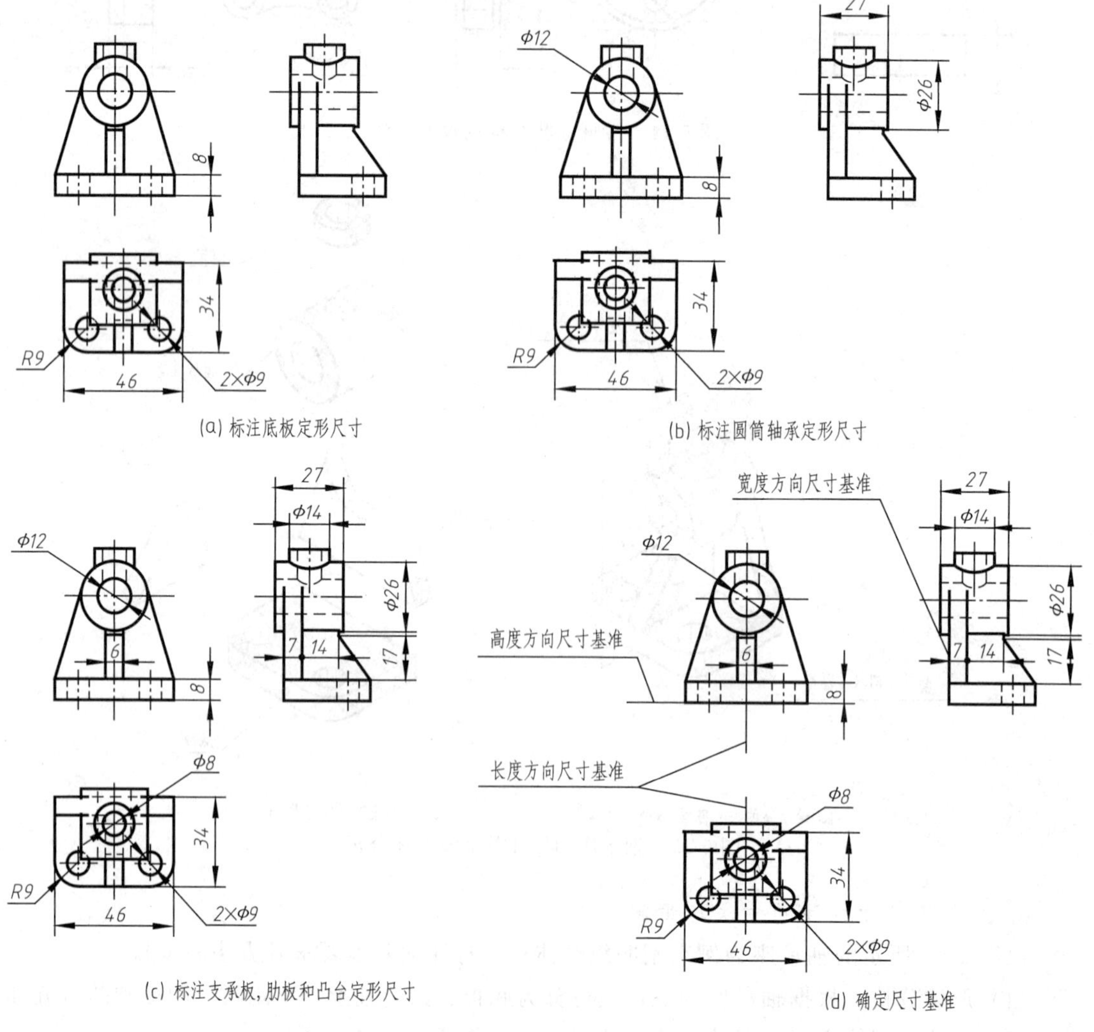

(a) 标注底板定形尺寸

(b) 标注圆筒轴承定形尺寸

(c) 标注支承板，肋板和凸台定形尺寸

(d) 确定尺寸基准

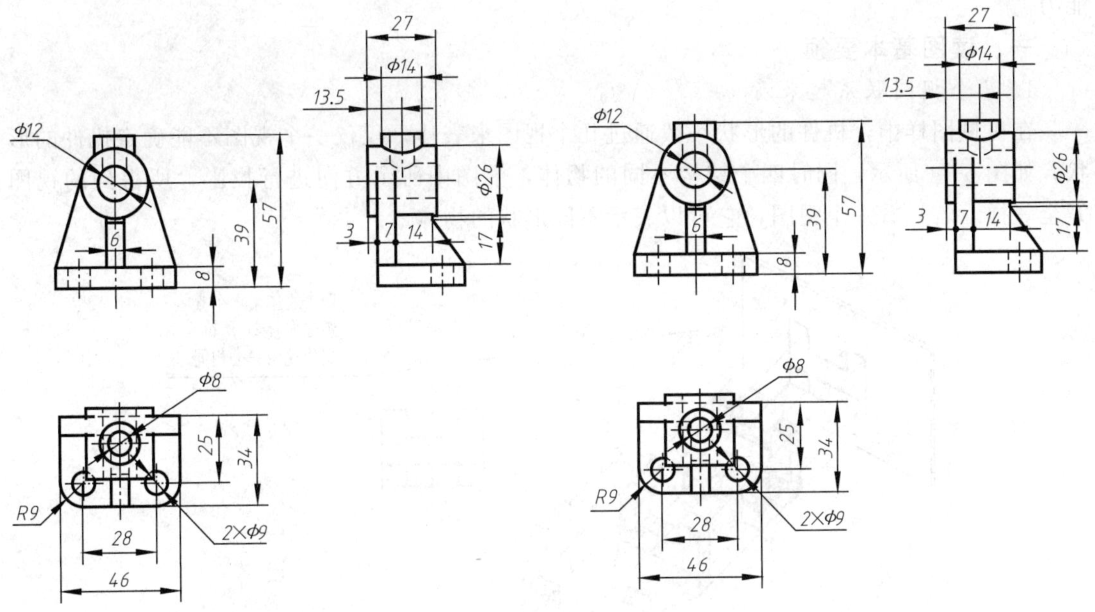

(e) 标注各方向的定位尺寸

(f) 标注总体尺寸及进行尺寸调整，完成

图 5-13　轴承座的尺寸标注

(4) 标注总体尺寸　当总体尺寸与已经标注的定形尺寸一致时，就不再重复标注。如底板的长兼作组合体的总长，只注一次，不能重复；总宽亦为底板的宽与圆筒轴承的定位尺寸即 34＋3 之和，也不再标出；总高与高度方向凸台的定位尺寸 57 一致，就不应再注出。应优先注出重要尺寸，而把某一尺寸空开，使标注不封闭，如图 5-13(f) 所示。

4. 尺寸标注应注意的问题

① 尺寸应尽量标注在反映形状特征最明显的视图上。如底板的圆孔和圆角应标注在俯视图上。

② 同一形体的尺寸应尽量集中标注在一个视图上，便于看图时查找尺寸。如底板的长、宽尺寸，圆孔的定形、定位尺寸集中标注在俯视图上。

③ 尺寸尽量注在两视图之间，以保持图形清晰。同方向的平行尺寸应使小尺寸在内，大尺寸在外，避免尺寸线与尺寸界线相交。如主、俯视图中的尺寸（8、39、57）和（28、46 或 25、34 ）等。同一方向几个连续的尺寸应排列在同一条直线上。

④ 圆的直径最好标注在非圆的视图上，而圆弧的半径必须标注在投影为圆弧的视图上，虚线上尽量避免标注尺寸。如底板圆角半径 $R9$ 标注在俯视图上。

在标注尺寸时，有时会出现不能兼顾以上各点的情况，必须在保证标注尺寸正确、完整、清晰的前提下，灵活掌握，合理布置。

第四节　读组合体视图

画图，是把空间形体投影到平面用视图来表达其形状；读图，是根据视图想象出形体的空间结构形状。很显然，照物画图与依图想物，后者的难度要大，所以为了能正确、迅速地读懂视图，必须掌握读图的基本知识与基本方法，培养空间想象能力，反复实践，提高读图能力。

一、读图基本要领

1. 几个视图联系起来看

在机械图样中，机件的形状一般通过几个视图来表达，仅仅一个视图不能确定机件的形状，如图 5-14 所示，同时四个结构不同的物体，沿图中所示方向进行投影，所得到的视图完全一样。若只看一个视图，它可以表示不同形状的物体。

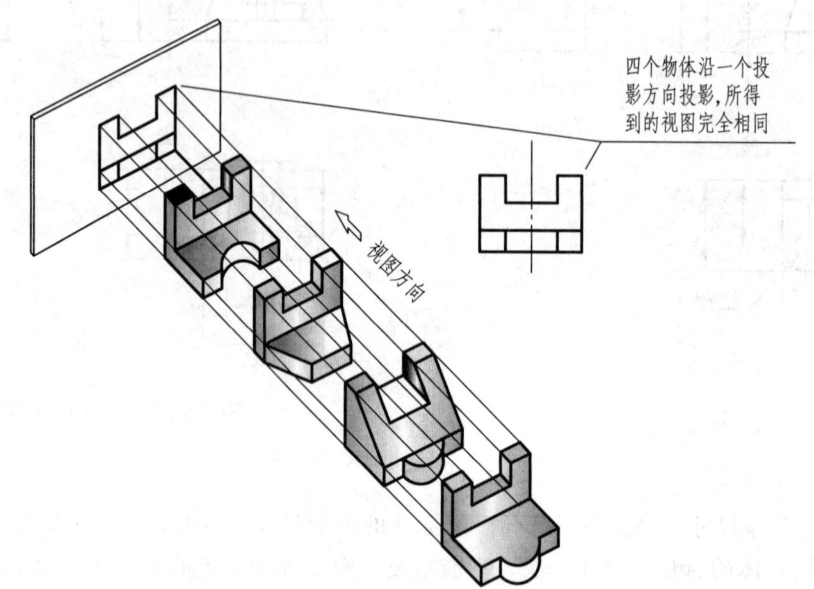

图 5-14　一个视图确定物体形状的不唯一性

有时两个视图也不能完全确定机件的形状。如图 5-15 所示，主视、左视图相同，但确定的形状也不唯一。

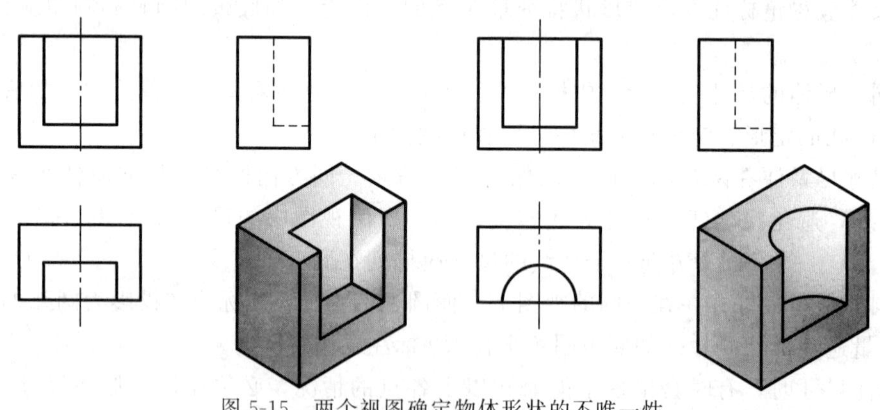

图 5-15　两个视图确定物体形状的不唯一性

由此可见，读图时，必须要把几个视图联系起来分析和构思，才能想象出机件的确切形状。

2. 从反映形体特征明显的视图看起

所谓形体特征指形体的形状特征和位置特征。读图时，从反映形状特征较多的视图看起，再配合其他的视图，想象出物体的空间形状。如图 5-16(a) 所示，主视图反映物体的形状特征，左视图反映物体的位置特征。因此，先看主视图，还无法确定Ⅰ与Ⅱ两部分的前后关系，再配合左视图，即可想象出物体的空间形状，如图 5-16(c) 所示，而不是图 5-16(b) 所示。

3. 明确视图中的图线和线框的含义

视图是由一个个封闭的线框组成的，每一个封闭的线框都表示物体一个面（平面或曲面）的投影，而线框又是由图线组成。所以，看图就必须明确视图中的线框和图线的含义，如图 5-16(d) 所示。

(1) 视图中图线的含义　一是面与面的交线；二是具有积聚性的面的投影；三是曲面的转向素线的投影。

(2) 视图中线框的含义　一是视图中的一个封闭线框，一般表示物体的一个面（平面、曲面或孔）的投影；二是两个相邻的封闭线框，则表示物体上两个不同位置面的投影；三是一个大的封闭线框包含各个小的线框，小线框表示凹下孔洞或凸出形体的投影。

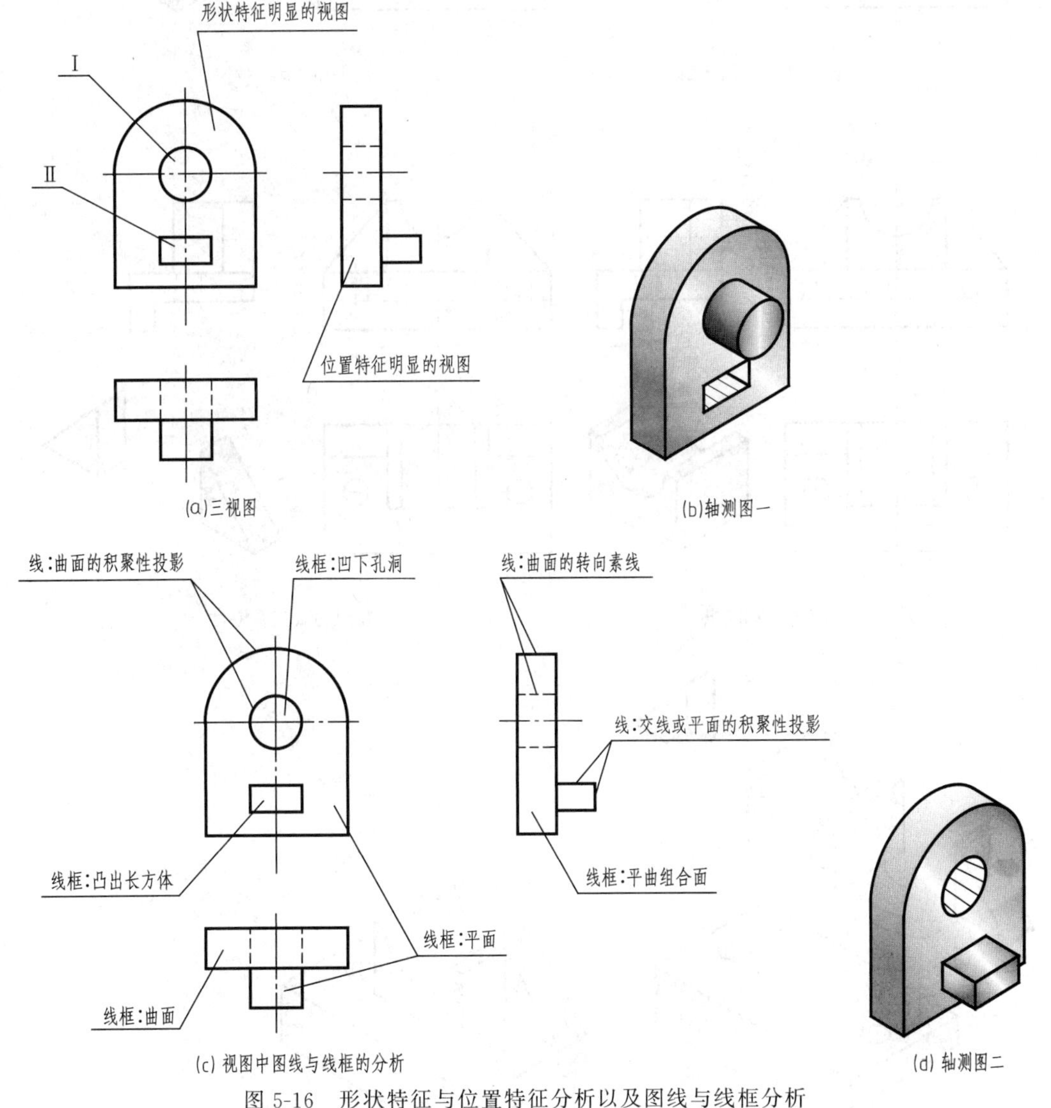

图 5-16　形状特征与位置特征分析以及图线与线框分析

二、读图的方法和步骤

1. 形体分析法

形体分析法是读图的最主要方法。在反映形状特征比较明显的主视图上，按线框将组合

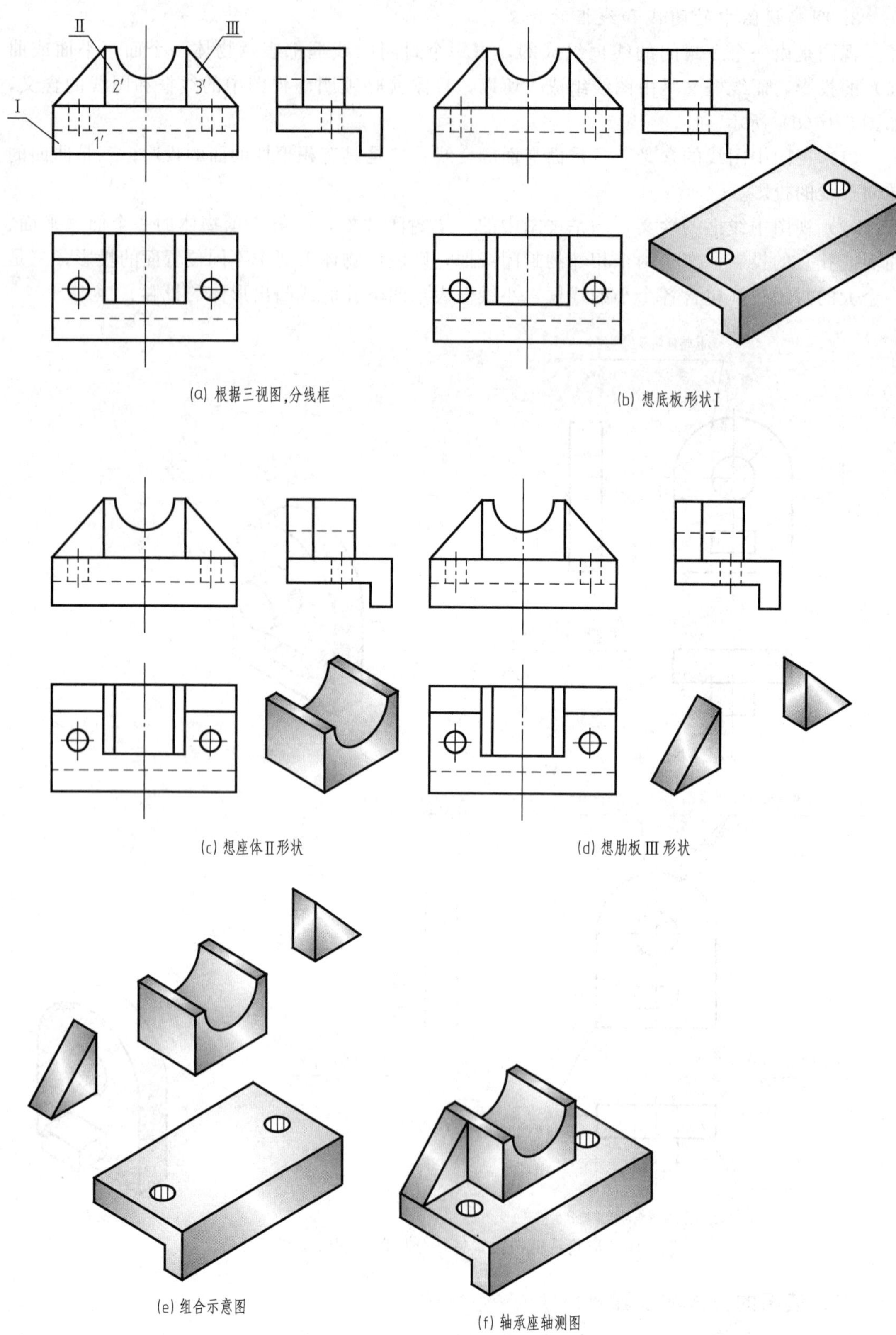

(a) 根据三视图，分线框

(b) 想底板形状Ⅰ

(c) 想座体Ⅱ形状

(d) 想肋板Ⅲ形状

(e) 组合示意图

(f) 轴承座轴测图

图 5-17　支座的形体分析读图方法

体划分为几个部分，然后按照投影关系依次找出各个线框在其他视图中的投影，分析各部分的形状以及它们之间的相对位置，最后综合想象组体合体的总体形状。

以支座为例来说明运用形体分析法识读组合体的方法与步骤。如图 5-17 所示。

（1）从反映形状特征最多视图看起　如图 5-17(a) 所示，通过形体分析可知，主视图的 2′、3′分别较明显地反映形体Ⅱ、Ⅲ的形状特征，左视图 1″反映了形体Ⅰ的形状特征，所以先观察分析主视图。

（2）分线框，对投影　从主视图着手，根据投影关系，把视图中的线框分为三部分。如图 5-17(a) 所示。

（3）分析投影想形状　形体Ⅰ从左视图，形体Ⅱ、Ⅲ从主视图出发，根据“三等”规律，分别在其他两视图中找出对应的投影，并想象出它们的结构形状，如图 5-17(b)、(c)、(d) 所示。

（4）综合想象其整体形状　长方形座体Ⅱ在底板Ⅰ上面，两形体的对称面重合且后板面平齐；肋板Ⅲ在长方体Ⅱ的左、右两侧，且与其相接，后板面平齐。综合想象出形体的整体形状，如图 5-17(e)、(f) 所示。

2. 线面分析法

线面分析法，就是运用线、面的投影理论，去分析物体的表面形状、面与面的相对位置以及面与面之间的交线，进而想象出物体的形状。在看切割型的组合体时，主要用线面分析法。

以图 5-18(a) 所示三视图为例，说明线面分析法的读图方法与步骤。

（1）形体分析　由于主视图的边框为矩形，俯视图和左视图的轮廓基本为矩形（均切掉了一个角），由此可知它的原始体为长方体。

（2）线面分析　从形体的外表面看，俯视图的左前方的缺角是用铅垂面切出的；左视图的前上方缺角是用正平面和水平面同时切出的。可见，此形体是被几个特殊位置平面切割后形成的。

分析清楚被切面的空间位置后，从该平面投影积聚成的直线出发，在其他两视图找出与其对应的线框，即一对边数相等的类似形。

如图 5-18(b) 所示，俯视图线 1 为铅垂面的积聚性投影，按投影关系在主视图中找出与它相对应的六边形线框 1′，则在左视图中亦找出与它对应的类似六边形线框 1″。

同理，如图 5-18(c) 所示，左视图线 2″为水平面的积聚性投影，对应投影的主视图和俯视图分别为直线 2′和四边形 2。在图 5-18（d）所示中，左视图线 3″为正平面的积聚性投影，对应投影的主视图和俯视图分别为矩形 3′和直线 3。

（3）综合想象其整体形状　看懂形体各表面的空间位置与形状后，还必须从线、面投影上弄清面与面之间的相对位置，从而综合想象其整体形状，如图 5-18(e) 所示。

读组合体的视图常常是两种方法并用，以形体分析法为主，线面分析法为辅。

三、由已知两视图补画第三视图

由已知两个视图补画第三视图，是训练和检验读图能力，培养空间想象能力的重要手段。一般分为两步进行：第一步是根据已知视图运用形体分析法或线面分析法大致想象出物体的形状；第二步是根据想象的形状，由所给的两个视图按各组成部分依次作出第三视图，最终完成物体的第三视图。

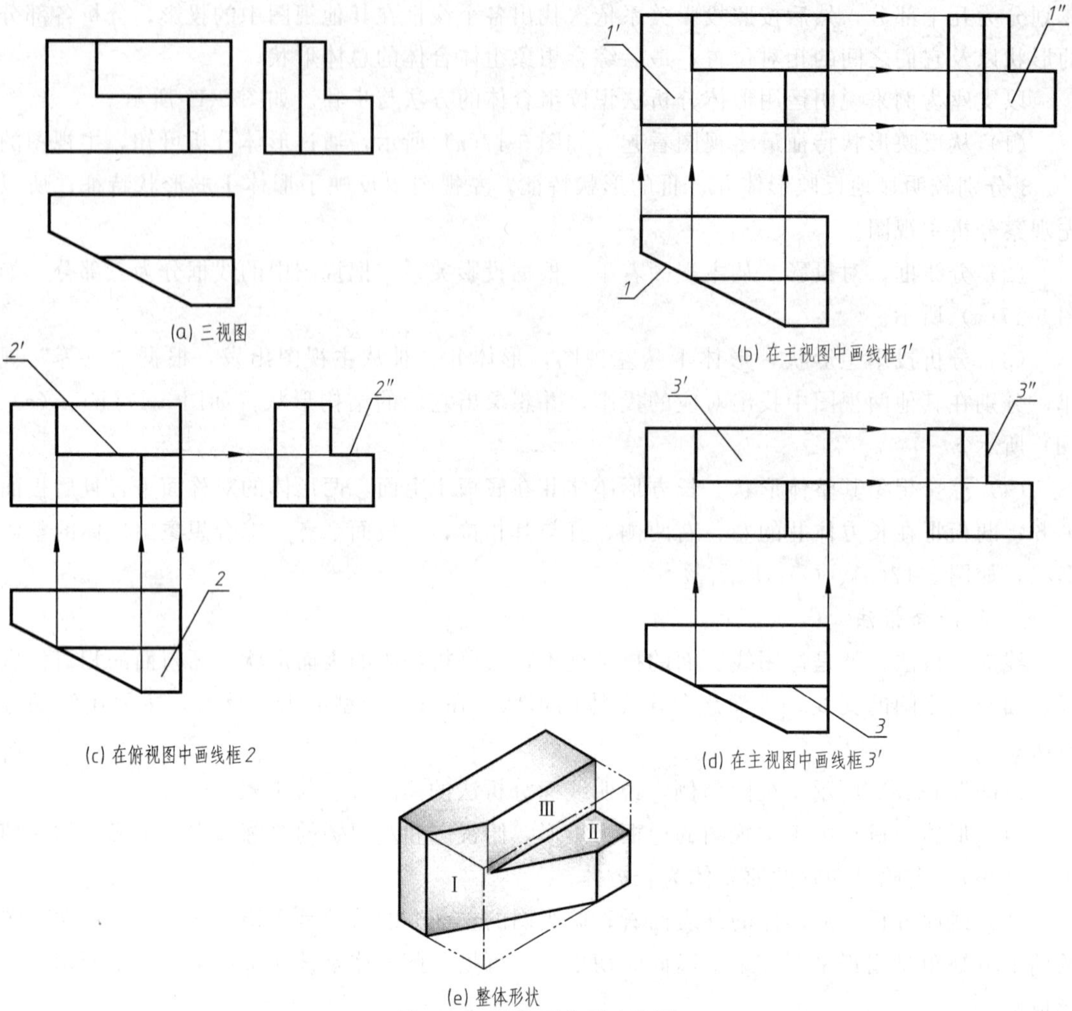

1′ 1″

1

(a) 三视图

(b) 在主视图中画线框1′

2′ 2″

2

3′ 3″

3

(c) 在俯视图中画线框2

(d) 在主视图中画线框3′

Ⅰ Ⅱ Ⅲ

(e) 整体形状

图 5-18　用线面分析法读图

【例 5-3】 已知支架的主、俯视图，补画左视图，如图 5-19 所示。

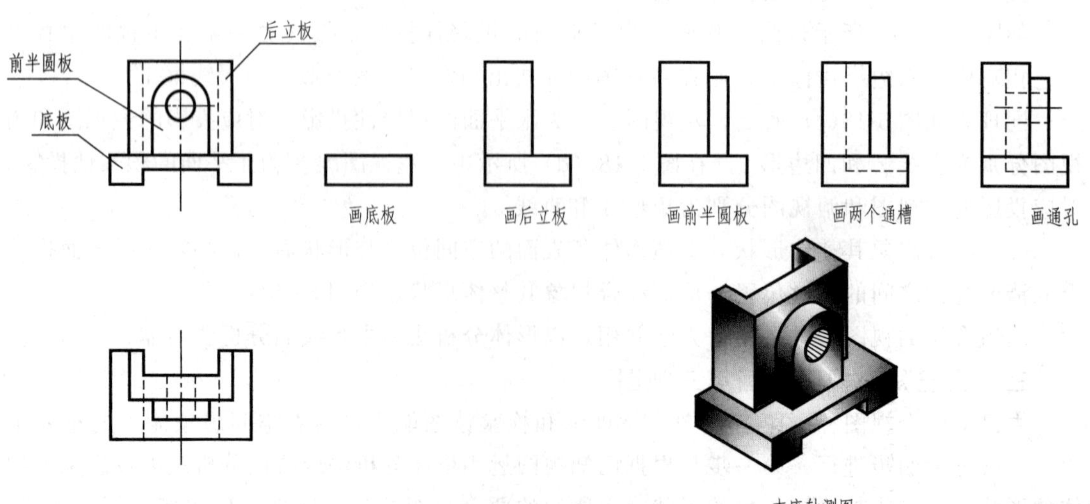

图 5-19　补画支架的第三视图

解：运用形体分析法分析，在主视图上将其分为三个线框，按投影关系找出各线框在俯视图对应的投影，可知该组合体是由底板、前半圆板和后立板叠加起来后，又切去两个通槽、钻一个通孔而成的。作图步骤如图 5-19 所示。

读图时，对于比较复杂的组合体，特别是切割型组合体，运用形体分析法的同时，还常用线面分析法来帮助想象和读懂这些局部形状。下例用线面分析法阐明在读图中的应用。

【例 5-4】 已知夹铁的主、左视图，补画俯视图，如图 5-20 所示。

解：运用线面分析法分析，由图 5-20(a) 给出主、左视图可知，夹铁的左、右两侧面是

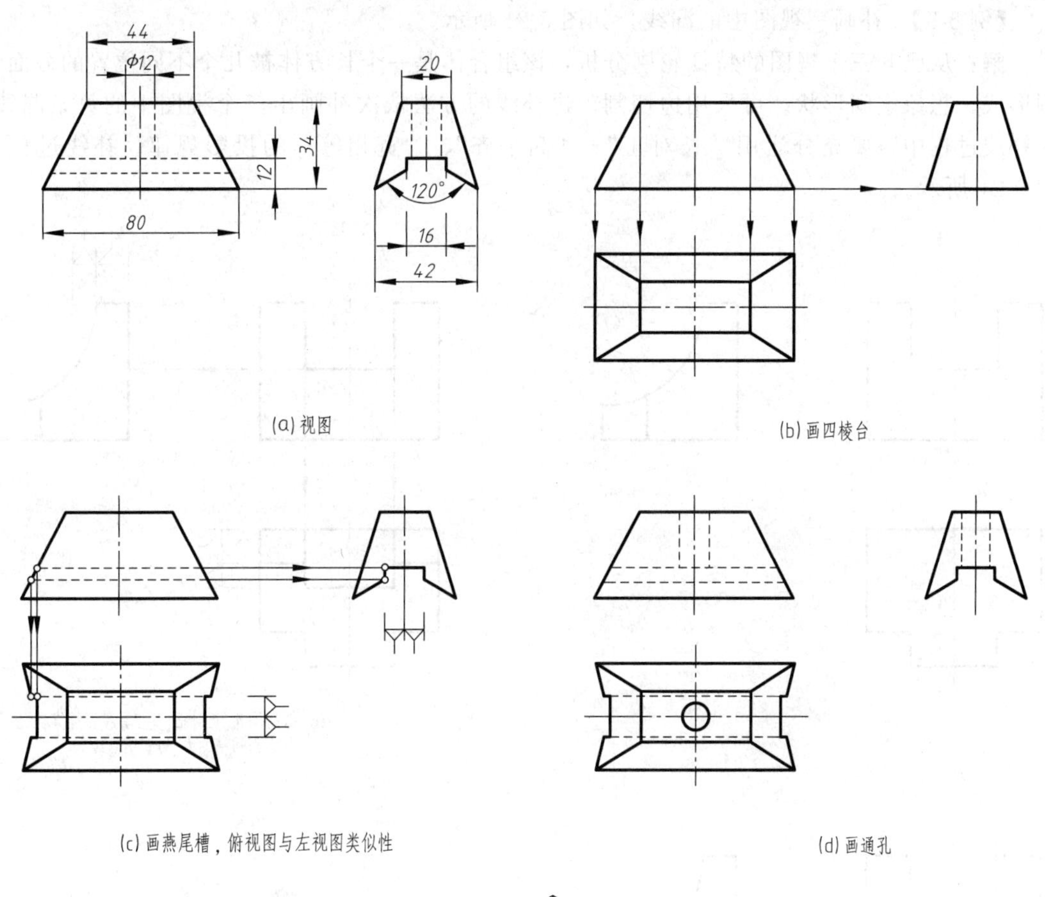

(a) 视图

(b) 画四棱台

(c) 画燕尾槽，俯视图与左视图类似性

(d) 画通孔

(e) 夹铁轴测图

图 5-20　补画夹铁俯视图

正垂面，这个侧面形状在左视图和俯视图上的投影是类似形，即为一四棱台；夹铁的底部是一左右方向的通槽。由此可想象出夹铁的大致形状，它是在四棱台下部切去一个带斜面的燕尾槽，中间沿垂直方向钻一个圆孔所形成。补画夹铁俯视图的作图过程如图 5-20 所示。

四、补画视图中的漏线

补漏线就是在所给的三视图中，补画缺漏的图线。在补漏线的过程中，运用形体分析法或线面分析法分析组合体的形状，再运用投影的“三等”规律，对视图中的线框、图线找对应的投影，在分析过程中仔细核对投影就会发现是视图中的漏线。

【例 5-5】 补画三视图中的漏线，如图 5-21 所示。

解： 从已知三个视图的特征轮廓分析，该组合体是一个长方体被几个不同位置的截面切割形成，想象空间形状。可采用边切割、边补线的方法依次补画出三个视图中的每条漏线。在补线过程中，要充分运用“长对正”、“高平齐”、“宽相等”的投影规律。补线过程如图 5-21 所示。

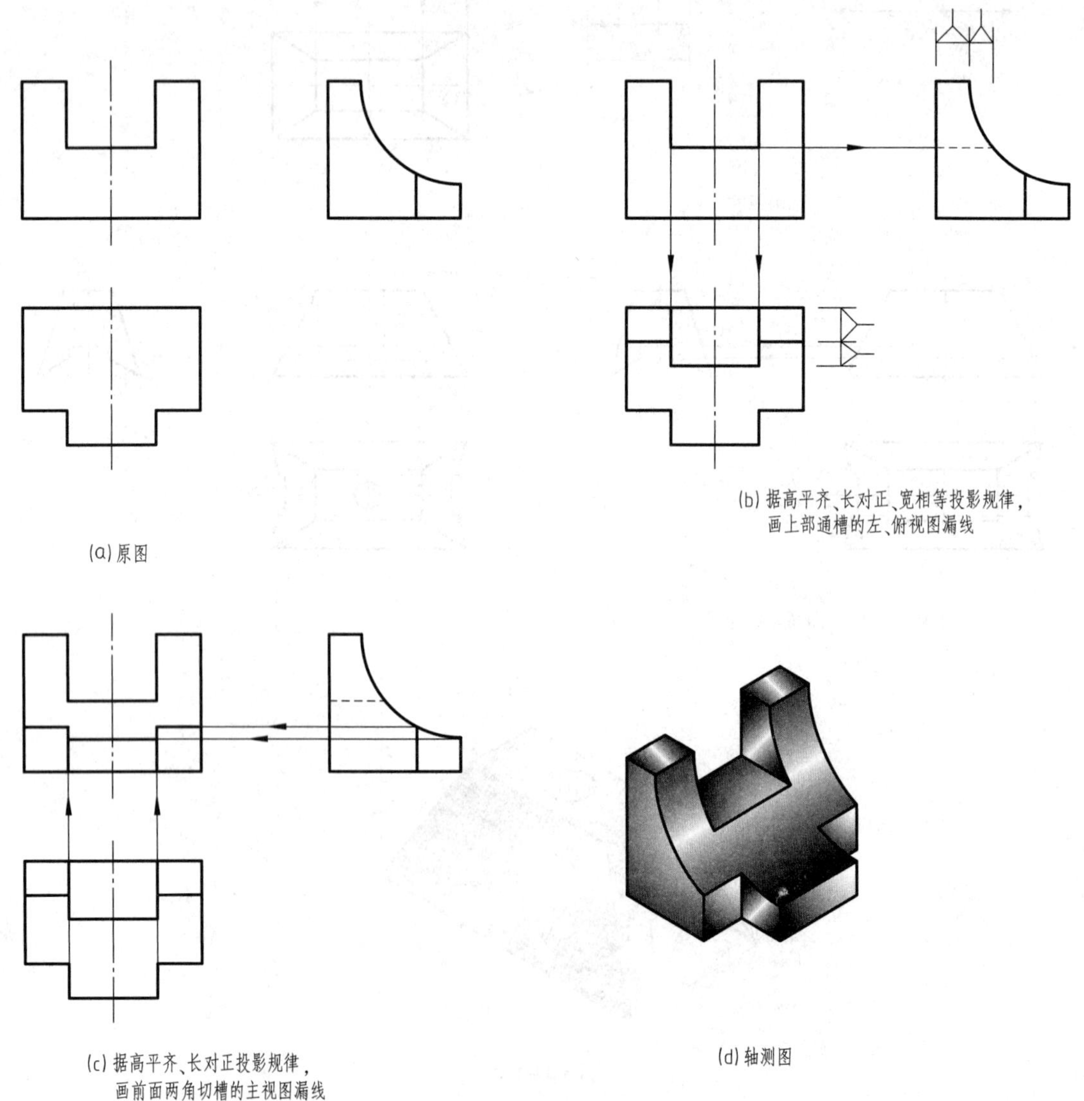

图 5-21　补画视图中的漏线

第六章 物体的表达方法

在生产实际中，有些零件的形状和结构是比较复杂的，用三视图很难将它们的形状结构表达清楚。为此，国家标准《技术制图图样画法》、《机械制图图样画法》及《技术制图简化表示法》中规定了物体的若干种不同的表示法，如视图、剖视图、断面图、局部放大图及简化画法等，供工程技术人员绘图时针对零件的具体情况进行选用。

第一节 视 图

根据国家标准（GB/T 17451—1998、GB/T 4458.1—2002）规定，用正投影法所绘制出物体的图形称为视图。在绘制视图时，一般只画出机件的可见部分，必要时才用虚线表达其不可见部分。视图通常有基本视图、向视图、斜视图和局部视图四种。

一、基本视图

将物体分别向六个基本投影面投射所得的视图，称为基本视图。

当物体的结构形状较复杂时，要清晰地反映出它在六个不同方位的形状，国家标准规定，在原有三个投影面的基础上，再增设三个投影面，组成一个正六面体，六面体的六个面称为基本投影面，如图 6-1(a) 所示。将物体置于六面体中，由 *a*、*b*、*c*、*d*、*e*、*f* 六个方向，分别向基本投影面投射，即在主视图、俯视图、左视图的基础上，又得到了右视图、仰视图和后视图，这六个视图为基本视图，如图 6-1(b) 所示。

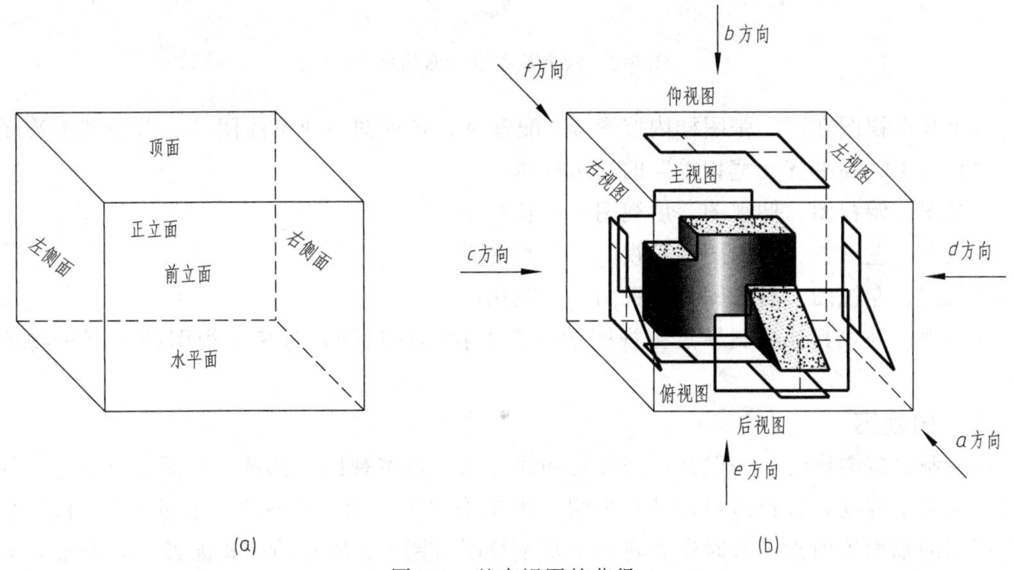

图 6-1 基本视图的获得

主视图——自物体前面向后投影所得的视图；

俯视图——自物体上方向下投影所得的视图；

左视图——自物体左方向右投影所得的视图；

右视图——自物体右方向左投影所得的视图；

仰视图——自物体下方向上投影所得的视图；

后视图——自物体后方向前投射所得的视图。

六个基本投影面展开的方法如图 6-2 所示，即正面保持不动，其他投影面按箭头所示方向旋转到与正面共处在同一平面。

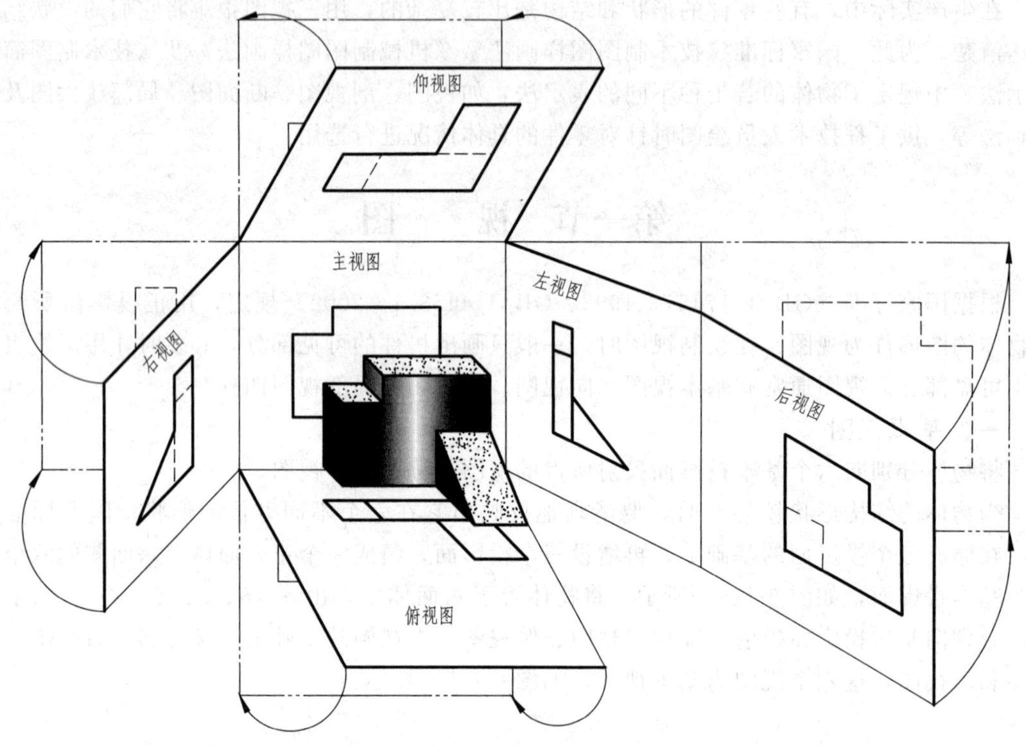

图 6-2　六个基本投影面的展开

六个基本视图在同一张图样内按图 6-3 配置时，各视图一律不注图名。六个基本视图仍符合“长对正、高平齐、宽相等”的投影规律。

主视图、俯视图、仰视图、后视图——长对正

主视图、左视图、右视图、后视图——高平齐

俯视图、左视图、右视图、仰视图——宽相等

除后视图外，其他视图靠近主视图的一侧是物体的后面，远离主视图的一侧是物体的前面。

二、向视图

在绘制机械图样时，一般并不需要将物体的六个基本视图全部画出，而是根据物体的结构特点和复杂程度，选择适当的基本视图。优先采用主、俯、左视图。在实际绘图过程中，由于图纸的幅面等因素，有时难以将六个基本视图按图 6-3 所示的形式配置，为了不影响物体的表达方法，应在视图的上方标出视图的名称“X”(X 为大写拉丁字母)，并在相应的视图附近用带字母的箭头指明投射方向，如图 6-4 所示，A、B、C 三个视图表达的方式，按照这样方式配置的视图统称为向视图。

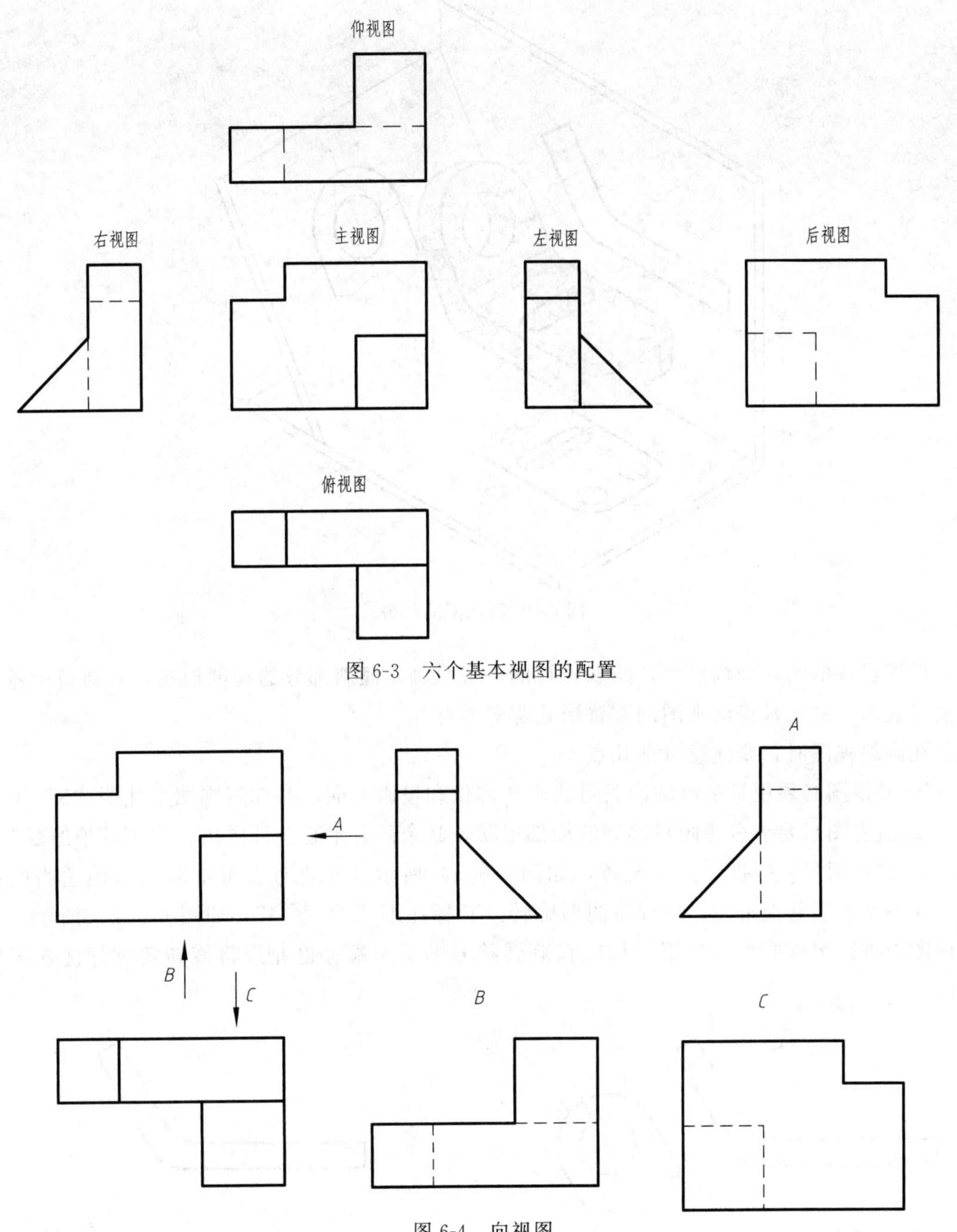

图 6-3　六个基本视图的配置

图 6-4　向视图

三、斜视图

当机件的表面与基本投影面成倾斜位置时，如果将机件向侧投影面投影，所得视图就不能反映机件的实际形状，可是对着倾斜的表面进行投影，在与该表面平行的投影面上，作出反映倾斜部分实际形状的投影，称为斜视图。

如图 6-5 所示，物体左侧部分与基本投影面倾斜，其基本视图不反映实形，在绘图时增设一个与倾斜部分平行的辅助投影面 P（P 面垂直于 V 面），将倾斜部分向 P 面投射，然后将 P 面旋转到与 V 面重合的位置，得到反映该部分实形的视图，即斜视图。

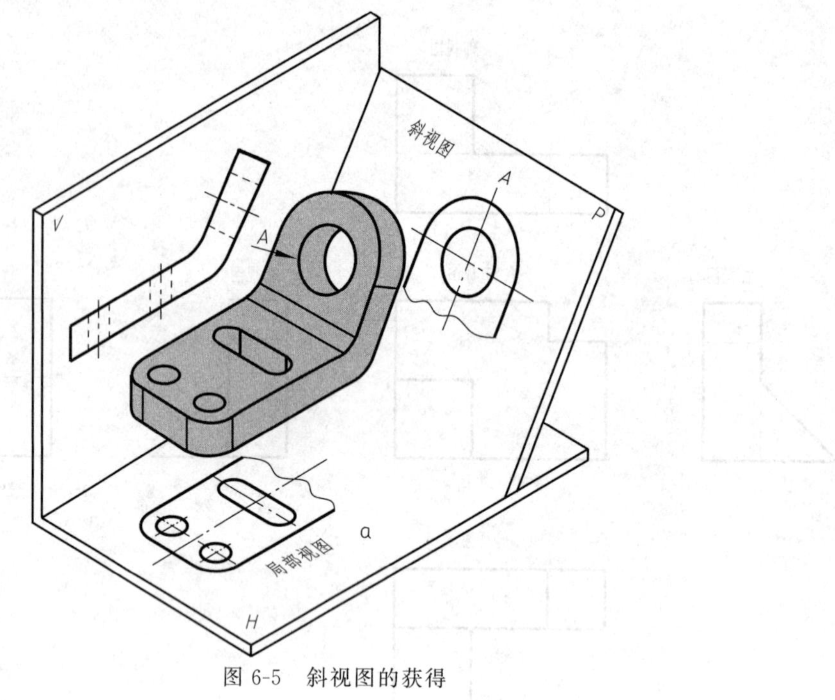

图 6-5　斜视图的获得

根据机件的实际结构形状，绘制斜视图一般只画出倾斜部分的局部形状，其断裂边界用波浪线表示，并通常按向视图的配置形式配置并标注。

在画斜视图时，要注意以下几点。

① 斜视图必须用带字母的箭头指明表达部位和投影方向，并在斜视图上注明“X”。

② 斜视图只要求表达倾斜部分的局部形状，其余部分不必全部画出，可用波浪线断开。

③ 斜视图最好按投影关系配置，如图 6-6(a) 所示。必要时也可平移到其他适当的地方。在不至于引起误解时，允许将图形旋转，其标注形式为“⌒↘”，如图 6-6(b) 所示。表示该图斜视图名称的大写拉丁字母应在旋转符号的箭头端。也允许将旋转角度标注在字母后面。

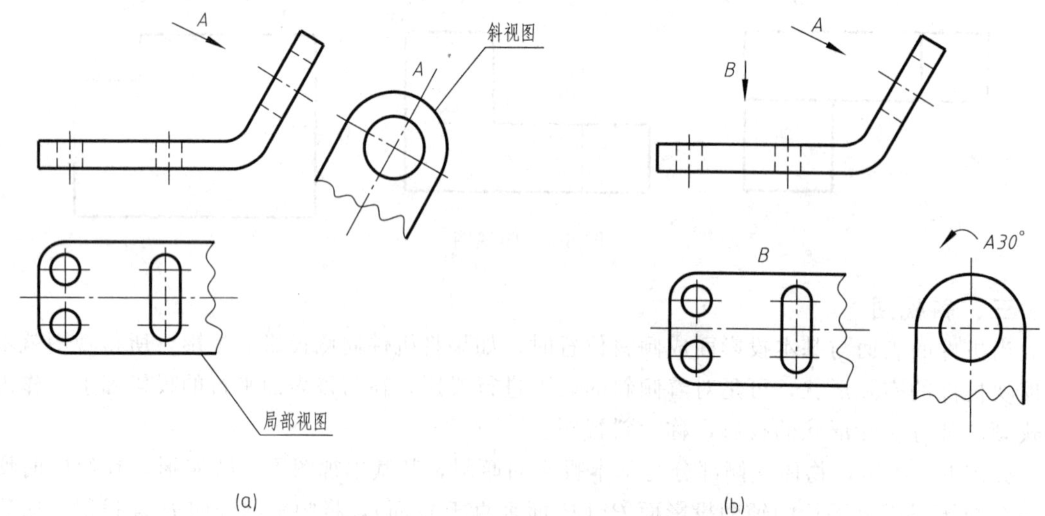

图 6-6　局部视图与斜视图的配置

四、局部视图

当机件在某个方向有部分形状需要表示，但又没有必要画出整个基本视图时，可以只画出基本视图的一部分，称为局部视图。

如图 6-7 所示，采用 A 向斜视图表示端部孔实际形状，采用 B 向和 C 向两个局部视图表示机件的厚度和相对位置，以及油孔的凸台形状。

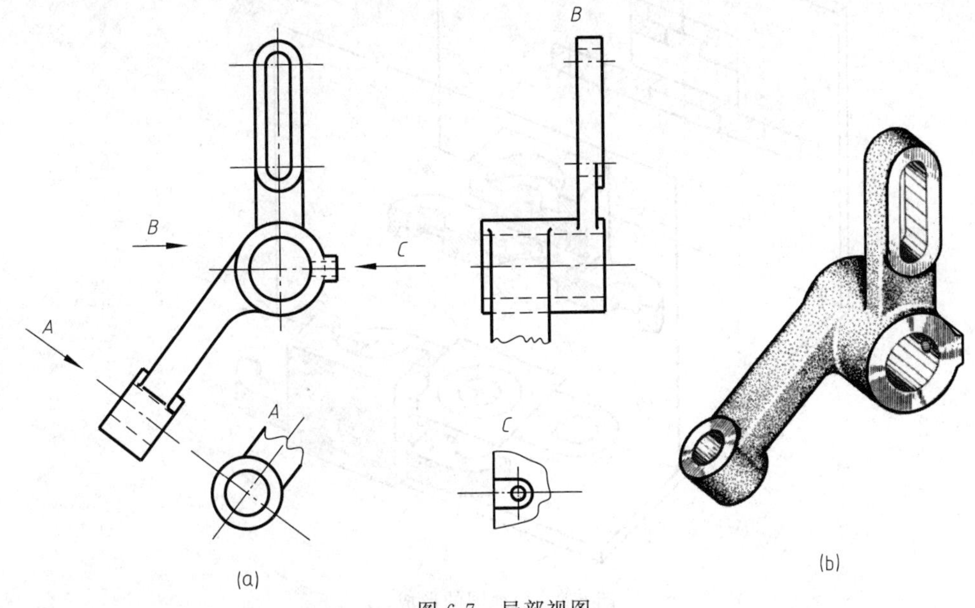

图 6-7　局部视图

在作局部视图时，要注意以下几点。

① 如果按基本视图方向配置的局部视图可不加标注，否则必须用带字母的箭头指明局部视图的表达部位与投影方向，并在局部视图上注明“X”。

② 局部视图的范围应以波浪线表示。但当所表示的结构要素是完整的，且外轮廓线又成封闭时，则波浪线可以省略。

③ 局部视图最好配置在箭头所指的方向，必要时也允许配置在其他适当的地方。

第二节　剖　视　图

当物体的内部结构比较复杂时，视图中就会出现较多的细虚线，既影响图形清晰，又不利于标注尺寸。为了清晰地表示物体的内部形状，国家标准规定了剖视图的画法，剖视图的画法要遵循 GB/T 17452—1998、GB/T 4458.6—2002 的规定。

一、剖视图的基本概念

1. 剖视图的形成

假想用剖切面剖开物体，通过机件的对称中心线，将机件剖切成两部分，将处在观察者和剖切面之间的部分移去，而将其余部分向投影面投射所得的图形，称为剖视图。

如图 6-8 所示，此机件前后对称，沿其前后对称面将其剖开后，后半部向正投影面投影，为了分清机件的实心部分和空心部分，国家标准规定被切的实心部分应画上剖面符号。不同的材料，采用不同的符号，金属材料的剖面符号，其剖面线应画成与水平线成 45°的细实线，同一零件的剖面线的方向、间隔应该相同，图 6-8 展示了该机件形成剖视图的过程。

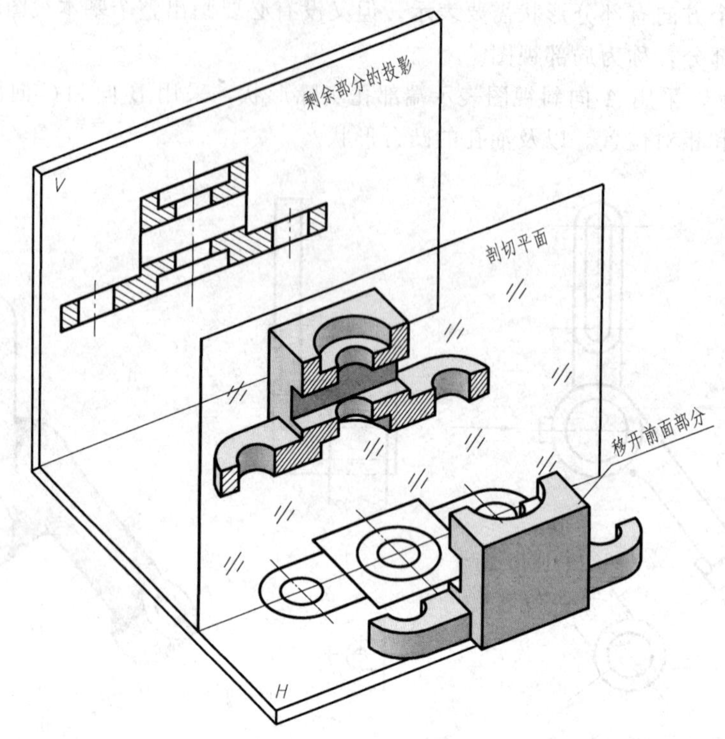

图 6-8 剖视图的形成

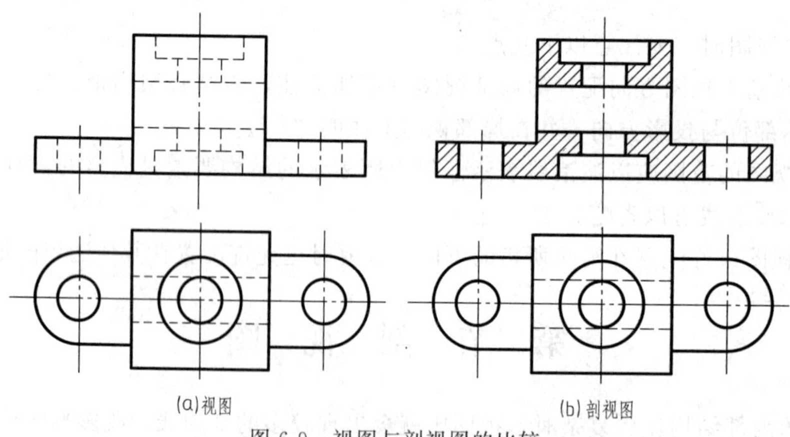

图 6-9 视图与剖视图的比较

通过图 6-9，将视图与剖视图相比较可以看出，由于主视图采用了剖视图的画法，原来不可见的孔成为可见的，视图上的细虚线在剖视图中变成了实线，再加上在剖面区域内画出了规定的剖面符号，使图形层次分明，更加清晰，图中的剖切符号只代表假想被剖切机件的实心处的材质，与图形的线型没有关系，工程上常用的几种剖面符号见表 6-1。

2. 画剖视图的注意问题

① 剖切平面一般应通过机件的对称平面或轴线，并要平行或垂直于某一投影面。

② 剖视图是在作图时假想把机件切开而来的，实际的机件并没有缺少一块，所以在一个视图上取剖视后，其他视图不受影响，仍按完整的机件画出，如图 6-9(b) 所示。

表 6-1　剖面符号

材料类别	剖面符号	材料类别	剖面符号	材料类别	剖面符号
金属材料		非金属材料		型砂、填砂、粉末冶金、砂轮等	
液体		线圈绕组元件		混凝土	
木材纵剖面		木材横剖面		玻璃及供观察的透明材料	

③ 剖切平面后方的可见部分应全部画出，不能遗漏，要仔细分析有关视图的投影特点，以免画错。图 6-10 所示为剖面形状相同，但剖面后部的结构不同的几种零件的剖视图的例子。图 6-11 所示为另外几个例子。要注意它们不同之处在什么地方。

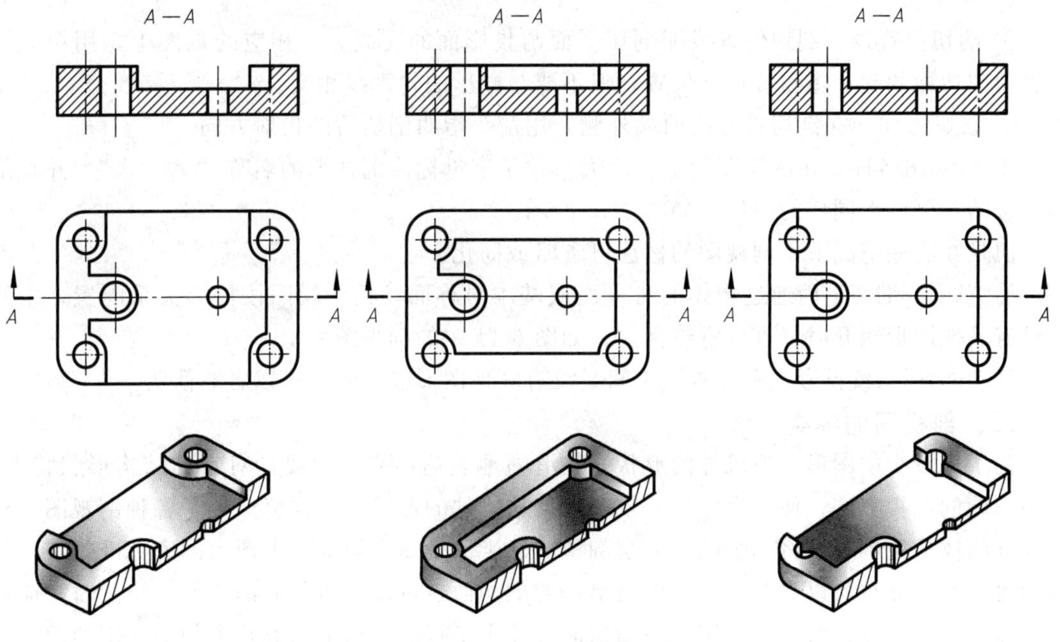

图 6-10　几组底板的剖视图

④ 在剖视图上，对于已经表达清楚的结构，其虚线可以省略不画。在没有剖开的视图上，虚线的问题也按同样原则处理。

⑤ 金属材料的剖面符号在机械制造业中用得最多，通常与水平成 45°细实线。当同一零件需要用几个剖视图表达时，剖面线的方向应相同，间隔要相等。在主要轮廓线和水平 45°倾斜的剖视图中，为了图形清晰，剖面线应改为和水平线成 30°或 60°的斜线，方向要和其他剖视图剖面线方向相近。

3. 剖视图的标注

标注的目的是帮助看图的人判断剖切位置和剖切后的投影方向，便于找出各视图之间的对应关系。

根据国家标准规定，剖视图标注包括下列各项。

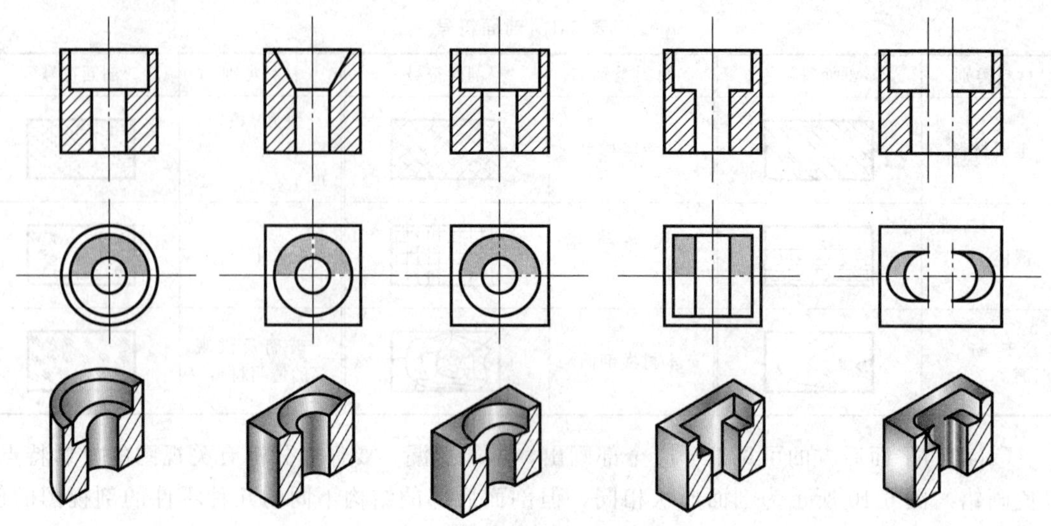

图 6-11　几组孔槽的剖视图

① 剖切位置线。剖切位置线即剖切平面与投影面的交线。在相应的视图上，用粗短画线表示剖切面的起、迄和转折处位置，但不要与图形的轮廓线相交。

② 投影方向。在剖切符号的两端外侧，用箭头指明剖切后的投射方向。

③ 剖视图名称。在剖视图的上方用大写拉丁字母标注剖视图的名称“×—×”，并在剖切符号的一侧注上同样的字母，如图 6-10 所示。

但是在有些情况下，剖视图的标注可省略或简化。

① 当单一剖切平面通过物体的对称面或基本对称面，且剖视图按投影关系配置，中间又没有其他图形隔开时，可以省略标注，如图 6-11 中的剖视图所示。

② 当剖视图按投影关系配置，中间又没有其他图形隔开时，可以省略箭头。

二、剖视图的种类

为了用较少的图形，把机件的形状完整清晰地表达出来，便要针对它的结构形状特点，采用不同的剖视方法，使每个图形能较多地反映机件的形状。这样就产生了各种剖视图。根据剖开物体的范围，可将剖视图分为全剖视图、半剖视图和局部剖视图。国家标准规定，剖切面可以是平面也可以是曲面、可以是单一的剖切面也可以是组合的剖切面。绘图时，应根据物体的结构特点，恰当地选用单一剖切面、几个平行的剖切平面或几个相交的剖切面，绘制物体的全剖视图、半剖视图和局部剖视图。

1. 全剖视图

用一个剖切面，假想将物体完全地剖开后，所得的剖视图，称为全剖视图。全剖视图主要用于表达外形简单、内形复杂而又不对称的物体，如图 6-12 所示，或外形简单的全对称机件，如图 6-11 所示。剖视的标注规则如前所述。

2. 半剖视图

当机件具有对称平面时，在垂直于对称平面的投影面上的投影，可以以对称中心线为界，一半画成剖视图，另一半画成视图，这样的图形称为半剖视图，如图 6-13 所示。半剖视图主要用于内、外形状都需要表示的对称物体。

半剖视图的标注规则与全剖视图相同。在图 6-13 中，因为主视图的剖切平面与零件的对称平面重合，所以在图上可以不必标注。而对于俯视图来说，因为剖切平面不与对称平面

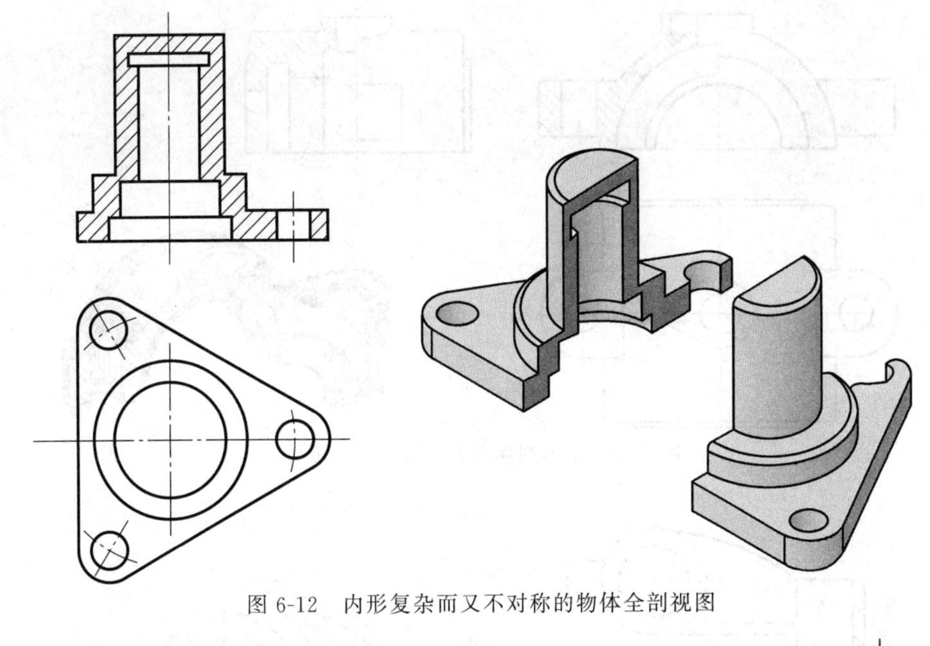

图 6-12　内形复杂而又不对称的物体全剖视图

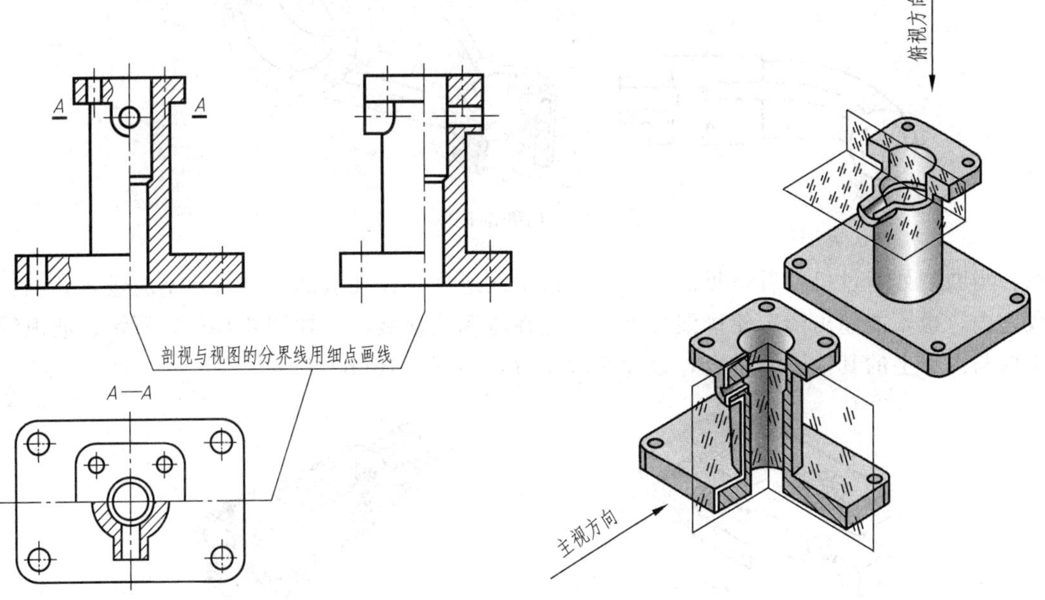

图 6-13　半剖视图的形成

重合，所以需要标出剖切位置和剖视名称，但是箭头可以省略。

当机件的形状接近于对称，且其不对称部分已另有视图表达清楚时，也允许画成半剖视，如图 6-14 所示。

3. 局部剖视图

用剖切平面剖开机件的一部分，以显示这部分的内部形状，并用波浪线表示剖切范围，这样的图形叫做局部剖视图，如图 6-15 所示。局部剖视是一种比较灵活的表达方法，剖切范围根据实际需要而定。但使用时要照顾到看图的方便，剖切不要过于零碎。标注的原则和全剖视图相同。

画局部剖视图时要特别注意波浪线的画法。波浪线可以看成机件断裂处的投影。画时要

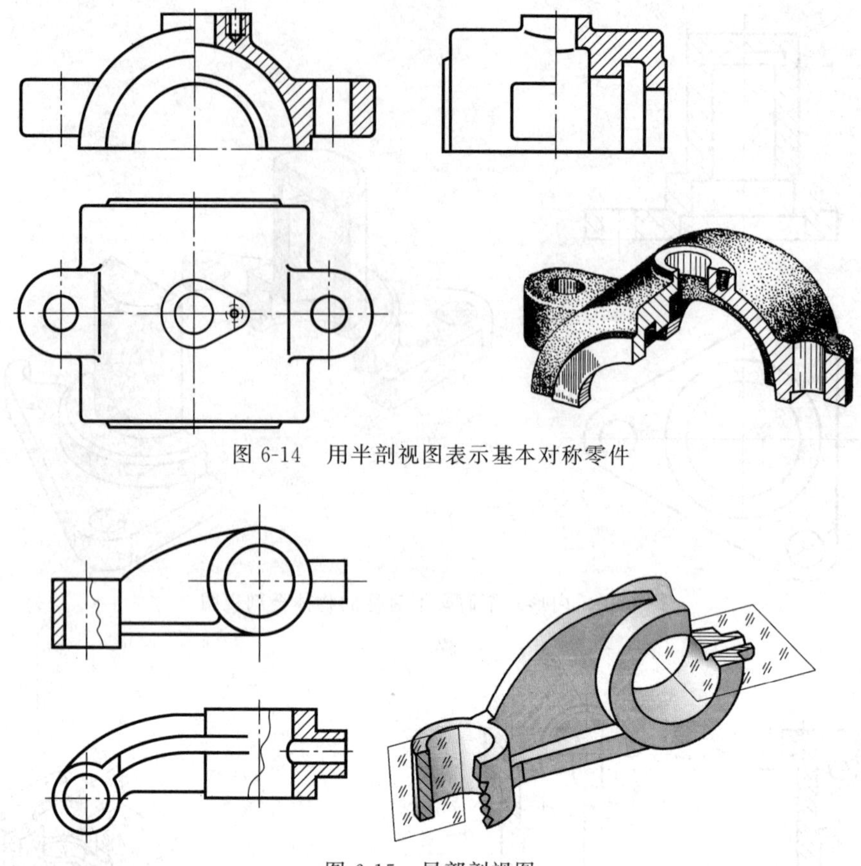

图 6-14　用半剖视图表示基本对称零件

图 6-15　局部剖视图

注意：当断裂处通过机件看得见的孔洞时，波浪线应终止在孔洞的轮廓线，不应进入孔洞轮廓线之内，也不能超出图形轮廓线之外，而应在轮廓线处截止，如图 6-16(a) 所示；波浪线也不应与图形上的其他图线重合，以免引起误解，如图 6-16(b) 所示。

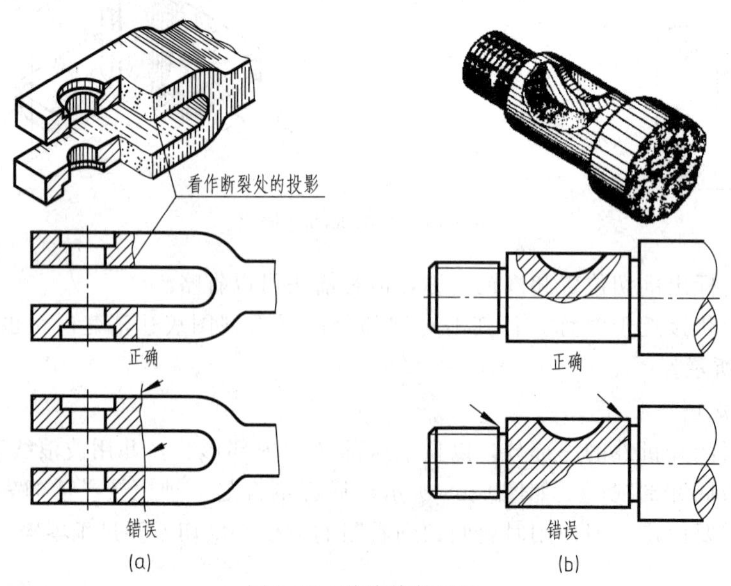

图 6-16　波浪线的画法

当对称机构的轮廓线与对称中心线重合，不宜采用半剖的情况下，可以用局部剖视来表达，如图 6-17 所示。

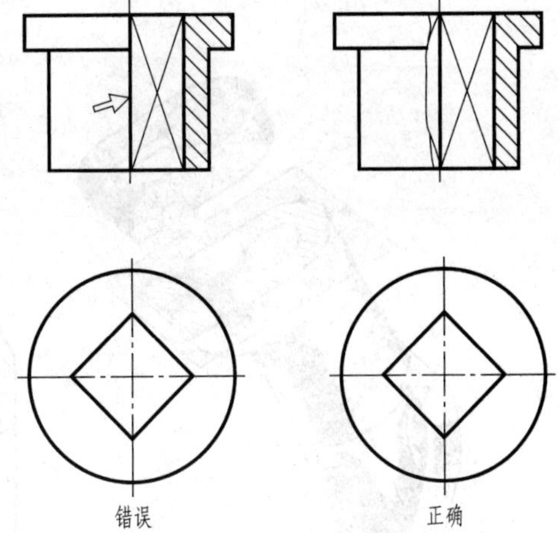

图 6-17　用局部视图代替半剖视

三、剖切面的种类

由于物体的形状结构不同，则根据物体的结构特点采用不同形式的剖切面。根据国家标准规定，常用的剖切面有三种形式：单一剖切面、几个平行的剖切面和几个相交的剖切面。

1. 单一剖切面

仅用一剖切面剖开机件，称为单一剖切面。上面已经介绍了采用平行于基本投影面的单一剖切面剖开机件的方法，如全剖视图、半剖视图等，下面介绍采用倾斜于基本投影面剖切机件的方法。

当机件上倾斜部分的内形，在基本视图上不能反映实形时，可以用与基本投影面倾斜的平面剖切，再投影到与剖切平面平行的投影上，得到的图形叫做斜剖视图，如图 6-18 所示。

画斜剖视图时，应注意以下几点。

① 斜剖视图最好与基本视图保持直接的投影关系，如图 6-19 中的 $A—A$。必要时，可以将斜剖视图画到图纸的其他地方而保持原来的倾斜程度，或转平来画，如图 6-19 中的 $A—A$ 旋转，这时必须加注旋转符号“↷”。

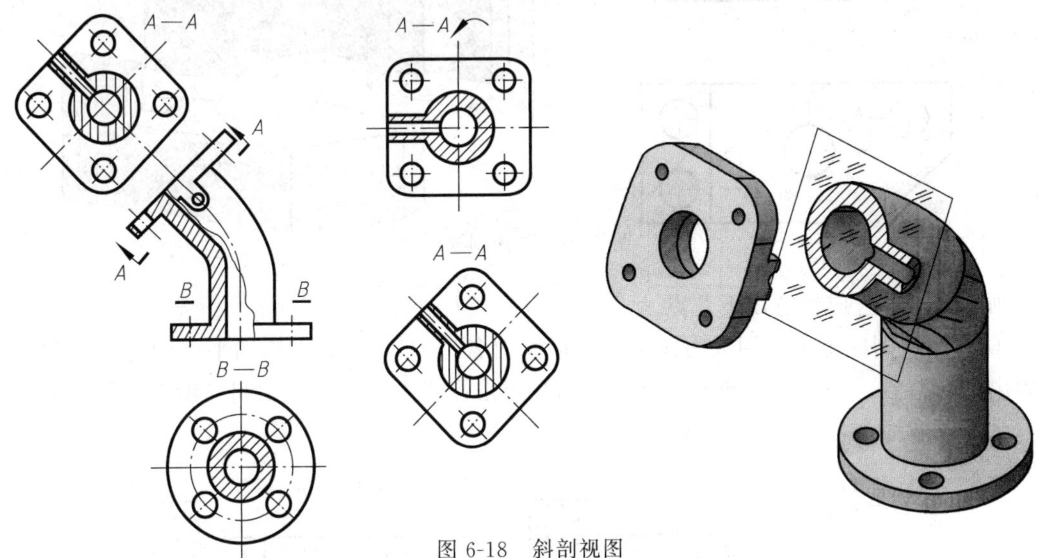

图 6-18　斜剖视图

② 斜剖视图主要用于表达倾斜的结构。机件上凡与基本投影面平行的结构，在斜剖视图中不反映实形，一般避免表示。例如在图 6-19 中，按主视图箭头方向取剖视，就能避免三角底板失真投影。

③ 斜剖视图一般需要标注，标注的方法如图 6-19 所示。

2. 几个平行的剖切面

有些机件的内形层次较多，用一个剖切平面不能全部显示出来，在这种情况下，可用一组相互平行的剖切平面依次地把它们切开，所得的剖视图，叫作阶梯剖视图，如图 6-20 所示。

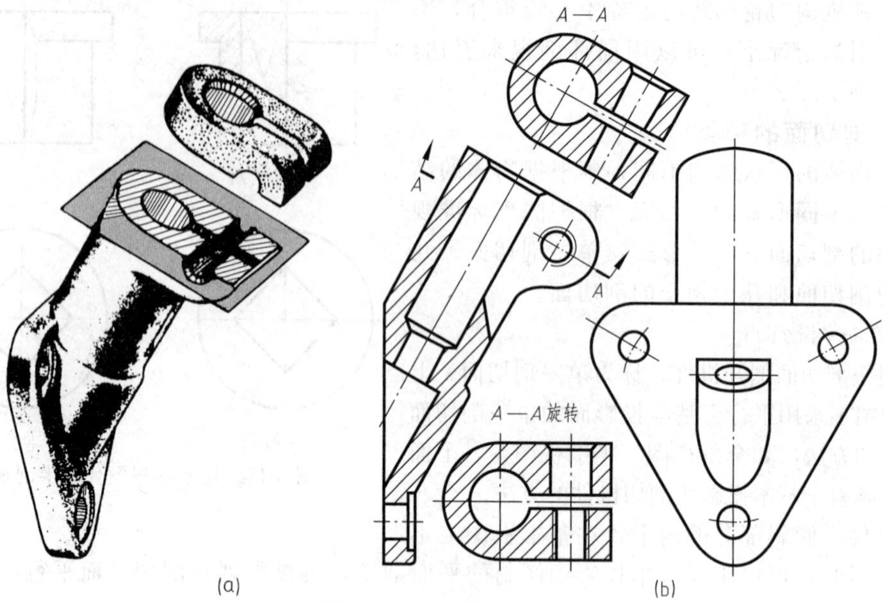

(a) (b)

图 6-19 斜剖视图标注

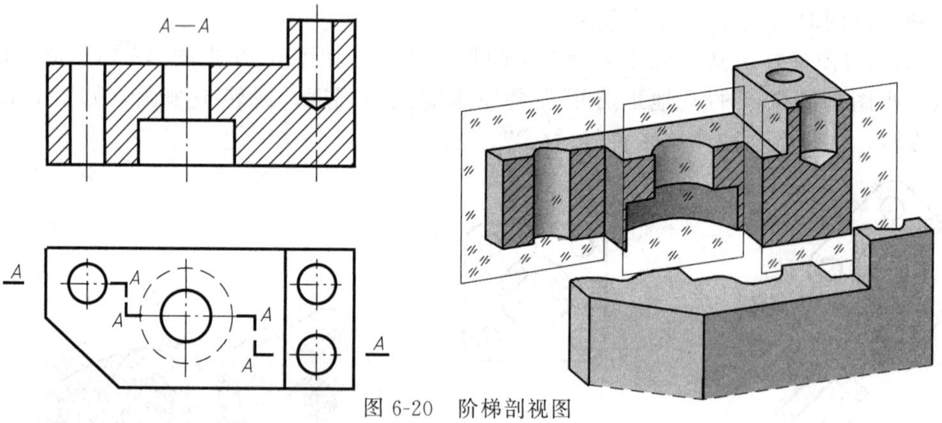

图 6-20 阶梯剖视图

画阶梯剖时，应注意以下几点。

① 在剖视图的上方，用大写拉丁字母标注图名“×—×”，在剖切平面的起、迄和转折处画出剖切符号，并注上相同的字母。若剖视图按投影关系配置，中间又没有其他图形隔开时，允许省略箭头，如图 6-20 所示。

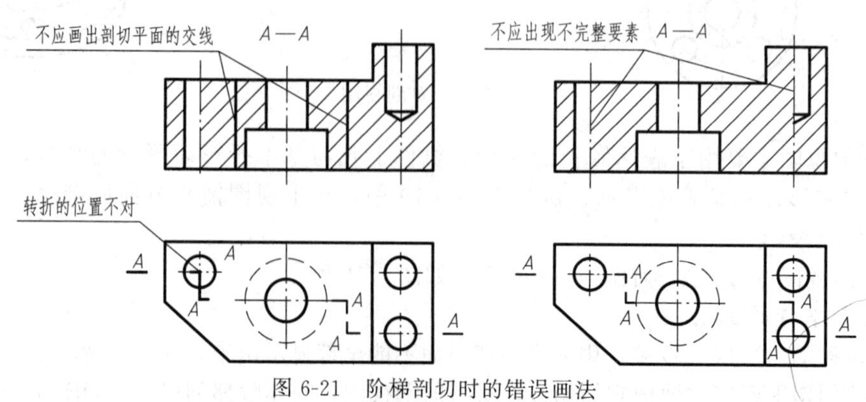

图 6-21 阶梯剖切时的错误画法

② 在剖视图中一般不应出现不完整的结构要素。在剖视图中不应画出剖切平面转折处的界线，且剖切平面的转折处也不应与图中的轮廓线重合，如图 6-21 所示。

3. 几个相交的剖切面

用两个相交的剖切平面剖开机件，并将被倾斜平面剖切的结构要素及其有关部分旋转到与选定的投影面平行，再进行投影，得到的图形叫旋转剖视图，如图 6-22 所示。

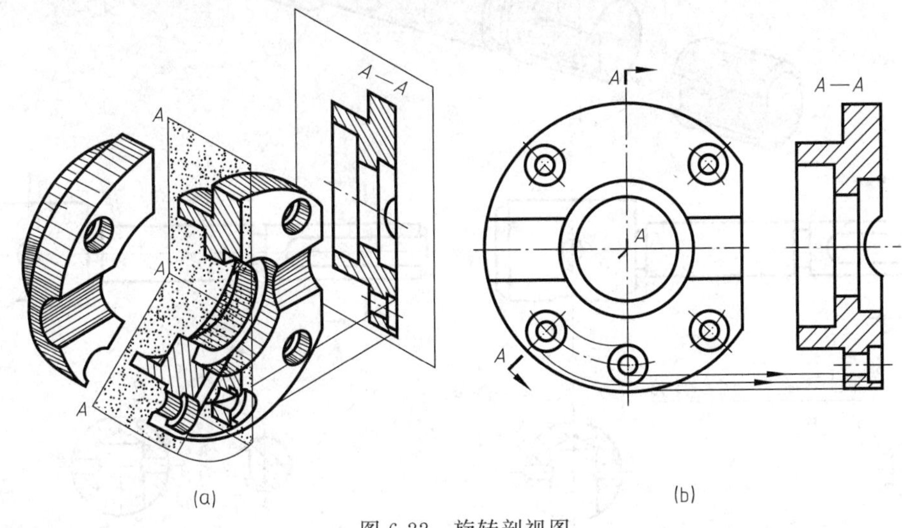

图 6-22　旋转剖视图

旋转剖视常用于盘类零件，例如凸缘盘、轴承压盖、手轮、皮带轮等，表示孔、槽的形状和分布情形。

第三节　断　面　图

如图 6-23(a) 所示吊钩，它的剖面形状随部位不同而异，在图中怎样表示剖面的变化情况，图 6-23(b) 画了一个主视图，并用几个剖切平面剖切吊钩，画出不同位置的剖面形状，吊钩的结构就一目了然了。这种假想切断吊钩，只画切口断面形状投影的图形，叫断面图，断面图的画法要遵循 GB/T 17452—1998、GB/T 4458.6—2002 的规定。

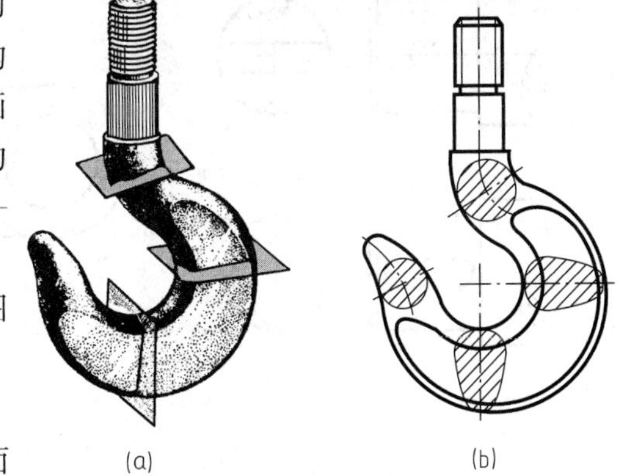

图 6-23　吊钩的断面图

断面图按配置位置不同，分别称移出断面图和重合断面图两种。

一、移出断面图

画在视图轮廓线之外的断面图叫移出断面图，它的画法要点如下。

① 移出断面的轮廓线用粗实线，并尽可能画在剖切位置的延长线上，如图 6-24(a) 所示。必要时也可画在图纸的适当位置，如图 6-24(b) 所示。

② 剖切平面应与被剖切部分的主要轮廓垂直。

③ 当剖切平面通过由回转面形成的圆孔、圆锥坑等结构的轴线时，这些结构应按剖视

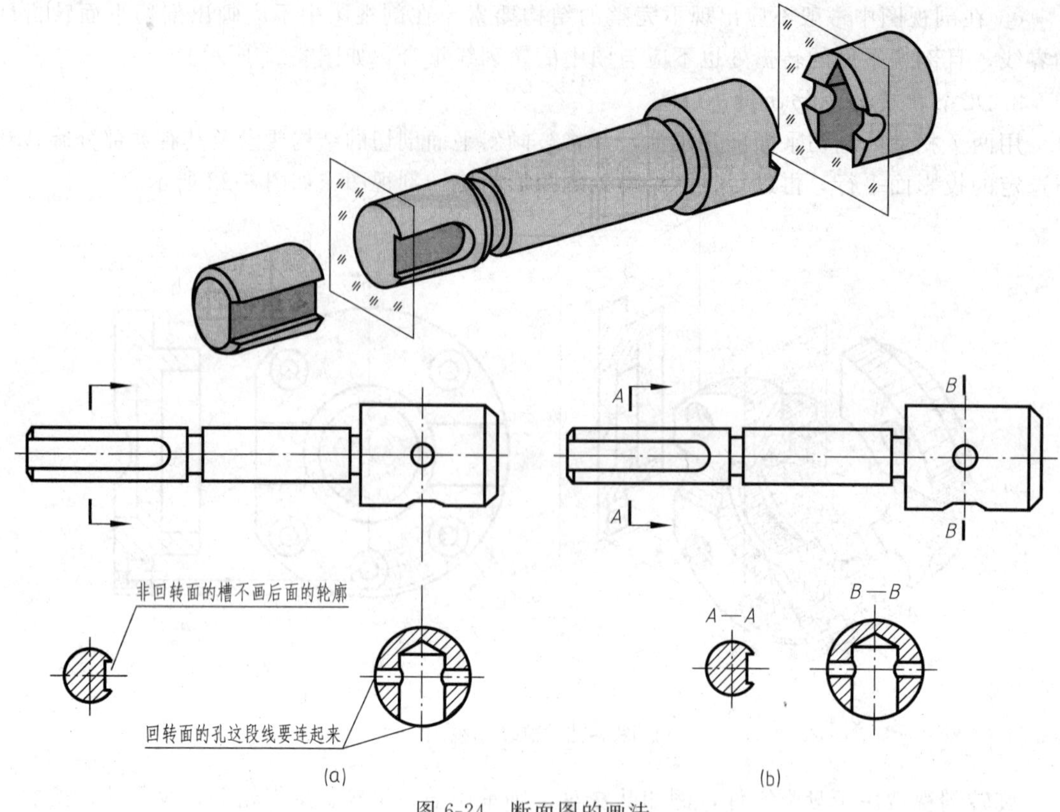

图 6-24 断面图的画法

画出，如图 6-25(a) 所示。

④ 对称的移出断面也可画在视图的中断处，如图 6-25(b) 所示。

⑤ 由两个或多个相交平面剖切得到的移出断面，中间应该断开，如图 6-25(c) 所示。

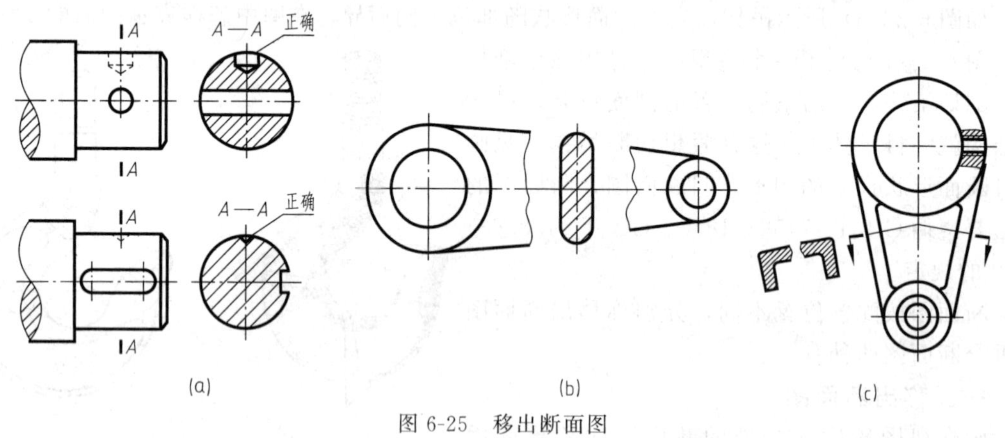

图 6-25 移出断面图

二、重合断面图

在不影响图形清晰的条件下，断面图也可以画在视图的里面，称为重合断面图，如图 6-26 所示。

重合断面图的轮廓线用细实线绘制。当视图的轮廓线与重合断面图的图形重叠时，视图的轮廓线仍须完整画出，不可间断。不对称的重合断面，须标注剖切符号和箭头，如图

6-26(a) 所示，对称的重合断面不必标注，如图 6-26(b) 所示。

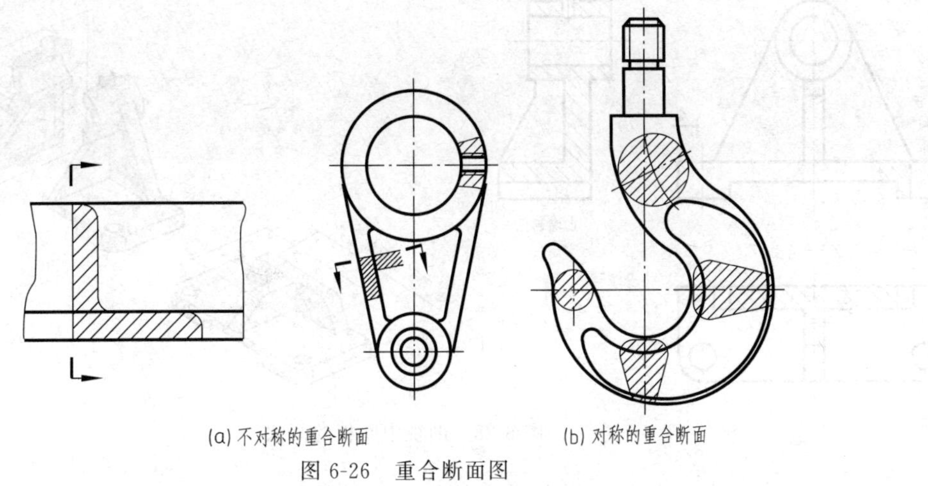

(a) 不对称的重合断面　　(b) 对称的重合断面

图 6-26　重合断面图

第四节　局部放大和简化画法

一、局部放大图

将机件的部分结构，用大于原图形所采用的比例画出的图形，称为局部放大图，局部放大图的画法要遵循 GB/T 4458.1—2002 的规定。局部放大图可以画成视图、剖视图和断面图，与被放大部分的原表达方式无关。画局部放大图时，要用细实线在视图上圈出放大的部位，并尽量将局部放大图配置在被放大部位附近，在局部放大图上方标出使用的比例。当图形中有几处被放大时，应按图 6-27 所示的方法，用罗马数字依次标明被放大的部位和所采用的比例。

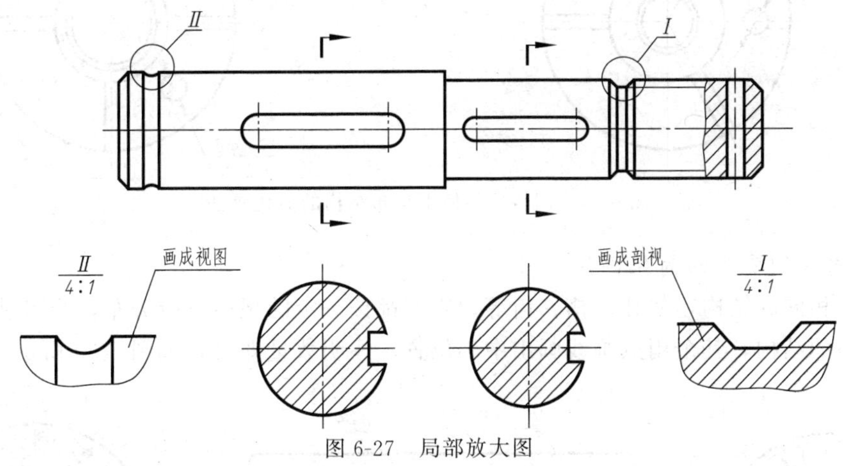

图 6-27　局部放大图

二、简化画法（GB/T 16675.1—1996）

1. 机件上的肋、轮辐、均匀孔等结构的画法

① 画剖视图时，对于物体上的肋板、轮辐及薄壁等，若按纵向剖切，这些结构都不画剖面符号，而用粗实线将它们与邻接部分分开。

如图 6-28 中的左视图，当采用全剖视时，剖切平面通过中间肋板的纵向对称平面，在肋板的范围内不画剖面符号，肋板与其他部分的分界处均用粗实线绘出。

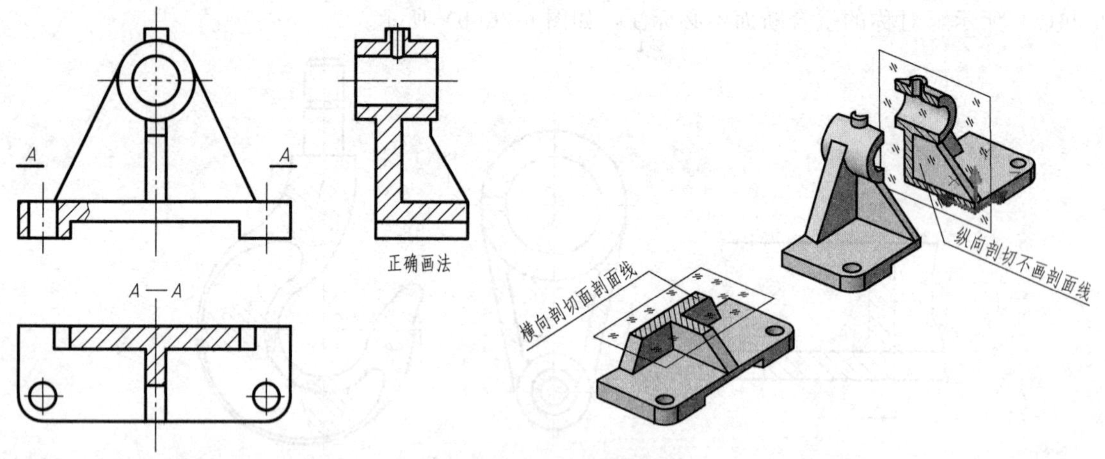

图 6-28 剖视中肋板的画法

② 当回转类零件上均匀分布的肋、轮辐、孔等结构不处于剖切面上时，可将这些结构旋转到剖切面上画出，如图 6-29 所示。

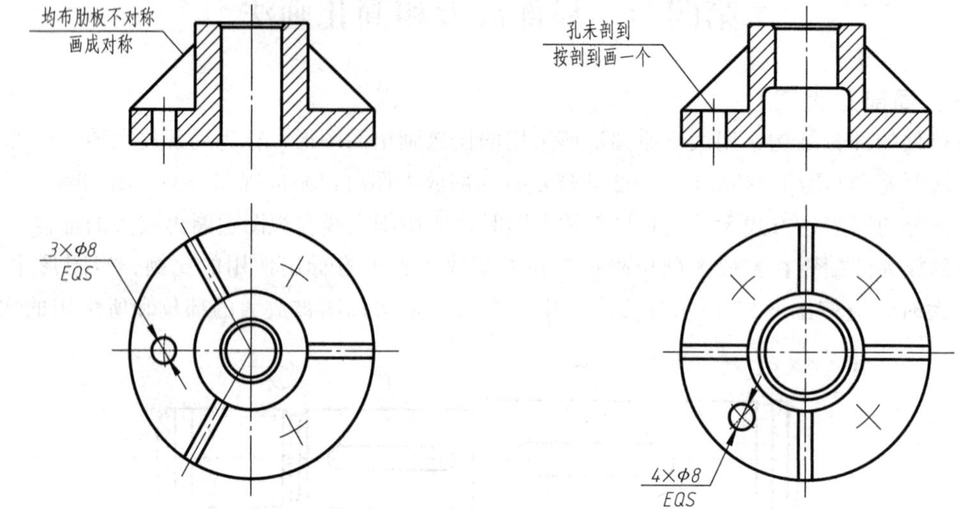

图 6-29 回转体物体上均布结构的简化画法

2. 相同结构要素的简化画法

机件上相同的结构，如孔、槽、齿等，它们都按一定的规律进行分布，绘图时，只需画出几个完整的结构，其余用点画线画出中心位置，注明数量即可，如图 6-30 所示。

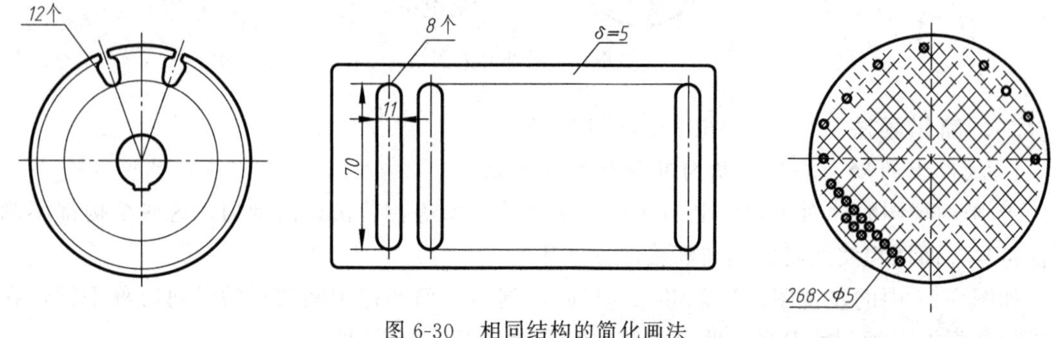

图 6-30 相同结构的简化画法

3. 对称机件的简化画法

对称机件的视图可只画一半或四分之一，在对称线的两端画两条与其垂直的平行细实线，如图 6-31 所示。

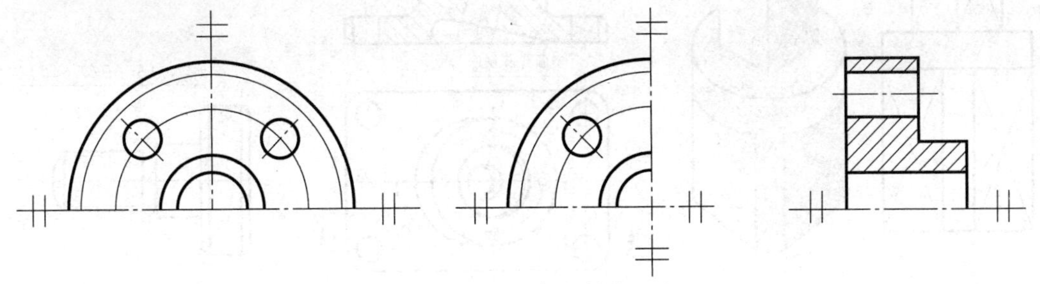

图 6-31 对称机件的简化画法

4. 较长机件的简化画法

较长的机件且沿长度方向的形状一致，或按一定规律变化，例如轴、杆件、型材、连杆等允许断开绘制，但必须按照原来的实际长度注出尺寸，如图 6-32 所示。

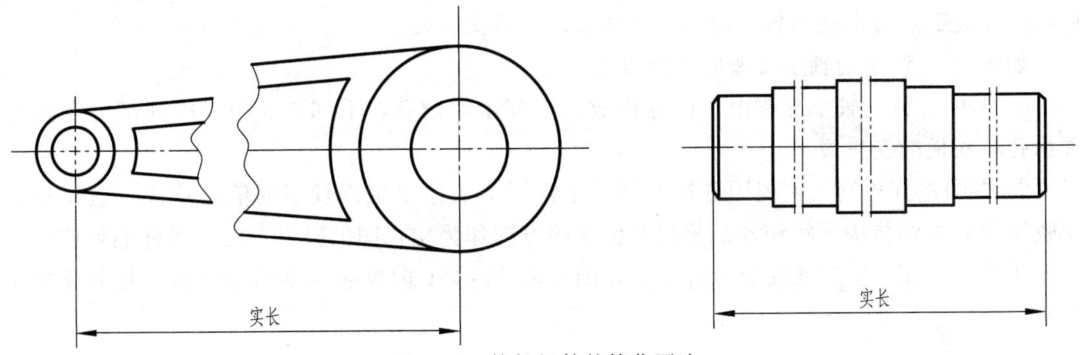

图 6-32 较长机件的简化画法

5. 型材的断裂画法

实心的圆钢或圆管，为了表示断裂结构，可采用图 6-33 所示的断裂画法。

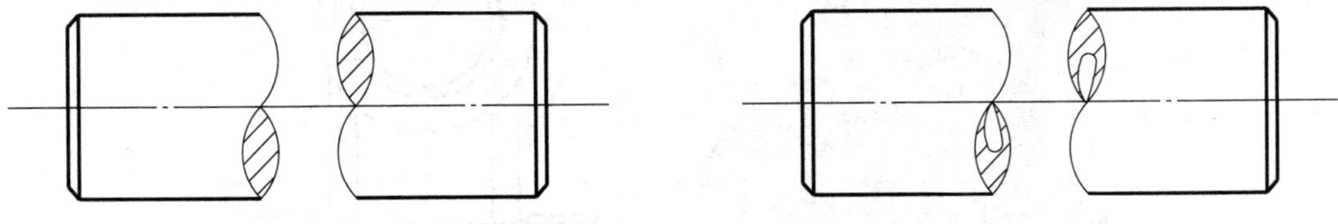

图 6-33 型材的断裂画法

6. 平面的表示法

在需要用符号表示平面的地方，用相交的细实线表示，如图 6-34 所示。

7. 小于或等于 30°圆的简化画法

与投影面倾斜角度小于或等于 30°的圆或圆弧，其投影可用圆或圆弧代替，如图 6-35 所示。

8. 滚花的简化画法

零件上的滚花、槽沟等网状结构，应用细实线完全或部分地表示出来，并在图中按规定标注，如图 6-36 所示。

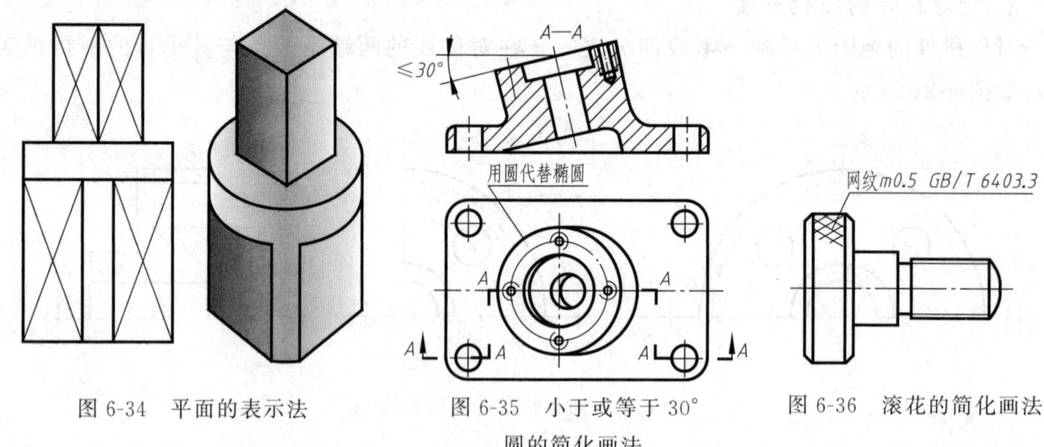

图 6-34 平面的表示法　　图 6-35 小于或等于 30° 圆的简化画法　　图 6-36 滚花的简化画法

三、表达方法综合运用

在绘制机械零件图时，应根据机件的结构特点恰当的选择表达方法，一个机件往往可以选择不同的表达方案。确定表达方案的原则是：在正确、完整、清晰的表达机件各部分结构形状的前提下，力求视图数量恰当、绘图简洁，看图方便。

如图 6-37 所示的轴承支座的表达方法。

① 形体分析。轴承支座由三部分构成：上部是轴承孔，下部是底板，中间部分是连接轴承孔与底板的支撑板。

② 视图选择原则。主视图选择原则：主视图应表达出机件较多的信息特征，应将最能反映零件的主要结构形状和各部分相对位置的方向作为主视图的投射方向，最好能反应机件的工作位置、加工位置或安装位置等。如图 6-37 所示 A 向投射绘制的主视图，充分反映了支座的形状特征及工作位置原则。

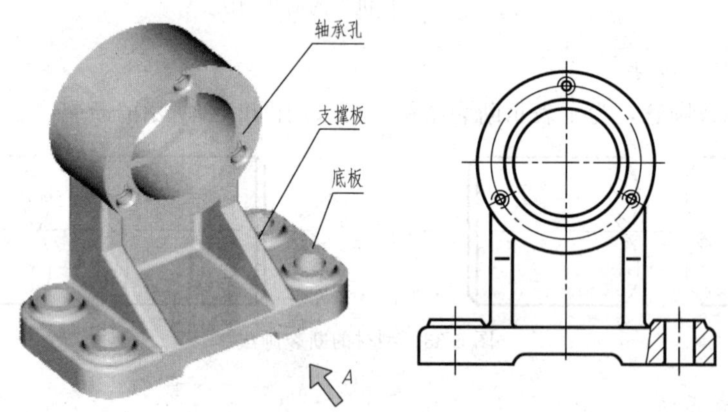

图 6-37 轴承支座

③ 其他视图的选择原则。在配合主视图完整而清晰地表达出零件结构形状和便于看图的前提下，力求视图数目尽可能少。采用的视图数目不宜过多，以免繁琐、重复，导致主次不分，应尽量避免使用虚线表达机件的轮廓。

④ 表达方案综合比较。视图表达方案往往不是唯一的，需按选择原则考虑多种方案，比较后择优选用。

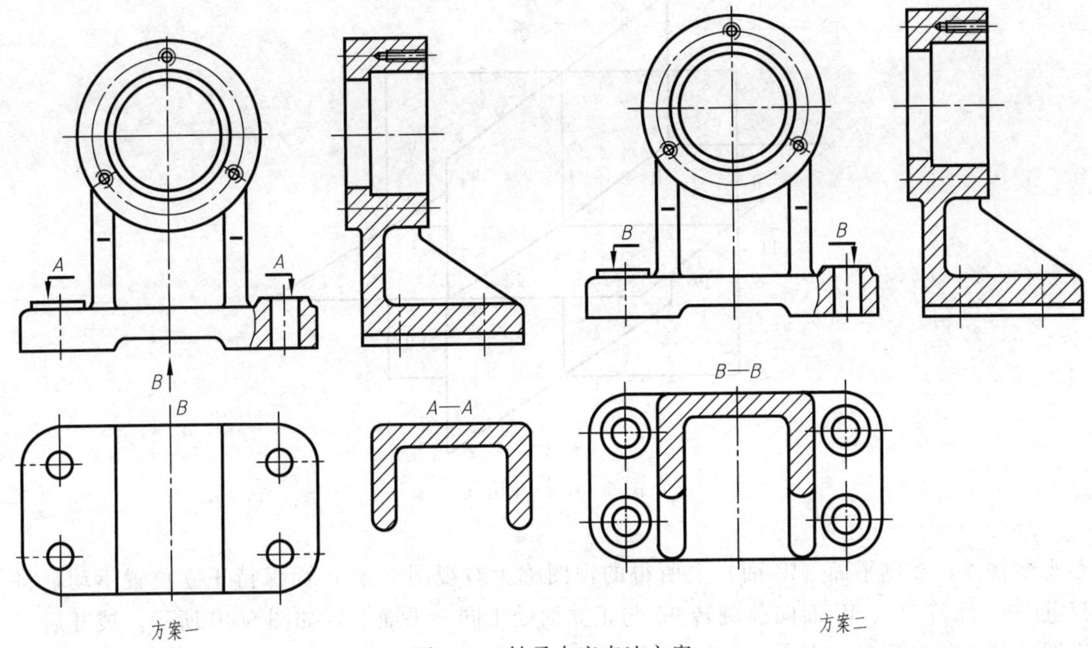

图 6-38　轴承支座表达方案

图 6-38 为轴承支座表达方案。

方案一：采用了两个基本视图、一个局部视图和一个移出断面图。由于轴承支座的外形较简单，所以主视图只采用局部剖视图，表达了支座底板孔的内部结构。支座左右对称，所以左视图采用全剖视图，表达螺孔及支座内部结构。*B* 向局部视图表达了底板底面的结构形状。*A*—*A* 向移出断面图表达了支撑板断面形状。

方案二：采用了三个基本视图，主视图与左视图与方案一一致，不同在于运用一个 *B*—*B* 剖切位置的俯视图，既表达底板底面的结构形状，又表达了支撑板断面形状。

因此，根据视图选择原则，采用尽可能少的视图表达最清晰最完整的形状结构，则表达方案二是最优化的。

第五节　第三角画法简介

根据国家标准（GB/T 17451—1998）规定："技术图样应采用正投影法绘制，并优先采用第一角画法。"虽然世界上大多数国家采用第一角画法，但美国、日本、加拿大等国则采用第三角画法。而国家标准（GB/T 14692—1993）中规定："必要时（如按合同规定等）允许使用第三角画法。"即第一角画法与第三角画法等效使用。为了便于国际科学技术的交流与协作，有必要对第三角画法作简单介绍。

一、第三角投影原理

三个互相垂直的投影面 *V*、*H*、*W*，将空间划分为八个区域，按顺序分别称为第Ⅰ～Ⅷ分角，如图 6-39 所示。

将物体置于第三分角，使投影面处于观察者和物体之间（即保持人、面、物的位置关系）进行投射（把投影面看为透明的）。从前向后观察物体，在正平面（*V* 面）上所得的视图称为前视图；从上向下观察物体，在水平面（*H* 面）上所得的视图称为顶视图；从右向

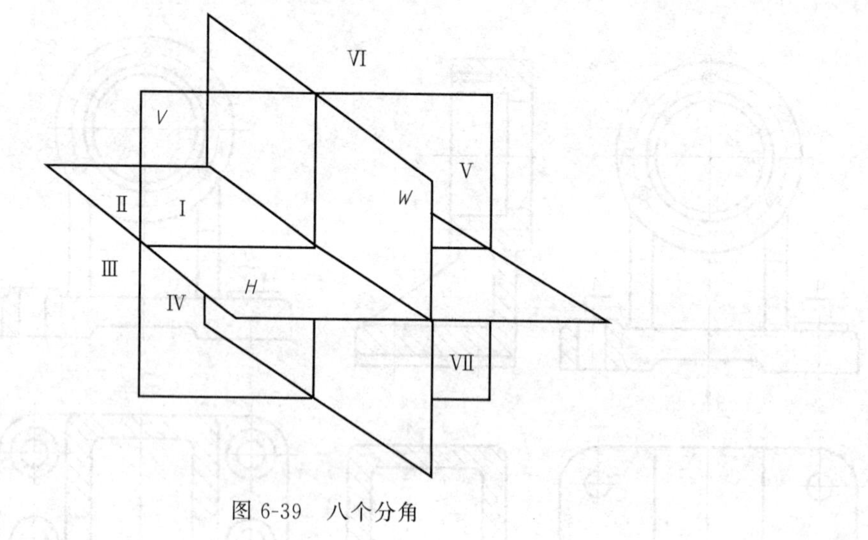

图 6-39　八个分角

左观察物体，在侧平面（W 面）上所得的视图称为右视图。令 V 面保持正立位置不动，将 H 面向上翻转 90°、W 面向前翻转 90°与正立面处于同一平面上，如图 6-40 所示。展开后三视图的基本位置配置如图 6-41 所示。第三角画法各视图间仍保持"长对正、高平齐、宽相等"的对应关系。

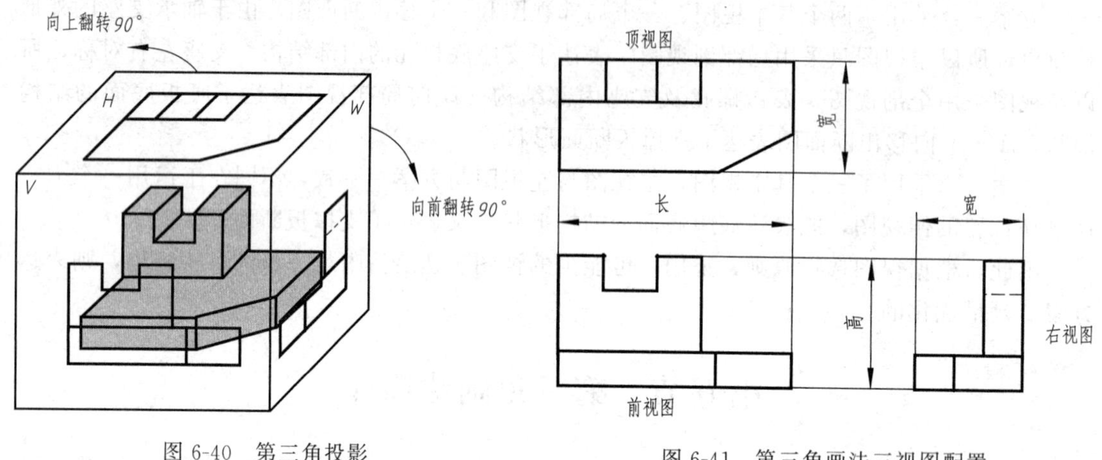

图 6-40　第三角投影

图 6-41　第三角画法三视图配置

二、第三角画法与第一角画法的区别

第三角画法中除了在 V、H、W 三个基本投影面画视图外，即前视图、顶视图和右视图，还可再增加与它们相平行的三个基本投影面进行投影，从后向前投影得到后视图，从下向上投影得到仰视图，从左向右投影得到左视图，然后按图 6-42 所示的方法展开与 V 面成同一平面。展开后的六个基本视图配置如图 6-43(a) 所示。

由于第三角画法与第一角画法在各自的投影面体系中"人、物、面"三者的相对位置不同，因而它们在六个基本视图中的配置关系也不同，如图 6-43(b) 所示为第一角画法基本视图，由图 6-43 两图中可以较清楚的对比两种投影法的异同。

采用第三角画法时，按 GB/T 14692—93 规定必须在图样中画出第三角画法识别符号，

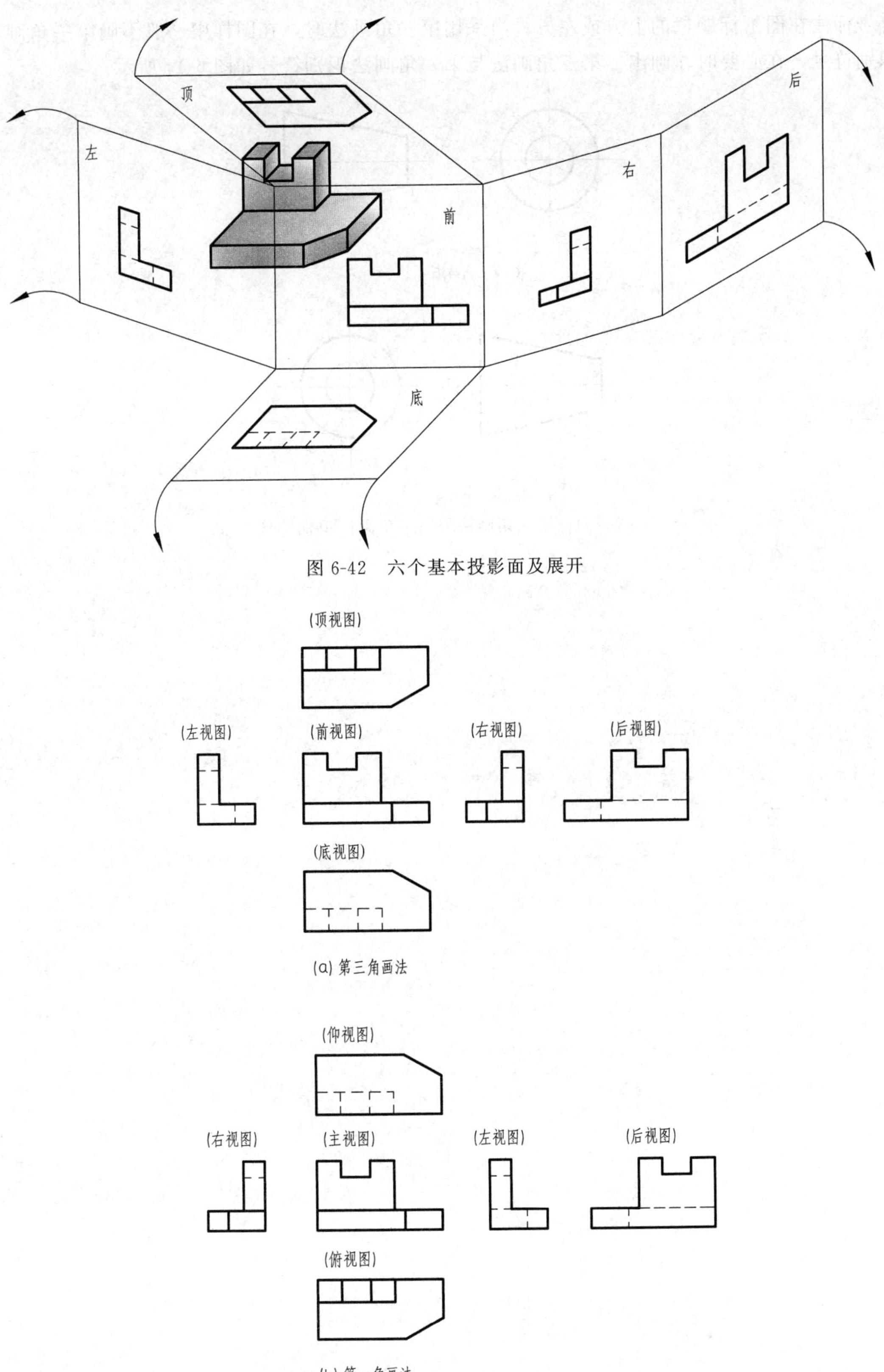

图 6-42　六个基本投影面及展开

图 6-43　第三角画法与第一角画法六面基本视图对比

符号标注在图纸标题栏的上方或左方；当采用第一角画法时，在图样中一般不画第一角画法识别符号，在必要时才画出。第三角画法与第一角画法识别符号如图 6-44 所示。

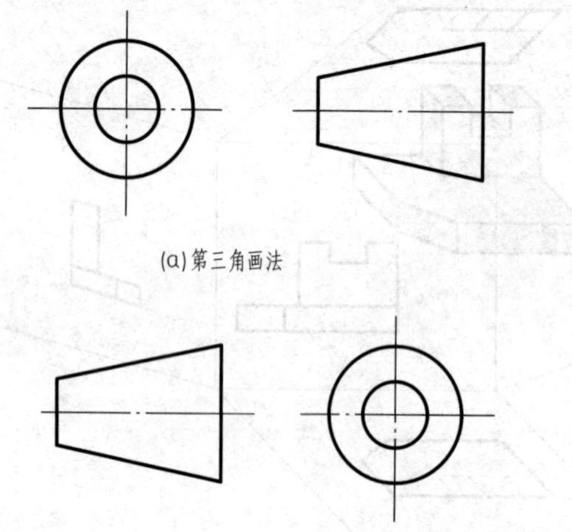

(a)第三角画法

(b)第一角画法

图 6-44 第三角画法与第一角画法识别符号

第七章 标准件和常用件

图 7-1 所示为一个齿轮油泵的装配图，图中显示了所有零件的分解情况。在这些零件中，泵体、泵盖等是一般零件，螺钉、螺栓、螺母、垫圈、键、销、齿轮等零件是标准件和常用件。它们被广泛应用于各种部件或机器中。

由于标准件和常用件通用性很强，为了便于专业化批量生产，提高产品质量，降低生产成本，对这些零件的结构、尺寸实行了标准化，故称它们为标准件。另有一些零件，虽然常用到，但国家标准只对其部分结构、尺寸和参数作了规定，如齿轮、弹簧等，称这类零件为常用件。

绘制标准件和常用件的图样时，对这些零件的形状和结构不必按真实投影画出，只要按国家标准规定的画法、代号和标记，进行绘图和标注即可，其具体尺寸可从有关标准中查阅。

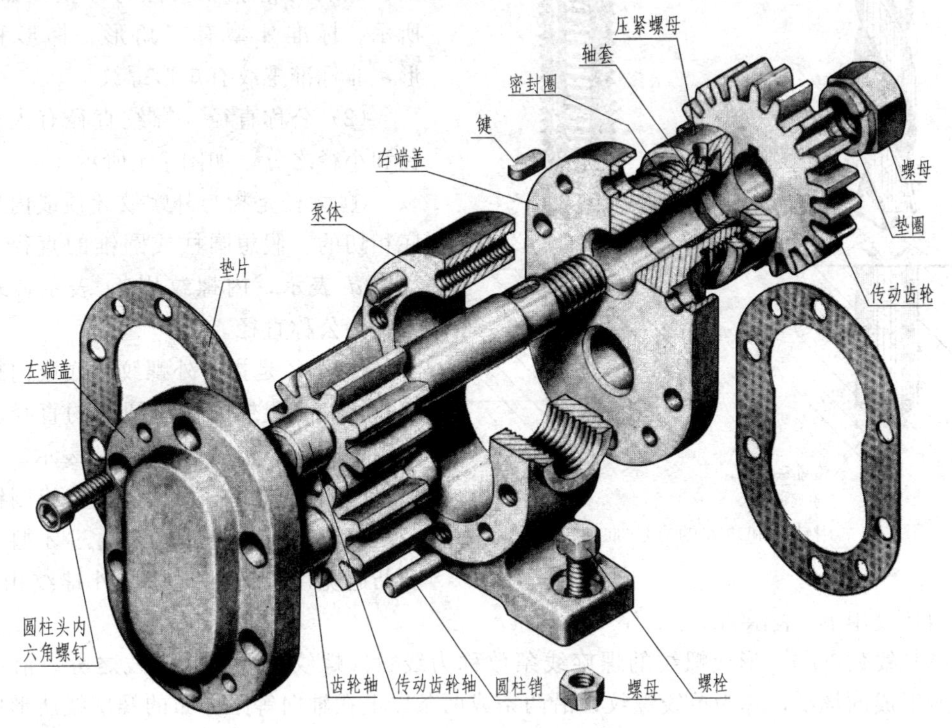

图 7-1 齿轮油泵的零件分解图

第一节 螺纹及螺纹连接件

一、螺纹的形成

螺纹是零件上常见的一种结构。螺纹分外螺纹和内螺纹两种，成对使用。在圆柱或圆锥外表面上所形成的螺纹，称为外螺纹；在圆柱或圆锥内表面上所形成的螺纹，称为内螺纹。图 7-2 所示为制造螺纹的一种方法，即用螺纹车刀在车床上车削螺纹。图 7-3 所示为加工螺纹孔的方法。

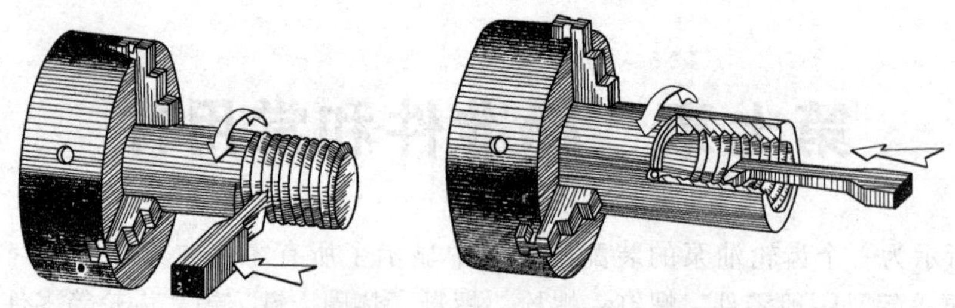

图 7-2 用螺纹车刀在车床上车削螺纹

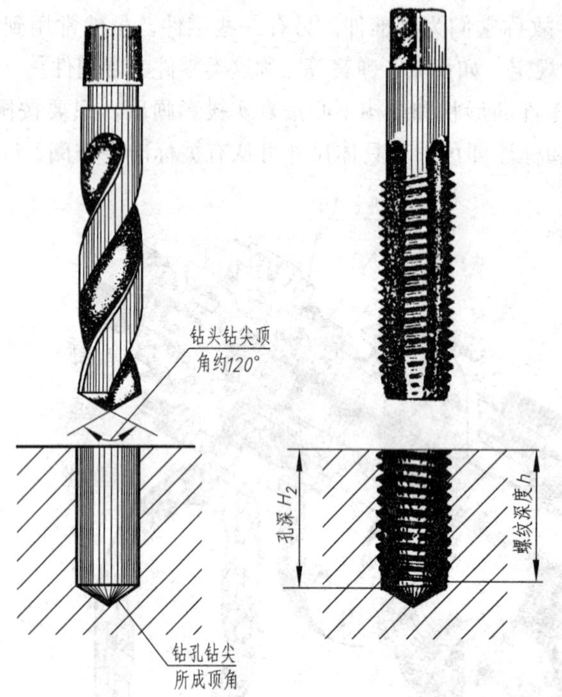

图 7-3 用钻孔和攻丝的方法加工内螺纹

二、螺纹的基本要素

螺纹的基本要素包括牙型、螺距、导程、公称直径、旋向、线数等。

(1) 牙型 在通过螺纹轴线的断面上，螺纹的轮廓形状称为牙型，如图 7-4 所示。标准牙型有三角形、梯形和锯齿形，非标准螺纹有矩形螺纹。

(2) 公称直径 螺纹直径有大径、中径和小径之分，如图 7-4 所示。

① 大径是指与外螺纹牙顶或内螺纹牙底相切的、假想圆柱或圆锥的直径。外螺纹用 d 表示，内螺纹用 D 表示，螺纹的大径为公称直径。

② 小径是指与外螺纹牙底或内螺纹牙顶相切的、假想圆柱或圆锥的直径。外螺纹用 d_1 表示，内螺纹用 D_1 表示。

③ 中径是指一个假想圆柱或圆锥的直径，该圆柱或圆锥的母线通过牙型上沟槽和凸起宽度相等的地方。外螺纹用 d_2 表示，内螺纹用 D_2 表示。

(3) 线数 (n) 形成螺纹的螺旋线条数称为线数。螺纹有单线与多线之分。沿一条螺旋线所形成的螺纹，称为单线螺纹；沿两条或两条以上在轴向等距分布的螺旋线所形成的螺纹，称为多线螺纹。图 7-5(a) 所示为单线螺纹，图 7-5(b) 所示为双线螺纹。

(4) 螺距 (P) 和导程 (S) 螺距是指相邻两牙在中径线上对应两点间的轴向距离；导程是指同一条螺旋线上的相邻两牙在中径线上对应两点间的轴向距离。螺距和导程是两个不同的概念，如图 7-5 所示。

螺距、导程、线数之间的关系是：

$$螺距\ P=\frac{导程\ S}{线数\ n}$$

对于单线螺纹：

$$螺距\ P=导程\ S$$

(5) 旋向 螺纹旋向有左旋和右旋两种。顺时针旋转时旋入的螺纹，称为右旋螺纹；逆

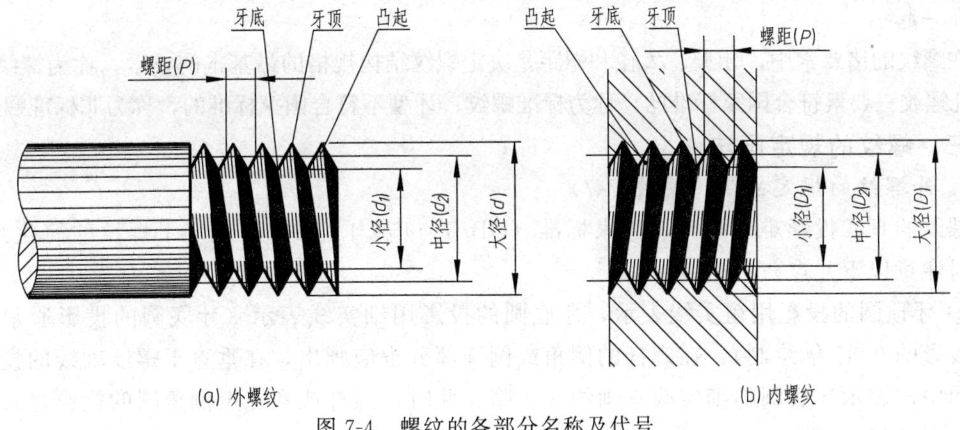

图 7-4 螺纹的各部分名称及代号

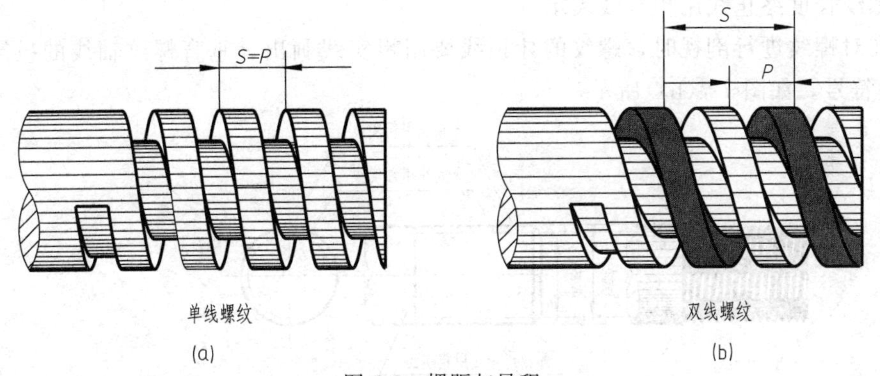

图 7-5 螺距与导程

时针旋转时旋入的螺纹，称为左旋螺纹。

旋向可按下列方法判定：

将外螺纹轴线垂直放置，螺纹的可见部分是右高左低者为右旋螺纹；左高右低者为左旋螺纹，如图 7-6 所示。

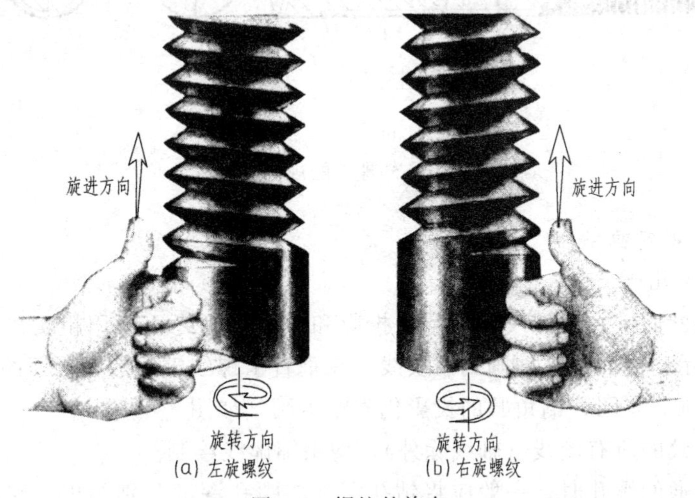

图 7-6 螺纹的旋向

对于螺纹来说，只有牙型、大径、螺距、线数和旋向等诸要素都相同，内、外螺纹才能旋合在一起。

在螺纹的诸要素中，牙型、大径和螺距是决定螺纹结构规格的最基本的要素，称为螺纹三要素。凡螺纹三要素符合国家标准的，称为标准螺纹；牙型不符合国家标准的，称为非标准螺纹。

三、螺纹的规定画法

1. 外螺纹的规定画法（见图 7-7）

螺纹的真实投影难以画出，国家标准（GB/T 4459.1—1995）规定了螺纹的简化画法，作图时注意以下几点。

① 牙顶圆的投影用粗实线表示，牙底圆的投影用细实线表示（牙底圆的投影通常按牙顶圆投影的 0.85 倍绘制），在螺杆的倒角或倒圆部分也应画出，在垂直于螺纹轴线的投影面的视图中，表示牙底圆的细实线只画约 3/4 圈。此时，螺杆或螺孔上倒角圆的投影，省略不画，如图 7-7(a) 所示。

② 螺纹长度终止线用粗实线表示。

③ 在对螺纹进行剖视时，螺纹的牙顶线要用粗实线画出，垂直螺纹轴线的投影剖视图要画剖面符号，如图 7-7(b) 所示。

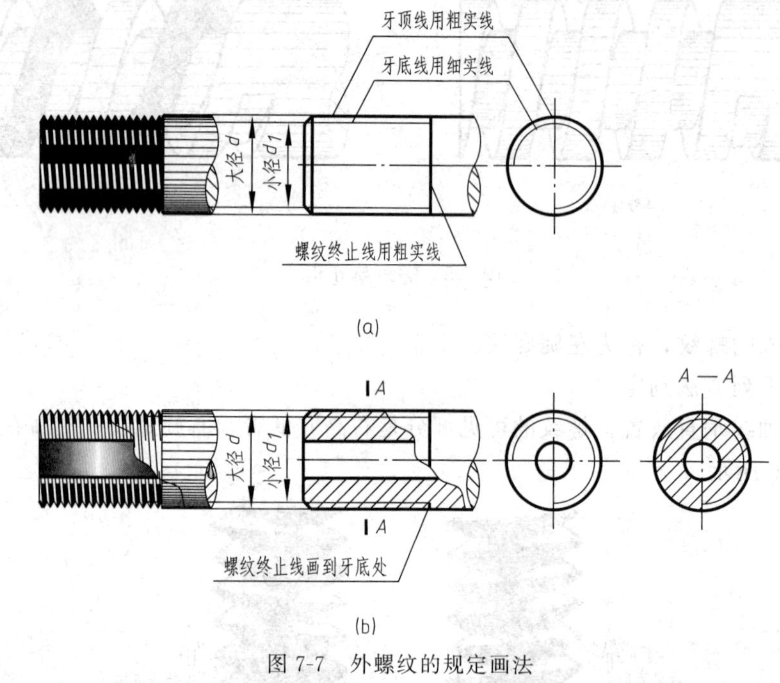

图 7-7 外螺纹的规定画法

2. 内螺纹的规定画法

作图注意以下几点。

① 在剖视或断面中，内螺纹牙顶圆的投影和螺纹长度终止线用粗实线表示，牙底圆的投影用细实线表示，剖面线必须画到粗实线。在垂直于螺纹轴线的投影面的视图中，表示牙底圆的细实线仍画 3/4 圈，倒角圆的投影仍省略不画，如图 7-8 所示。

② 不可见螺纹的所有图线（轴线除外），均用细虚线绘制。

③ 绘制不穿通的螺孔时，一般应将钻孔深度与螺孔深度分别画出，底部的锥顶角画成 120°，如图 7-9 所示。

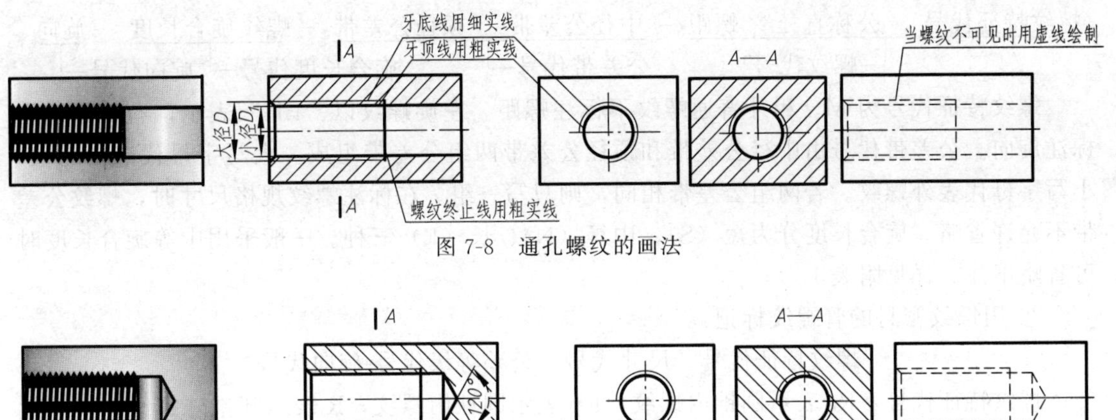

图 7-8 通孔螺纹的画法

图 7-9 不通孔螺纹的画法

3. 螺纹连接的规定画法

① 绘制内外螺纹的连接时，其旋合部分应按外螺纹的画法绘制，其余部分仍按各自的画法表示。

② 画螺纹连接时，表示内、外螺纹牙顶圆与牙底圆投影的粗实线和细实线应分别对齐，如图 7-10 所示。

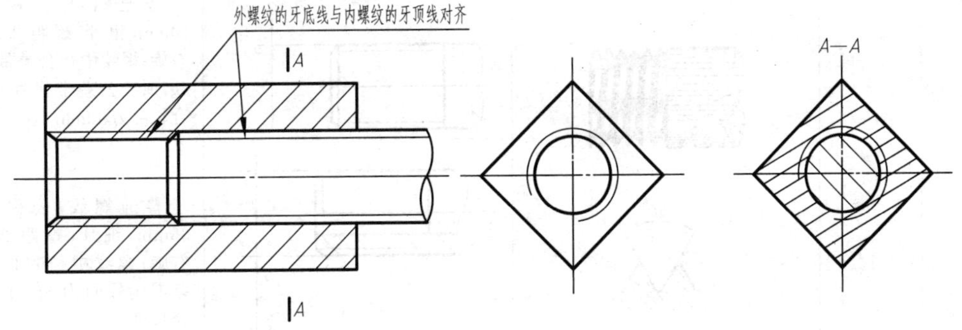

图 7-10 螺纹连接的规定画法

四、螺纹的分类和标注

1. 螺纹的分类

螺纹的分类方法有许多种。

从螺纹的结构要素来分：按牙型分有三角形螺纹、梯形螺纹、锯齿形螺纹和矩形螺纹；按线数分有单线和多线螺纹；按旋向分有左旋螺纹和右旋螺纹。

从螺纹的使用功能来分：可分为连接螺纹和传动螺纹。

从螺纹是否符合国家标准来分：可分为标准螺纹、非标准螺纹和特殊螺纹。

2. 螺纹的标注方法

由于螺纹的规定画法，没有表达出螺纹的基本要素和种类，因此需要用螺纹的标记来区分，国家标准规定了螺纹的标记和标注方法，必须按照国家标准所规定的标记格式和相应代号进行标注。

① 普通螺纹的标记：

螺纹特征代号 公称直径×螺距 − 中径公差带 顶径公差带 − 螺纹旋合长度 − 旋向
└螺纹代号 公差带代号┘ 旋合长度代号┘ 旋向代号┘

螺纹特征代号为 M。粗牙普通螺纹不标注螺距。左旋螺纹以“LH”表示，右旋螺纹不标注旋向。公差带代号由中径公差带和顶径公差带两组公差带组成。大写字母代表内螺纹，小写字母代表外螺纹。若两组公差带相同，则只写一组。在标注螺纹规格尺寸时，螺纹公差带不允许省略。旋合长度分为短（S）、中等（N）、长（L）三种。一般采用中等旋合长度时可省略不注。详见附表 1。

② 用螺纹密封的管螺纹标记：

螺纹特征代号 尺寸代号 公差等级代号-旋向代号

螺纹特征代号：Rc 表示圆锥内螺纹，Rp 表示圆柱内螺纹，R 表示圆锥外螺纹。尺寸代号用½，¾，1，1½…表示，详见附表 2。

③ 非螺纹密封的管螺纹标记：

螺纹特征代号 尺寸代号 公差等级代号-旋向代号

螺纹特征代号用 G 表示。尺寸代号用½，¾，1，1½…表示，详见附表 2。螺纹公差等级代号：对外螺纹分 A、B 两级标记；因为内螺纹公差带只有一种，所以不加标记。

常用的标准螺纹及标注见表 7-1。

表 7-1 常用螺纹标注示例

螺纹类别	特征代号	牙型图示	标注示例	说明
粗牙普通螺纹	M		M20−5g6g−40	普通螺纹，公称直径 20mm，粗牙，螺距 2.5mm，右旋；螺纹中径公差带代号 5g，顶径公差带代号 6g；旋合长度为 40mm
细牙普通螺纹		60°	M36×2−5g	普通螺纹，公称直径 36mm，细牙，螺距 2mm，右旋；螺纹中径和顶径公差带代号同为 5g，中等旋合长度
梯形螺纹	Tr	30°	Tr40×14(P5)−7H	梯形螺纹，公称直径 40mm，双线螺纹，导程 14mm，螺距 5mm，右旋，中径公差带代号为 7H，中等旋合长度
锯齿形螺纹	B	30°	B32×5LH−7e	锯形螺纹，公称直径 32mm，单线，螺距 5mm，左旋，中径公差带代号 7e，中等旋合长度

续表

螺纹类别	特征代号	牙型图示	标注示例	说　明
非螺纹密封的管螺纹	G		G1A G1	非螺纹密封的管螺纹，尺寸代号 1，外螺纹公差等级为 A 级，右旋
用螺纹密封的管螺纹	R Rc Rp	55°	Rc3/4 R3/4	用螺纹密封的管螺纹，尺寸代号 3/4，右旋 R 表示圆锥外螺纹 Rc 表示圆锥内螺纹 Rp 表示圆柱内螺纹

五、螺纹紧固件的画法和标注

1. 螺栓连接的画法

螺栓用来连接不太厚并能钻成通孔的零件。螺栓连接通常由被连接件、螺栓、螺母和垫圈组成，螺栓的杆身穿过两个被连接零件上的通孔，套上垫圈，再用螺母拧紧，使两个零件连接在一起，如图 7-11 所示。

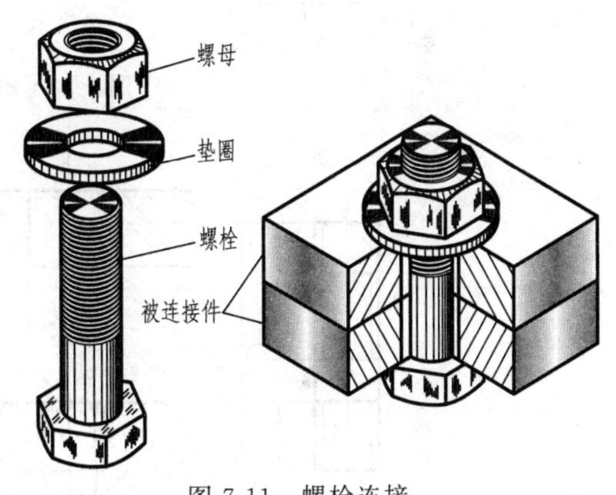

图 7-11　螺栓连接

由于螺栓连接是标准件，对连接件的各个尺寸，可不按相应的标准数值画出，而是采用近似画法，如图 7-12 所示。

确定螺栓的公称长度 l 时，可按下式计算：

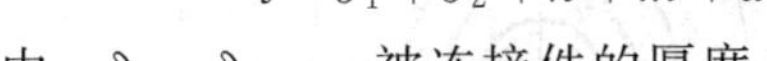

$$l \approx \delta_1 + \delta_2 + h + m + a$$

式中　δ_1、δ_2——被连接件的厚度；

h——垫圈厚度，可查附表 9，建议取 $0.15d$；

m——螺母高度，可查附表 8，建议取 $(0.8 \sim 1)d$；

a——螺栓末端伸出螺母外的长度，一般取 $(0.2 \sim 0.4)d$。

确定螺栓初始值后，在螺栓标准系列值中，选取一个与之相等或大的标准值。

2. 螺柱连接画法

当被连接的两个零件之一较厚，可采用螺柱连接：用双头螺柱、螺母和垫圈将两个零件连接在一起，其连接画法如图 7-13 所示。

螺柱的有效长度 l 的计算与螺栓有效长度的计算类似，旋入端螺纹长度 b_m，由被连接零件的材料决定：钢 $b_m = d$；铸铁或铜 $b_m = 1.25d \sim 1.5d$；铝 $b_m = 2d$。

3. 螺钉连接

螺钉连接多用在受力不大的零件之间的连接。被连接的零件中一个为通孔，另一个一般为不通的螺纹孔。

螺钉连接的画法，其旋入端与螺栓相同，被连接板孔口画法与螺栓相同，螺钉头部的一字槽可画成一条粗线，俯视图中画成与水平线成 45°、自左下向右上的斜线；螺孔可不画出

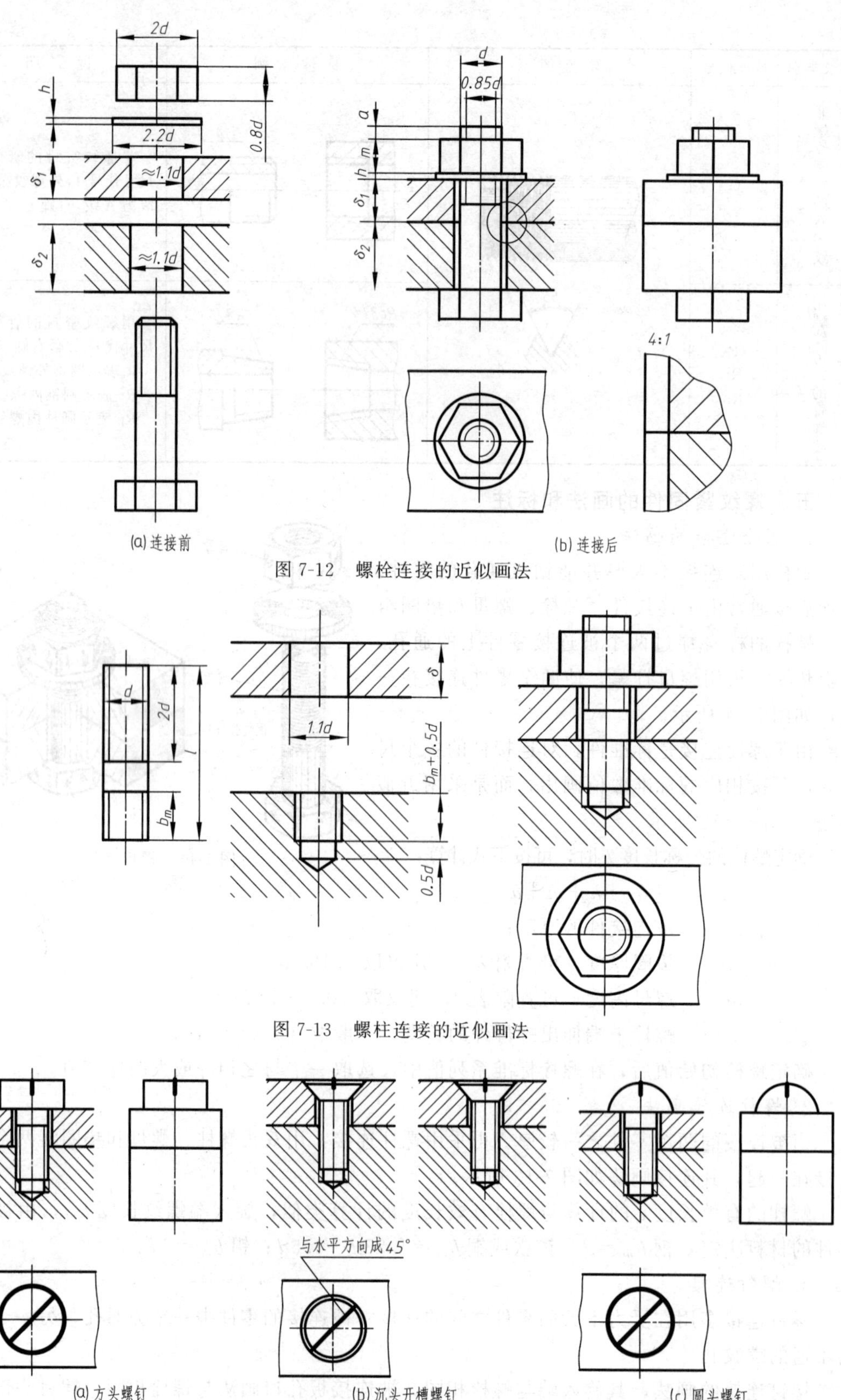

(a) 连接前

(b) 连接后

图 7-12 螺栓连接的近似画法

图 7-13 螺柱连接的近似画法

(a) 方头螺钉

(b) 沉头开槽螺钉

(c) 圆头螺钉

图 7-14 螺钉的简化画法

钻孔深度，仅按螺纹深度画出。其简化画法如图 7-14 所示。

第二节　齿　　轮

一、齿轮的基本知识

齿轮是机器中的传动零件，通过两齿轮的啮合，可将一根轴的动力及旋转运动传递给另一根轴，也可改变转速和旋转方向。

图 7-15 所示为三种常见的齿轮传动形式。图 7-15(a) 所示为圆柱齿轮啮合，用于两平行轴间的传动；图 7-15(b) 所示为圆锥齿轮啮合，用于两相交轴间的传动；图 7-15(c) 所示为蜗杆与蜗轮啮合，用于两交错轴间的传动。

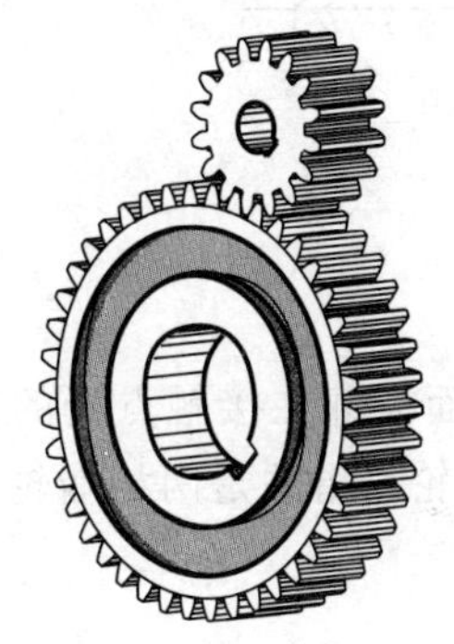

(a) 圆柱齿轮啮合传动

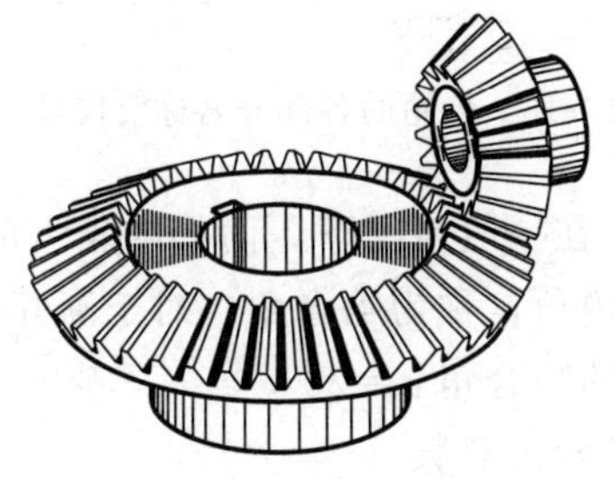

(b) 圆锥齿轮啮合传动

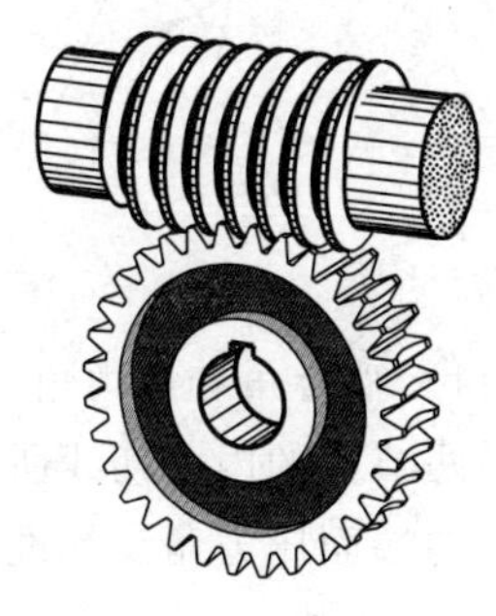

(c) 蜗杆与蜗轮啮合传动

图 7-15　齿轮传动

二、圆柱齿轮的画法

圆柱齿轮的轮齿有直齿、斜齿、人字齿等，其中最常用的是直齿圆柱齿轮，简称直齿轮。

1. 直齿轮轮齿的各部分名称及几何要素代号

如图 7-16 所示，齿轮的各部分名称及代号如下。

(1) 齿顶圆 (d_a)　通过轮齿顶部圆周直径。

(2) 齿根圆 (d_f)　通过轮齿根部圆周直径。

(3) 分度圆 (d)　圆柱齿轮的分度曲面与端平面的交线，在齿顶圆和齿根圆之间，使齿厚 (s) 和槽宽 (e) 相等的圆的直径。

(4) 齿顶高 (h_a)　齿顶圆与分度圆之间的径向距离。标准齿轮的 $h_a=m$ (m 为模数)。

(5) 齿根高 (h_f)　齿根圆与分度圆之间的径向距离。标准齿轮的 $h_f=1.25m$。

(6) 齿高 (h)　齿顶圆与齿根圆之间的径向距离。

(7) 齿距 (p)　两个相邻而同侧的端面齿廓之间的分度圆弧长。

(8) 槽宽 (e)　齿轮上两相邻轮齿之间的空间称为齿槽。在端平面上，一个齿槽的两侧齿廓之间的分度圆弧长。

(9) 齿厚 (s)　在圆柱齿轮的端平面上，一个齿的两侧端面齿廓之间的分度圆弧长。在标准齿轮中，槽宽与齿厚各为齿距的一半，即 $s=e=p/2$，$p=s+e$。

(10) 齿宽 (b)　齿轮的有齿部位沿分度圆柱面的直母线方向量度的宽度。

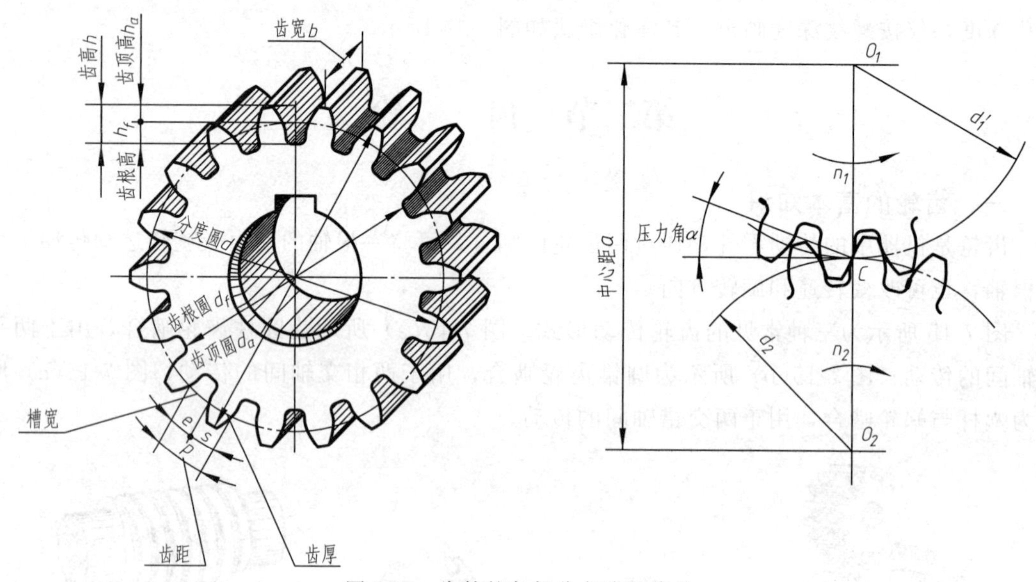

图 7-16　齿轮的各部分名称及代号

(11) 啮合角和压力角 (α)　在一般情况下，两相啮轮齿的端面齿廓在接触点处的公法线，与两节圆的内公切线所夹的锐角，称为啮合角；对于渐开线齿轮，指的是两相啮轮齿在节点上的端面压力角。标准齿轮的啮合角 $\alpha=20°$。

(12) 齿数 (z)　一个齿轮的轮齿总数。

(13) 中心距 (a)　平行轴或交错轴齿轮副的两轴线之间的最短距离。

(14) 模数 (m)　设齿轮的齿数为 z，由于分度圆的周长$=\pi d=zp$，所以 $d=(p/\pi)z$。令比值 $p/\pi=m$，则 $d=mz$，m 就是齿轮的模数。

相互啮合的两齿轮，其齿距 p 应相等；由于 $p=m\pi$，因此它们的模数亦应相等。当模数 m 发生变化时，齿高 h 和齿距 p 也随之变化，即：模数 m 愈大，轮齿就愈大；模数 m 愈小，轮齿就愈小。由此可以看出，模数是表征齿轮轮齿大小的一个重要参数，是计算齿轮主要尺寸的一个基本依据。

为了设计和制造方便，减少齿轮成形刀具的规格，模数已经标准化，我国规定的标准模数见表 7-2。

表 7-2　标准模数 (GB/T 1357—2008)

模数系列	标准模数 m
第一系列	1,1.25,1.5,2,2.5,3,4,5,6,8,10,12,16,20,25,32,40.50
第二系列	1.125,1.375,1.75,2.25,2.75,3.5,4.5,5,(6.5),7,9,11,14,18,22,28,36,45

注：选用圆柱齿轮模数时，应优先选用第一系列，其次选用第二系列，括号内的模数尽可能不用。本表没有摘录小于 1 的模数。

设计齿轮时，先确定模数和齿数，其他各部分尺寸均可根据模数和齿数计算求出。标准圆柱齿轮的计算公式详见表 7-3。

表 7-3　直齿轮轮齿的各部分尺寸关系

名　称	代　号	计 算 公 式
模数	m	$m=d/z$
齿顶高	h_a	$h_a=m$
齿根高	h_f	$h_f=1.25m$

续表

名　称	代　号	计算公式
齿高	h	$h=h_a+h_f=2.25m$
分度圆直径	d	$d=mz$
齿顶圆直径	d_a	$d_a=d+2h_a=m(z+2)$
齿根圆直径	d_f	$d_f=d-2h_f=m(z-2.5)$
中心距	a	$a=\dfrac{d_1+d_2}{2}=\dfrac{m(z_1+z_2)}{2}$

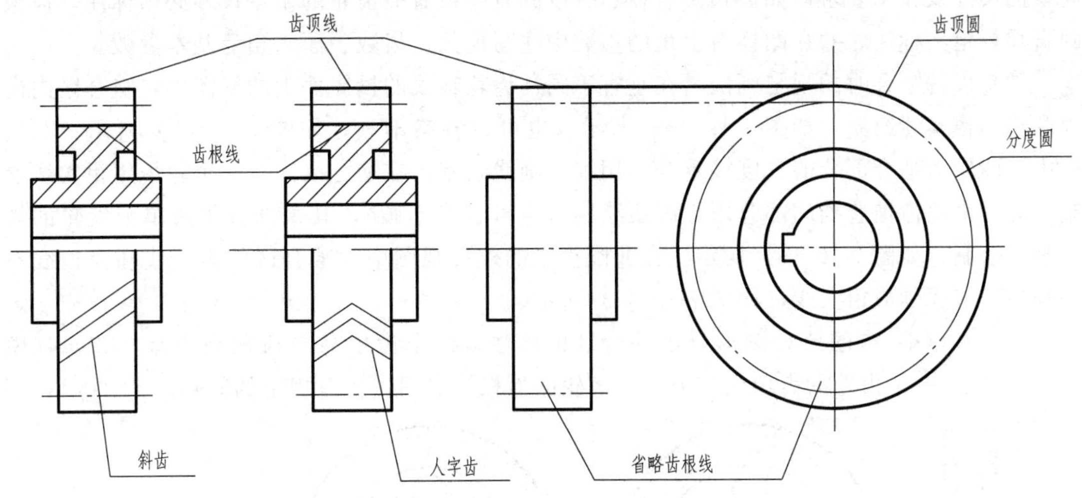

图 7-17　单个齿轮的画法

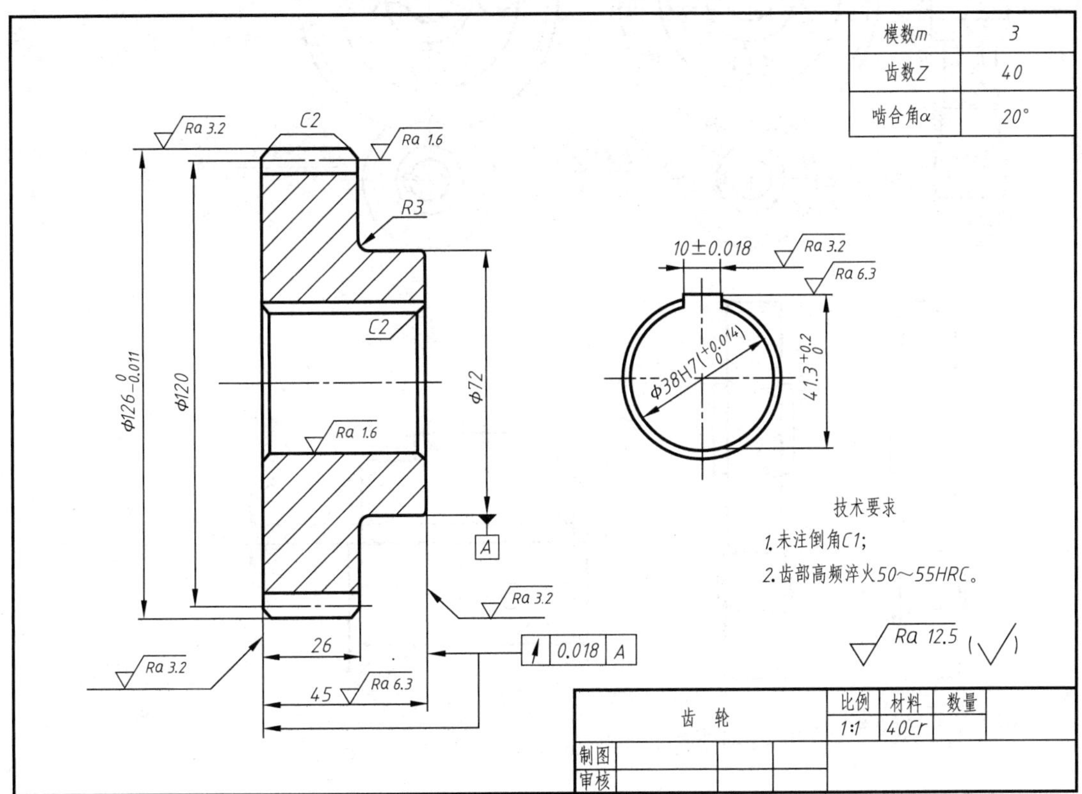

图 7-18　直齿圆柱齿轮零件图

2. 直齿轮的规定画法

（1）单个齿轮的规定画法　根据国家标准（GB/T 4459.2—2003）规定的齿轮画法，齿顶圆和齿顶线用粗实线绘制；分度圆和分度线用细点画线绘制；齿根圆或齿根线用细实线绘制或省略不画。在剖视中，当剖切平面通过齿轮的轴线时，轮齿一律按不剖处理，齿根线用粗实线绘制，如图 7-17 所示，分别为直齿、斜齿和人字齿的画法。

直齿圆柱齿轮零件图如图 7-18 所示，在齿轮零件图中，应包括足够的视图及制造时所需要的尺寸及技术要求，如齿顶圆直径、分度圆直径及有关齿轮的基本尺寸必须标注，齿根圆直径规定不标注，并在图样右上角的参数中注写模数、齿数、压力角等基本参数。

（2）齿轮啮合时的规定画法　在垂直于圆柱齿轮轴线的投影面上的视图中，啮合区内齿顶圆均用粗实线绘制，如图 7-19（a）所示，也可以省略不画，如图 7-19（b）所示。在剖视中，两轮齿啮合部分的分度线重合，用细点画线绘制；在啮合区内，一个轮齿用粗实线绘制，另一个轮齿被遮挡的部分用细虚线绘制（也可省略不画），其余部分仍按单个齿轮的规定画法绘制，如图 7-19（a）所示。在非圆投影的外形视图中，啮合区的齿顶线和齿根线不必画出，节线画成粗实线，如图 7-19（c）所示。

图 7-19（d）中的放大图形显示啮合区的画法，由于齿根高与齿顶高相差 0.25m（模数），因此，一个齿轮的齿顶线与另一个齿轮的齿根线之间，应有规定的间隙。

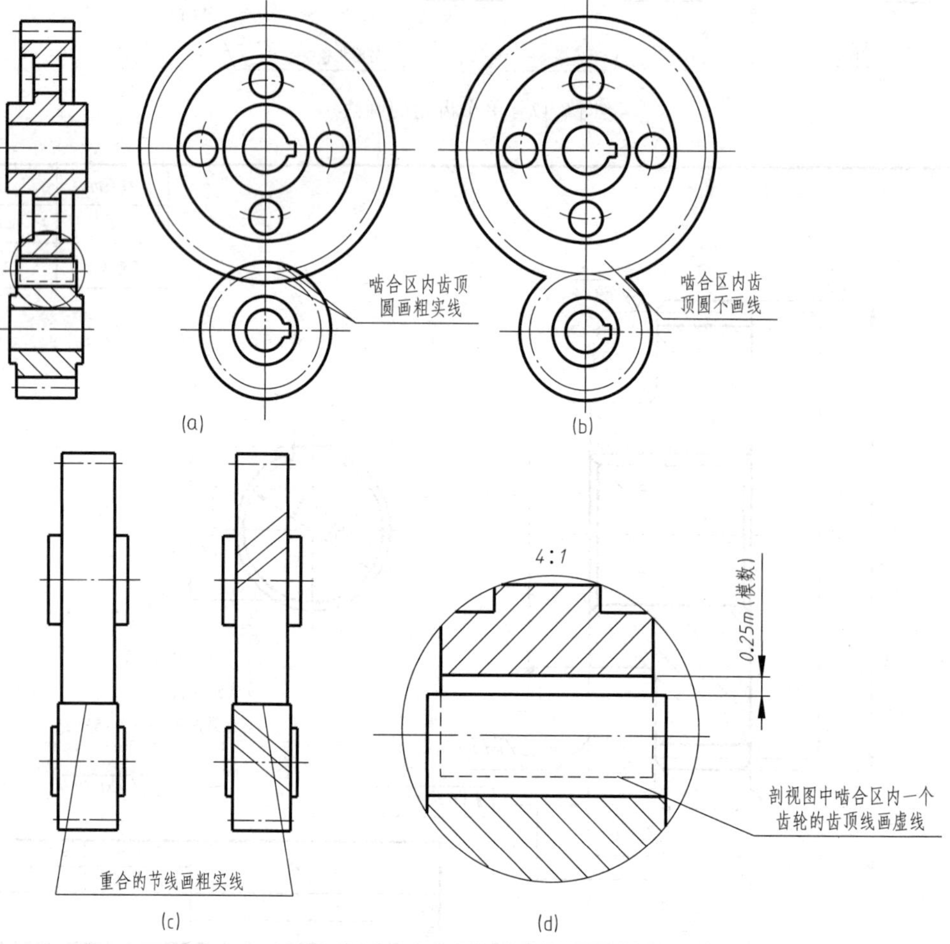

图 7-19　齿轮啮合时的规定画法

三、锥齿轮简介

传递两相交轴（一般两轴交成直角）间的回转运动或动力可用成对的锥齿轮。锥齿轮分为直齿、人字齿和螺旋齿等，如图 7-20 所示。

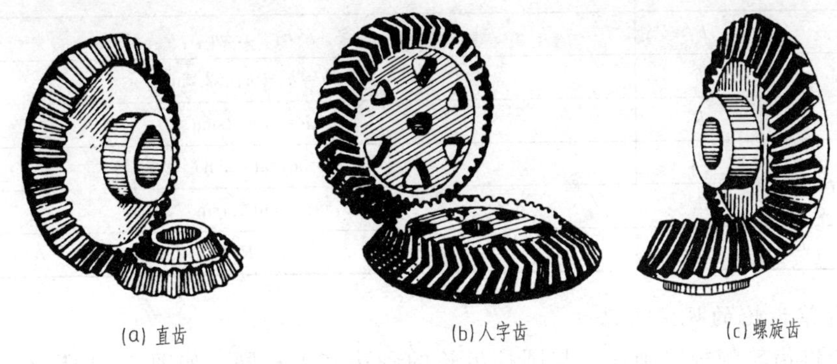

图 7-20 锥齿轮

1. 直齿锥齿轮

直齿锥齿轮通常用于垂直相交两轴之间的传动，由于锥齿轮的轮齿是在圆锥面上制出的，因而轮齿一端大，一端小。锥齿轮的轮齿往锥顶逐渐变小，因此锥齿轮的齿高和齿厚以及模数是随其至锥顶的距离而变的，规定大端端面的模数 m 为标准模数来计算轮齿的有关尺寸。锥齿轮各部分几何要素的名称如图 7-21 所示。

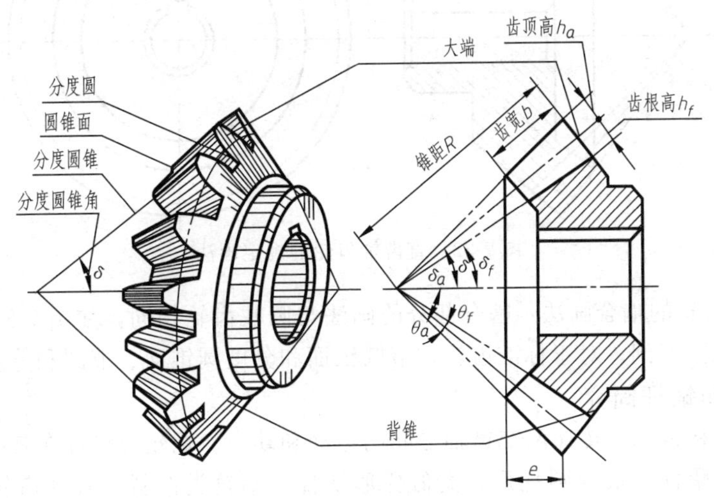

图 7-21 锥齿轮各部分名称及代号

直齿锥齿轮的主要几何要素的尺寸都与模数 m、齿数 z 及分度圆锥角 δ 有关，锥齿轮各部分尺寸计算如表 7-4 所示。

表 7-4 直齿锥齿轮各部分尺寸计算

名称	代号	计算公式
分度圆直径	d	$d=mz$
分度圆锥角	δ	$\delta_1=\arctan z_1/z_2$ $\delta_2=\arctan z_2/z_1$
齿顶圆直径	d_a	$d_a=m(z+2\cos\delta)$

续表

名称	代号	计算公式
齿根圆直径	d_f	$d_f=m(z-2.4\cos\delta)$
齿顶高	h_a	$h_a=m$
齿根高	h_f	$h_f=1.2m$
齿高	h	$h=h_a+h_f=2.2\text{m}$
外锥距	R	$R=mz/2\sin\delta$
齿顶角	θ_a	$\theta_a=\arctan(2\sin\delta/z)$
齿根角	θ_f	$\theta_f=\arctan(2.4\sin\delta/z)$
齿宽	b	$b\leqslant R/3$

2. 直齿锥齿轮的规定画法

① 单个锥齿轮的规定画法：与圆柱齿轮的画法基本相同。如图 7-22 所示，一般用主、左视图表示，主视图为剖视图，左视图中，轮齿的大端和小端的顶圆用粗实线表示，大端的分度圆用点画线表示，不画齿根圆。

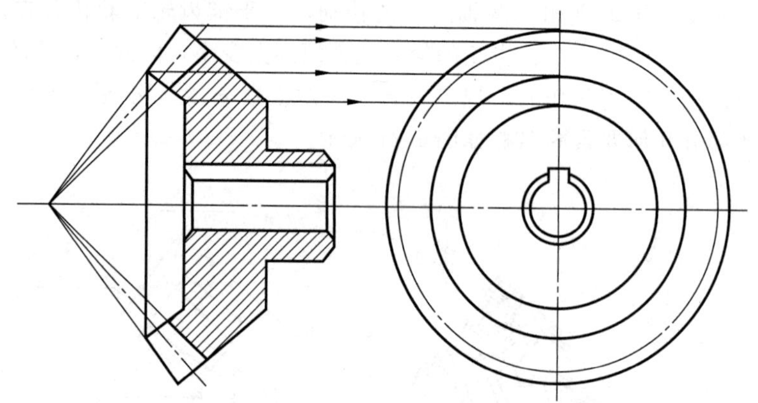

图 7-22 直齿锥齿轮的规定画法

② 直齿锥齿轮的啮合画法：啮合部分的画法与圆柱齿轮相同，如图 7-23 所示。主视图为剖视图，左视图不剖，对于标准齿轮，节圆锥面和分度圆锥面、节圆和分度圆是一致的。

四、蜗轮和蜗杆简介

蜗轮蜗杆机构常用来传递两交错轴之间的运动和动力。蜗轮与蜗杆在其中间平面内相当于齿轮与齿条，蜗杆一般为圆柱形，类似梯形螺杆，蜗轮类似斜齿圆柱齿轮。通常蜗杆主动，蜗轮从动，用于减速，可获得较大的转动比，但效率低。蜗杆上只有一条螺旋线的称为单头蜗杆，即蜗杆转一周，涡轮转过一齿，若蜗杆上有两条螺旋线，就称为双头蜗杆，即蜗杆转一周，涡轮转过两个齿。为了改善传动时蜗轮与蜗杆的接触情况，通常将蜗轮加工成凹形环面，如图 7-24 所示。

1. 蜗轮、蜗杆的规定画法

蜗轮和蜗杆各部分几何要素的代号与规定画法，如图 7-25。蜗轮在剖视图中的画法与圆柱齿轮基本相同，在蜗轮投影为圆的视图中，只画出分度圆与最外圆，不画齿顶圆与齿根圆。蜗杆一般用两个视图表达，蜗杆的齿根圆和齿根线用细实线绘制或省略不画，一般用局剖视图或局剖放大图表达蜗杆的牙型。

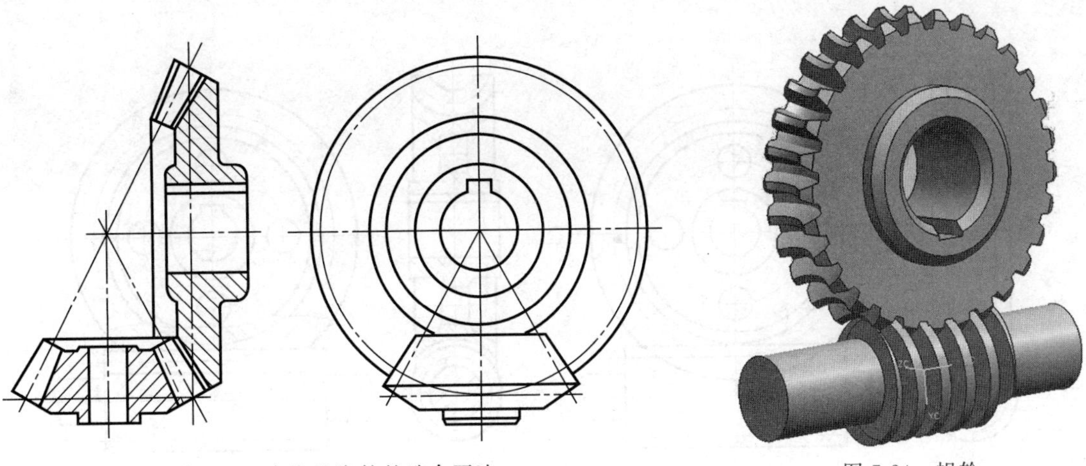

图 7-23　直齿锥齿轮的啮合画法　　图 7-24　蜗轮

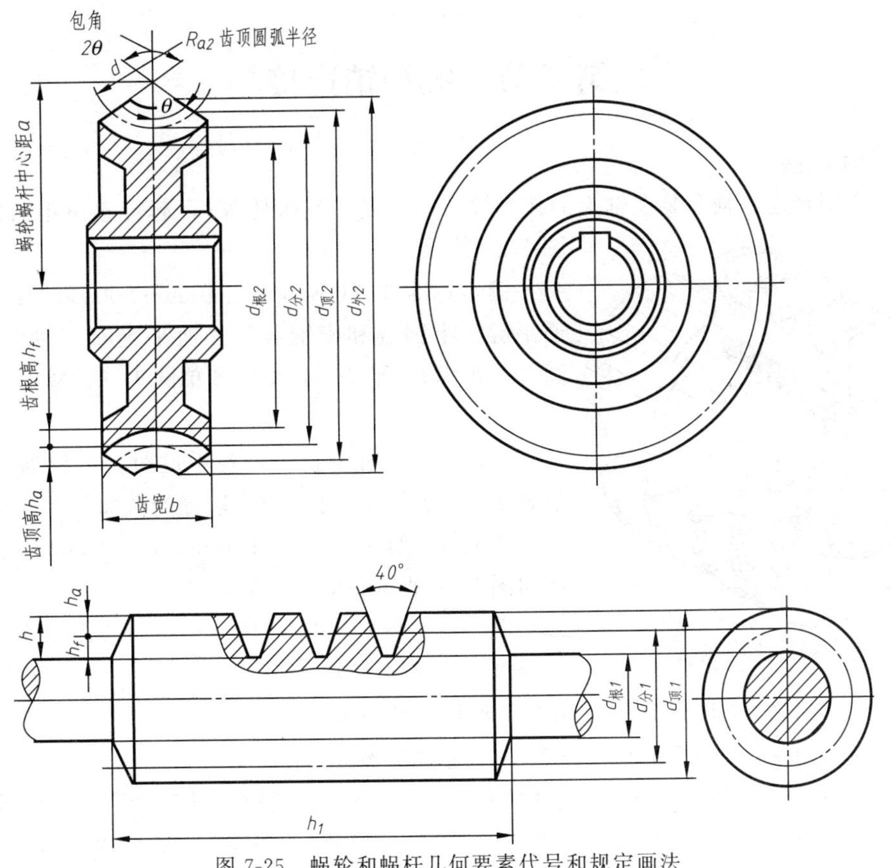

图 7-25　蜗轮和蜗杆几何要素代号和规定画法

2. 蜗轮、蜗杆啮合画法

一对相啮合的蜗轮和蜗杆必须有相等的模数和齿形角，国标规定，在通过蜗杆轴线并垂直于蜗轮轴线的主平面内，蜗杆和蜗轮的模数、齿形角为标准值，其啮合关系相当于齿条与齿轮啮合。其画法如图 7-26 所示。在主视图中，啮合区只画蜗杆，蜗轮被蜗杆遮住的部分不必画出；在左视图，蜗轮的分度圆和蜗杆的分度线相切，蜗轮外圆与蜗杆顶线相交。若采用剖视，蜗杆齿顶线与蜗轮外圆、齿顶圆相交的部分均不画出。

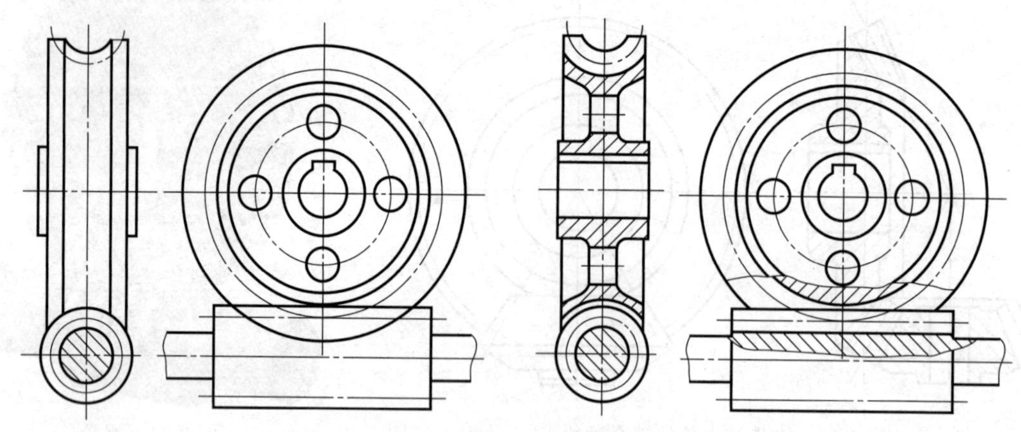

图 7-26　蜗轮、蜗杆啮合画法

第三节　键和销连接

一、键连接

键通常用来连接轴和装在轴上的传动件（如齿轮、皮带轮等），起传递扭矩的作用，如图 7-27 所示。

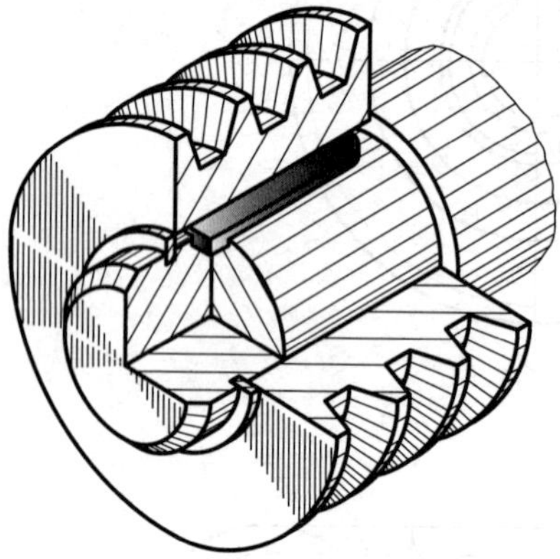

图 7-27　键连接

键是标准件（GB 1095、1096—2003），常用的有普通平键、半圆键和楔键等。普通平键有三种结构形式：圆头（A 型）、平头（B 型）和单圆头（C 型）。如图7-28 所示。

普通平键是标准件。选择平键时，可根据轴径 d 在附表 10 普通平键的标记中查取键的截面尺寸 $b \times h$。

例如 $b=18$mm、$h=11$mm、$L=100$mm 的普通平键如图 7-28 所示，应标记为：

键　18×100　GB/T 1096—2003（普通 A 型平键的型号 A 可省略不注）

键　B18×100　GB/T 1096—2003（普通 B 型平键）

键　C18×100　GB/T 1096—2003（普通 C 型平键）

图 7-29 所示为普通平键连接的装配图画法，主视图为通过轴的轴线和键的纵向对称平面剖切后画出的，键和轴均按不剖绘制。为了表示键在轴上的装配情况，采用了局部剖视。键的两侧面和下底面分别与键槽两侧面和键槽底面相接触，应画一条线。而键的顶面与轮毂槽的底面之间留有空隙，应画两条线。

二、销连接

销是标准件，通常用于零件之间的连接或定位。常用的销有圆锥销、圆柱销、开口销等。开口销是在用带孔螺栓和槽形螺母时，将其插入槽形螺母的槽口和带孔螺栓的孔，并将销的尾部叉开，防止螺母与螺栓松脱。

圆柱销、圆锥销、开口销的主要尺寸、标记和连接画法见表 7-5。

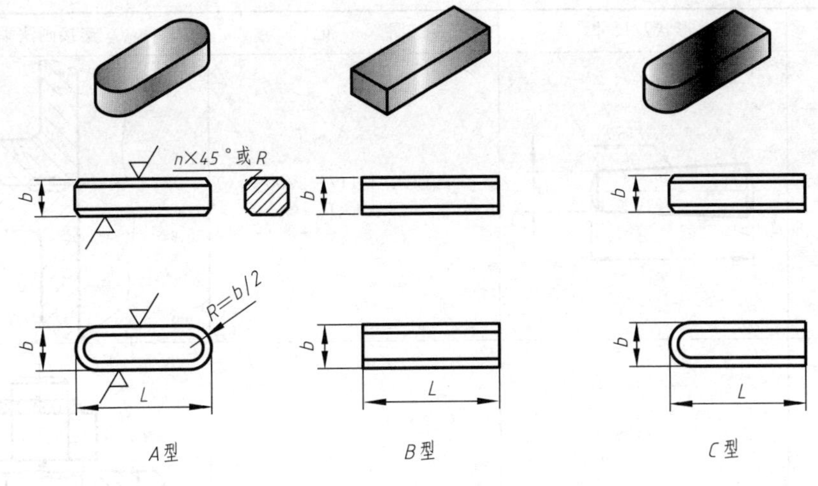

图 7-28　普通平键的型式

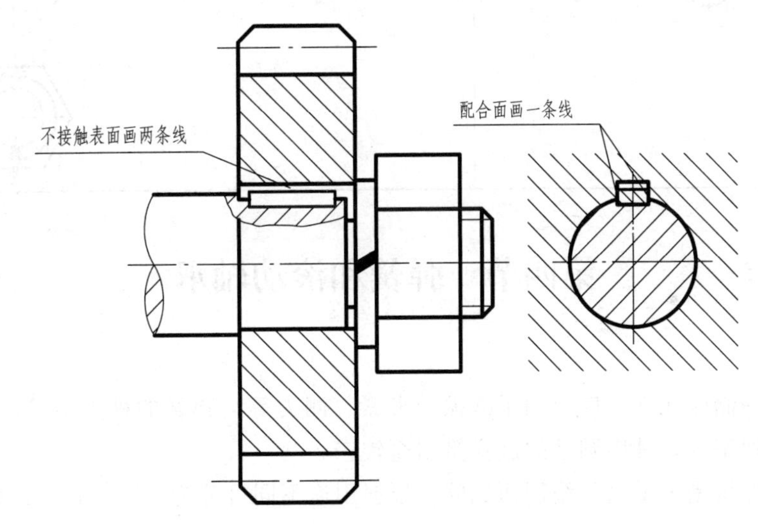

图 7-29　键连接的画法

表 7-5　销的种类、尺寸、标记和连接画法

名　称	形状及尺寸	标　记	连接画法举例
圆柱销	d l	销 GB/T 119—2000 Ad×l	

续表

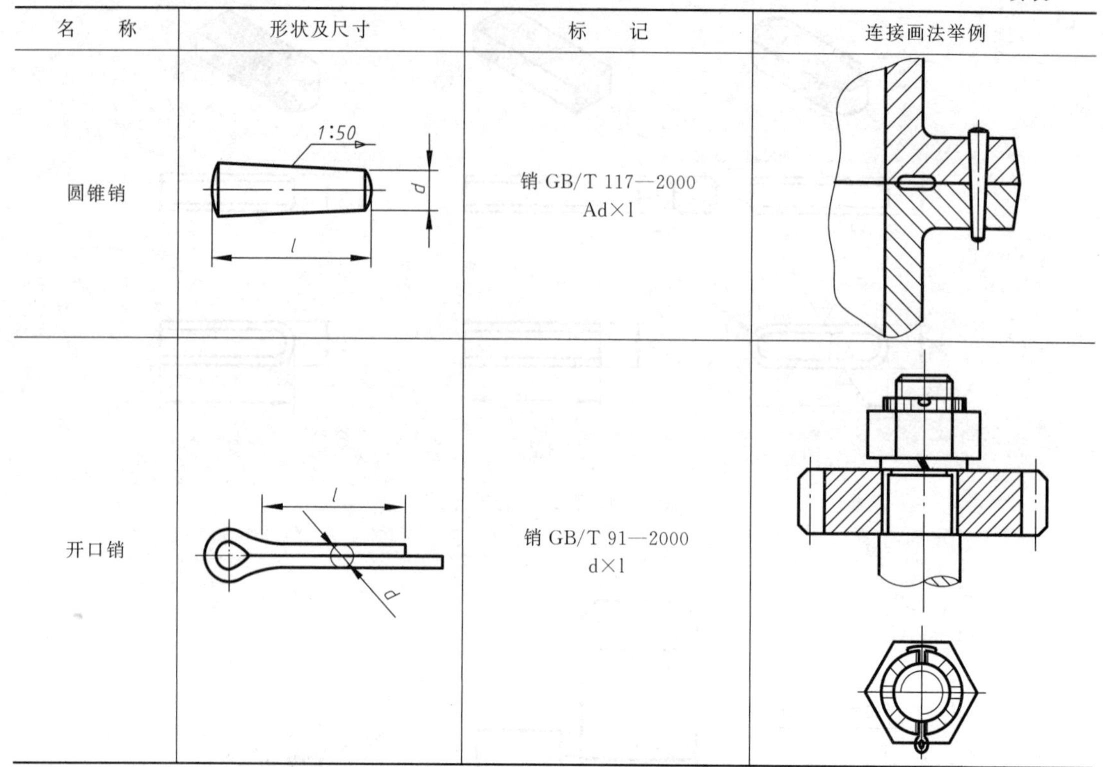

名　　称	形状及尺寸	标　　记	连接画法举例
圆锥销	1:50 d l	销 GB/T 117—2000 Ad×l	
开口销	l d	销 GB/T 91—2000 d×l	

第四节　弹簧和滚动轴承

一、弹簧

弹簧是一种储能元件，广泛用于减振、夹紧、测力等。弹簧的种类很多，有螺旋弹簧、蜗卷弹簧、板弹簧等，其中圆柱螺旋弹簧用途较广。

圆柱螺旋弹簧是由金属丝绕制而成的。根据用途不同可分为三种型式：拉伸弹簧、压缩弹簧和扭转弹簧。如图 7-30 所示。

图 7-30　圆柱螺旋弹簧

1. 圆柱螺旋弹簧的主要参数

具体参数如下，如图 7-31 所示。

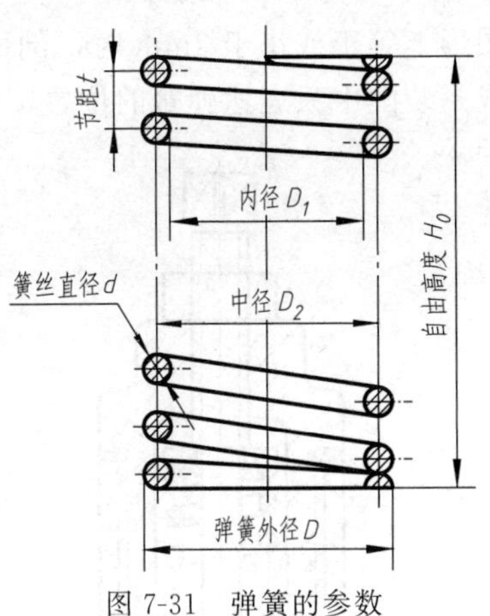

图 7-31　弹簧的参数

（1）簧丝直径 d　制造弹簧所用钢丝的直径。

（2）弹簧外径 D　弹簧的最大直径。

（3）弹簧的内径 D_1　弹簧的最小直径。

（4）弹簧的中径 D_2　过簧丝中心假想圆柱面的直径，$D_2=D-d$。

（5）节距 t　相邻两有效圈上对应点间的轴向距离。

（6）圈数　弹簧中间节距相同的部分圈数称为有效圈数（n）；弹簧两端磨平并紧部分的圈数称为支承圈数（n_2），有 1.5 圈、2 圈和 2.5 圈三种。弹簧的总圈数 $n_1=n+n_2$。

（7）自由高度 H_0　在弹簧不受力时，弹簧的高度，$H_0=nt+(n_2-0.5)d$。

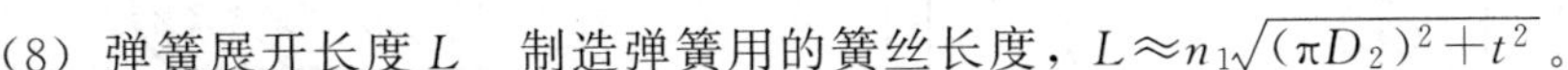

（8）弹簧展开长度 L　制造弹簧用的簧丝长度，$L\approx n_1\sqrt{(\pi D_2)^2+t^2}$。

（9）旋向　分为左旋和右旋。

2. 圆柱螺旋弹簧的规定画法

国家标准 GB/T 4459.4—2003 规定了弹簧的画法，圆柱螺旋弹簧可画示意图、视图或剖视图如图 7-32 所示。

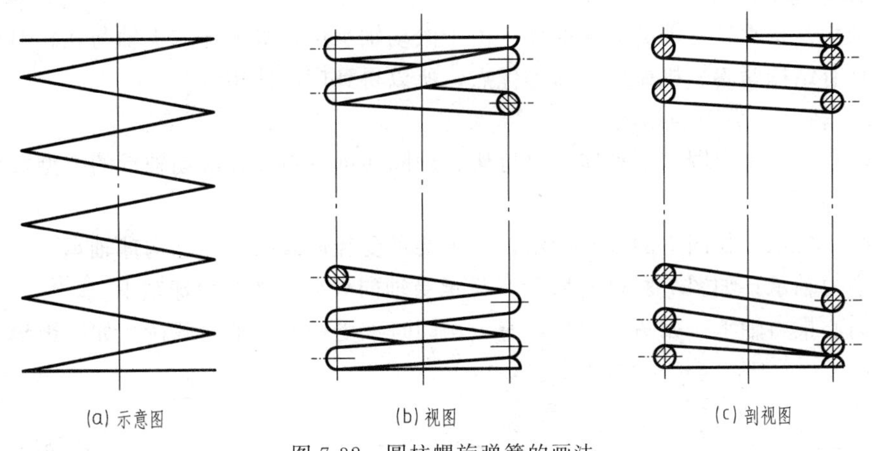

(a) 示意图　(b) 视图　(c) 剖视图

图 7-32　圆柱螺旋弹簧的画法

画图时，应注意以下几点：

① 当簧丝直径在图上小于或等于 2mm 时，可采用示意画法，如图 7-32(a) 所示。

② 圆柱螺旋弹簧在平行于轴线的投影面上的视图中，各圈的投影转向线轮廓应画成直线，如图 7-32(b)、(c) 所示。

③ 有效圈数在四圈以上的螺旋弹簧，中间各圈可省略不画，当中间部分省略后，可适当缩短图形的长度，如图 7-33(a)、(b) 所示。

④ 右旋弹簧或旋向不作规定的螺旋弹簧，在图上画成右旋。左旋弹簧允许画成右旋，但左旋弹簧不论画成左旋或右旋，一律要加注“LH”。

⑤ 在装配图中，弹簧被挡住的结构一般不画出，可见部分应从弹簧的外轮廓线或从弹簧钢丝剖面的中心线画起，如图 7-33(a) 所示。弹簧被剖切时，如弹簧钢丝剖面的直径，在

图形上等于或小于 2mm 时，剖面可以涂黑表示，如图 7-33(b) 所示。当弹簧直径过小时，或是装配中只表达弹簧的位置，可按示意图画出，如图 7-33(c) 所示。

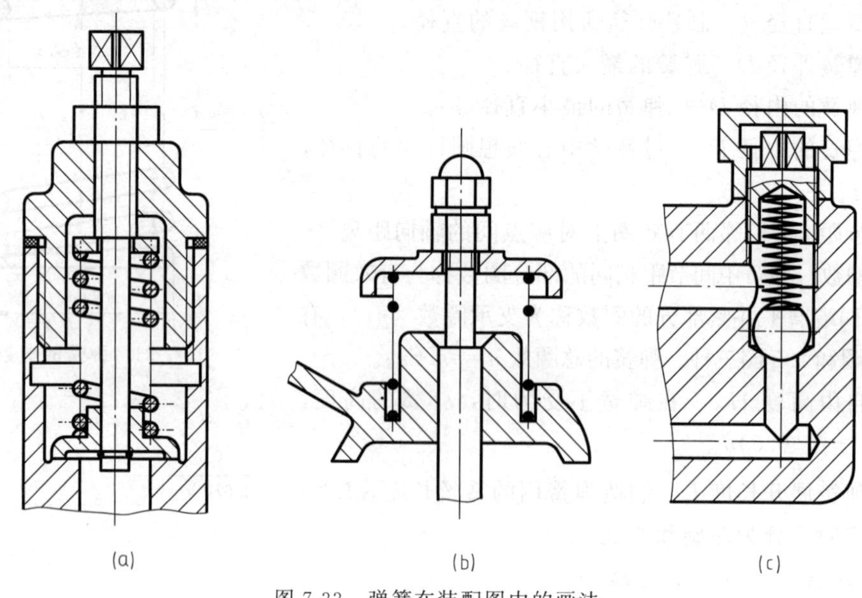

图 7-33 弹簧在装配图中的画法

二、滚动轴承

滚动轴承是支承转运轴的标准部件。由于滚动轴承可以极大地减少轴与孔相对旋转时的摩擦力，具有结构紧凑、机械效率高等优点，所以得到广泛使用。

1. 滚动轴承的类型和结构

滚动轴承一般由内圈、滚动体、保持架、外圈四部分组成。滚动轴承的类型按承受载荷的方向可分为三类。

(1) 向心轴承 如图 7-34(a) 所示，它主要承受径向载荷，如深沟球轴承。

(2) 推力轴承 如图 7-34(b) 所示，只承受轴向载荷，如推力球轴承。

(3) 向心推力轴承 如图 7-34(c) 所示，同时承受径向和轴向载荷，如圆锥滚子轴承。

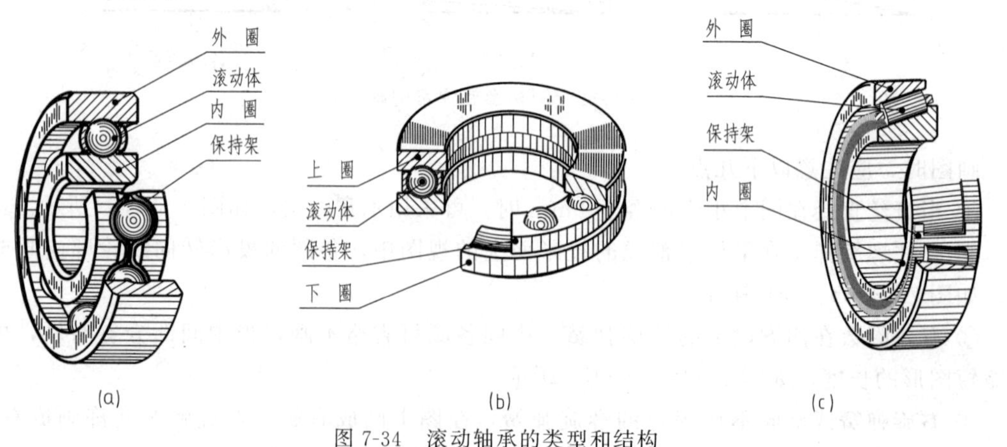

图 7-34 滚动轴承的类型和结构

2. 滚动轴承表示法

滚动轴承是标准件，不需要画零件图。在绘制装配图时，可按 GB/T 4459.7—1998 规定来画。

滚动轴承表示法包括三种画法：通用画法、特征画法和规定画法。当不需要确切地表示滚动轴承的外形轮廓、承载特性和结构特征时采用通用画法；当需要比较形象地表示滚动轴承的结构特征时采用特征画法；滚动轴承的产品图样、产品样本、产品标准和产品使用说明书中采用规定画法。各种画法及尺寸比例见表 7-6。其各部尺寸可根据轴承代号由标准（附表 13）中查得。

表 7-6　常用滚动轴承表示法（摘自 GB/T 4459.7—1998）

轴承类型	结构型式	通用画法	特征画法	规定画法
		指滚动轴承在所属装配图中的画法		
深沟球轴承 (GB/T 276—1994) 6000 型	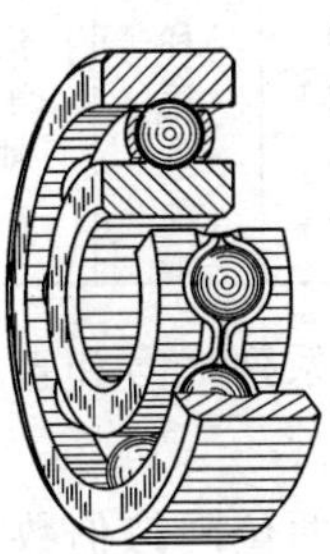		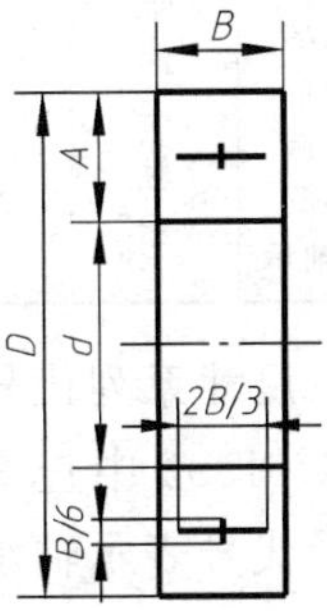	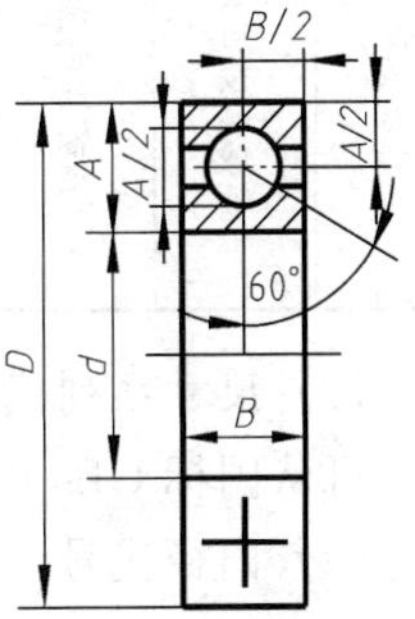
推力球轴承 (GB/T 301—1995) 51000 型	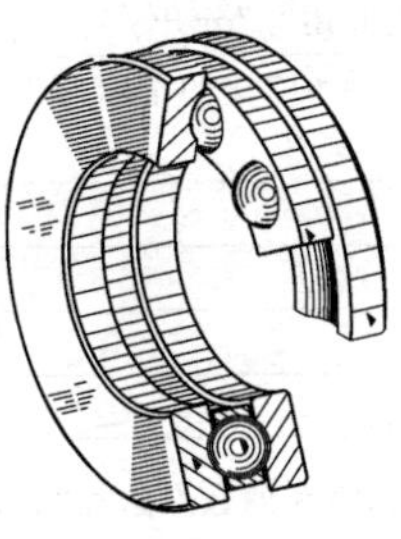	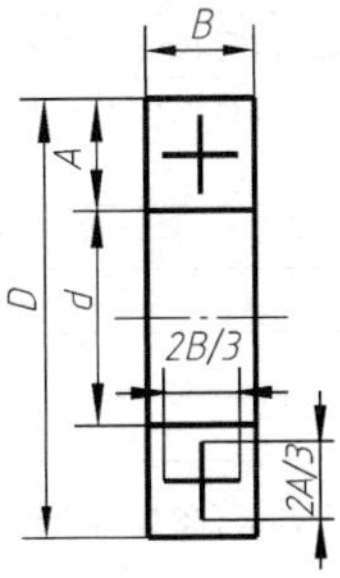	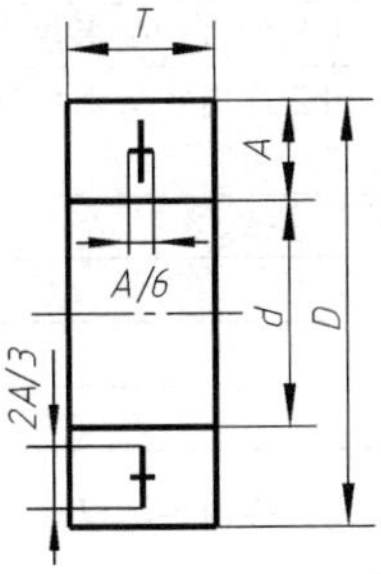	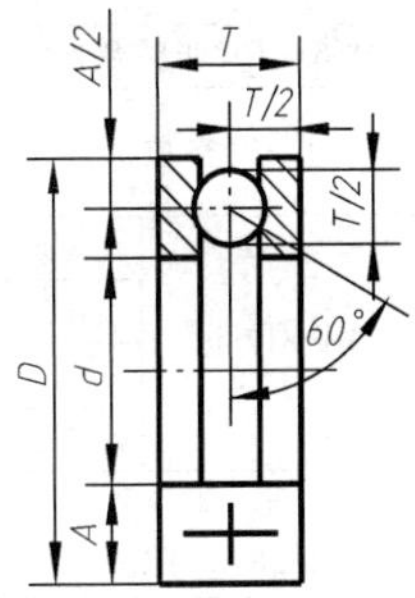
圆锥滚子轴承 (GB/T 297—1994) 30000 型	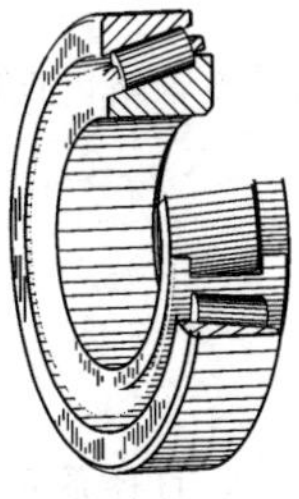		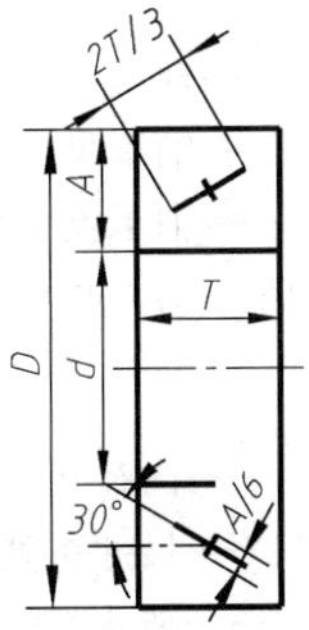	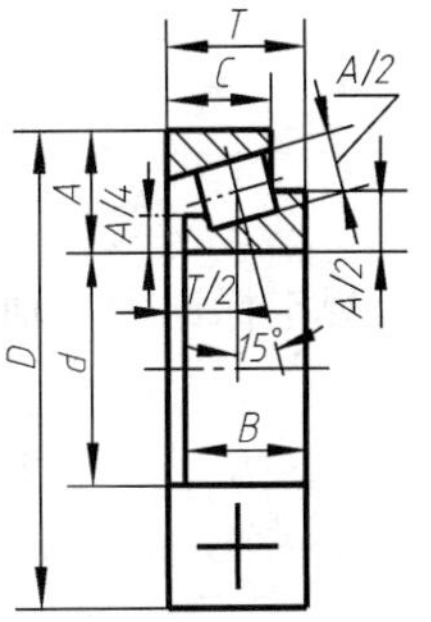

三、滚动轴承的代号

按着国标 GB/T 272—1993 规定，滚动轴承的代号由前置代号、基本代号和后置代号构成。

前置、后置代号是在轴承结构形状、尺寸和技术要求等有改变时，在其基本代号前后添加的补充代号。补充代号的规定可由国标中查得。

滚动轴承基本代号表示轴承的基本类型、结构和尺寸。

（1）轴承类型代号　轴承类型代号用数字或字母来表示，见表 7-7。

表 7-7　滚动轴承类型代号

代号	0	1	2	3	4	5	6	7	8	N	U	QJ
轴承类型	双列角接触球轴承	调心球轴承	调心滚子轴承和推力调心滚子轴承	圆锥滚子轴承	双列深沟球轴承	推力球轴承	深沟球轴承	角接触球轴承	推力圆柱滚子轴承	圆柱滚子轴承	外球面球轴承	四点接触球轴承

（2）尺寸系列代号　尺寸系列代号由轴承的宽（高）度系列代号和直径系列代号组合而成，可从国标 GB/T 276—1994 中查得。

（3）内径代号　内径代号表示轴承的公称直径，一般用两位阿拉伯数字表示。其表示方法见表 7-8。

表 7-8　滚动轴承内径代号

轴承公称内径/mm		内　径　代　号
0.6～10(非整数)		用公称直径毫米数直接表示，与尺寸系列代号之间用“/”分开
1～9(整数)		用公称内径毫米数直接表示，对深沟及角接触球轴承 7、8、9 直径系列，内径与尺寸系列代号之间用“/”分开
10～17	10	00
	12	01
	15	02
	17	03
20～480 (22、28、32 除外)		用公称内径除以 5 的商数表示，商数为个位数时，需在商数左边加“0”，如 08
≥500 以及 22、28、32		用公称内径毫米数直接表示，在尺寸系列代号之间用“/”分开

例如：滚动轴承 6204

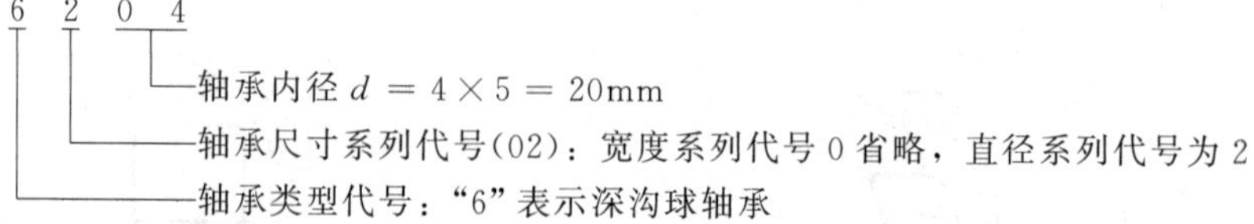

规定标记为：轴承 6204 GB/T 276—1994

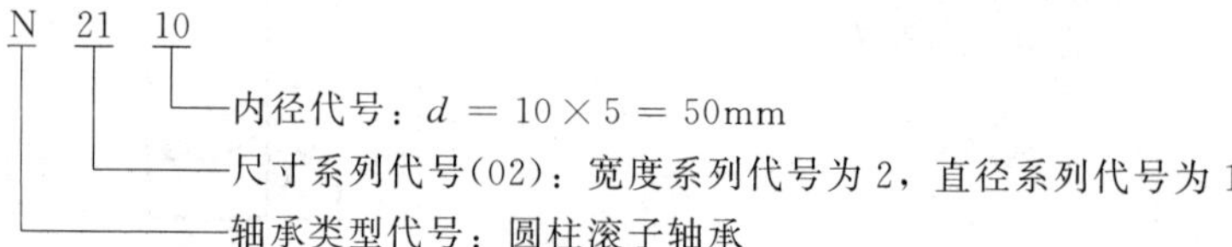

规定标记为：轴承 N2110　GB/T 283—1994

第八章　零　件　图

任何一台机器或部件，都是由许多零件按一定要求装配而成的。在制造机器时，必须先根据每个零件的形状、尺寸和技术要求，制造出全部零件，然后再进行组装成型。表示零件结构、大小和技术要求的图样称为零件图。根据零件形状和结构的特点，通常可分为轴类零件、轮盘类零件、叉架类零件、箱体类零件等。

第一节　零件图的内容

零件图必须包括制造和检验零件时所需的全部资料。如图 8-1 所示齿轮轴的零件图。从中可以看出，一张零件图应具备以下内容。

(1) 一组视图　用一定数量的视图、剖视、断面、局部放大图等，完整、清晰地表达出零件的结构形状。图 8-1 用一个符合加工位置的主视图和一个反映键槽位置和大小的断面图将齿轮轴的形状完全表达清楚。

(2) 足够的尺寸　正确、完整、清晰、合理地标注出零件在制造、检验时所需的全部尺寸。通过直径尺寸的标注，既能确定尺寸大小，又能决定几何形状。

(3) 必要的技术要求　用规定的代号和文字，注出零件在制造和检验中应达到的各项质量要求。如表面结构要求、极限偏差、形状和位置公差、热处理要求等。

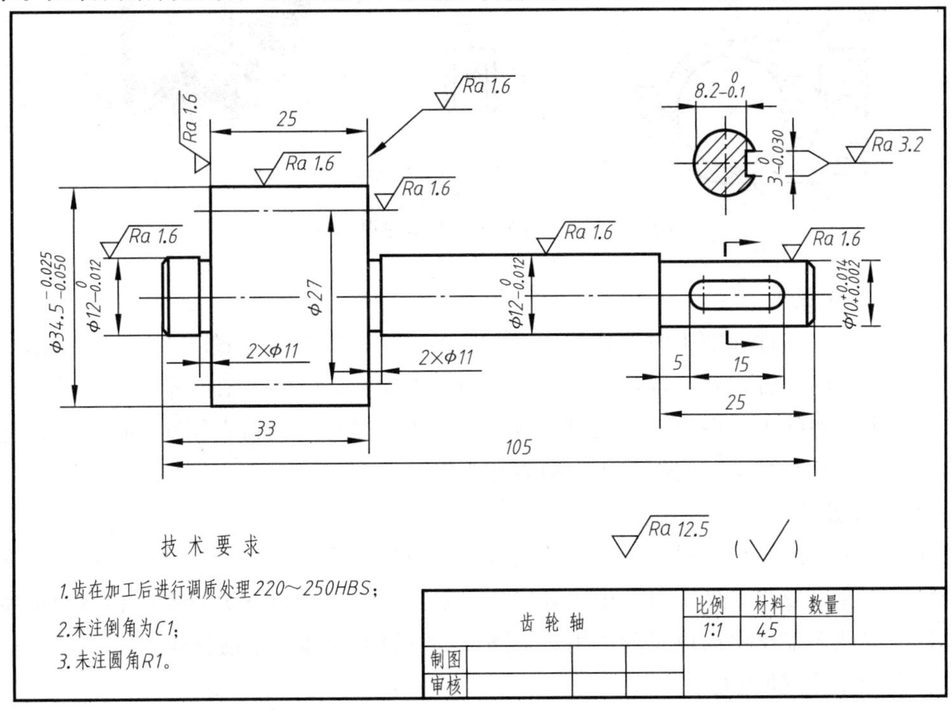

图 8-1　齿轮轴零件图

（4）标题栏　填写零件的名称、材料、数量、比例及责任人签字等。

第二节　零件图的视图选择

把零件的内外结构形状正确、完整、清晰地表达出来，使之便于看图、画图和加工。表达方案的好坏，关键在于能否针对零件的结构特点，恰当地选用视图、剖视、断面等各种表达方法，即合理选择主视图及其他视图。

一、主视图的选择

零件的主视图是最重要的一个视图，它选择得是否恰当，将直接关系到看图和绘图是否方便、关系到能否简便地把零件的结构表达清楚。选择主视图应遵循以下原则。

1. 形状特征原则

所选择的主视图应最能反映零件的结构形状特征，即合理选择其投影方向。应将最能反映零件的主要结构形状和各部分相对位置的方向，作为主视图的投射方向。如图 8-2 中的汽车刹车分泵泵体的主视图的投射方向，最能反映形体特征及结构位置特征，由此画出的主视图能将该零件的形状特征充分地显示出来。

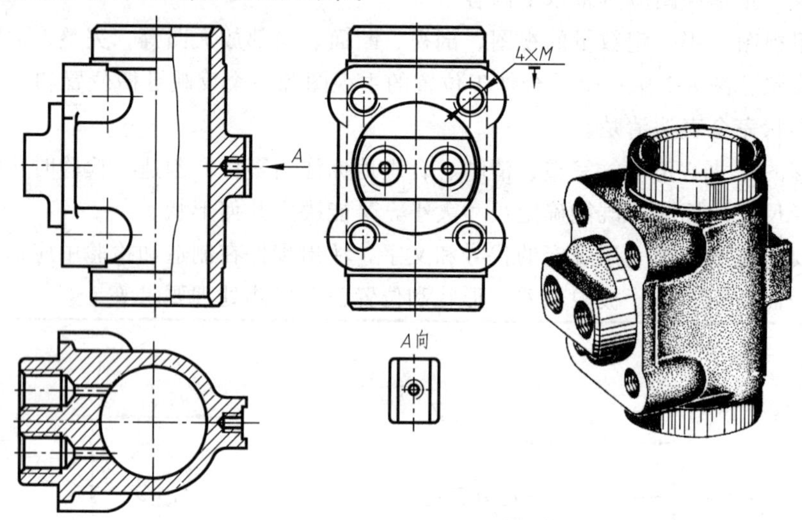

图 8-2　汽车刹车分泵泵体的视图选择

2. 加工位置原则

加工位置是指零件在加工时所处的位置。在确定零件的安放位置时，应使主视图尽量与其主要加工工序的位置一致，以便于加工时看图。如图 8-3 所示，轴类零件主要是在车床上加工，故这类零件的主视图应将其主要轴线水平放置，其他结构可以用断面图和局部剖视图等辅助视图，将轴类清晰、完整、正确地表达出来。

3. 工作位置原则

根据零件平时的工作位置，所选择的主视图尽量符合零件在工作中所处的位置。零件主视图的位置，应尽量与零件在机器中所处的位置一致，以便于读图时将零件和整台机器联系起来，想象零件在工作中的位置和作用，如图 8-4 中的吊钩和汽车前拖钩。

二、其他视图的选择

其他视图的选择原则是，在配合主视图完整而清晰地表达出零件结构形状和便于看图的

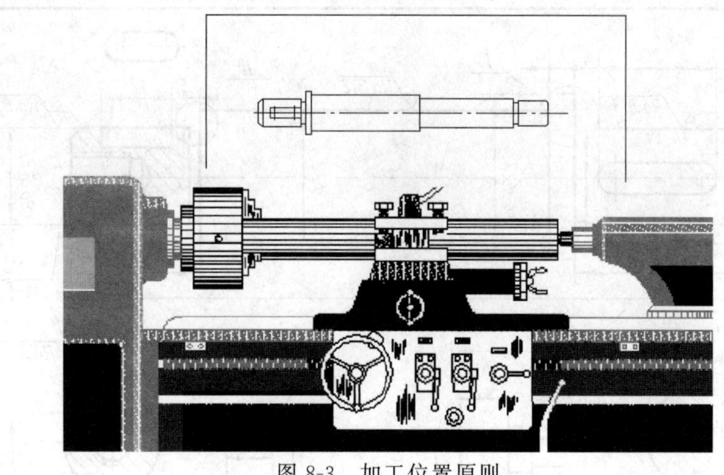

图 8-3　加工位置原则

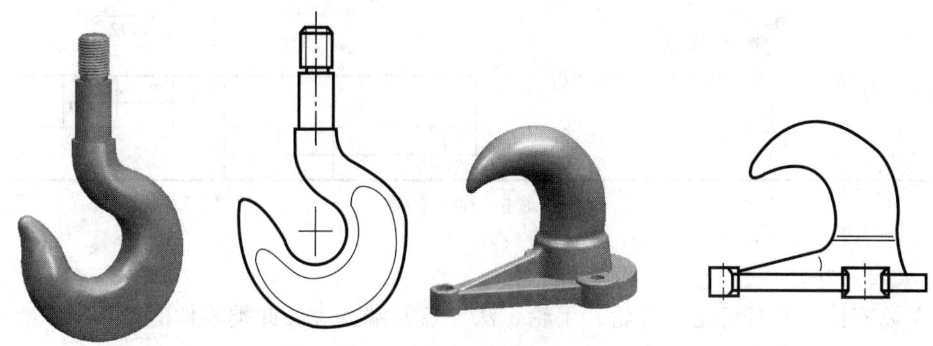

图 8-4　工作位置原则

前提下，力求视图数目尽可能少。因此，在主视图确定后，对其他视图的选择应着重从以下几个方面来考虑。

① 根据零件的复杂程度和内外结构特征等来全面考虑所必需的视图。一般采用其他视图，并结合剖视、断面等来表达主视图中未表达清楚的重要层次，再辅以其他视图表达一些未表达清楚的局部和细小结构。

② 采用的视图数目不宜过多，以免繁琐、重复，导致主次不分。原则上每个视图都有各自的表达中心，使之具有独立存在的意义。

③ 考虑是否可以省略、简化、综合或增减一些视图，比如可以通过标注尺寸来减少视图或把没有必要的基本视图改为局部视图等。

④ 要考虑合理地布置视图位置，要做到既使图样清晰美观，又有利于图幅的充分利用。

⑤ 视图表达方案往往不是唯一的，需按选择原则考虑多种方案，比较后择优选用。

三、典型零件的视图表达

1. 轴套类零件

如图 8-5 所示的轴的零件图，轴类零件是回转类零件，主要在车床上加工。因此，轴套类零件的主视图应将轴线水平放置，一般只用一个基本视图，再辅以适当的其他表达方法。而对于实心轴上的钻孔、键槽等结构，一般用局部剖视图和断面图表示。

在图 8-5 中，轴右端的螺纹孔采用局部剖视图，用局部放大图表示退刀槽的细部结构形状，断面图表示轴上键槽深及凹坑。

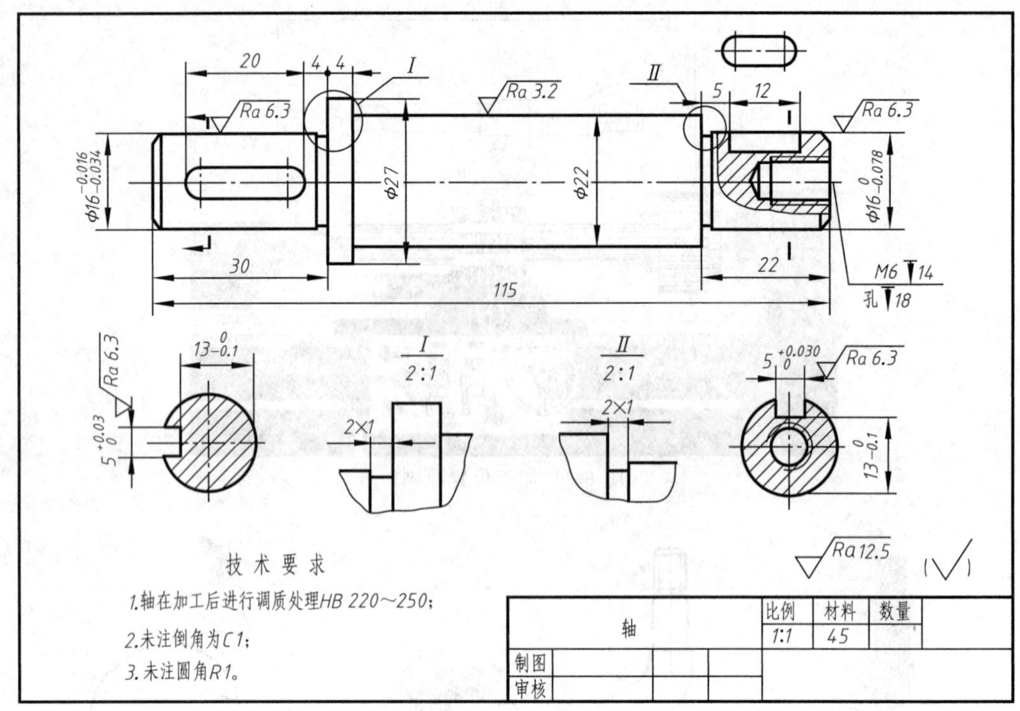

图 8-5　轴零件图

2. 盘盖类零件

盘盖类零件主要有齿轮、带轮、手轮、法兰盘及端盖等。此类零件的基本形状多为扁平的盘（板）状，并常带有肋、孔、槽、轮辐等结构。盘盖类零件主要在车床上加工。

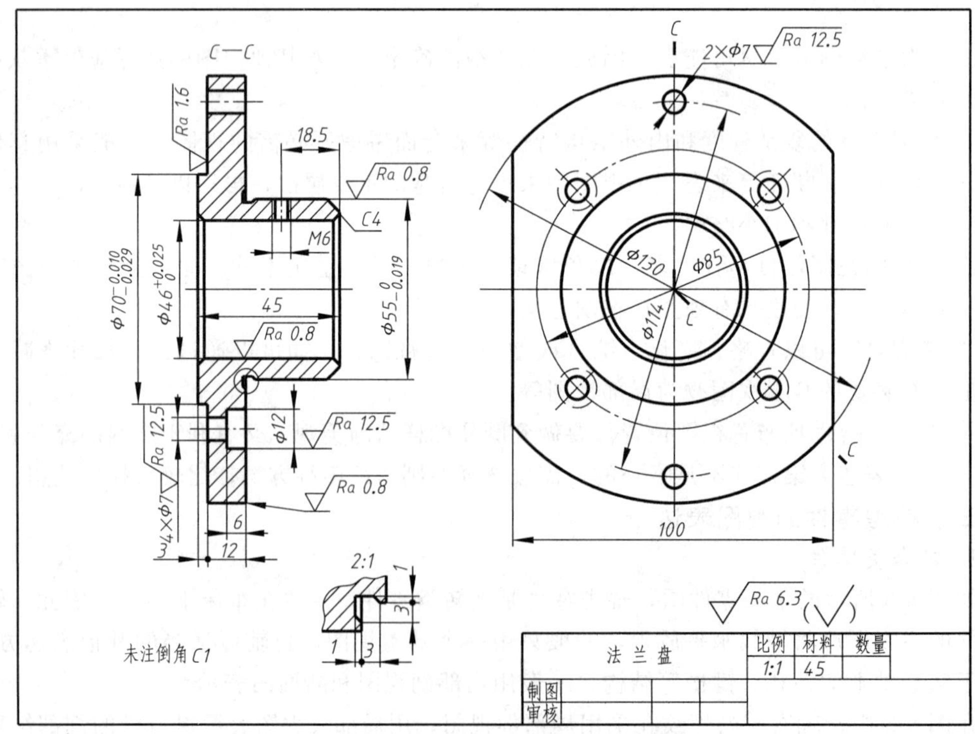

图 8-6　法兰盘零件图

如图 8-6 所示为法兰盘零件图，主视图按加工位置将其以轴线水平放置画出，由于外形简单，因此采用相交剖切平面剖切的全剖视反映其内部结构。此外采用左视图表达零件沿圆周均匀分布的孔以及外形等结构。

3. 叉架类零件

叉架类零件主要有拨叉、连杆、拉杆、支架等，其结构形状比较复杂，常带有倾斜部分或弯曲部分。此类零件的毛坯为铸件或锻件，需经多种机械加工才能得到最终成品。叉架类零件的主视图主要按工作位置或安放时平稳的位置放置，并选择最能反映形状特征的方向作为主视图的投射方向。除主视图外，还需用斜视图、局部视图、局部剖视图、断面图等表达方法才能将零件表达清楚。

图 8-7 所示为支架的零件图，采用了主、俯两个基本视图，另外还采用了一个局部视图和一个移出断面图。主视图按形状特征及工作位置画出，清楚地反映了组成该零件的轴承孔、底板、肋板三部分的形状及相对位置。为了表示支架这三个部分的宽度及前后方向的位置关系，可选用俯视图或左视图，图中采用了俯视图；用 *A* 向局部视图表达安装板左端面的形状；为表达肋板的断面形状采用了移出断面图；为表达轴承上孔的内部形状，在主、俯视图中均作了局部剖视。

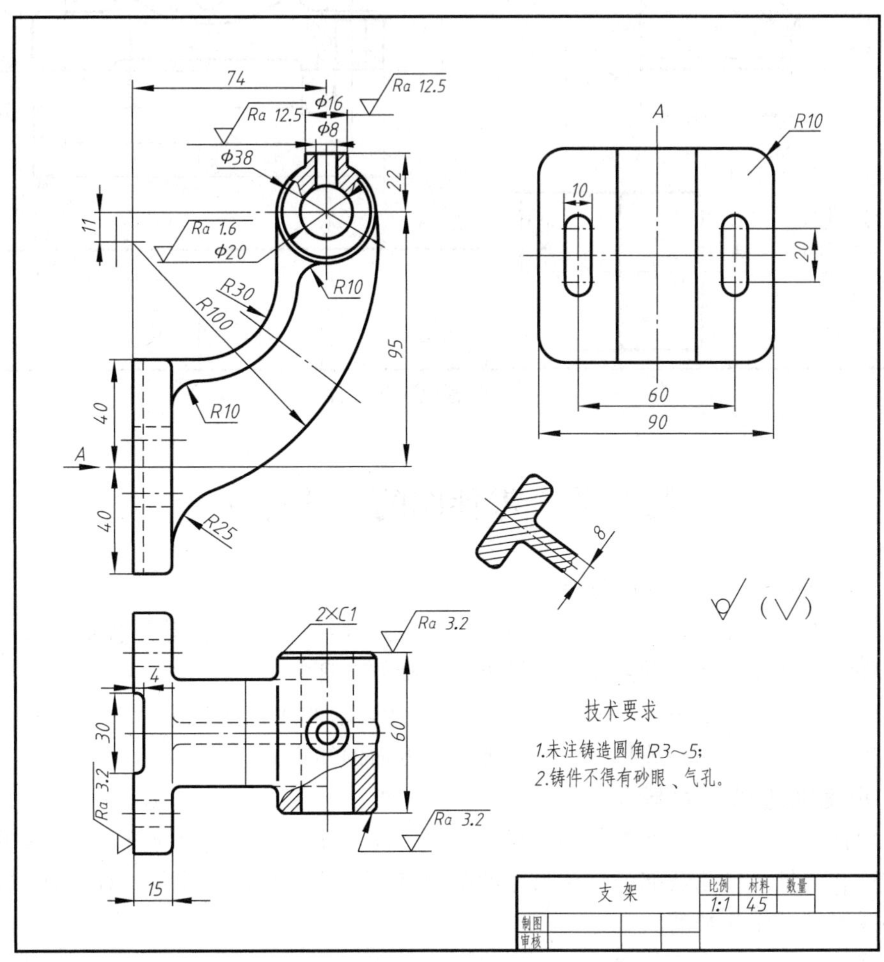

图 8-7　支架零件图

4. 箱体类零件

箱体类零件主要有泵体、阀体、机座等，在机器或部件中用于容纳和支承其它零件，是机器或部件的主体。此类零件的结构形状比较复杂，毛坯多为铸造而成，需经多道工序加工。箱体类零件的主视图主要应根据形状特征及工作位置考虑，一般需用几个基本视图再配以其他辅助视图，才能将零件表达清楚。图 8-8 所示为齿轮油泵泵体零件图。

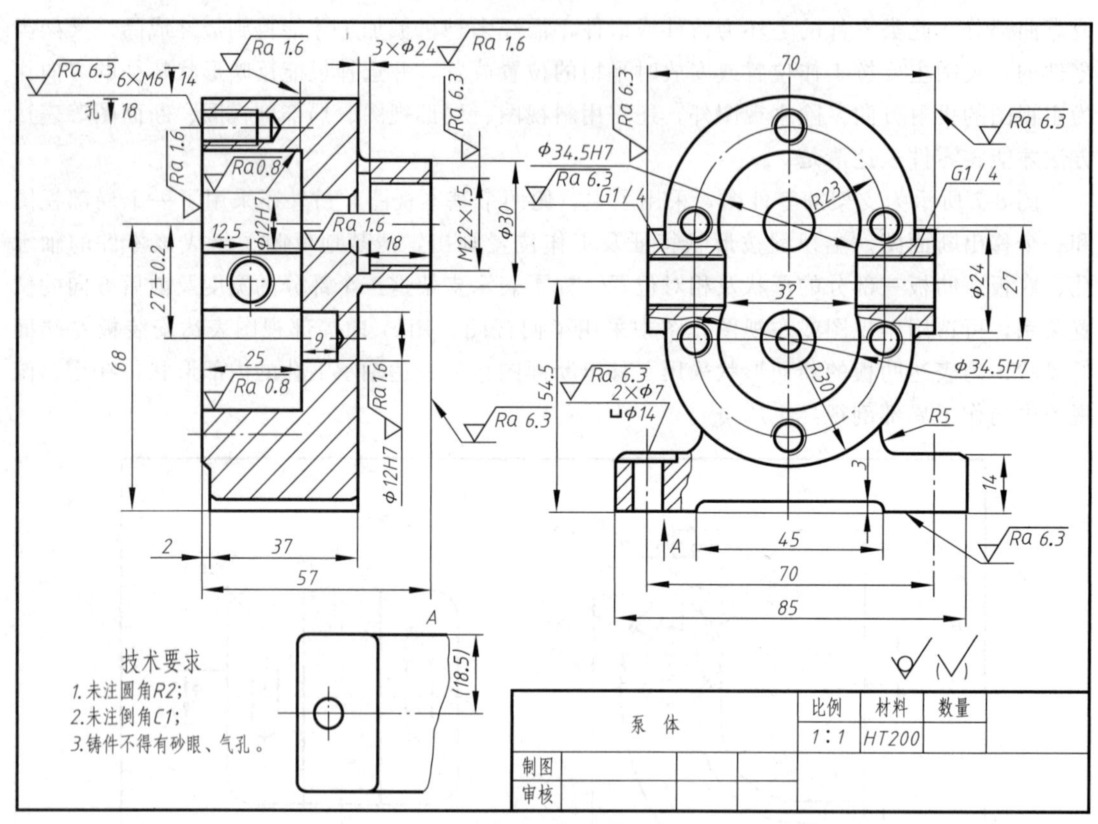

图 8-8　齿轮油泵泵体零件图

第三节　零件图的尺寸标注

一、零件图上尺寸标注的要求

零件图上的尺寸标注，是零件图的主要内容之一，是加工和检验零件的重要依据。因此，在零件图上标注尺寸应做到正确、完整、清晰和合理。

所谓合理标注尺寸是指标注尺寸时应符合设计要求和生产工艺要求。合理标注零件尺寸，需要生产实践经验和有关机械设计、加工等方面的知识。

二、正确地选择尺寸基准

要合理标注尺寸，必须恰当地选择尺寸基准，即尺寸基准的选择应符合零件的设计要求并便于加工和测量。尺寸基准即标注尺寸的起始点，零件的底面、端面、对称面、主要的轴线、中心线等都可作为基准。

1. 设计基准

根据零件的结构和设计要求而确定的基准为设计基准。

图 8-9 所示为轴承座。尺寸 40±0.02 以底面 A 为基准，以保证轴承孔到底面的高度。其他高度方向的尺寸，如 58、10、12 均以 A 面为基准。

在标注底板上两孔的定位尺寸时，长度方向应以底板的对称面 B 为基准，以保证底板上两孔的对称关系，如图中尺寸 65。

底面 A 和对称面 B 都是满足设计要求的基准，是设计基准。

2. 工艺基准

根据零件在加工和测量等方面的要求所确定的基准为工艺基准。

轴承座上方螺孔的深度尺寸，若以轴承底板的底面 A 为基准标注，就不易测量。应以凸台端面 D 为基准标注尺寸 6，这样，测量就较方便，故平面 D 是工艺基准。

标注尺寸时，应尽量使设计基准与工艺基准重合，使尺寸既能满足设计要求，又能满足工艺要求。如图 8-9 中基准 A 是设计基准，加工时又是工艺基准。二者不能重合时，主要尺寸应从设计基准出发标注。

3. 主要基准与辅助基准

每个零件都有长、宽、高三个方向的尺寸，每个方向至少有一个尺寸基准，且都有一个主要基准，即决定零件主要尺寸的基准。如图 8-9 中底面 A 为高度方向的主要基准，对称面 B 为长度方向的主要基准，端面 C 为宽度方向的主要基准。

为了便于加工和测量，通常还附加一些尺寸基准，这些除主要基准外另选的基准为辅助基准。辅助基准必须有尺寸与主要基准相联系。如图 8-9 中高度方向的主要基准是 A，而 D 为辅助基准（工艺基准），辅助基准与主要基准之间联系尺寸为 58。

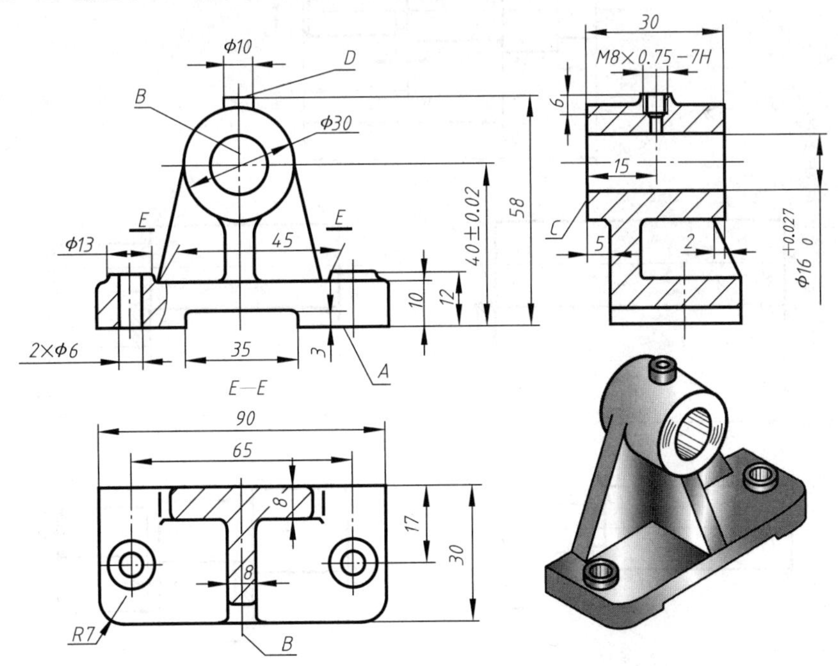

图 8-9　轴承座的尺寸基准

三、标注尺寸的注意事项

1. 零件的重要尺寸应从基准直接注出

无论采用什么加工方法，都不可能把零件加工得绝对准确。为了减少误差，保证设计要求，对零件的重要尺寸（如配合尺寸、直接影响产品性能的尺寸等）应从基准直接注出。如

图 8-9 中的总高 58、孔距底面的距离 40±0.02、总长 90、两孔中心距 65、总宽 30 等尺寸。

2. 不应注成封闭尺寸链

零件在加工过程中各段尺寸总会有误差（误差在允许的范围内），若将尺寸注成封闭的链状尺寸，保证了各段尺寸的精度，总长的尺寸精度就难以保证；保证了总长的尺寸精度，每一段尺寸的精度也不能保证。因此，在一般情况下应避免将尺寸标注成封闭的尺寸链。在图 8-10 中，选择一段不重要的尺寸空出来不注，该段尺寸称为开环，这样，各段尺寸的加工误差都积累在开环上，既保证了设计的要求，又便于加工。

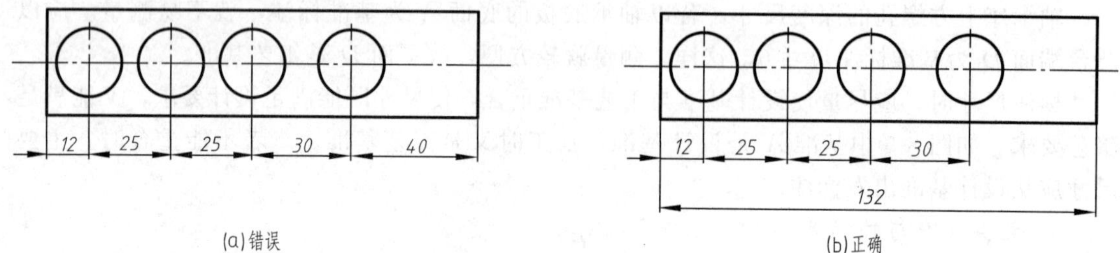

图 8-10　避免注成封闭的尺寸链

3. 应考虑加工方法、符合加工顺序

如图 8-11 所示的轴的尺寸标注，完全符合轴的加工顺序，这样，从下料到每一步加工工序，都可以从图中的尺寸直接看出。

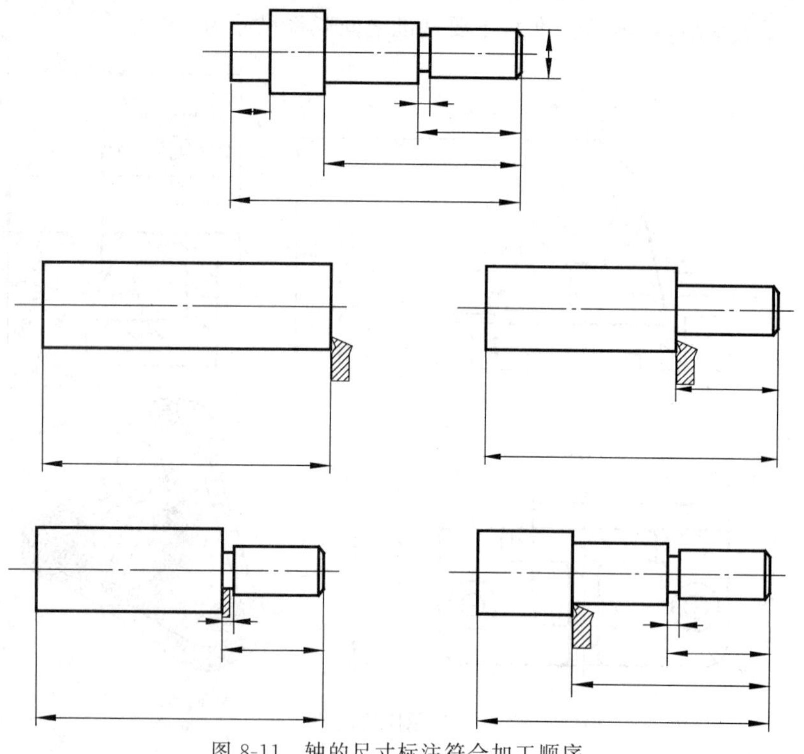

图 8-11　轴的尺寸标注符合加工顺序

4. 考虑测量方便

如图 8-12 所示，图（a）、（c）断面内键槽便于直接测量和加工。图（b）除便于测量，也便于调整刀具的进给量。

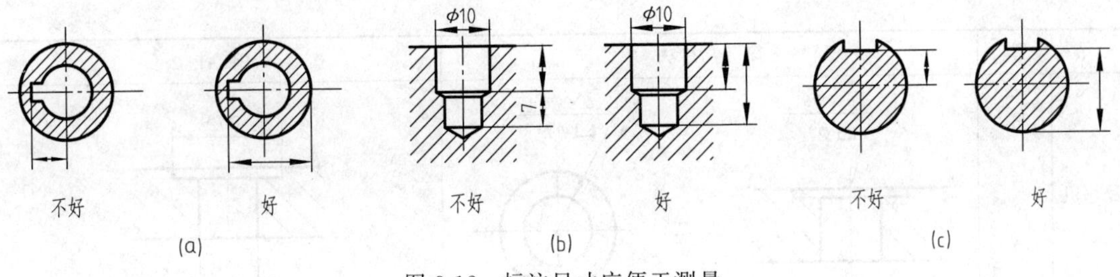

图 8-12　标注尺寸应便于测量

四、零件上常见结构的尺寸标注

国家标准《技术制图简化表示法》中要求标注尺寸时，应尽可能使用符号和缩写词。常用的符号和缩写词见表 8-1。零件上常见的销孔、锪平孔、沉孔、螺孔等结构，可参照表8-2标注尺寸。

表 8-1　常用的符号和缩写词

名称	直径	半径	球直径	球半径	厚度	正方形	45°倒角	深度	沉孔或锪平	埋头孔	均布
符号或缩写词	ϕ	R	Sϕ	SR	t	□	C	↧	⌴	∨	EQS

表 8-2　各种孔的简化标注

结构类型		简化注法	普通注法
螺孔	不通孔	3×M6-7H↧18 孔↧20 3×M6-7H↧18 孔↧20	3×M6-7H 18 20
	通孔	3×M6-7H 3×M6-7H	3×M6-7H
光孔	圆柱孔	3×Φ6↧20 3×Φ6↧20	3×Φ6 20
	锥销孔	锥销孔Φ6 配作 锥销孔Φ6 配作	

续表

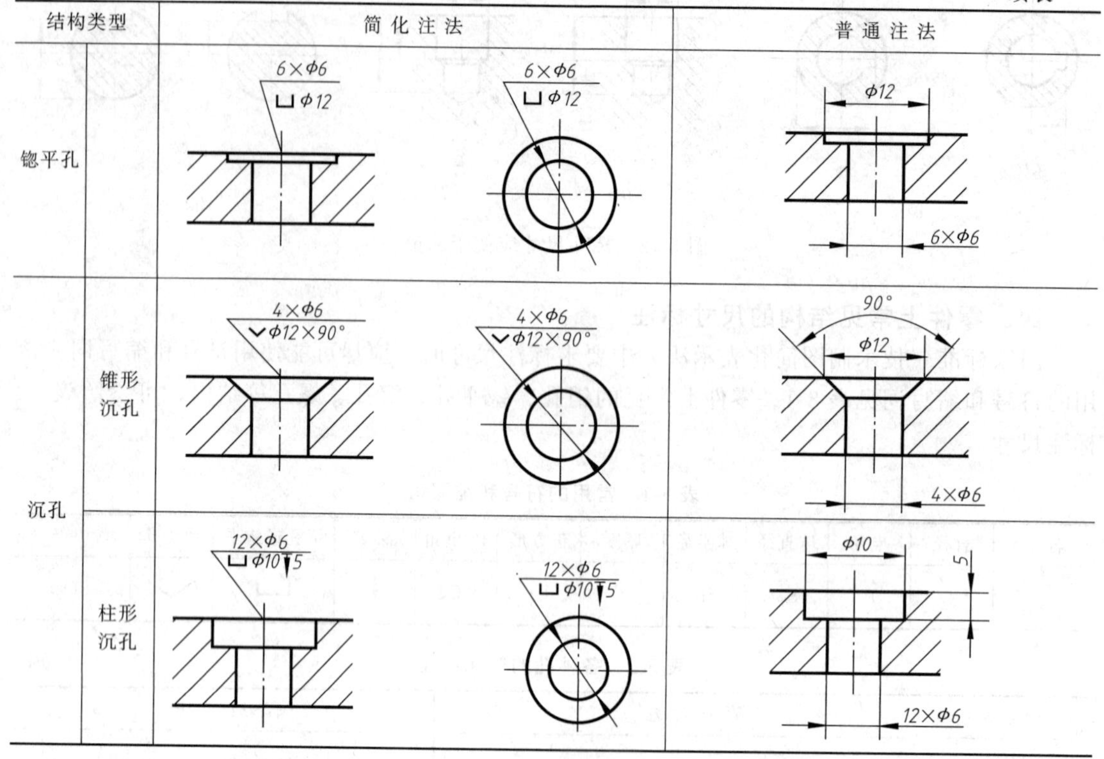

结构类型		简化注法	普通注法
锪平孔		6×φ6 ⌴φ12；6×φ6 ⌴φ12	φ12；6×φ6
沉孔	锥形沉孔	4×φ6 ⌵φ12×90°；4×φ6 ⌵φ12×90°	90°；φ12；4×φ6
	柱形沉孔	12×φ6 ⌴φ10↧5；12×φ6 ⌴φ10↧5	φ10；5；12×φ6

第四节 零件图的技术要求

零件图上的技术要求主要是指零件几何精度方面的要求，在零件图上除标注几何形状尺寸，还应该标注出零件在制造和检验中应达到的技术要求。它们有的用代（符）号标注在图中，有的则用文字加以说明，如表面结构、极限与配合标注方法。

一、表面结构（GB/T 131—2006）表示法

1. 表面结构的基本术语

在机械图样上，为保证零件装配后的使用要求，除了对零件各部分结构的尺寸、形状和位置给出公差要求，还要根据功能需要对零件的表面质量、表面结构给出要求。

GB/T 131—2006《产品几何技术规范（GPS）技术产品文件中表面结构的表示法》中规定，表面结构是表面粗糙度、表面波纹度、表面缺陷、表面纹理和表面几何形状的总称。标准规定用轮廓法确定表面结构的术语、定义和参数。

2. 评定表面结构常用的轮廓参数

机械图样中零件表面结构常用的评定参数是轮廓参数，本节主要介绍轮廓参数中的两个高度参数 Ra 和 Rz。

（1）轮廓算术平均偏差 Ra　在一个取样长度内纵坐标绝对值，即峰谷绝对值的平均值为评定轮廓的算术平均偏差，如图 8-13 所示。

Ra 值比较直观，容易理解，测量简便，是应用普遍的评定指标。

（2）轮廓最大高度 Rz　在一个取样长度内最大轮廓峰高之和和峰谷之和的高度为轮廓的最大高度，如图 8-14 所示。

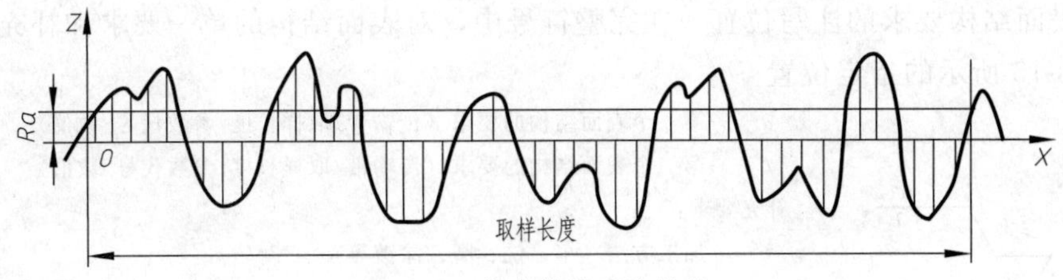

图 8-13 轮廓算术平均偏差

Rz 值不如 Ra 值能较准确反映轮廓表面特征。但如果和 Ra 联合使用，可以控制防止出现较大的加工痕迹。

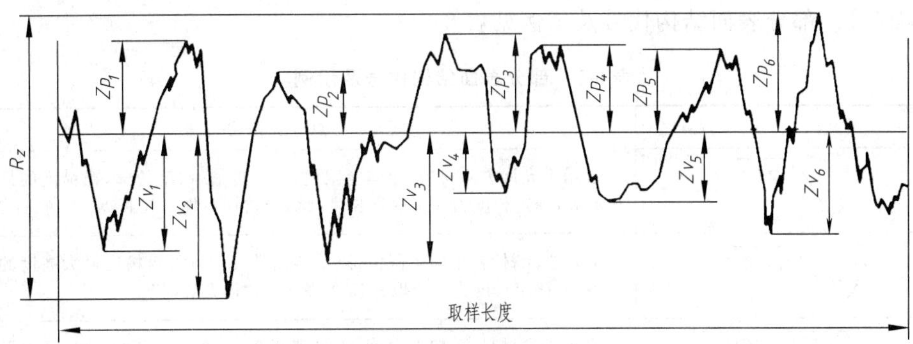

图 8-14 轮廓的最大高度

3. 表面结构的图形符号

(1) 表面结构的图形符号 表 8-3 和表 8-4 给出了表面结构图形符号的种类、名称、尺寸及含义。

表 8-3 表面结构符号的意义和画法

符 号	意义及说明	符 号 画 法
	基本图形符号，表示未指定工艺方法的表面，当标有注释解释时可单独使用	d′ H_2 H_1 60° 60° 图表符号尺寸见表 8-4
	扩展图形符号，表示表面是用去除材料的方法获得，例如车、铣、刨、磨、钻、剪切、抛光、气割等	
	扩展图形符号，表示表面是用不去除材料的方法获得，例如铸、锻、轧等。也可用于表示保持上道工序形成的表面	
	完整图形符号，在上述三种符号的长边上均可加一横线，用于标注有关参数和说明	

表 8-4 表面结构图形符号和附加标注的尺寸

数字和字母高度 h(见 GB/T 14690)	2.5	3.5	5	7	10	14	20
符号线宽度 d' 字母线宽度 d	0.25	0.35	0.5	0.7	1	1.4	2
高度 H_1	3.5	5	7	10	14	20	28
高度 H_2(最小值)	7.5	10.5	15	21	30	42	60

（2）表面结构要求的注写位置　在完整符号中，对表面结构的单一要求和补充要求应注写在如图 8-15 所示的指定位置。

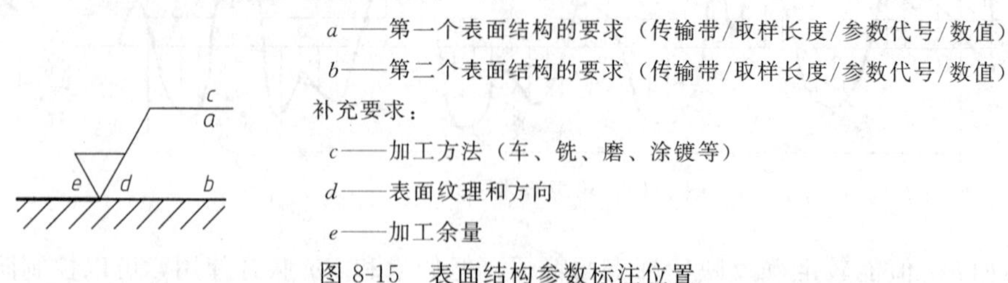

图 8-15　表面结构参数标注位置

（3）表面结构代号的含义　表面结构符号中注写了具体参数代号及数值等要求后即称为表面结构代号。部分表面结构代号及示例见表 8-5。

表 8-5　部分表面结构代号及示例

No.	符　　号	意义及说明
1	Rz 0.4	表示不允许去除材料，单向上限值，默认传输带，*R* 轮廓，粗糙度的最大高度 0.4μm，评定长度为 5 个取样长度（默认），“16%规则”（默认）
2	Rz_{max} 0.2	表示去除材料，单向上限值，默认传输带，*R* 轮廓，粗糙度最大高度的最大值 0.2μm，评定长度为 5 个取样长度（默认），“最大规则”
3	0.008-0.8/Ra 3.2	表示去除材料，单向上限值，传输带 0.008～0.8mm，*R* 轮廓，算术平均偏差 3.2μm，评定长度为 5 个取样长度（默认），“16%规则”（默认）
4	-0.8/Ra3 3.2	表示去除材料，单向上限值，传输带：根据 GB/T 6062，取样长度 0.8μm（λ_s 默认 0.0025mm），*R* 轮廓，算术平均偏差 3.2μm，评定长度包含 3 个取样长度，“16%规则”（默认）
5	U Ra_{max} 3.2 L Ra 0.8	表示不允许去除材料，双向极限值，两极限值均使用默认传输带，*R* 轮廓，上限值：算术平均偏差 3.2μm，评定长度为 5 个取样长度（默认），“最大规则”，下限值：算术平均偏差 0.8μm，评定长度为 5 个取样长度（默认），“16%规则”（默认）

4. 表面结构的标注

表面结构要求对每一表面一般只标注一次，并尽可能注在相应的尺寸及其公差的同一视图上。除非另有说明，所标注的表面结构要求是对完工零件表面的要求。

① 当在图样某个视图上构成封闭轮廓的各个表面有相同的表面结构要求时，应在图 8-16(a)所示的完整图形符号上加一圆圈，标注在图样中工件的封闭轮廓线上，如图 8-16(b)所示，如果标注会引起歧义时，各表面要分别标注。

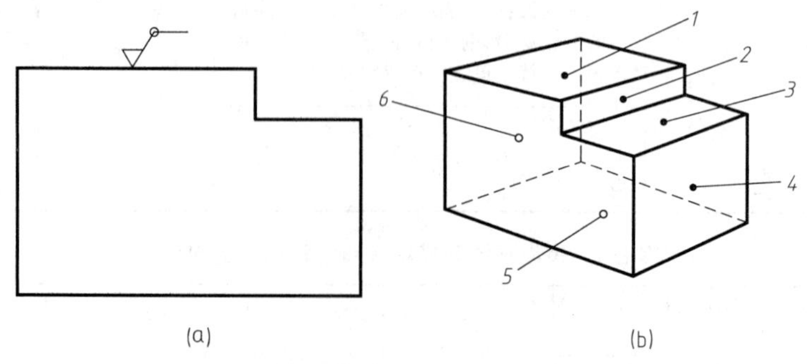

图 8-16　对周边各面有相同的表面结构要求的注法

注：图示的表面结构符号是指对图形中封闭轮廓的六个面的共同要求（不包括前后面）

② 表面结构的注写和读取方向与尺寸的注写和读取方向一致，如图 8-17 所示。

③ 表面结构要求可标注在轮廓线上，其符号应从材料外指向并接触表面。必要时，表面结构符号也可以用带箭头或黑点的指引线引出标注，如图 8-18、图 8-19 所示。

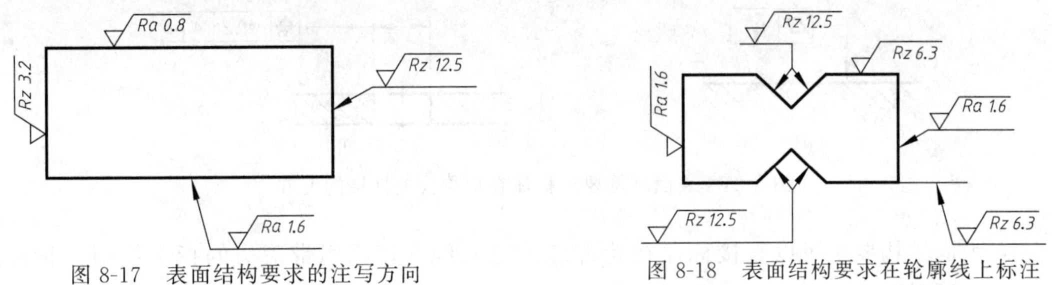

图 8-17　表面结构要求的注写方向

图 8-18　表面结构要求在轮廓线上标注

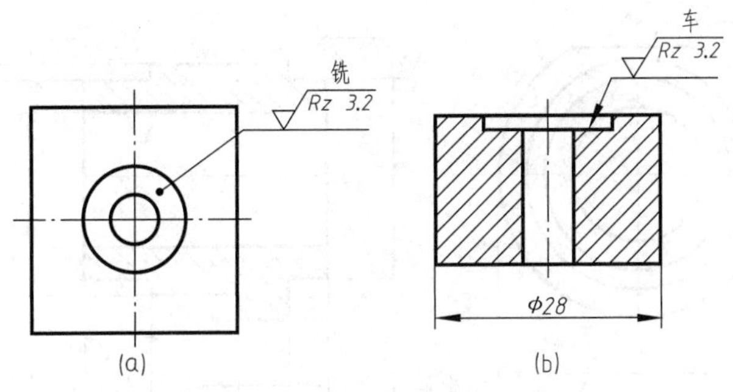

图 8-19　用指引线引出标注表面结构要求

④ 在不致引起误会时，表面结构要求可以标注在给定的尺寸线上，如图 8-20 所示。

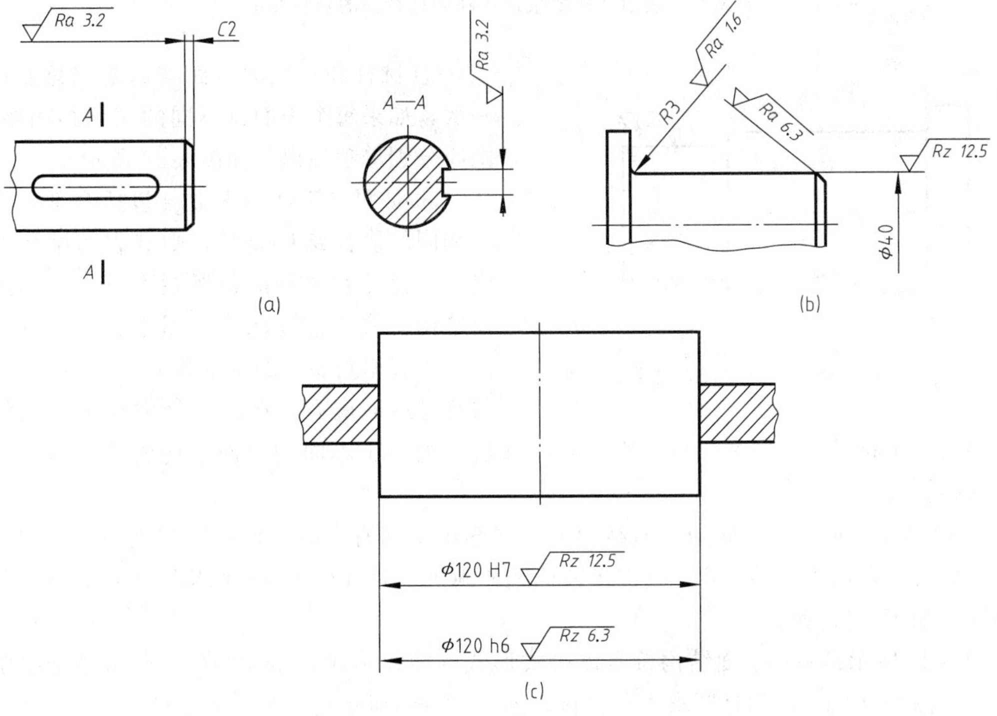

图 8-20　表面结构要求标注在尺寸线上

⑤ 表面结构要求可标注在形位公差框格的上方，如图 8-21 所示。

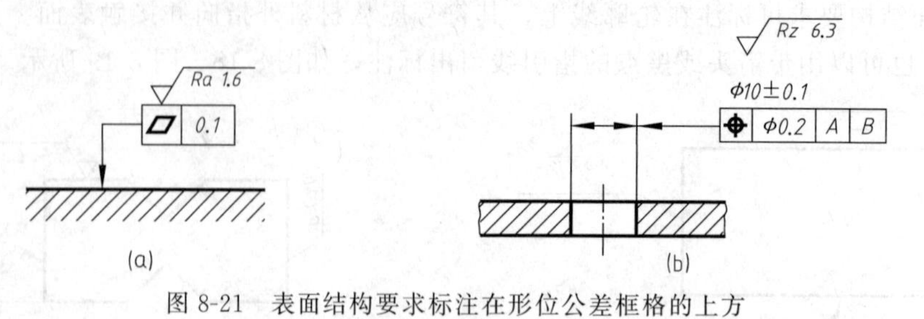

图 8-21　表面结构要求标注在形位公差框格的上方

⑥ 表面结构要求可以直接标注在轮廓线的延长线上，或用带箭头的指引线引出标注，如图 8-22 所示。

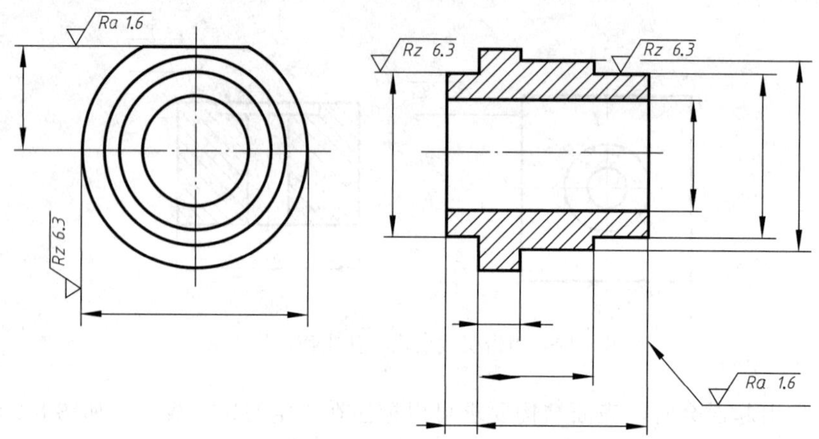

图 8-22　表面结构要求标注在圆柱特征的延长线上

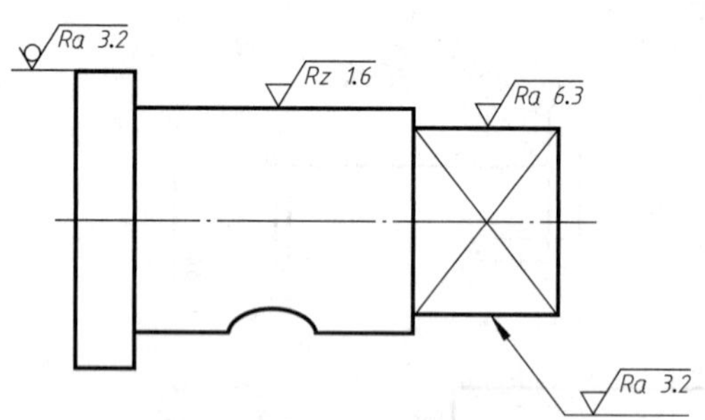

图 8-23　圆柱和棱柱的表面结构要求标法

⑦ 圆柱和棱柱的表面结构要求只能标注一次，如果每个表面有不同的表面结构要求，则应分别单独标出，如图 8-23 所示。

⑧ 如果在工件的多数（包括全部）表面有相同的表面结构要求，则其表面结构要求应直接标注在图样的标题栏附近，不同的表面结构要求应直接标注在图中。此时（除全部表面有相同要求的情况外），表面结构要求的符号后面应有：在圆括号内给出无任何其他标注的基本符号，如图 8-24(a) 所示；在圆括号内给出不同的表面结构要求，如图 8-24(b) 所示。

⑨ 当多个表面具有相同的表面结构要求或图纸空间有限时，可采用简化画法，用带字母的完整符号，以等式的形式，在图形或标题栏附近，对有相同表面结构要求的表面进行简化标注，如图 8-25 所示。

图 8-26 所示是只用表面结构符号以等式形式的简化标注，图 8-26(a) 所示是未指定加工方法，图 8-26(b) 所示是要求去除材料，图 8-26(c) 所示是不允许去除材料。

⑩ 由几种不同的工艺方法获得的同一表面，当需要明确每种工艺方法的表面结构要求

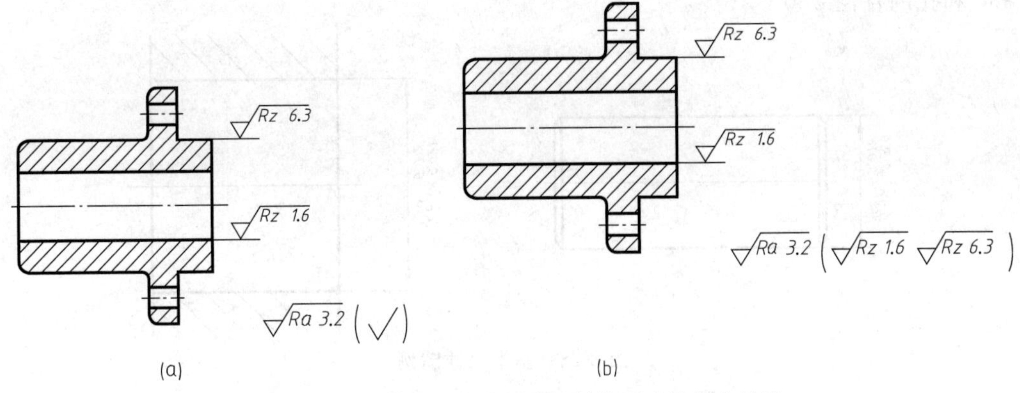

图 8-24　大多数表面有相同表面结构要求的简化注法

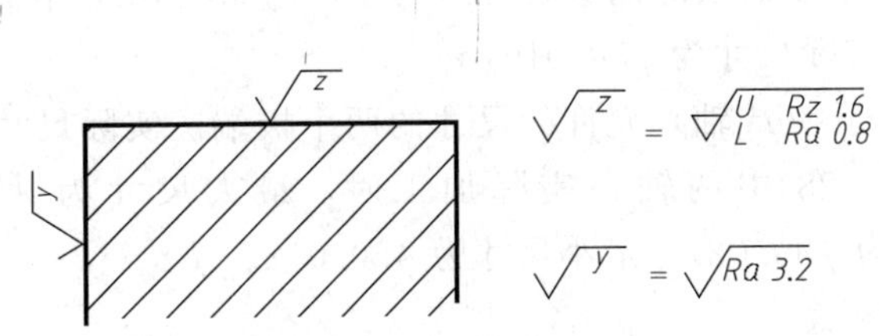

图 8-25　在图纸空间有限时的注法

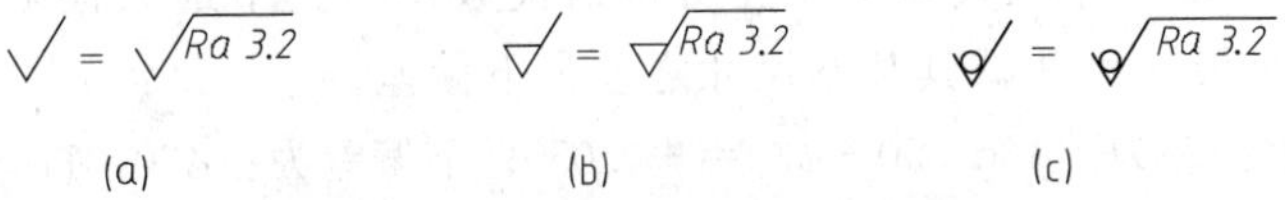

√ = √Ra 3.2　　　　√ = √Ra 3.2　　　　√ = √Ra 3.2

(a)　　　　　　(b)　　　　　　(c)

图 8-26　只用表面结构符号的简化画法

时，可按图 8-27 所示进行标注。

Ra 值（单位为 μm）反映了对零件表面的要求，其数值越小，零件表面越光滑，但加工工艺越复杂，加工成本越高。所以，确定表面结构参数时，应根据零件不同的作用，考虑加工工艺的经济性和可能性，合理地进行选择。

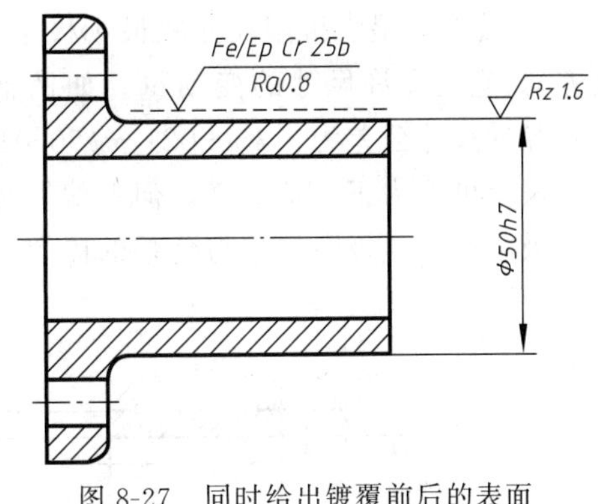

图 8-27　同时给出镀覆前后的表面结构要求的注法

二、极限与配合简介

在成批或大量生产中，要求零件具有互换性，互换性是指从加工完的一批规格相同的零件中任取一件，不经修配就能立即装配到机器或部件上，并能保证使用要求。

零件具有互换性，不仅给机器的装配、维修带来方便，而且满足生产各部门广泛的协作要求，为大批量生产、流水作业提供条件，从而缩短生产周期，提高劳动效率和经济效益。例如螺栓、螺母、销、键等都具有互换性，这样的零件可由专门加工厂进行成批生产。

1. 极限与配合的基本概念

（1）关于尺寸的概念

① 基本尺寸：设计时给定的、用以确定结构大小或位置的尺寸，如图 8-28 中销轴的直

径 $\phi 30$ 和孔的直径 $\phi 50$。

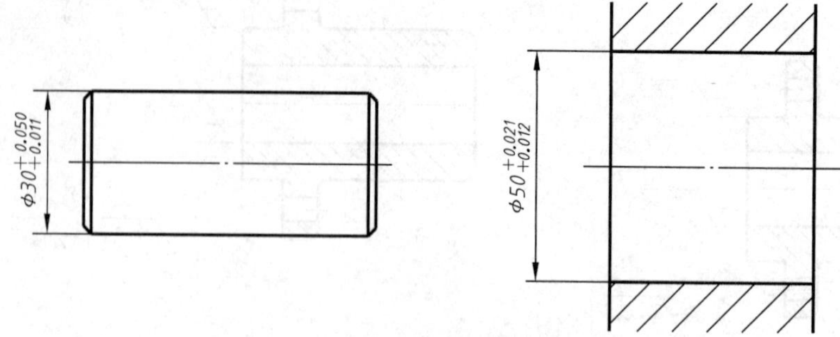

图 8-28 基本尺寸图例

② 实际尺寸：零件加工后实际测量获得的尺寸，例如图 8-28 中的轴在实际加工时，经测量为 $\phi 30.020$，孔的实际尺寸为 $\phi 50.019$。

③ 极限尺寸：一个孔（或轴）允许的尺寸的两个极端。实际尺寸应位于其中，也可达到极限尺寸，例如图 8-28 中的轴在实际加工时，最大尺寸为 $\phi 30.050$，最小尺寸为 $\phi 30.011$，孔最大尺寸为 $\phi 50.021$，最小尺寸为 $\phi 50.012$。

（2）公差与偏差的概念

① 偏差：某一尺寸减其基本尺寸所得的代数差。

② 极限偏差：极限尺寸减其基本尺寸所得的代数差。其中最大极限尺寸减其基本尺寸之差为上偏差；最小极限尺寸减其基本尺寸之差为下偏差。

如销轴直径的上偏差为：$\phi 30.050-\phi 30=+0.050$；下偏差为：$\phi 30.011-\phi 30=+0.011$。

孔的直径上偏差为：$\phi 50.021-\phi 50=+0.021$；下偏差为：$\phi 50.012-\phi 50=+0.012$。

轴的上、下偏差代号分别用小写字母 es、ei 表示，孔的上、下偏差代号用大写字母 ES、EI 表示。

③ 公差：最大极限尺寸减最小极限尺寸，或上偏差减下偏差之差称为尺寸公差（简称公差），它是允许尺寸的变动量。如销轴直径的尺寸公差为：$\phi 30.050-\phi 30.011=0.039$；孔直径的尺寸公差为：$\phi 50.021-\phi 50.012=0.009$。

偏差可能为正、负或零，但上偏差必大于下偏差。因此，公差必为正值。

极限尺寸、极限偏差与公差的概念，参见图 8-29。

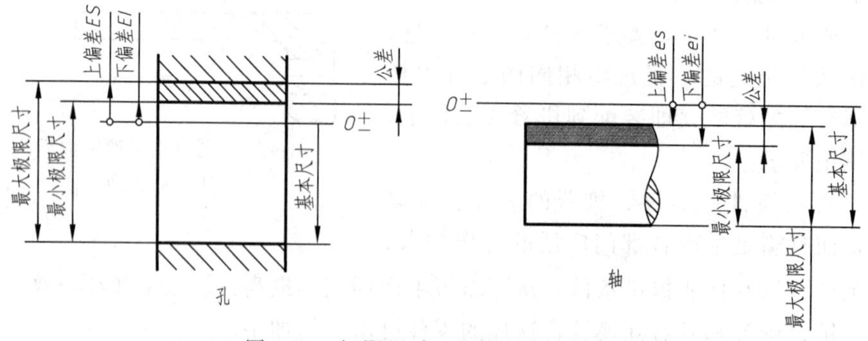

图 8-29 极限尺寸、极限偏差和公差

④ 公差带：为了简化起见，在实用中常不画出孔（或轴），只画出表示基本尺寸的零线和上下偏差，称为公差带图，如图 8-30 所示。在公差带图中，由代表上、下偏差的两条直

线所限定的一个区域称为公差带。

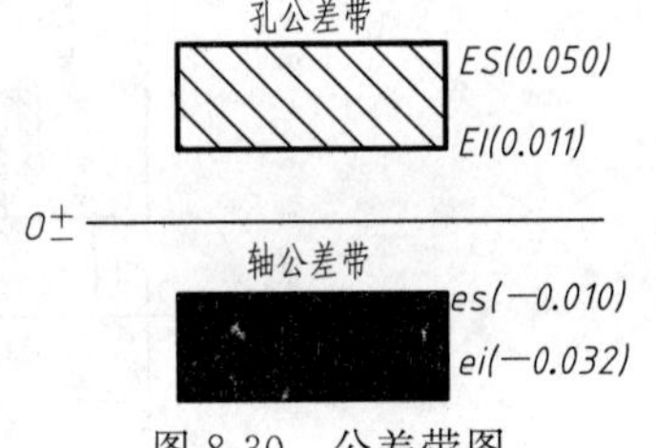

图 8-30　公差带图

（3）极限制　经标准化的公差和偏差制度称为极限制。在极限制中，国家标准规定了标准公差和基本偏差来分别确定公差大小和相对零线的位置。

① 标准公差：国家标准规定的确定公差带大小的任一公差，称为标准公差。标准公差按基本尺寸范围和公差等级确定。标准公差分 20 个等级，从 IT01、IT0、IT1 至 IT18。其中 IT01 公差值最小，尺寸精度最高；从 IT01 到 IT18，数字越大，公差值越大，尺寸精度越低。同一公差等级的公差数值，基本尺寸越大，对应的公差数值越大，但被认为具有同等的精确程度。

附表 14 为标准公差，从中可查出某尺寸在某一公差等级下的标准公差值。如基本尺寸为 20，公差等级 IT7 的公差值为 0.021mm。

② 基本偏差：确定公差带相对零线位置的那个极限偏差，它可以是上偏差或下偏差。一般为靠近零线的那个偏差。当公差带位于零线上方时，基本偏差为下偏差；当公差带位于零线下方时，基本偏差为上偏差。

国家标准规定了孔、轴基本偏差代号各有 28 个，形成了基本偏差系列，如图 8-31 所示。图中上方为孔的基本偏差系列，代号用大写字母表示；下方为轴的基本偏差系列，代号用小写字母表示。图中各公差带只表示了公差带的位置，不表示公差带的大小。因而只画出了公差带属于基本偏差的一端，而另一端是开口的；另一端应由相应的标准公差确定。

基本偏差系列中，代号为 H 和 h 时，它们的基本偏差均为零。

轴和孔的基本偏差数值，可查阅有关标准，见附表 15 及附表 16。

③ 公差带代号及查表确定极限偏差：公差带代号由其基本偏差代号（字母）和标准公差等级（数字）组成。

如 H8，表示基本偏差代号为 H，公差等级为 IT8 级的孔公差带代号。f7 表示基本偏差代号为 f，公差等级为 IT7 级的轴公差带代号。

当基本尺寸和公差带代号确定时，可查表确定其基本偏差和标准公差。例如 ϕ20H8，查得基本偏差（下偏差）为 0，标准公差为 0.033，则：

下偏差　EI＝0

上偏差　ES＝0＋0.033＝0.033

又如 ϕ20f7，查得基本偏差（上偏差）为－0.020，标准公差为 0.021，则：

上偏差　es＝－0.020

下偏差　ei＝－0.020－0.021＝－0.041

为避免计算，国家标准还规定了常用轴、孔公差带的极限偏差（见附表 15 及附表 16），可直接查出上、下偏差。例如 ϕ20H8，查孔的极限偏差表可得其上偏差为＋0.033，下偏差为 0；由 ϕ20f7 查轴的极限偏差表，其上偏差为－0.020，下偏差为－0.041。

（4）配合　在制造相互配合的零件时，使其中一种零件作为基准件，它的基本偏差固定，通过改变另一种非基准的基本偏差来获得各种不同的配合制度称为配合制。

① 配合种类。孔和轴装配之后的松紧程度有所不同，有的具有间隙，有的具有过盈。孔的尺寸减去相配合轴的尺寸之差，为正称为间隙，为负称为过盈。国标将配合分为三类。

a. 间隙配合：具有间隙（包括最小间隙等于零）的配合。间隙配合中孔的最小极限尺

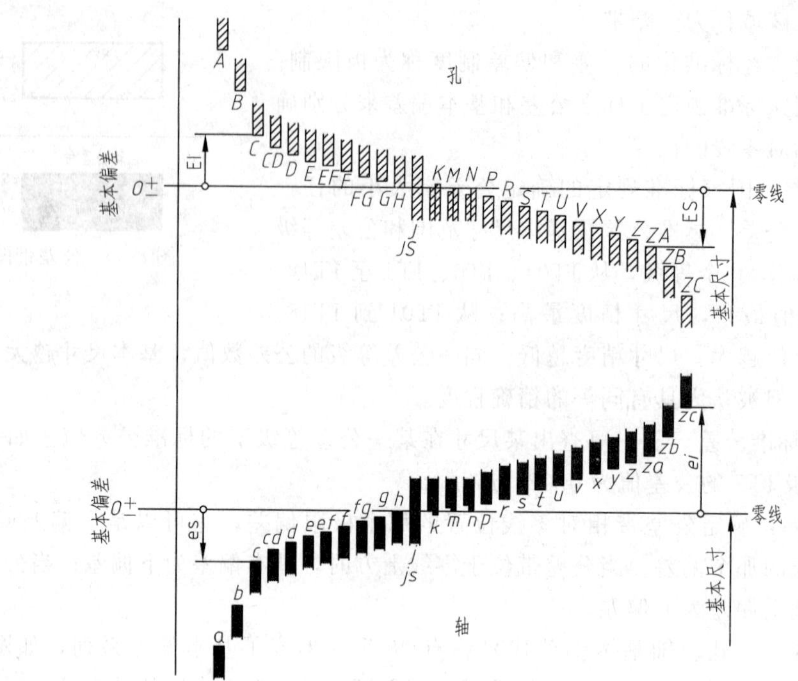

图 8-31 基本偏差系列示意图

寸大于或等于轴的最大极限尺寸，孔的公差带完全在轴公差带之上，如图 8-32(a) 所示。

b. 过盈配合：具有过盈（包括最小过盈等于零）的配合。过盈配合中孔的最大极限尺寸小于或等于轴的最小极限尺寸，孔的公差带完全在轴公差带之下，如图 8-32(b) 所示。

c. 过渡配合：可能具有间隙或过盈的配合。过渡配合中，孔的公差带与轴的公差带相互交叠，如图 8-32(c) 所示。

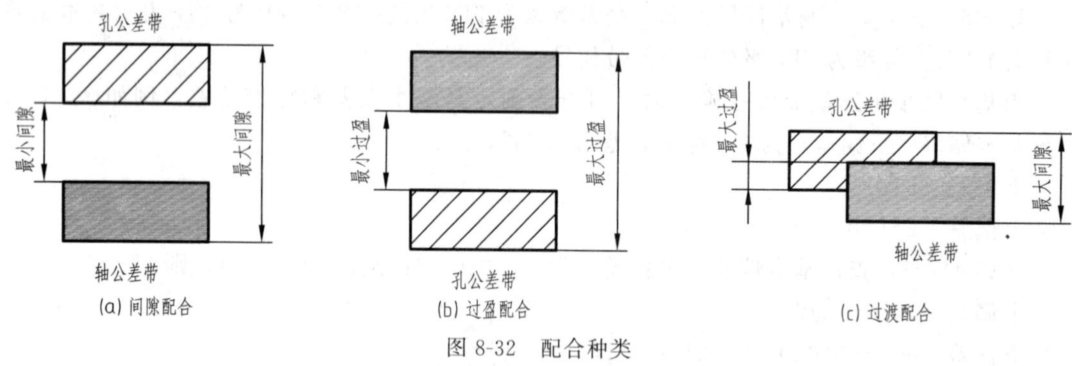

图 8-32 配合种类

② 配合的基准制。国家标准规定了两种配合标准制，即基孔制和基轴制。

a. 基孔制配合。基本偏差为一定的孔的公差带，与不同基本偏差的轴的公差带形成的各种配合，称为基孔制配合，如图 8-33 所示。

基孔制中的孔称为基准孔，用基本偏差代号 H 表示，其下偏差为 0。

b. 基轴制配合。基本偏差为一定的轴的公差带，与不同基本偏差的孔的公差带形成的各种配合，称为基轴制配合，如图 8-34 所示。

基轴制中的轴称为基准轴，用基本偏差代号 h 表示，其上偏差为 0。

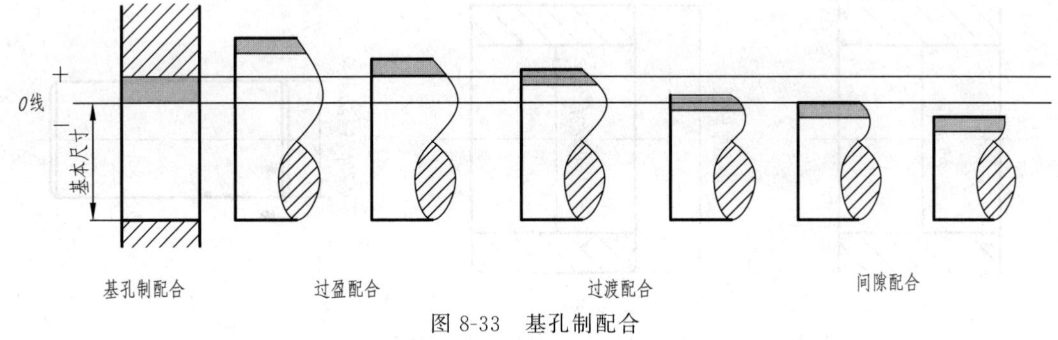

图 8-33　基孔制配合

在基孔制（基轴制）配合中，基本偏差 A～H（a～h）用于间隙配合，J～ZC（j～zc）用于过渡配合和过盈配合。

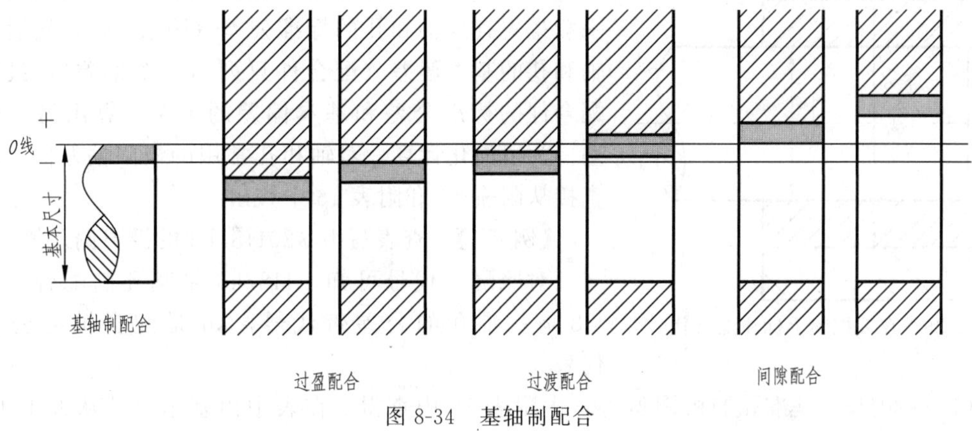

图 8-34　基轴制配合

③ 配合代号及其识读。配合代号用孔、轴公差带代号组成的分数式表示。分子表示孔的公差带代号，分母表示轴的公差带代号。标注时，将配合代号注在基本尺寸之后，如：

$$\phi 20\,\frac{\mathrm{H8}}{\mathrm{f7}},\qquad \phi 20\,\frac{\mathrm{H7}}{\mathrm{s6}},\qquad \phi 20\,\frac{\mathrm{K7}}{\mathrm{h6}}$$

也可写成：ϕ20H8/f7，ϕ20H7/s6，ϕ20K7/h6。

配合代号中有 H，说明孔为基准孔，配合为基孔制配合；有 h 说明轴为基准轴，配合为基轴制配合；两者都有时需经结构分析确定。

2. 极限与配合在图样上的标注

（1）零件图上的注法　在零件图上标注公差有三种形式。

① 在孔或轴的基本尺寸后面标注出基本偏差代号和公差等级，如图 8-35(a) 中的 ϕ30H8，这种形式用于成批生产的零件图上。

② 在孔或轴的基本尺寸后面，注出偏差数值，如图 8-35(b) 所示，这种形式用于单件或小批量生产的零件图上。

③ 在孔或轴的基本尺寸后面，既注出基本偏差代号和公差等级，又同时注出偏差数值，如图 8-35(c) 所示，这种形式用于生产批量不定的零件图上。

（2）装配图上的标注形式　在装配图上标注配合代号，采用组合式注法，如图 8-36 所示。

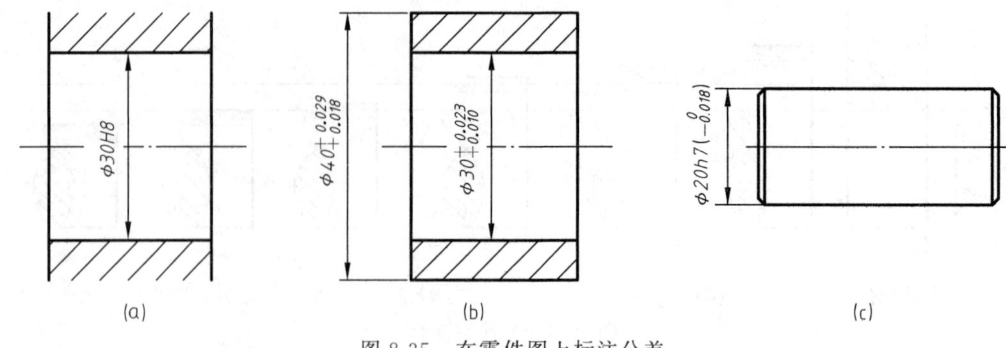

图 8-35　在零件图上标注公差

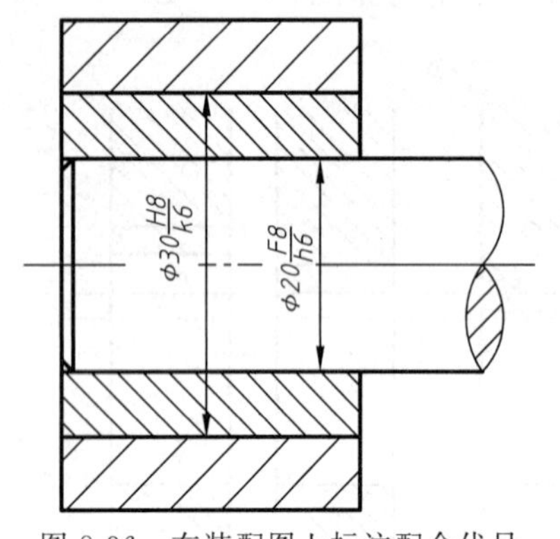

图 8-36　在装配图上标注配合代号

（3）查表方法　互相配合的轴和孔，按基本尺寸和公差带代号可通过查表获得极限偏差数值。查表的步骤一般是先查出轴和孔的标准公差（附表 14），然后查出轴和孔的基本偏差（配合件只列出一个偏差），最后由配合件的标准公差和基本偏差的关系，算出另一个偏差。为了简化计算，对轴和孔常用的极限偏差值，也可直接从附表 15 和附表 16 中查出。

【例 8-1】 查表写出 ϕ20H8/k6 的极限偏差值。

对照配合代号可知，H8/k6 是基孔制配合，其中 H8 是基准孔的公差带代号，k6 是配合轴的公差带代号。

（1）ϕ20H8　基准孔的极限偏差，由附表 16 中查得。在表中由基本尺寸从大于 18 至 24 的行和公差带 H8 的列相交处查得＋33 和 0，这就是基准孔的上下偏差，所以 ϕ20H8 可写成 $\phi 20^{+0.033}_{0}$。

（2）ϕ20k6　配合轴的极限偏差，由附表 15 中查得。在表中由基本尺寸从大于 18 至 24 的行和代号 k6 的列相交处查得 15 和 2，就是配合轴的上偏差（es）和下偏差（ei），所以 ϕ20k6 可写成 $\phi 20^{+0.015}_{+0.002}$。

【例 8-2】 查表写出 ϕ80G7/h6 的极限偏差值。

对照偏差代号可知，ϕ80G7/h6 是基轴制配合。

（1）ϕ80h6　基准轴的极限偏差，可由附表 15 中查得。在表中由基本尺寸大于 65 至 80 的行与公差等级 IT6 的列相交处查得 ϕ80h6 的标准公差 0 和－19。因为基准轴的上偏差为零，所以 ϕ80h6 写成 $\phi 80^{0}_{-0.019}$。

（2）ϕ80G7　配合轴的极限偏差，由附表 15 中基本尺寸大于 65 至 80 的行与公差等级 IT7 的列相交处查得 ϕ80G7 的标准公差是 40 和 10，所以 ϕ80G7 写成 $\phi 80^{+0.040}_{+0.010}$。

三、形状与位置公差

零件在加工过程中，除了满足尺寸精度和表面结构之外，还会产生形状和相对位置的误差。在机器中对于一般零件来说，它的形状和位置公差，可由尺寸公差、加工机床的精度等加以保证；但对于某些精度要求较高的零件，则不仅要保证其尺寸公差，而且还应该根据设计要求，在零件图中注出有关的形状和位置公差。

1. 形状和位置公差概念

形状公差指零件的实际形状对理想形状的允许变动量，见附表 17。如图 8-37 所示的销轴，除了标注直径的公差外，还注出圆柱轴线的形状公差——直线度，表示圆柱实际轴线应限定在 ϕ0.05 的圆柱体内。

位置公差指零件的实际位置对理想位置的允许变动量，见附表 17。如图 8-38 所示的箱体，箱体上的两个安装孔为了保证安装精度，标注出位置公差——垂直度，表示 ϕ26 孔的轴线必须位于距离 0.05mm 且垂直于 ϕ28 孔的轴线的两平行平面内。

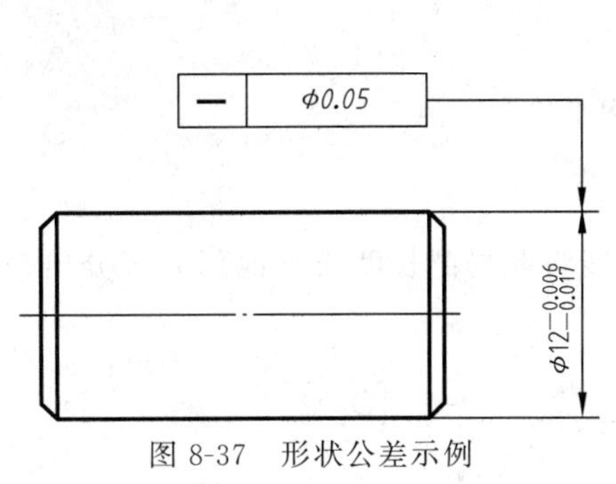

图 8-37 形状公差示例

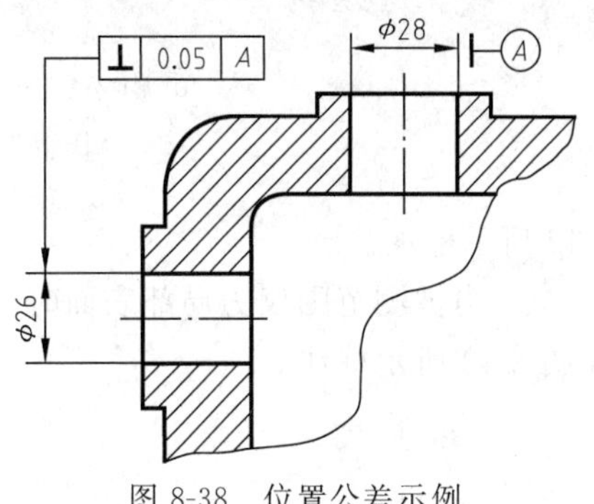

图 8-38 位置公差示例

2. 形状与位置公差的种类及符号（见表 8-6）

表 8-6 形位公差的种类及符号

	名称	符号
形状	直线度	—
	平面度	▱
	圆度	○
	圆柱度	⌭
形状或位置	线轮廓度	⌒
	面轮廓度	⌓

	分类	名称	符号
位置	定向	平行度	//
		垂直度	⊥
		倾斜度	∠
	定位	同轴度	◎
		对称度	⌯
		位置度	⌖
	跳动	圆跳动	↗
		全跳动	⌰

3. 形位公差代号

形位公差代号由形位公差符号、形位公差框格及指引线、形位公差数值、基准代号等组成，如图 8-39(a) 所示，基准代号如图 8-39(b) 所示，基准代号内的字母一律水平书写，h 为字高，b 为粗实线线宽。

4. 形位公差的标注

① 当被测要素或基准要素为线或表面时，箭头须指向对应被测要素的轮廓线或延长线上，并应明显与尺寸线错开，基准符号则应靠近相应的基准要素，如图 8-40 所示。

② 当被测要素或基准要素为轴线、中心平面或球心等中心要素时，箭头、基准符号应与对应要素的尺寸线对齐，如图 8-41 所示。

③ 当多处被测要素有相同的形位公差要求或同一要素有多项形位公差要求时，可按图

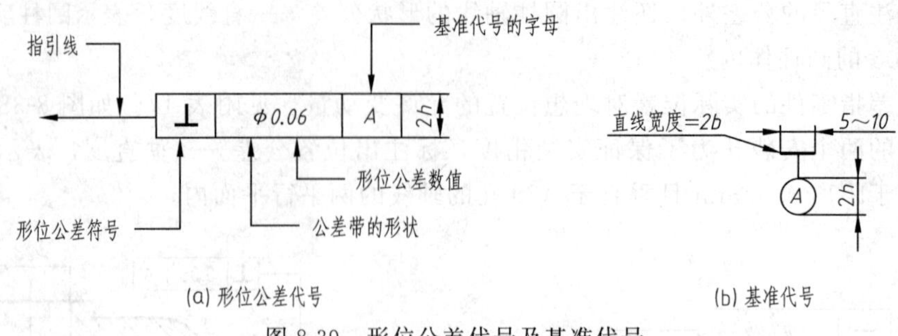

图 8-39 形位公差代号及基准代号

8-42 所示标注。

④ 当被测范围仅为局部表面时，则用尺寸和尺寸线将此局部长度与其他部分区分出来，如图 8-43 所示标注。

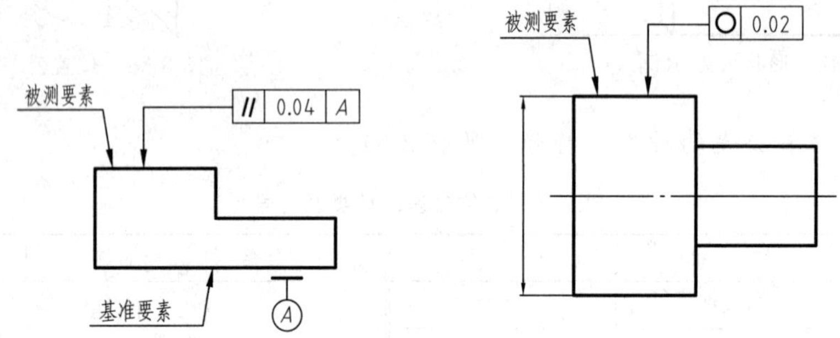

图 8-40 被测、基准要素为面或线

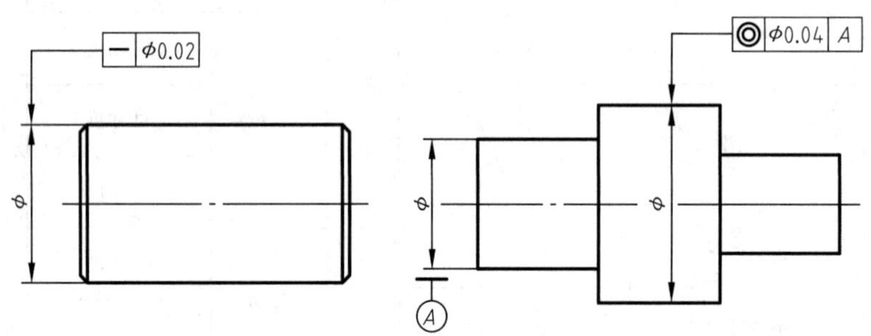

图 8-41 被测、基准要素为轴线或中心平面

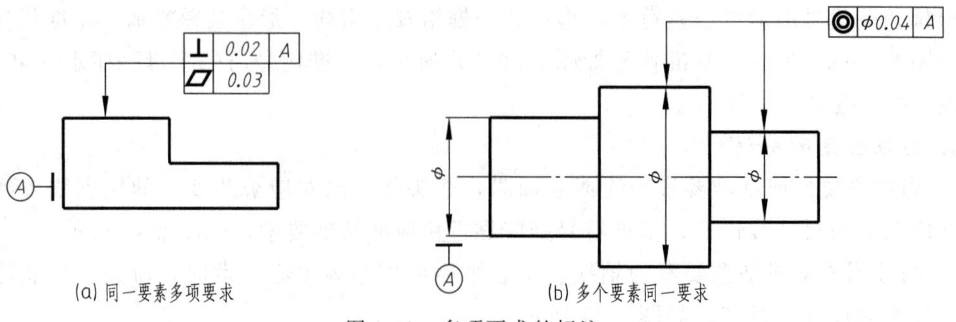

图 8-42 多项要求的标注

5. 形位公差标注示例

如图 8-44 所示形位公差在图样上的标注，图中所注形位公差的含义如下：

① SR750 的球面对于 $\phi16$ 轴线的圆跳动公差是 0.03mm；

② 杆身 $\phi16$ 的圆柱度公差是 0.006mm；

③ M8×1 的螺纹孔轴线对于 $\phi16$ 的轴线的同轴度公差是 $\phi0.1$mm。

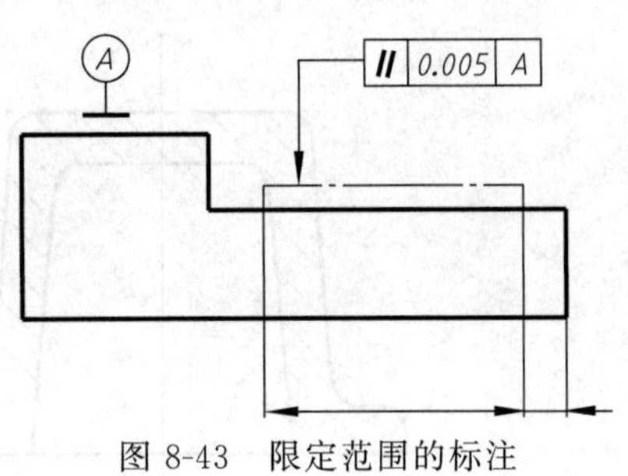

图 8-43 限定范围的标注

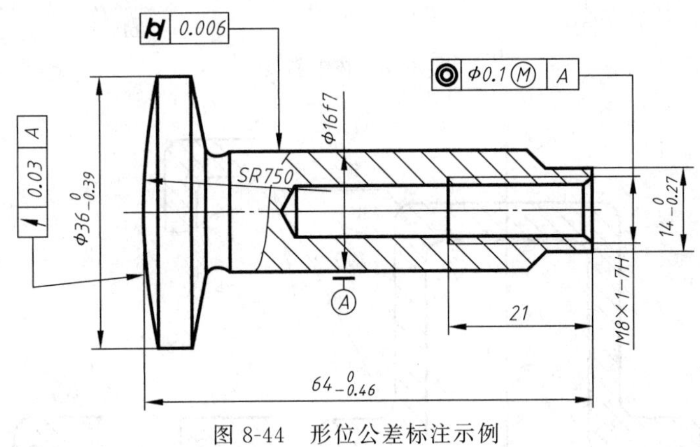

图 8-44 形位公差标注示例

第五节 零件上常见的工艺结构简介

零件的结构形状，主要是根据它在部件（或机器）中的作用决定的。但是，制造工艺对零件结构，也有某些要求。因此，在画零件图时，要使零件的结构既能满足使用上的要求，又要方便制造。下面介绍一些常见的工艺结构，供画图时参考。

一、铸造零件的工艺结构

1. 拔模斜度

用铸造方法制造零件的毛坯时，为了便于将木模从砂型中取出，一般沿木模拔模的方向作成约 1∶20 的斜度，叫做拔模斜度。因此，铸件上相应地也有拔模斜度，如图 8-45(a) 所示。这种斜度在图上可以不标注，也不必画出，如图 8-45(b) 所示。必要时，可以在技术要求中，用文字加以说明。

2. 铸造圆角

在铸件毛坯各表面的相交处，都有铸造圆角（见图 8-46）。这样既便于起模，又能防止在浇铸时铁水将砂型转角处冲坏，还可以避免铸件在冷却时产生裂纹或缩孔。铸造圆角半径在视图上一般不注出，而集中注写在技术要求中。

图 8-46 所示的铸件毛坯的底面（作为安装底面），常常需经切削加工。此时，铸造圆角被削平。

3. 铸造壁厚

在浇铸零件时，为了避免各部分因冷却速度的不同而产生缩孔或裂纹，铸件的壁厚应保

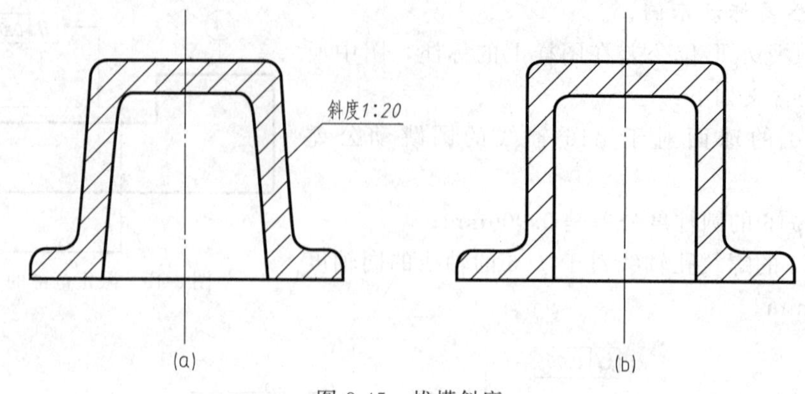

图 8-45 拔模斜度

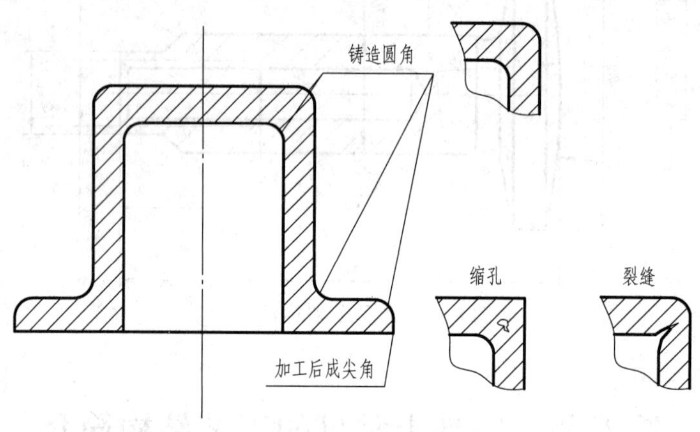

图 8-46 铸造圆角

持大致相等或逐渐变化，如图 8-47 所示。

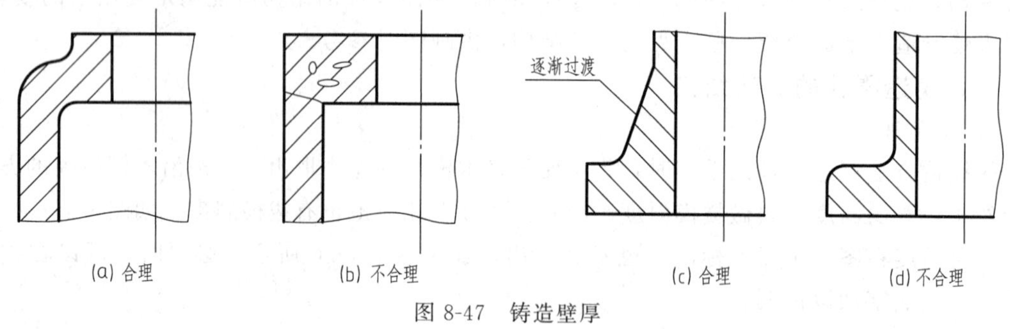

图 8-47 铸造壁厚

二、零件加工面的工艺结构

1. 倒角和倒圆

为了便于零件的装配和去除毛刺、锐边，在轴和孔的端部，一般都加工成倒角，如图 8-48 所示。为了避免因应力集中而产生裂纹，在轴肩处往往加工成圆角过渡的形式，称为倒角。

2. 退刀槽和砂轮越程槽

在切削加工，特别是在车螺纹和磨削时，为了便于退出刀具或使砂轮可以稍稍越过加工

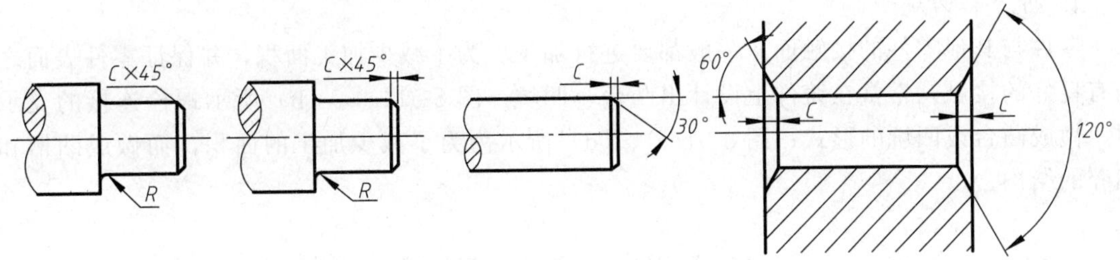

图 8-48 倒角和倒圆

面，常常在待加工面的末端，先车出退刀槽或砂轮越程槽，如图 8-49 所示。

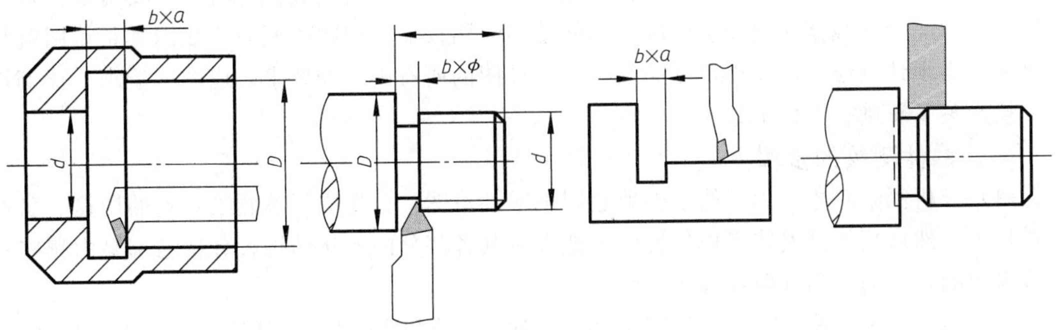

图 8-49 退刀槽和砂轮越程槽

3. 钻孔结构

用钻头钻孔时，要求钻头轴线尽量垂直于被钻孔的端面，以保证钻孔准确和避免钻头折断，如图 8-50(a) 所示。钻头单边受力容易折断，做成凸台使钻孔完整，如图 8-50(c) 所示。

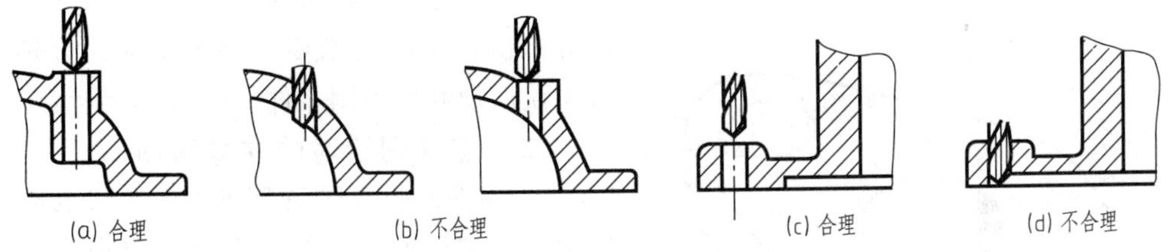

图 8-50 钻头应垂直于钻孔表面

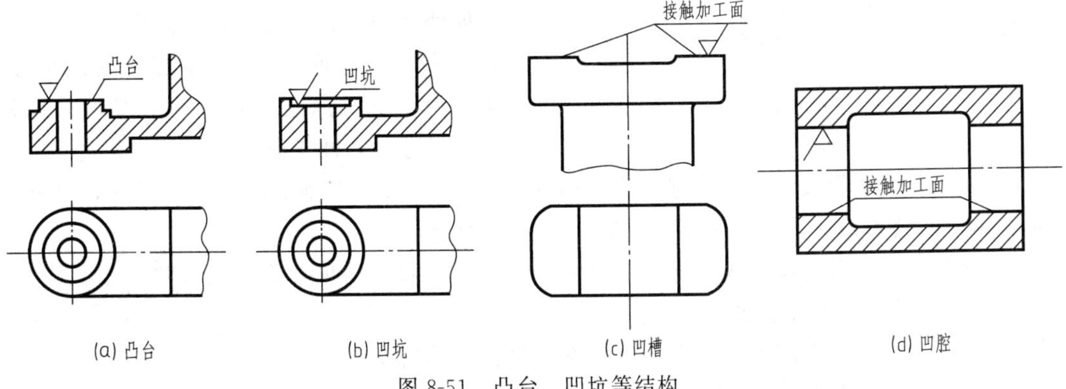

图 8-51 凸台、凹坑等结构

4. 凸台和凹坑

零件与其他零件的接触面，一般都要进行加工。为了减少加工面积，并保证零件表面之间有良好的接触，常常在铸件上设计出凸台、凹坑。图 8-51(a)、(b) 所示螺栓连接的支承面，做成凸台或凹坑的形式；图 8-51(c)、(d) 所示为为了减少加工的面积，而做成凹槽和凹腔的结构。

第六节 零件测绘

零件测绘是根据现有零件，进行分析、目测尺寸、徒手绘制草图，测量并标注尺寸及技术要求，经整理画出零件图的过程。在仿制和修配机器、设备及其部件时，常要对零件进行测绘。零件测绘一般是在现场进行的，不便使用绘图仪器，但在绘制时不能因其是草图就马虎草率，必须认真绘制。零件草图必须具备零件图的所有内容和要求，应图线清晰、比例均称、投影关系正确、字体工整。

一、零件测绘的步骤

(1) 分析测绘对象　为了能正确地绘制出零件草图，首先应了解测绘对象的用途、名称及材料等，然后根据其安装工作位置仔细地观察其各部分的形状结构，分析它都是由哪些基本体组成的，从而定出其最佳表达方案。

(2) 绘制零件草图　根据选择的表达方案，通过目测和选定适当的比例徒手绘出零件草图。

(3) 测量标注所有尺寸　绘出草图后，通过测量工具测出所有尺寸并标注。同时还应考虑尺寸公差、形位公差、表面结构要求以及其他有关技术要求等。

(4) 填写标题栏

(5) 由零件草图绘制零件工作图　在绘制零件工作图前，还需对草图进行全面仔细审核，若表达方案不完善，应及时改进补充。对所标注的尺寸要认真检查，不得遗漏重复，全面分析所拟定的技术要求是否全面、合理。确认无误后便开始绘制零件工作图。

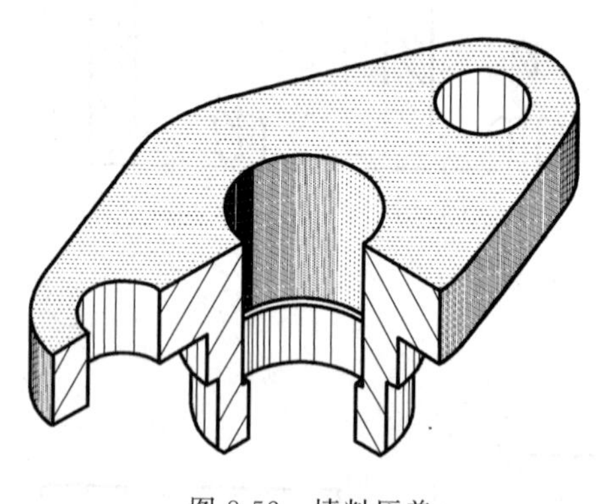

图 8-52　填料压盖

二、零件测绘时的注意事项

① 零件的制造缺陷及使用中造成的磨损不应画出，如砂眼、气孔、刀痕、磨损等，都不应画出。

② 零件上因制造、装配需要而形成的工艺结构，如铸造圆角、倒角等必须画出。

③ 对螺纹、键槽、轮齿等标准结构的尺寸，应把测量的结果与标准值对照，一般均采用标准的结构尺寸，以便于制造。

④ 有配合关系的尺寸（如配合的孔与轴的直径），一般只需测出它的公称尺寸，其配合性质和相应的公差值应在分析考虑后查阅有关手册确定。

⑤ 没有配合关系的尺寸或不重要的尺寸，允许将测量所得尺寸作适当调整。

三、画零件草图的步骤

以图 8-52 所示填料压盖为例介绍零件草图的绘图步骤如下。

(1) 分析测绘对象　根据零件实物知该填料压盖是用来挤压填料函中填料，使填料在填料函中获得一定的压力。外形都是由圆和圆弧连接而成。

（2）拟定表达方案　填料压盖属轮盘类零件，其主体结构为回转体，轮盘类零件一般采用主、左两个基本视图。由填料压盖的结构可知采用半剖的主视图和左视图便可将其表达清楚。

（3）由选定的表达方案绘制草图　具体绘图步骤如图 8-53 所示。

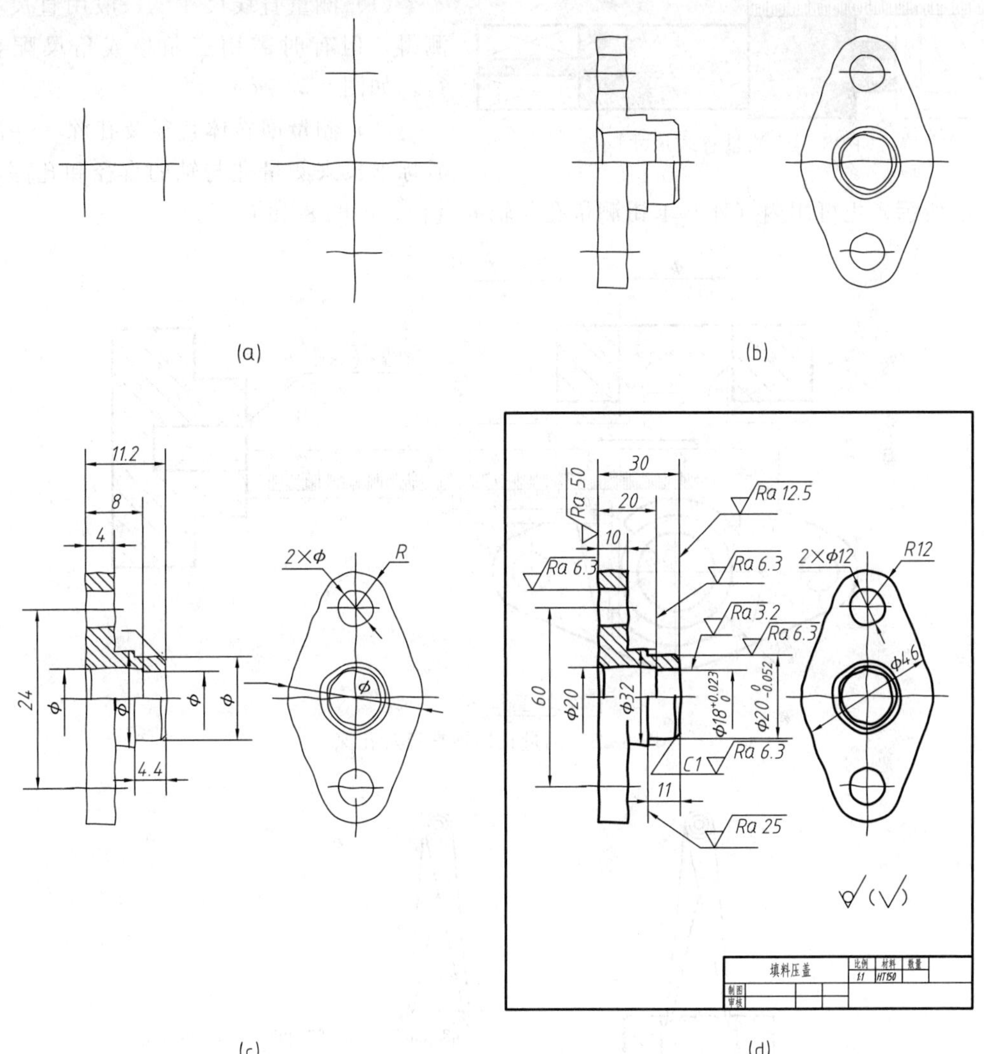

图 8-53　零件草图的画图步骤

① 首先确定视图位置，画出绘图基准线、中心线，如图 8-53(a) 所示；

② 徒手画出半剖的主视图和左视图，如图 8-53(b) 所示；

③ 选择尺寸基准，画出所有尺寸的尺寸线及其箭头、尺寸界线，如图 8-53(c) 所示；

④ 用测量工具测出所有尺寸并在图上填写尺寸数值，同时还要考虑尺寸公差、表面结构要求等有关技术要求，最后填写标题栏完成全图，如图 8-53(d) 所示。

四、常用测量工具的使用

1. 测量工具

测量零件尺寸常用的简单工具有直尺、内（外）卡钳，精密的尺寸常用游标卡尺、千分尺或

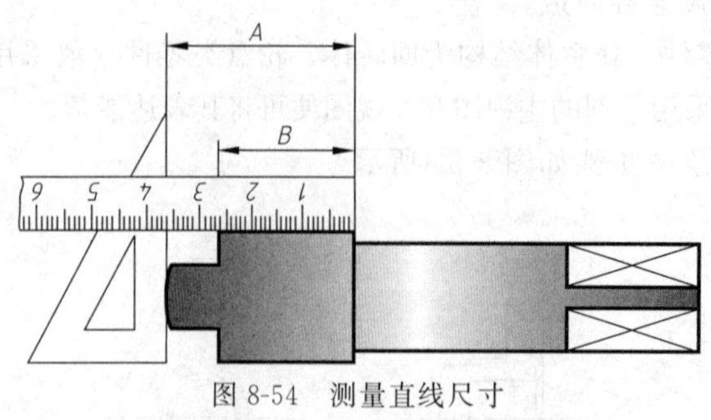

图 8-54 测量直线尺寸

其他工具，测量角度用游标量角器等。其中内（外）卡钳还需借助于直尺才能读取尺寸数值。

2. 常用的测量方法

(1) 测量直线尺寸　一般用直尺直接测得，但有时需用三角板或角尺配合进行，如图 8-54 所示。

(2) 测量回转体直径及孔深　一般用游标卡尺来测量孔与轴的直径和孔深，如图 8-55 所示。也可用内（外）卡钳测量孔与轴的直径，如图 8-56 所示。

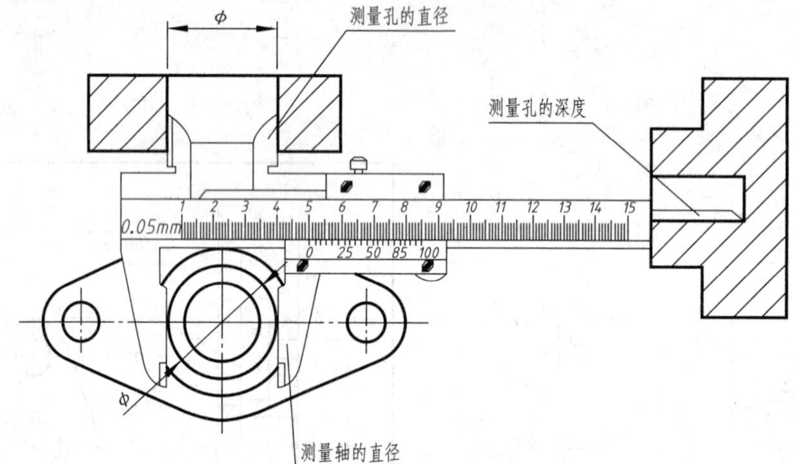

图 8-55 测量孔、轴直径及孔深

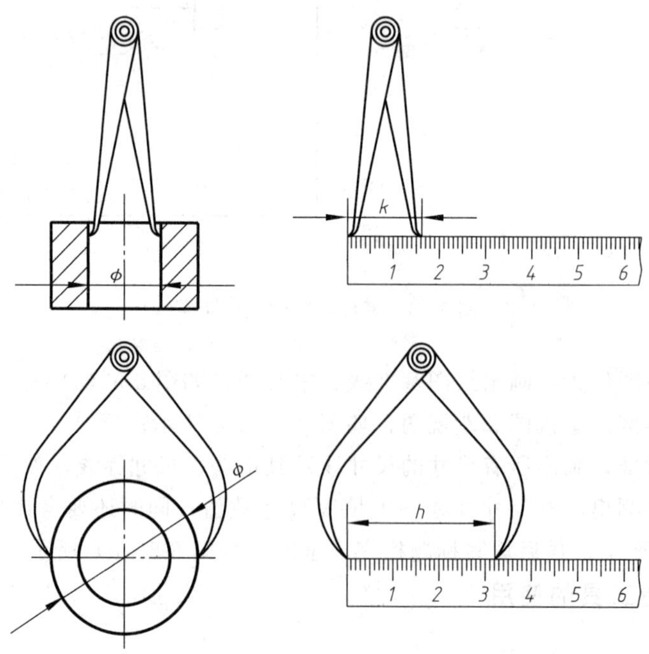

图 8-56 用内、外卡钳测量孔的直径

（3）测量壁厚　如果直接测量壁厚有困难，可按图 8-57 的办法来测量并经计算而得。

（4）圆角半径尺寸　一般用圆角规测量圆角半径，在圆角规中找到与被测部分完全吻合的一片，从该片上的数值可知圆角半径的大小，如图 8-58 所示。

（5）螺纹　用游标卡尺测量大径，用螺纹规测得螺距，如图 8-59 所示。

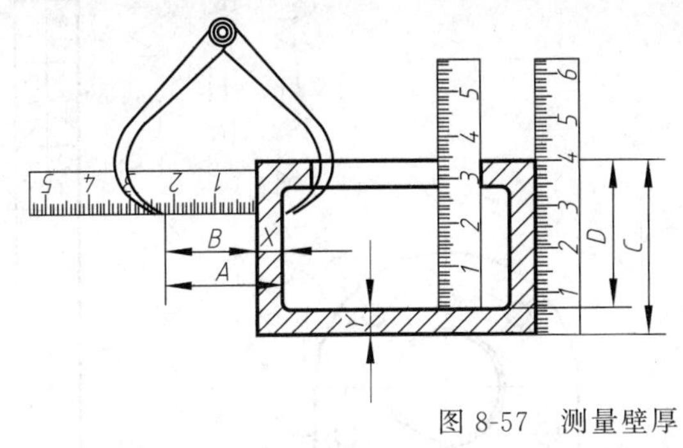

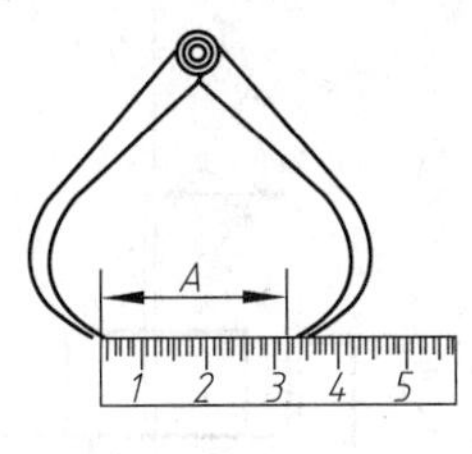

图 8-57　测量壁厚

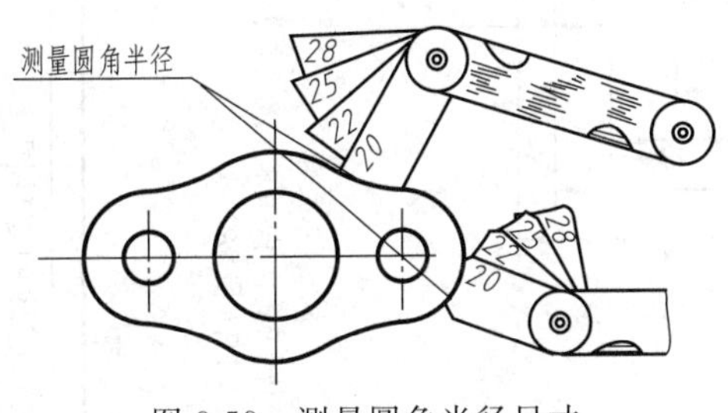

图 8-58　测量圆角半径尺寸

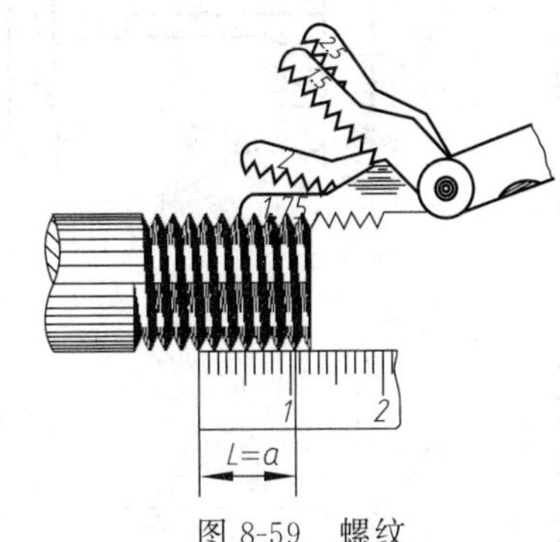

图 8-59　螺纹

第七节　读零件图

以图 8-60 中的壳体零件图为例，说明看零件图的一般方法和步骤。

1. 看标题栏

零件的名称是壳体，属于箱体类零件。ZL102 说明该零件的材料是铸铝合金的，用木模翻砂经浇铸加工而成。

2. 分析视图、想象形状

该壳体较为复杂，采用三个基本视图（都有剖视）和一个局部视图来表达它的内外形状。主视图采用 $A—A$ 全剖视，表达内部形状。俯视图采用 $B—B$ 阶梯剖视，同时表达内部和底板的形状。左视图及 C 向局部视图，主要表达外形及顶面的形状。由形体分析可知：该壳体主要由上部的本体、下部的安装底板以及左面的凸块组成。除了凸块外，本体及底板基本上是回转体。

再看细部的结构：顶部有 ϕ30H7 的通孔、ϕ12 盲孔和 M6 的螺孔；底部有 ϕ48H7 的台阶孔，并有锪平 ϕ16 的安装孔 4×ϕ7。结合主、俯、左三视图看，左侧带有凹槽的 T 形凸块，在凹槽的端面上有 ϕ12、ϕ8 的台阶孔，与顶部 ϕ12 的圆柱孔连通。凸块前方的圆柱形凸缘上有 ϕ20、ϕ12 的台阶孔，向后也与顶部 ϕ12 的圆柱孔贯通。从左视图的局部剖视图和

A—A
B—B
C
M6 18
孔 20
6×Φ7
Φ16 15
2×M6
4×Φ7
Φ16
技术要求
1.铸件应进行时效处理，消除内应力；
2.未注铸造圆角R1~3。
壳体
比例
材料
数量
1:2
ZL102
制图
审核
(生产厂家)
Ra 12.5
Ra 6.3

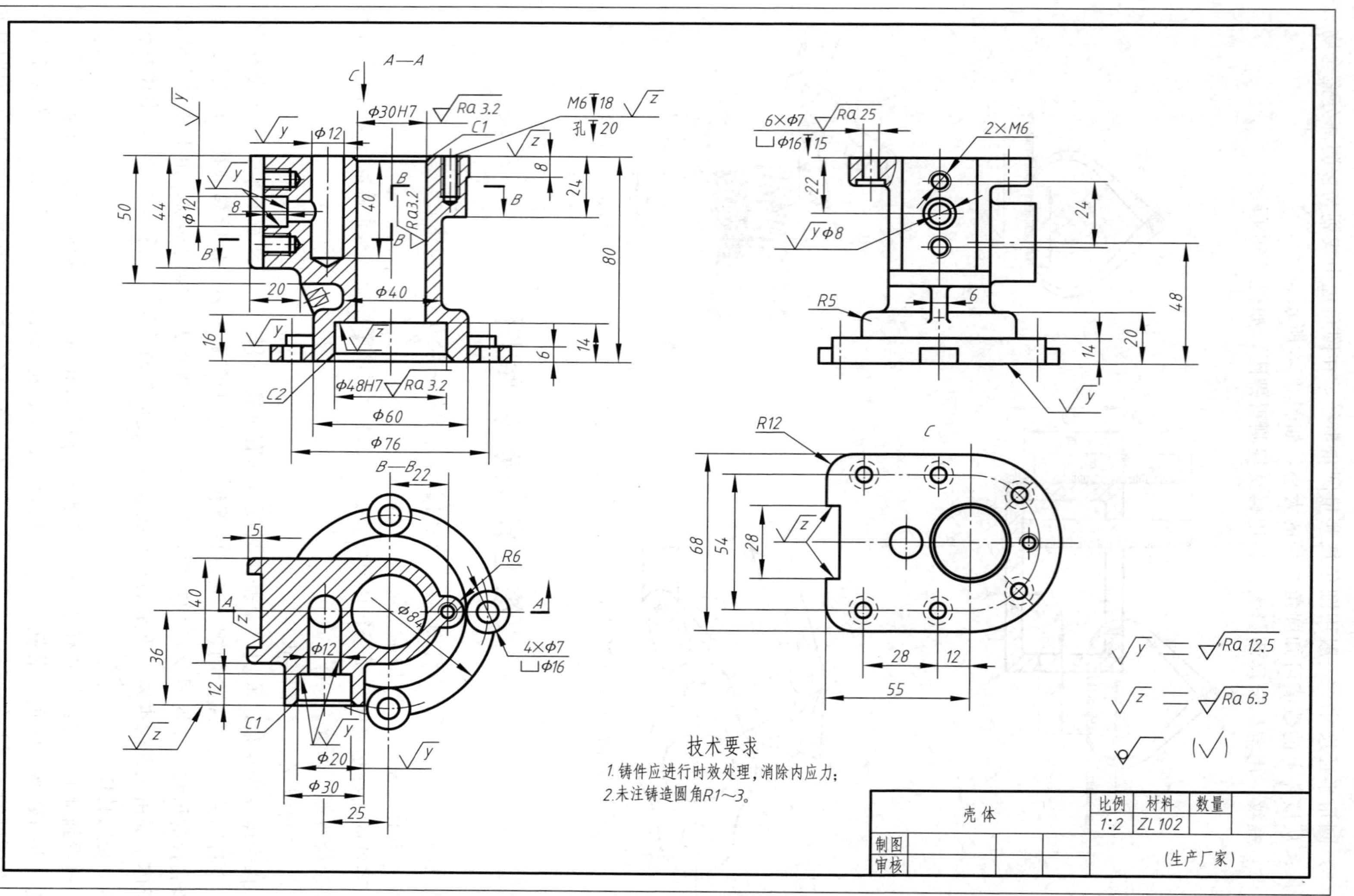

图 8-60 壳体的零件图

C 向视图，可看到顶部有锪平成 $\phi16$ 的安装孔（$6\times\phi7$）。

通过这样看图，可以大致看清壳体的内、外形状。

3. 分析尺寸和技术要求

对尺寸基准进行分析，可以看出：长度基准是通过壳体本体轴线的侧平面，由此注出定位尺寸 22（参阅俯视图）、25（参阅俯视图）、12、55（参阅 C 向视图），并以该轴线作为径向基准注出 ϕ30H7、ϕ40、ϕ48H7、ϕ60、ϕ76、ϕ84（ϕ84 参阅俯视图）等一系列直径尺寸；宽度基准是通过本体轴线的正平面，由此注出定形尺寸 28、54、68（参阅 C 向视图）、40 及定位尺寸 36（参阅俯视图）；高度基准是安装底面，由此注出定形尺寸 6、14、20，并由总高 80 定出顶面，作为高度辅助基准，由定位尺寸 48（见左视图）定出圆柱形凸缘的中心高度。

表面结构要求，除主要的圆柱 ϕ30H7、ϕ48H7 为 3.2 以外，其他加工表面大部分为 12.5（少数 25），说明加工的光洁度要求不高。未注铸造圆角均为 $R1 \sim R3$。

4. 综合考虑

把上述各项内容综合起来，就能得出壳体的总体形状结构，轴测图见图 8-61 所示。

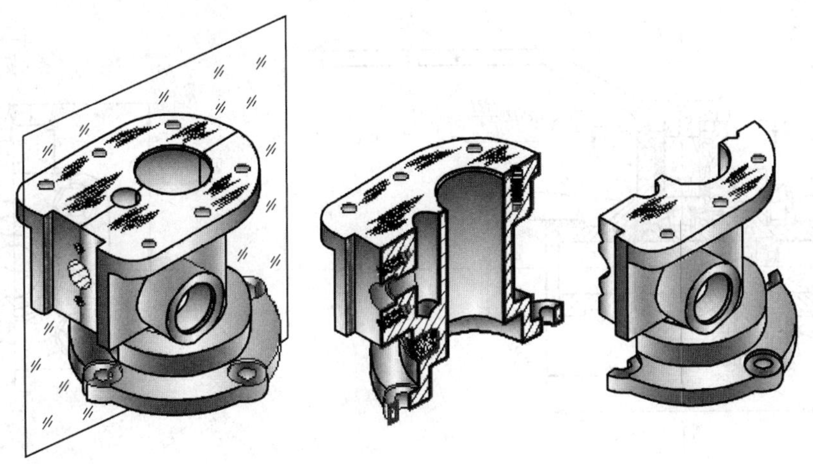

图 8-61　壳体的轴测图

第九章 装 配 图

第一节 装配图的作用和内容

一、装配图的作用

一台机器或一个部件，都是由若干零件按一定的装配关系和技术要求装配起来的。表示机器或部件的图样，称为装配图。表示一个部件的图样，称为部件装配图。如图 9-1 所示即为球阀的部件装配图。表示一台完整的机器的图样称为总装配图。

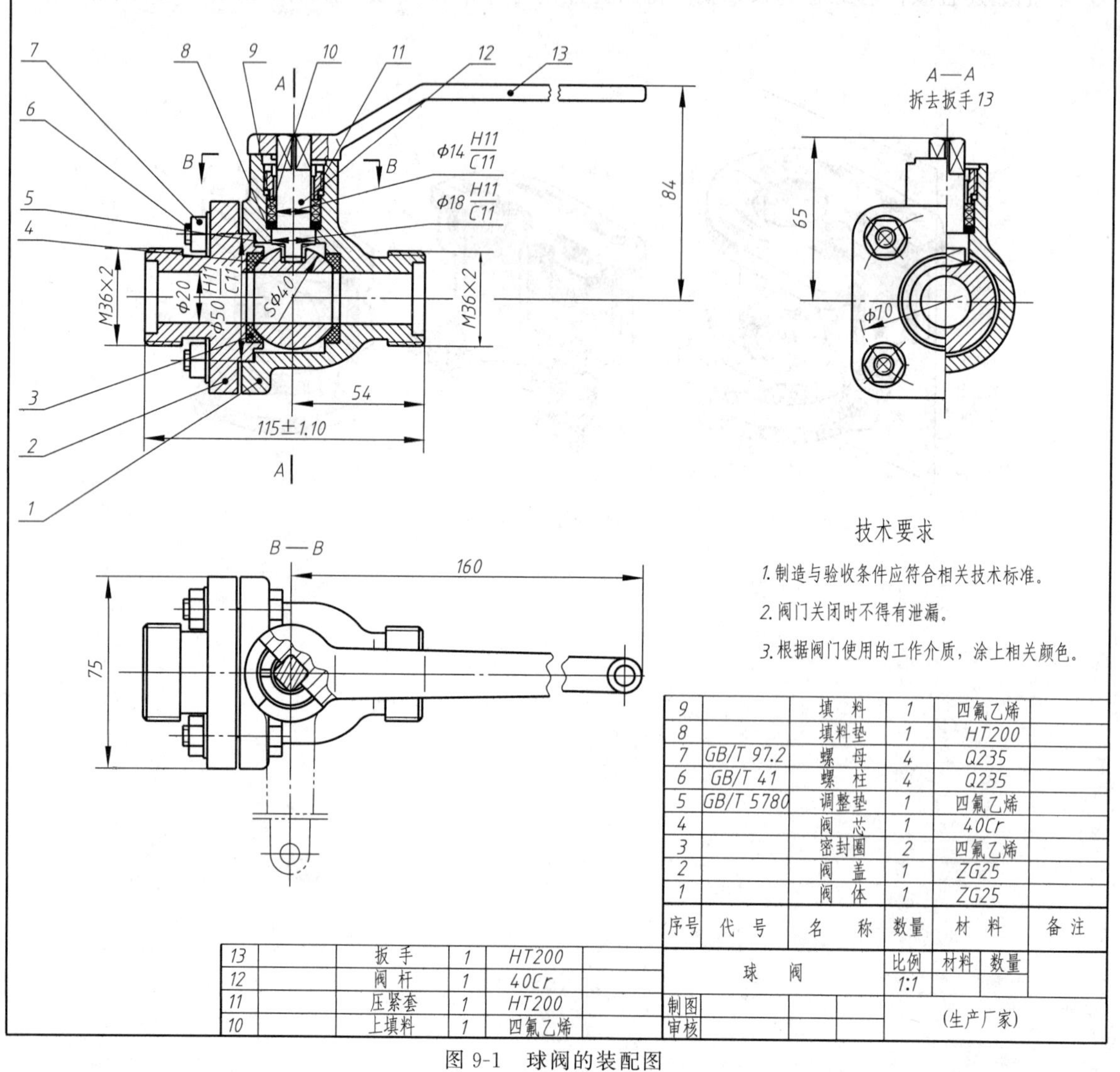

序号	代 号	名 称	数量	材 料	备 注
13		扳 手	1	HT200	
12		阀 杆	1	40Cr	
11		压紧套	1	HT200	
10		上填料	1	四氟乙烯	
9		填 料	1	四氟乙烯	
8		填料垫	1	HT200	
7	GB/T 97.2	螺 母	4	Q235	
6	GB/T 41	螺 柱	4	Q235	
5	GB/T 5780	调整垫	1	四氟乙烯	
4		阀 芯	1	40Cr	
3		密封圈	2	四氟乙烯	
2		阀 盖	1	ZG25	
1		阀 体	1	ZG25	

球 阀	比例	材料	数量
	1:1		
制图			
审核	（生产厂家）		

图 9-1 球阀的装配图

装配图和零件图是机械图中两种主要的图样。零件图表示零件的结构形状、尺寸大小和技术要求，并根据它加工制造零件；装配图表示机器或部件的结构形状、装配关系、工作原理和技术要求。设计时，一般先画出装配图，再根据装配图绘制零件图；装配时，根据装配图的要求，把零件装配成部件（或机器）。因此，零件与部件（或机器）、零件图和装配图之间的关系十分密切。

在学习本章时，要注意零件与部件（或机器）、零件图和装配图之间的联系。

下面以球阀的装配图（见图 9-1）为例，对照装配立体图（见图 9-2）说明它的装配关系和工作原理。

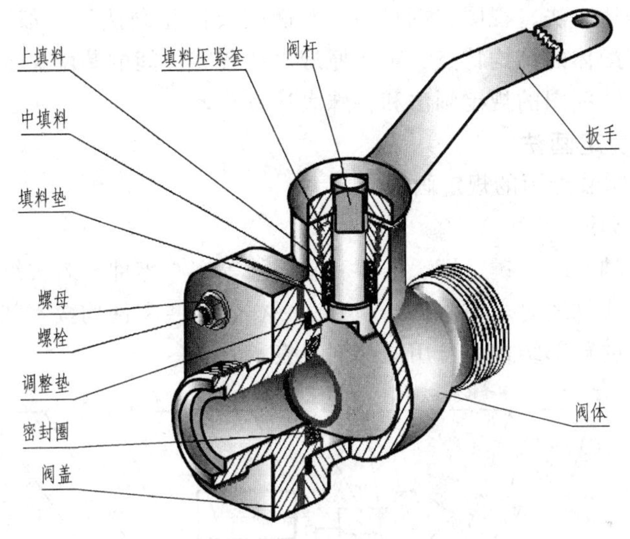

图 9-2　球阀的立体图

在管道系统中，阀是用于启闭和调节流体流量的部件。球阀是阀的一种，它的阀芯是球形的。其装配关系是：阀体 1 和阀盖 2 均带有方形的凸缘，它们用四个双头螺柱 6 和螺母 7 连接（轴测图已把球阀的左前方剖去），并用合适的调整垫 5 调节阀芯 4 与密封圈 3 之间的松紧。在阀体上部有阀杆，阀杆下部用凸块榫接阀芯 4 上的凹槽（轴测图中阀杆 12 是完整的，可以看到它与阀芯 4 的关系）。为了密封，在阀体与阀杆之间加进填料垫 8、填料 9、10 及旋入填料压紧套 11。它的工作原理是：阀杆 12 上部的四棱柱与扳手 13 的方孔连接。当扳手如装配图所示的位置时，则阀门全部开启，管道畅通（对照轴测图）；当扳手按顺时针方向旋转 90°时（俯视图中双点画线所示的扳手的位置），则阀门全部关闭，管道断流。从俯视图的 B—B 局部剖视中，可以看到阀体 1 顶部定位凸块的形状，该凸块用以限制扳手 13 的旋转位置。

二、装配图的基本内容

一张完整的装配图，应包括下列基本内容：

（1）一组视图　表示各组成零件的相互位置和装配关系、部件（或机器）的工作原理和结构特点。前面所学过的各种表达方法：基本视图、剖视、断面等，都可用来表达装配图。例如图 9-1 采用了三个基本视图：全剖视的主视图、半剖视的左视图和局部剖视的俯视图。

（2）必要的尺寸　包括部件（或机器）的规格、性能尺寸，零件之间的装配尺寸，外形尺寸，部件（或机器）的安装尺寸和其他重要尺寸等。

(3) 技术要求　部件（或机器）的装配、安装、检验和运转的技术要求，应在图中写明。

(4) 零件明细栏和标题栏　在装配图上，应对每个不同的零件（或组件）编写序号，在零件明细栏中依次填写零件的序号、名称、件数、材料等内容。标题栏的内容有：部件（或机器）的名称、规格、比例、图号及设计、制图、校核人员的签名等。

第二节　装配图的表达方法

零件图的各种表达方法（视图、剖视图、断面图及简化画法等）都同样适用于装配图，但装配图侧重表达装配体的结构特点、工作原理以及各零件间的装配关系。根据装配图的特点，国家标准规定了装配图的规定画法和特殊表达方法。

一、装配图的规定画法

结合图 9-3 来说明装配图的规定画法

1. 实心零件的画法

在装配中，对于轴、球、键、销、连杆和坚固件等实心零件，若按纵向剖切，而且剖切平面通过其对称平面或轴线时，与零件绘制方法一样，这些零件均按不剖绘制。如果要特殊表达装配中这些零件的局部结构，可用局部剖视表示。

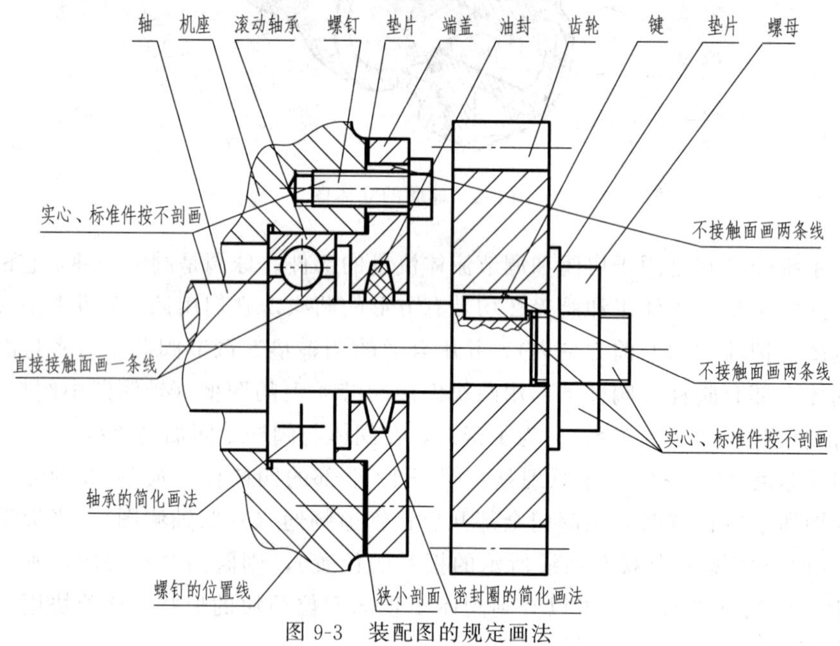

图 9-3　装配图的规定画法

2. 相邻零件的轮廓线画法

两零件的接触面或配合面只画一条轮廓线。而非接触面、非配合表面，即使间隙再小，也应画两条轮廓线，如图 9-3 所示。

3. 装配图中剖面线的画法

相邻零件的剖面线倾斜方向应相反，或虽方向一致但间隔不等，同一零件的剖面线方向和间隔在各个视图中必须一致，这样有利于找出同一零件的各个视图，想象其形状和装配关系。如图 9-3 所示。

二、装配图的特殊表达方法和简化画法

1. 拆卸画法

在装配图中的某一视图上，当某些零件遮住了需要表达的结构形状时，或者为了避免重复，简化作图，可假想将某些零件拆去后绘制，这种表达方法称为拆卸画法。采用拆卸画法后，为了避免误解，在该视图上应加注“拆去件××”；拆卸关系明显，不至于引起误解时，也可不加注。如图 9-1 中左视图的拆去扳手 13。

2. 沿结合面剖切画法

为了把装配体中某些零件的装配关系表达得更清楚，可以假想沿着某些零件的结合面进行剖切，此时，结合面上不画剖面线，被剖切的螺栓、销和泵轴要绘制剖面线。如图 9-4 中的剖视图是沿泵盖的结合面剖切的 $A—A$ 视图。

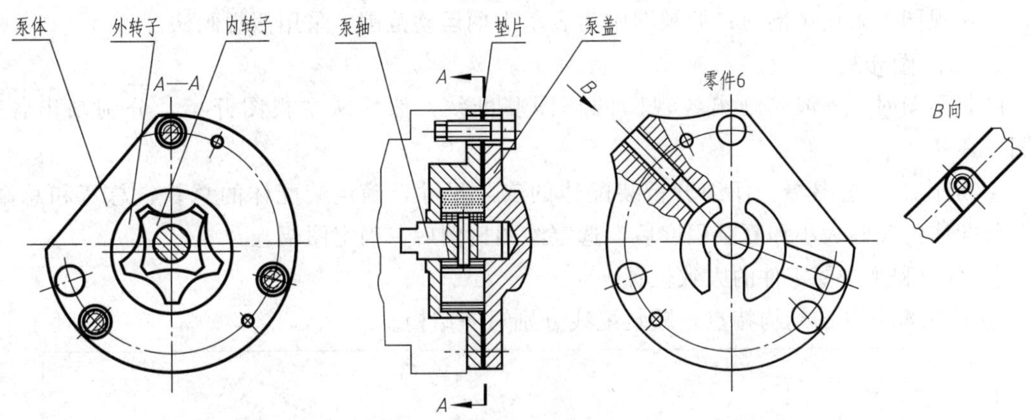

图 9-4　装配图的特殊表示法

3. 假想画法

为了表示运动件的运动范围或极限位置，可用细双点画线假想画出该零件的某些位置，如图 9-1 所示，扳手的下方极限位置用细双点画线画出。

4. 单件画法

当个别零件在装配图中未表达清楚时，可单独画出该零件的某个视图，在所画视图上方应加以标注说明，如图 9-4 中的“零件 6”。

5. 夸大画法

在装配图中，对一些薄、细、小零件或间隙，若无法按其实际尺寸画出时，可不按比例而适当地夸大画出。

6. 简化画法

在装配图中，零件上的工艺结构（如倒角、小圆角、退刀槽等）可省略不画。在装配图中，对于若干相同的零件或零件组，如螺栓连接等，可仅详细画出一处，其余只需用细点画线表示出其位置。

第三节　装配图的画法

一、了解所画的对象

绘制装配图以前，要对装配体进行观察分析，查通过设计和使用单位，了解装配体的用途、

性能、工作原理、结构特点及零件间的装配关系。如图 9-2 所示球阀轴测图，其作用就是安装在管道上控制流体流量及管路启闭，通过手柄带动阀杆和阀芯旋转而控制通道的开启和关闭。

二、确定表达方案

1. 主视图的选择

为了能表达出球阀各零件之间的装配关系，同时也表达主要零件的结构形状，将球阀的主轴线放在水平位置画出全剖视图。这种表达方式能充分表达部件的工作情况及整个球阀各零件间的装配关系，明显反映部件的工作原理。

2. 选择其他视图

其他视图的选择是对主视图表达的补充。原则是：在完整、清晰地表达部件的工作原理，装配关系及零部件主要结构形状的前提下，力求制图简便、清晰。例如图 9-1 所示球阀装配图。主视图按轴线水平位置设置；为补充表达阀杆与阀芯的装配关系及压盖的结构特点，在左视图上采用半剖视；俯视图中为表示手柄运动范围，采用假想画法。

三、作图步骤

画装配图时，一般先画出各视图的作图基准线，然后从主视图开始，分别画出各个视图。

① 定比例、选图幅。仔细分析装配体的实际尺寸，确定装配体的总长、总宽和总高，掌握装配体的实际大小和复杂程度后，选定绘图比例后，确定图幅。

② 布图和画主要零件的大致位置。

③ 按装配部件的结构特点，顺装配线分别对齐结构。

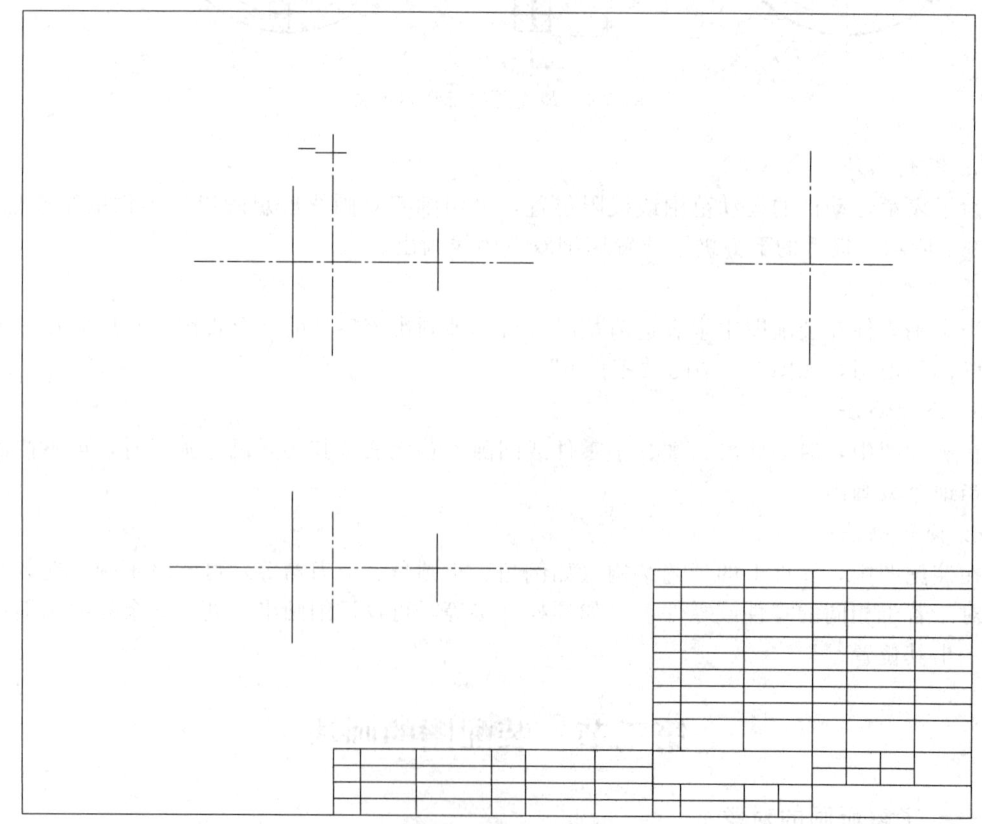

图 9-5　球阀装配图的绘图步骤（一）

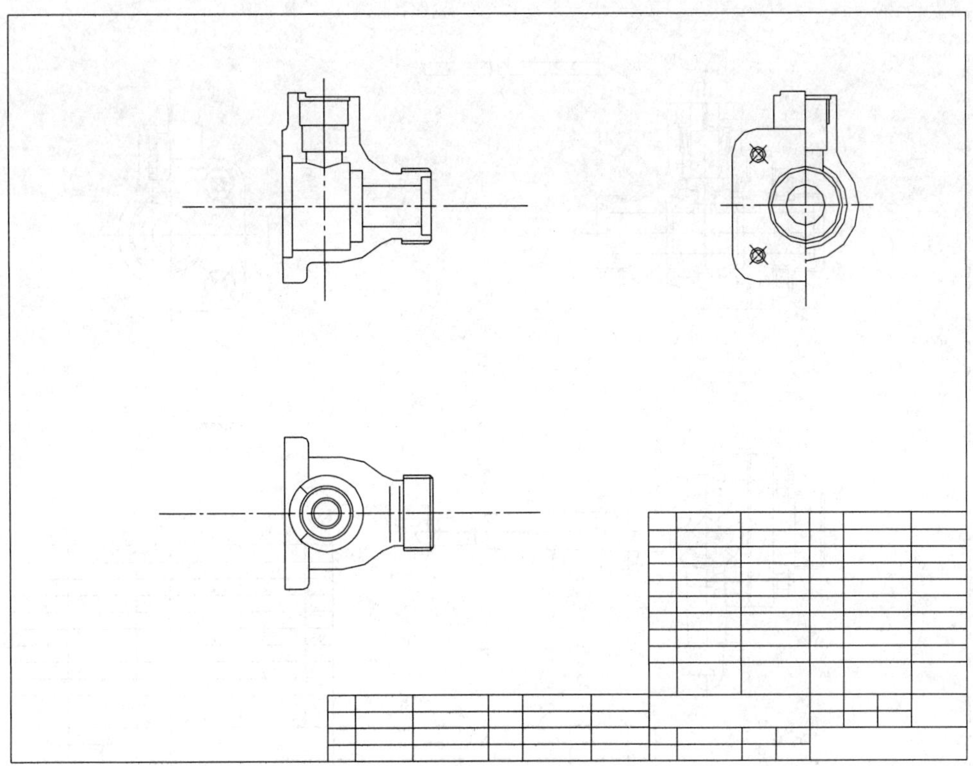

图 9-6　球阀装配图的绘图步骤（二）

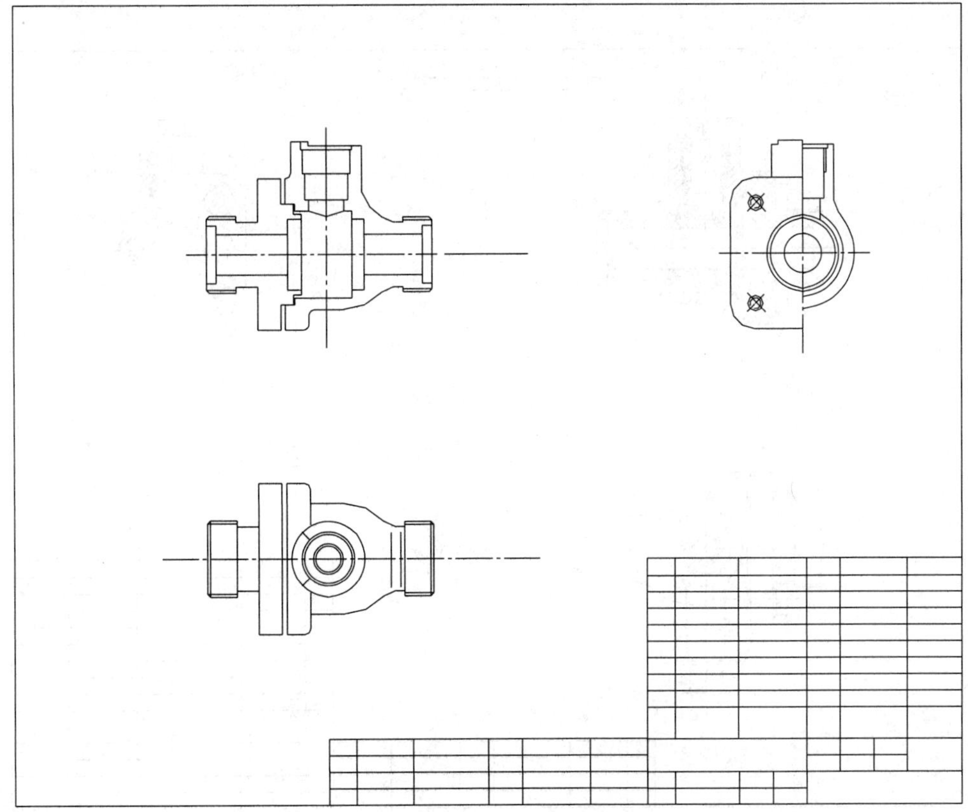

图 9-7　球阀装配图的绘图步骤（三）

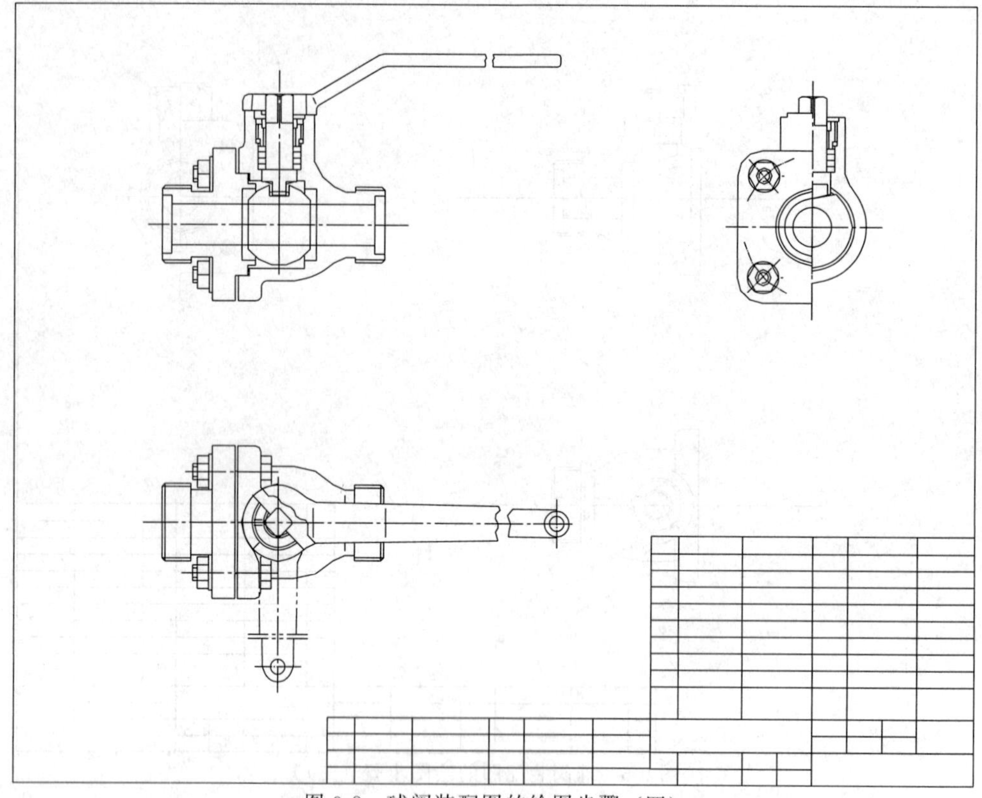

图 9-8 球阀装配图的绘图步骤（四）

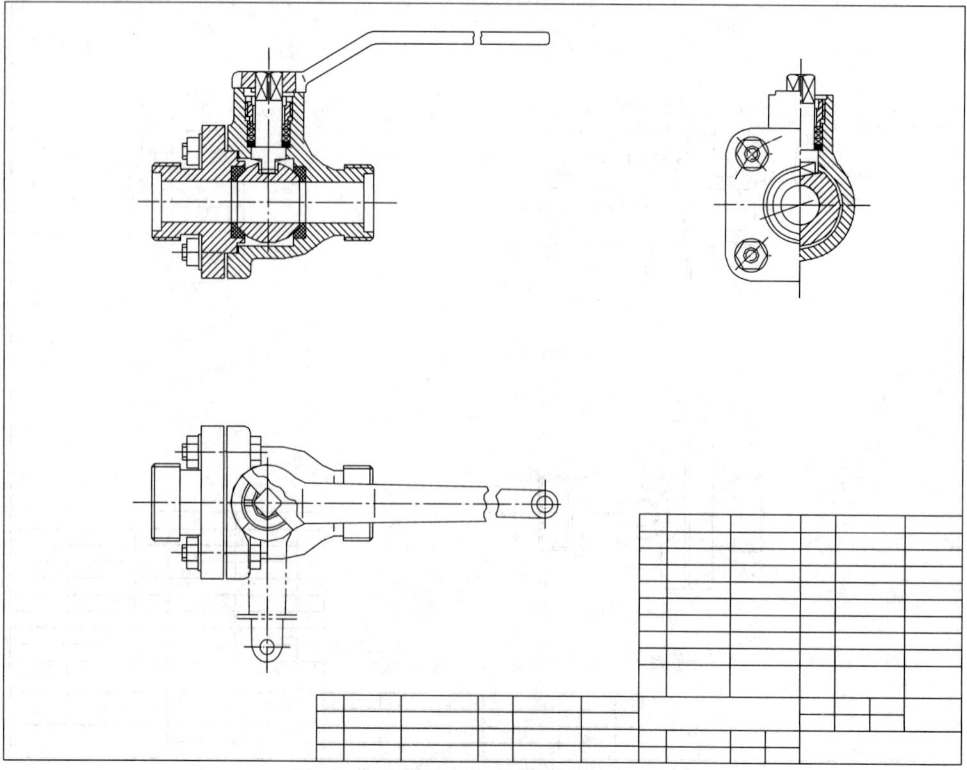

图 9-9 球阀装配图的绘图步骤（五）

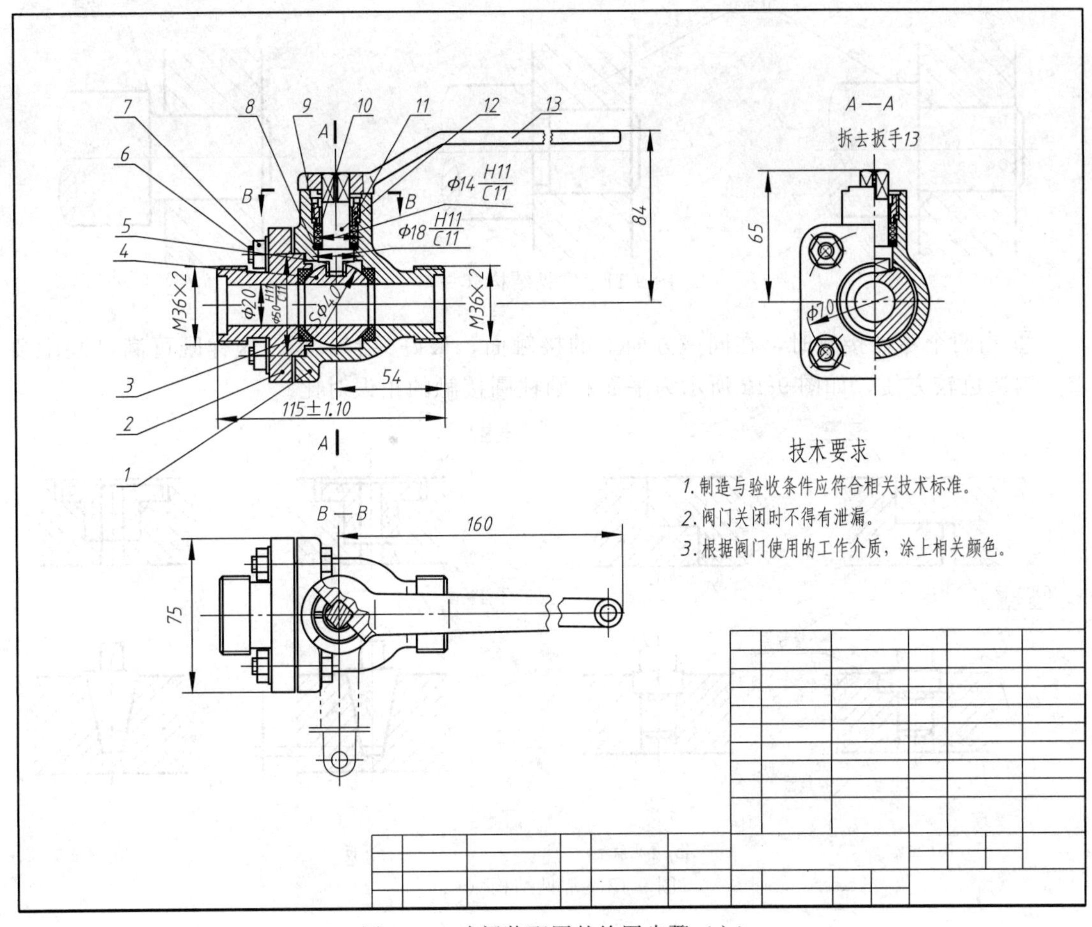

图 9-10　球阀装配图的绘图步骤（六）

画装配图时，一般先画出各视图的作图基准线（对称中心线、主要轴线和底座的底面基准）。然后从主视图画起，有投影关系的视图应按投影关系同时画出；根据主要装配连接关系，逐个画出各零件的图形，一般先画主视图，后画其他视图；先画主要零件，后画其他零件；先画外件，后画内件；先画主要结构，后画次要结构的顺序进行，如图 9-5～图 9-10 所示球阀画图过程。

④ 在剖视图上画出剖面符号、标注尺寸、编写零件序号、完成底稿。

⑤ 仔细检查后加深图线、填写标题栏、零件明细栏及必要的技术要求，完成装配图，如图 9-1 所示。

第四节　装配的工艺结构

在设计和绘制装配图的过程中，应该考虑到装配结构的合理性，以保证机器和部件的性能，并给零件的加工和装拆带来方便。确定合理的装配结构，必须具有丰富的实际经验，并作深入细致的分析比较。现举例说明如下，以供画装配图时学习参考。

① 当轴和孔配合，且轴肩与孔的端面相互接触时，应在孔的接触面上制成倒角，或在肩根部切槽，以保证两零件接触良好，如图 9-11 所示。

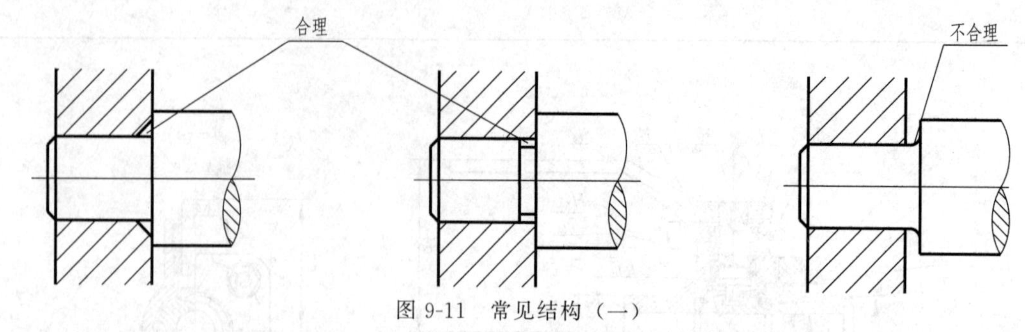

图 9-11　常见结构（一）

② 当两个零件接触时，在同一方向上的接触面，最好只有一个，这样既可满足装配要求，制造也较方便，如图 9-12 所示为平面和圆柱圆接触的正误对比。

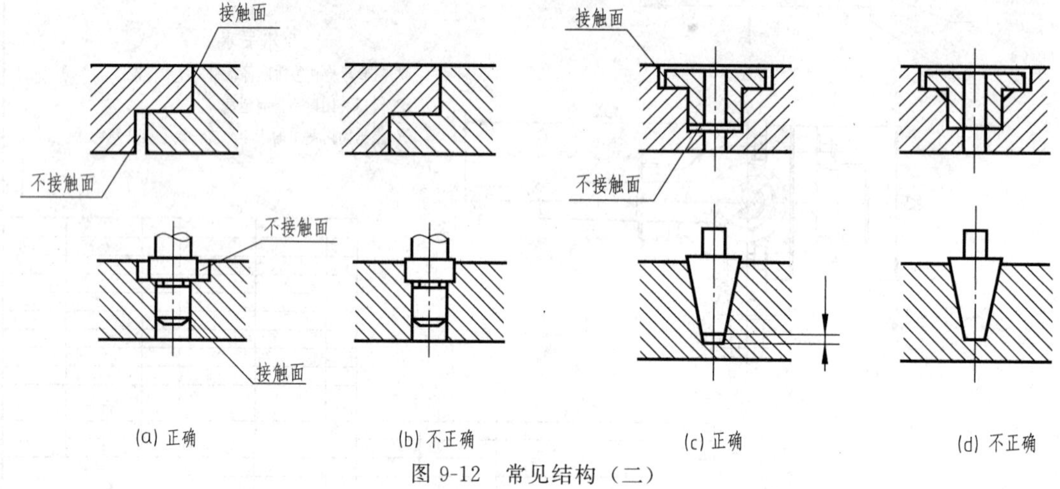

图 9-12　常见结构（二）

③ 为了保证两零件在装拆前后不至于降低精度，通常采用圆柱销（或圆锥销）定位，在销连接中，为便于加工和装拆，在条件许可下，最好将销孔加工成通孔，如图 9-13（b）所示。

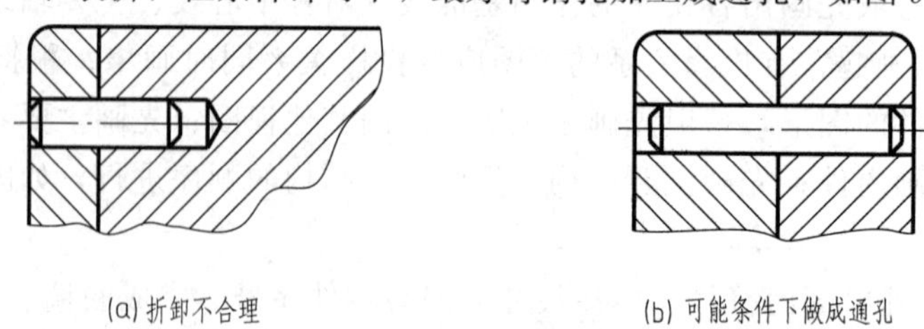

图 9-13　常见结构（三）

④ 在装配体结构中，表示滚动轴承装在轴承孔及轴上时，要能很容易地将轴承顶出，如图 9-14 所示。

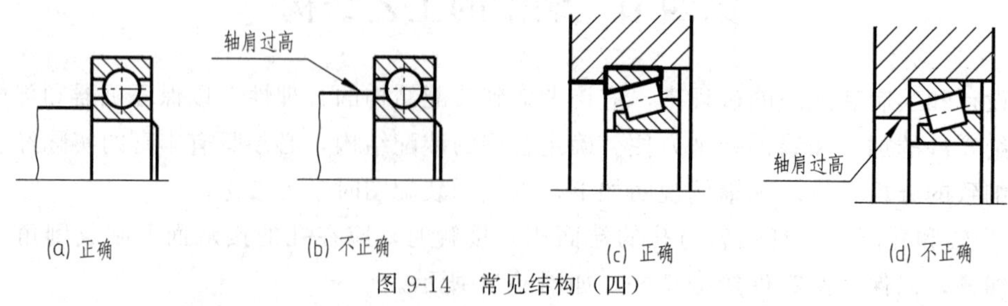

图 9-14　常见结构（四）

⑤ 在安装螺钉位置时，要考虑装拆螺钉时扳手活动空间，如图 9-15 所示。

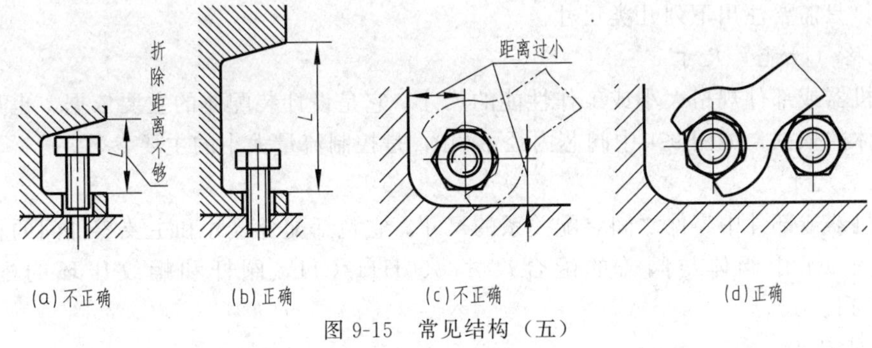

图 9-15　常见结构（五）

⑥ 为了防止内部的液体或气体向外渗漏，同时也防止外面的灰尘等异物进入机器，常采用如图 9-16 所示的密封装置。

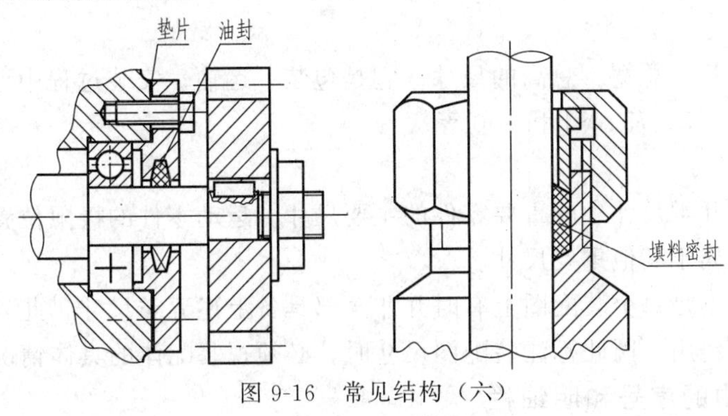

图 9-16　常见结构（六）

⑦ 在装配图中，经常用的螺纹防松结构有：双螺母、止动垫圈、弹簧垫圈、开口销等，画法如图 9-17 所示。

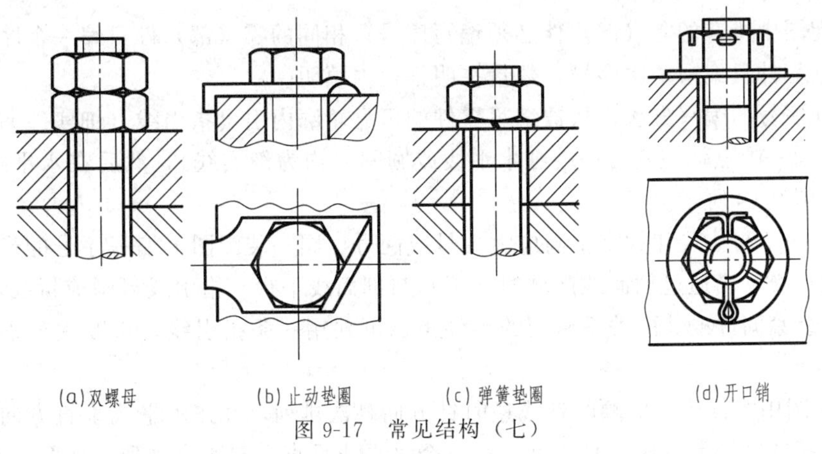

图 9-17　常见结构（七）

第五节　装配图的尺寸标注及序号、明细栏

一、装配图的尺寸标注

装配图是用来控制装配质量、表明零件之间装配关系的图样，由于装配图与零件图的作

用不同，因此对尺寸标注的要求也不同。根据装配图在生产中的作用，则不需要注出每个零件的尺寸，只需要注出下列几类尺寸。

1. 规格（性能）尺寸

表明机器或部件规格大小或工作性能的尺寸，它是设计装配体的主要依据，也是选用和了解装配体的依据，如图 9-1 中阀芯内径 $S\phi40$，是控制流量大小的主要参数。

2. 装配尺寸

表示机器或部件中零件之间装配关系的尺寸。它包括配合尺寸和主要零件间的相对位置尺寸。如图 9-1 中阀体与阀盖的配合尺寸 ϕ50H11/C11，阀杆和螺纹压环的配合尺寸 ϕ14H11/C11。

3. 安装尺寸

将部件安装到机器上或机器安装在基础上所需要的尺寸，如图 9-1 中螺柱的安装定位尺寸 ϕ70。

4. 外形尺寸

表示装配体总长、总宽、总高的尺寸。它是包装、运输、安装过程中所需空间大小的尺寸，如图 9-1 中的 115、75、84 和 160 等。

5. 其他重要尺寸

不包括在上述几类尺寸中的重要零件的主要尺寸。运动零件的极限位置尺寸、经过计算确定的尺寸等，都属于其他重要尺寸。

必须指出，并不是每个装配图上有时并非全部具备上述五类尺寸，此外，装配图上同一尺寸有时具有多种作用。因此标注装配图尺寸时，必须视装配体的具体情况加以标注。

二、装配图中的序号和明细栏

为了便于看图，便于图样管理，根据《机械制图》国家标准的规定，对装配图中所有零件都必须缩写序号。同时在标题栏上方的明细栏中与图中序号一一对应地列出。

1. 零件编号的编写方法

① 装配图中所有的零（部）件必须编写序号，相同的零（部）件只编一个序号。

② 每种零件只编写一次序号，数量在明细栏内填明。

③ 零件序号的编写方法，从被编写零件的可见轮廓内引出指引线（细实线），并在指向零件的末端画一圆点，在其另一端画水平线或圆圈（均为细实线），然后在水平线或圈内编写序号，如图 9-18 所示。

④ 序号的字高比尺寸数字字高应大一号或两号。同一装配图上编写序号的形式应一致。指引线不能相交，当通过剖面线区域时，不宜与剖面线平行。指引线可画成折线，但只可曲折一次，一组紧固件或装配关系密切的零件组。可共用一条指引线，再顺次分别编写序号，如图 9-18 所示。

⑤ 装配图中零件序号应顺时针或逆时针方向顺次排列，并按水平或垂直方向排列整齐，若整个图上零件序号无法连续时，可只在每个水平或垂直方向顺序排列，如图 9-1 所示。

2. 明细栏

明细栏可按国家标准中推荐使用格式绘制。

明细栏中包括序号、代号、名称、数量、材料、重量、备注等内容。通常画在标题栏上方，应自下而上顺序填写。如位置不够，可在标题栏左边自下而上延续，在特殊情况下，明细栏可作为装配图的续页按 A4 幅面单独制表。

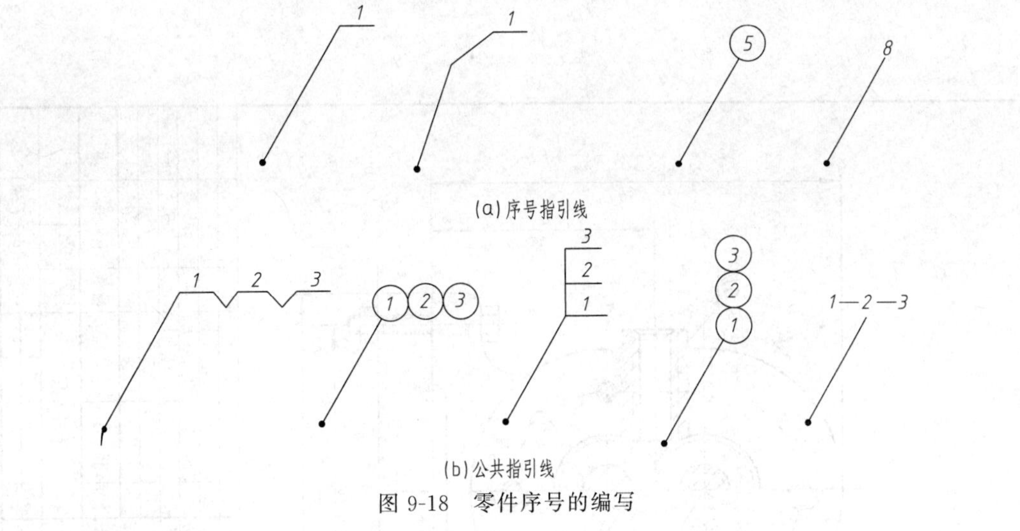

图 9-18　零件序号的编写

三、技术要求

拟订技术要求时，一般可从以下几个方面来考虑。

① 装配体在装配过程中需注意的事项及装配后装配体所必须达到的要求，如准确度、装配间隙、润滑要求等。

② 装配体基本性能的检验、试验及操作时的要求。

③ 对装配体的规格、参数及维护、保养、使用时的注意事项及要求。

装配图上的技术要求应根据装配体的具体情况而定，用文字注写在明细栏上方或图样下方的空白处。如图 9-1 所示。

第六节　看装配图和由装配图拆画零件图

在工业生产中，从机器的设计到制造，或技术交流、维修机器及设备，都要用到装配图。因此，对于工程技术的工作人员来说，都必须能看懂装配图。

看装配图的目的，是从装配图中了解部件中的各个零件的装配关系，分析部件的工作原理，并能分析看懂其中主要零件及其他有关零件的结构形状，有时根据技术需要，还要绘制出它们的零件图。

一、看装配图的步骤和方法

以图 9-19 齿轮油泵的装配图为例，来说明看装配图的具体方法。

1. 概括了解

了解部件的名称和用途。这些内容可以通过查阅标题栏、明细栏及说明书来完成。

齿轮油泵是机器中用以输送润滑油或压力油的一种部件。图 9-19 所示的齿轮油泵是由泵体，左、右端盖，运动零件（传动齿轮、齿轮轴等），密封零件以及标准件等组成。对照零件序号及明细栏可以看出：齿轮油泵共有 17 种零件装配而成，并采用两个视图表达。全剖视的主视图，反映了组成齿轮油泵各个零件间的装配关系。左视图是采用沿着左端盖 1 与泵体 6 结合面剖切的半剖视图，它清楚地反映了外形、齿轮的啮合情况以及吸、压油的工作原理；再用局部剖视图反映进、出油口的情况。齿轮油泵的外形尺寸是 118、85、95，由此知道齿轮油泵的体积不大。

A—A
5
6
7
8
9
10
11
12
13
14
15
16
17
4
3
2
1
$\phi16\frac{H7}{h6}$
$\phi20\frac{H7}{h6}$
$\phi14\frac{H7}{k6}$
30±0.016
65
118
A
$\phi35\frac{H8}{f7}$
G1/2
95
50
70
85
技术要求
1.齿轮安装后，用手转动齿轮时，应灵活旋转；
2.两齿轮轮齿的啮合面应占齿长的3/4以上。
17 GB/T 41 螺母 2 35 M6
16 GB/T 897 螺栓 2 45 M6×28
15 螺钉 12 45 M6×16
14 GB/T 1095 键 1 45 5×10
13 GB/T 41 螺母 1 35
12 GB/T 97.1 垫圈 1 16Mn m=3z=14
11 传动齿轮 1 45 m=3z=20
10 GB/T 97 压紧螺母 1 35
9 GB/T 898 轴套 1 45
8 QB/T 365 密封圈 1 橡胶
7 右端盖 1 HT150
6 泵体 1 HT200
5 垫片 4
4 GB/T 1096 销(5n6×18) 4 45
3 传动齿轮轴 1 45 m=3z=9
2 齿轮轴 1 45 m=3z=9
1 左端盖 1 HT200
序号 代号 名称 数量 材料 备注
齿轮油泵 比例 1:1 材料 数量
制图
审核
(生产厂家)

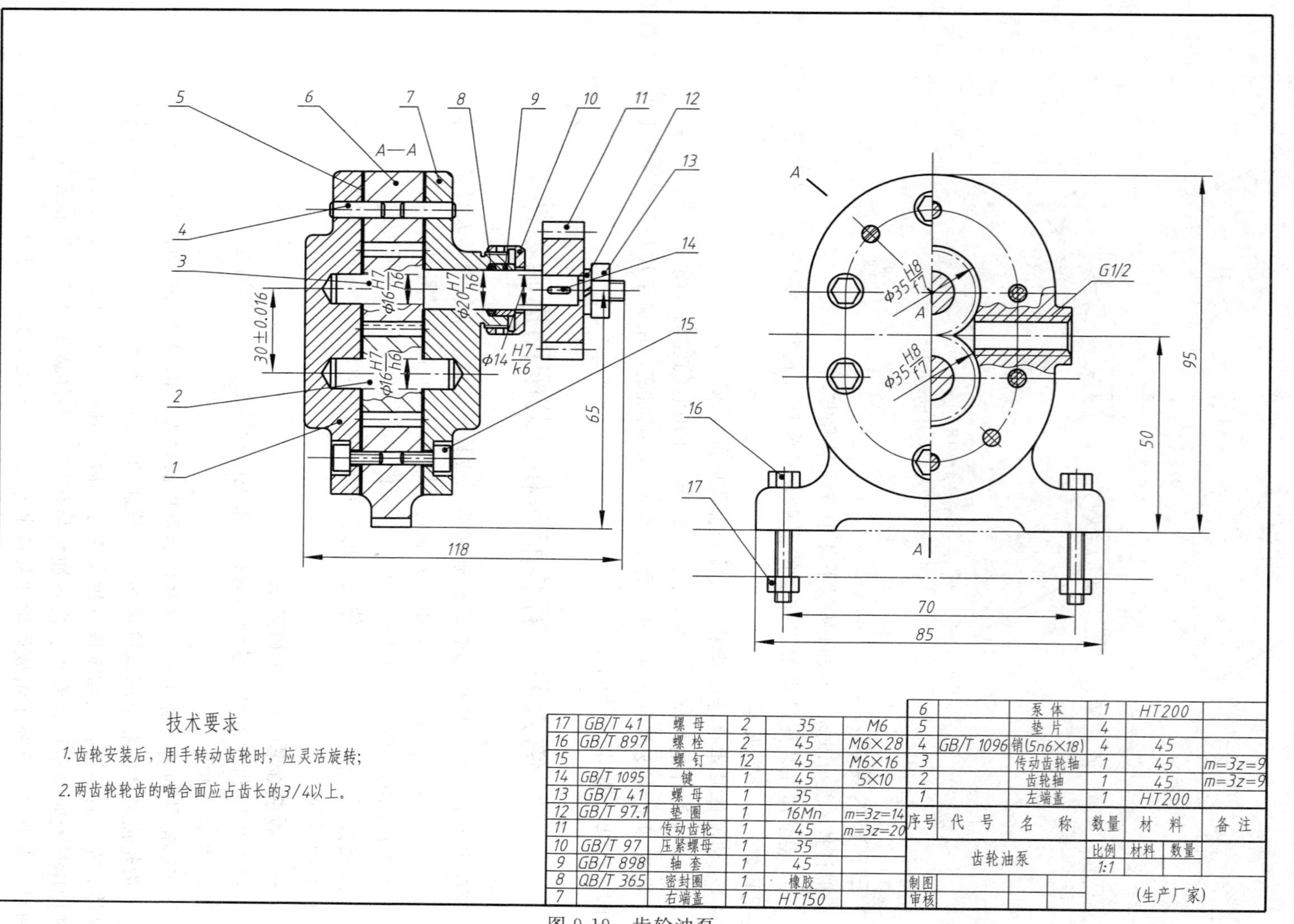

图 9-19 齿轮油泵

2. 了解装配关系和工作原理

泵体 6 是齿轮泵中的主要零件之一。它的内腔可以容纳一对吸油和压油的齿轮。将一对带轴的齿轮 2、3 装入泵体后，两侧有左端盖 1、右端盖 7 支承齿轮轴的旋转运动。由销 4 将端盖与泵体定位后，再用螺钉 15 将端盖与泵体连接成整体。为了防止泵体与端盖结合面处以及传动齿轮轴 3 伸出端漏油，分别用垫片 5 及密封圈 8、轴套 9、压紧螺母 10 密封。

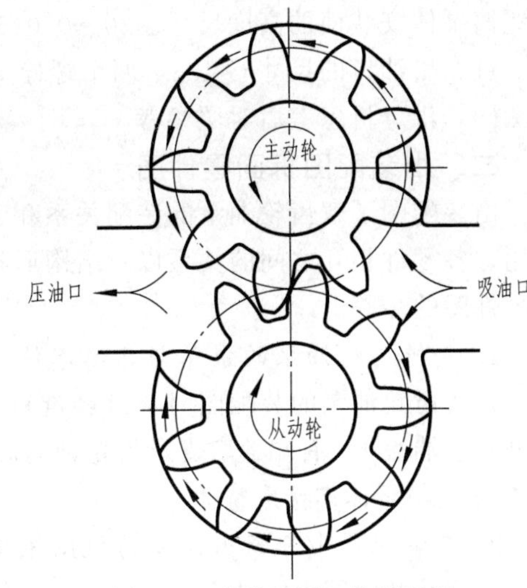

图 9-20　齿轮油泵工作原理图

齿轮轴 2、传动齿轮轴 3、传动齿轮 11 是油泵中的运动零件。当传动齿轮 11 按逆时针方向（从左视图观察）转动时，通过键 14，将扭矩传递给传动齿轮轴 3，经过齿轮啮合带动齿轮轴 2，从而使后者作顺时针方向转动。如图 9-20 所示，当一对齿轮在泵体内作啮合传动时，啮合区内右边压力降低而产生局部真空，油池内的油在大气压力作用下进入油泵低压区内的吸油口（进油口），随着齿轮的转动，齿槽中的油不断沿箭头方向被带至左边的压油口把油压出，送至机器中需润滑的部分。

3. 对齿轮油泵中一些配合和尺寸的分析

根据零件在装配体中的作用和要求，应注出相应的配合代号。例如传动齿轮 11 要带动传动齿轮轴 3 一起转动，除了靠键把两者联成一体传递扭矩外，还需定出相应的配合。在图中可以看到，它们之间的配合尺寸是 $\phi14\ \frac{H7}{k6}$。

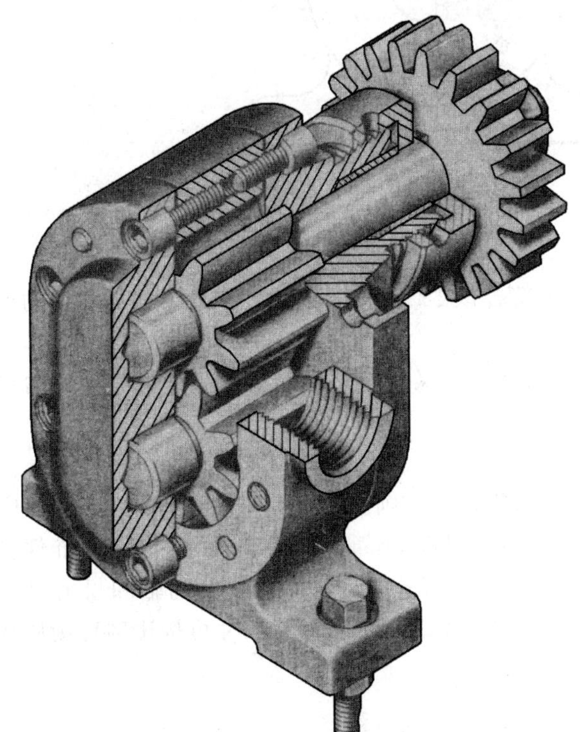
图 9-21　齿轮油泵的装配轴测图

$\phi14\ \frac{H7}{k6}$是基孔制的优先过渡配合，由公差与配合表查得：

孔的尺寸是 $\phi14^{+0.018}_{0}$；轴的尺寸是 $\phi14^{+0.012}_{+0.001}$。

配合的最大间隙 = +0.018 − (+0.001) = 0.017

配合的最大过盈 = 0 − (+0.012) = −0.012

齿轮与端盖在支承处配合尺寸是 $\phi16\ \frac{H7}{h6}$；齿轮轴的齿轮顶圆与泵体内腔配合是 $\phi35\ \frac{H8}{f7}$。它们同样可以通过查表计算得到。

尺寸 30±0.016 是一对啮合齿轮的中心距，这个尺寸准确与否将会直接影响齿轮的啮合传动。尺寸 65 是传动齿轮轴线离泵体安装面的高度尺寸。30±0.016 和 65 这两个尺寸是设计和安装所要求的尺寸。

进、出油口的尺寸 G 1/2，两个螺栓 16 之间的尺寸 70。图 9-21 所示为齿轮油泵的装配轴测图，供分析思考后对照参考。

二、由装配图拆画零件图

由装配图了解齿轮油泵的装配关系和工作原理后，进一步分析每个零件在齿轮油泵中的作用、各零件相互之间的关系以及结构形状。下面通过拆画齿轮油泵泵体的零件图，说明拆画零件图的步骤。

1. 分析齿轮油泵的泵体与其他零件的关系

在看齿轮油泵的装配图时，已经进行了全面分析，一对带轴的齿轮 2、3 装入泵体内，两侧有左端盖 1、右端盖 7 支承齿轮轴的旋转运动。由销 4 将端盖与泵体定位后，再用螺钉 15 将端盖与泵体连接成整体。

2. 在装配体上分离出泵体的视图轮廓

由于在装配图上零件投影相互重叠，使泵体的一部分图线被端盖等零件挡住，所以从视图上分离出来的视图是不完整的图形，如图 9-22 所示。

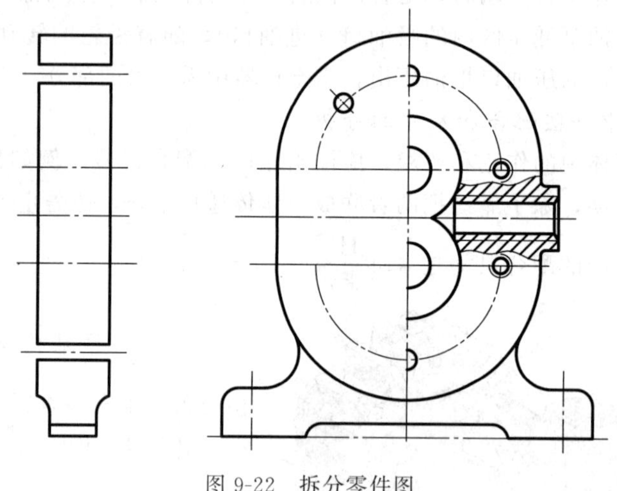

图 9-22　拆分零件图

3. 按零件的要求，确定视图表达方案

从装配图上分离出来的视图轮廓，不一定符合该零件的表达要求，因此要根据零件的形状特征重新考虑表达方案。

而图 9-22 中的表达方式显示了泵体的形状特征，又反映了内部结构，作为零件图的首选位置。

4. 零件尺寸的确定

由于装配图上仅标出必要的几种尺寸，而在零件图上则需注出零件各部分尺寸，此时应注意：凡是在装配图上给出的尺寸，在零件图上可直接注出；对于标准结构以及与标准件相关的尺寸，应从相关标准中查取。如键槽、退刀槽、沉孔与滚动轴承配合的轴和尺的尺寸等；某些尺寸须计算确定。如齿轮轮齿各部分尺寸计算等；一般结构尺寸可按比例直接从装配图上量取。并作适当的圆整。

5. 泵体零件图的绘制

根据零件图画法原则，完成泵体零件图的绘制，如图 9-23 所示。

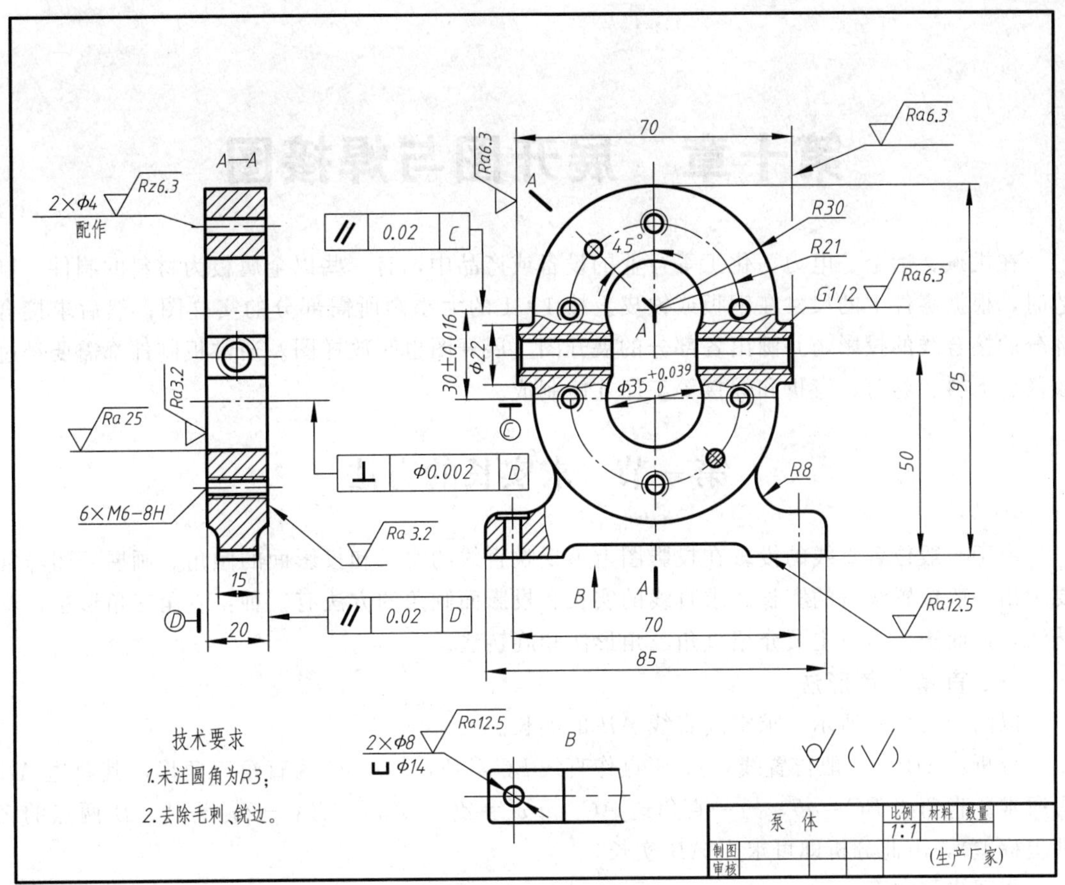

A—A
2×Φ4 配作
Rz6.3
Ra3.2
Ra 25
6×M6-8H
Ra 3.2
15
20
D
// 0.02 C
⊥ Φ0.002 D
// 0.02 D
70
Ra6.3
A
R30
R21
45°
G1/2
Ra6.3
30±0.016
Φ22
Φ35 +0.039 0
C
95
50
R8
B
Ra12.5
85
技术要求
1.未注圆角为R3；
2.去除毛刺、锐边。
2×Φ8
Ra12.5
⌴ Φ14
泵　体
比例 材料 数量
1:1
制图
审核
(生产厂家)

图 9-23　泵体的零件图

第十章　展开图与焊接图

在机械、冶金、电力、化工等行业的设备或产品中，有一些以金属板为材料的制件，制造时，根据零件上的尺寸在钢板或铁皮上按 1∶1 的大小画所需部分的实样图；然后求接合部分的接合线的投影，并画出各部分的展开图。展开图也叫放样图。通常板制件都需要经过放样、下料、卷弯、弯折和焊接等工序才能制成。

第一节　求实长的方法

由于一般位置直线的投影在投影图上不反映直线的实长和投影面的倾角。画展开图经常要求出一般位置线段的实长。求直线的实长和投影面倾角的方法有三种：直角三角形法，旋转法，换面法。本节主要介绍直角三角形法和旋转法。

一、直角三角形法

以图 10-1(a) 所示，求空间直线 AB 的实长。

分析：AB 为一般位置线，过 B 点作直线 $BC /\!/ ab$，$\triangle ABC$ 为直角三角形，其斜边 AB 为所求。直角边 $BC=ab$，另一直角边 $AC=a'c'=Z_A-Z_B$，(Z_A-Z_B 为 A、B 两点的 Z 轴坐标差)，由此分析即可求出 AB 实长。

作图步骤如下：

① 画出空间直线 AB 的正面投影 $a'b'$ 和水平投影 ab；

② 过水平投影 ab 的端点 a 作 ab 的垂线，在垂线上量取 Z_A-Z_B，得 a_0 点；

③ 连接 a_0b 即为 AB 的实长。如图 10-1(b) 所示。

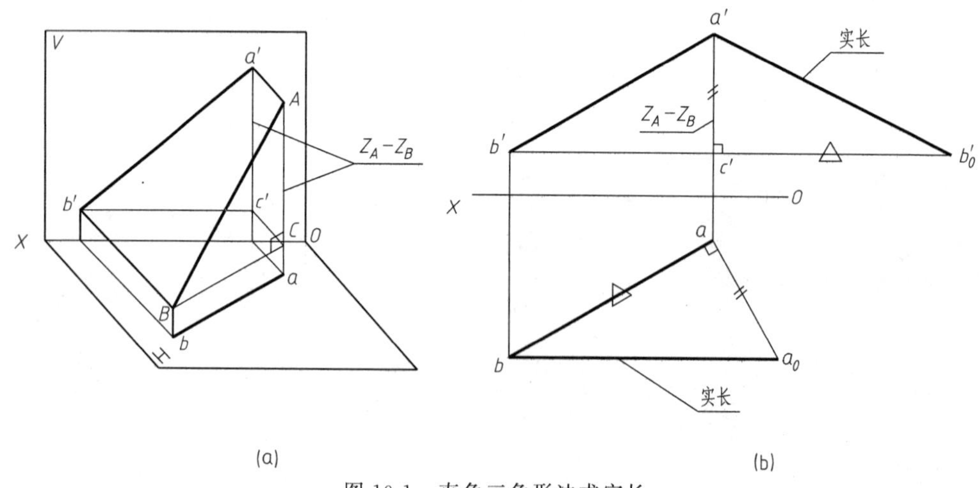

图 10-1　直角三角形法求实长

直角三角形法——将空间线段在某个投影面上的投影作为直角三角形的底边。用其另一投影两个端点的坐标差作为另一个直角边，作出直角三角形。此直角三角形的斜边就是空间线段的实长，而斜边与底边的夹角就是空间线段对该投影面的夹角。如图 10-2 所示。

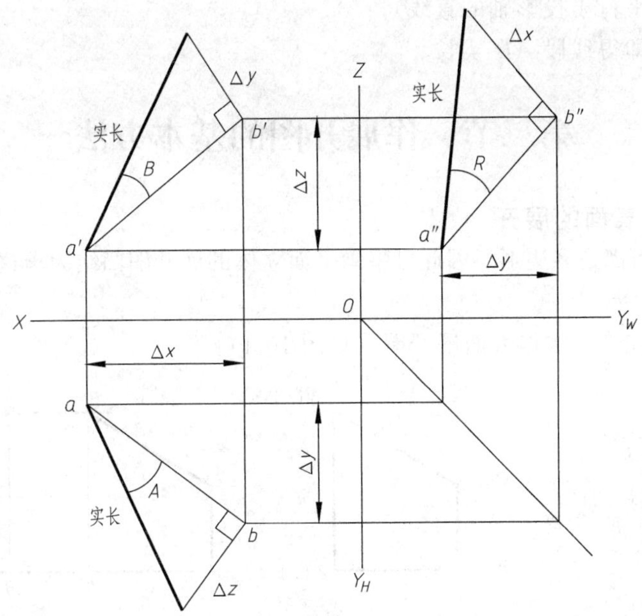

图 10-2　用直角三角形法求线段实长及与三个投影面的倾角

二、垂直旋转法

根据正投影规律，当一直线段平行于投影面时，则在该投影面上的投影反映实长。否则不反映实长，因此，求一般位置线段的实长，可将该线段绕垂直于某一投影面的直线为轴，旋转到与另一投影面成平行位置，其投影即反映实长。

如图 10-3(a) 所示，线段 AB 为一般位置直线，过端点 A 取垂直于 H 面的直线 Oo 为轴，将线段 AB 绕轴旋转到正平线位置 AB_1 其新的正面投影 $a'b'_1$ 即反映实长。

图 10-3(b) 所示是求线段 AB 实长的作图步骤：

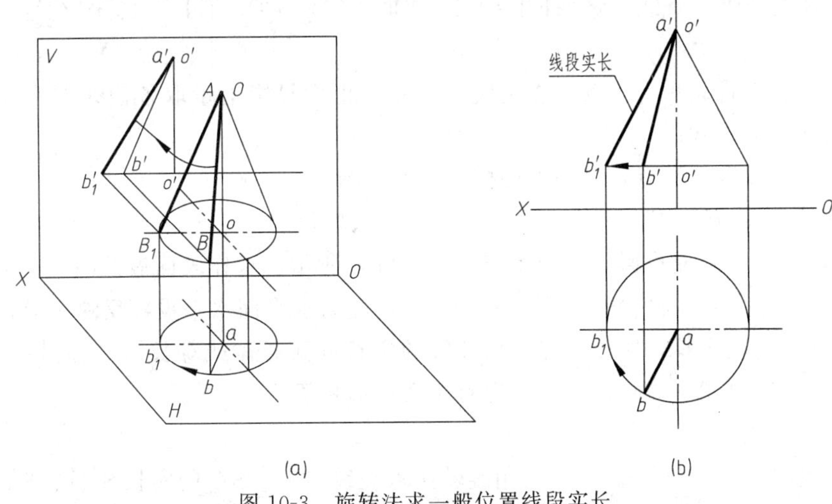

图 10-3　旋转法求一般位置线段实长

① 以 a 为圆心，把 ab 旋转到与投影轴 OX 平行位置 ab_1；

② 过 b' 作投影轴 OX 平行线与过 b_1 作投影轴 OX 垂线相交得点 b'_1（点的旋转规律是：

当一点绕垂直于投影面的轴旋转时，它的运动轨迹在该投影面上的投影为一圆，而在另一投影面上的投影为一平行于投影轴的直线）；

③ 连接 $a'b'_1$ 即得线段 AB 实长。

第二节 作展开图的基本方法

一、平面立体表面的展开

平面立体的表面都是多边形。因此可将画平面立体的展开图归结为求这些多边形的实形。

1. 棱柱管的展开

已知斜截四棱柱管，求作表面展开图（见图 10-4）。

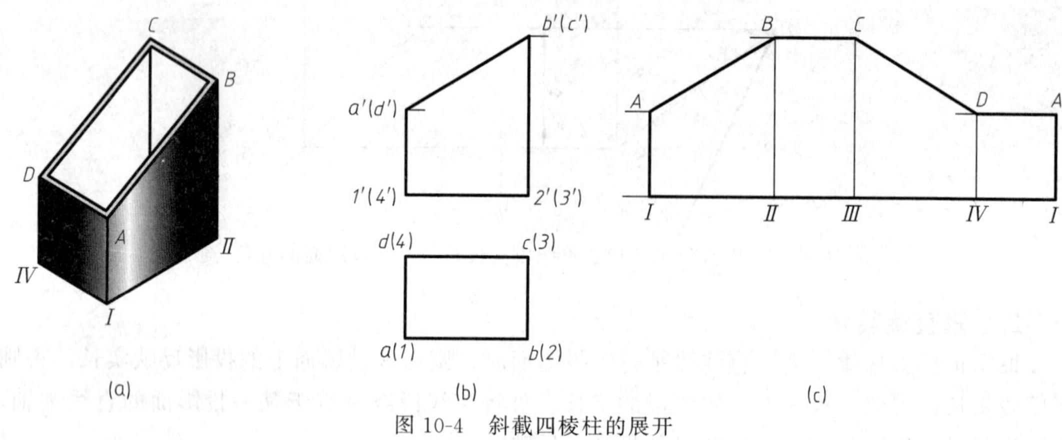

图 10-4 斜截四棱柱的展开

从图可以看出：斜截四棱柱管的前后表面为梯形，左右表面为长方形，底为长方形且底的水平投影反映实形。

作图步骤如下：

① 将底边展开成一直线，量取ⅠⅡ=1′2′、ⅡⅢ=（2）（3）、ⅢⅣ=（3′）（4′）、ⅣⅠ=（4）（1）；

② 过Ⅰ、Ⅱ、Ⅲ、Ⅳ、Ⅰ各点作垂直线，并从正面投影上量取各棱线的实长，即得各端点 A、B、C、D、A；

③ 按顺序连接这些端点，就画出棱柱管的展开图。

2. 棱锥管的展开

已知四棱台管的两面投影，如图 10-5（a）、（b）所示，求作表面展开图。

从图中可以看出：四棱台管表面为四个梯形，底为水平面水平投影反映实形，由于棱线的两面投影都不反映实长，所以要先求出棱线的实长（四条棱线等长），以此长为半径画扇形，再在扇形内截出四个等腰梯形，其中对应面梯形相等。

作图步骤如下：

① 将主视图棱线延长得交点 S'，用旋转法求棱线 SⅠ、SA 的实长 $S'1'_1$、$S'a'_1$。

② 以 S 为圆心，$S1$ 和 Sa_1 为半径画圆弧，交水平投影轴于 1_1 点和 a_1 点，找出对应主视图上 $1_1{}'$点和 $a_1{}'$点，如图 10-5（b）所示。

③ 任选一点 S 为圆心，以 $S'1_1{}'$、$S'a'_1$ 为半径画弧，在圆弧上依次截取四个等腰梯形。

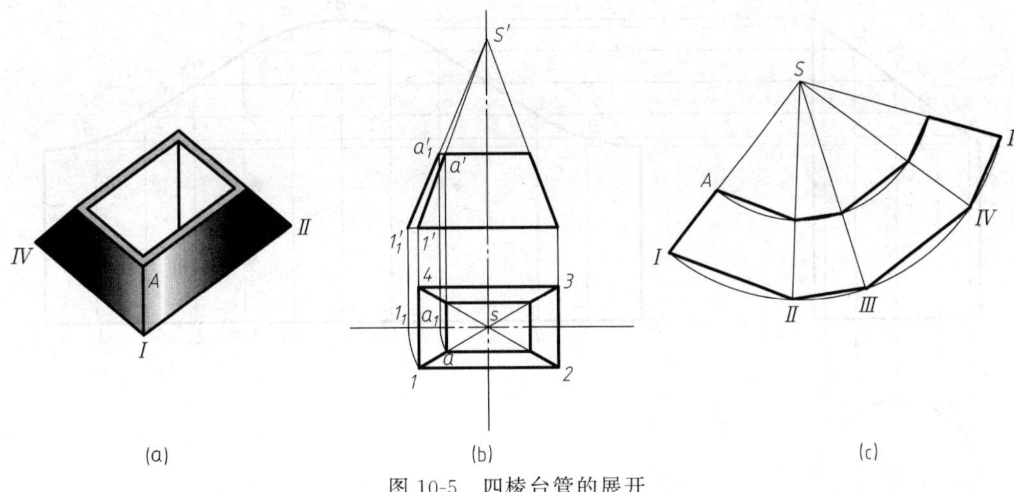

图 10-5　四棱台管的展开

截取ⅠⅡ=12、ⅡⅢ=23、ⅢⅣ=34、ⅣⅠ=41。并过Ⅰ、Ⅱ、Ⅲ、Ⅳ、Ⅰ各点向 S 连线，再过 A 点依次作底边的平行线，即截出四棱台管的表面展开图，如图 10-5（c）所示。

二、曲面立体表面的展开

1. 平口圆柱管的展开

平口圆柱管的展开图为一矩形展开图，高为 H，长为 πD，如图 10-6 所示。

① 将圆柱水平投影底圆展开是一条长度为 πD 的直线；

② 圆柱的高度为 H，所以圆柱的展开图为一个长为 πD，宽为 H 的矩形。

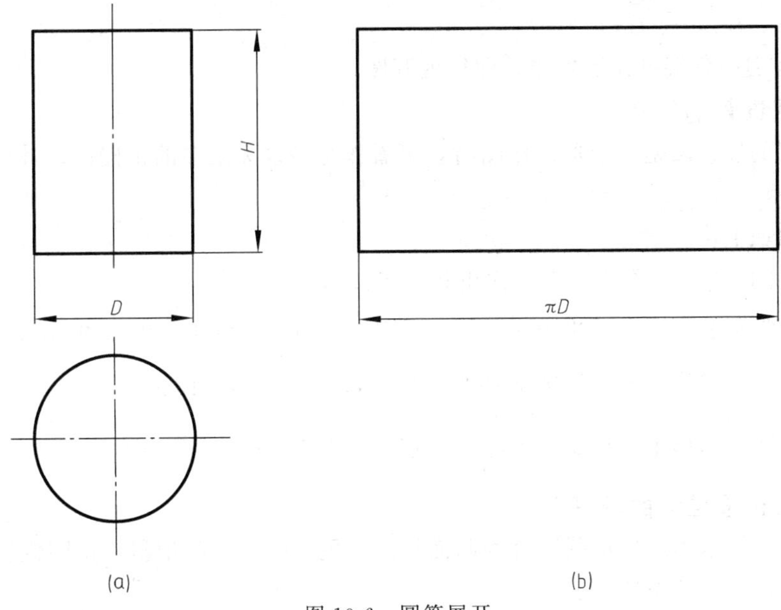

图 10-6　圆管展开

2. 斜口圆柱管的展开

斜口圆柱管展开的方法，与平口圆柱管的展开基本相同，只是斜口部分展成曲线，如图 10-7 所示。

① 将斜口圆柱管的水平投影圆分成 12 等分。找出各等分点正面投影，画出相应的素线；

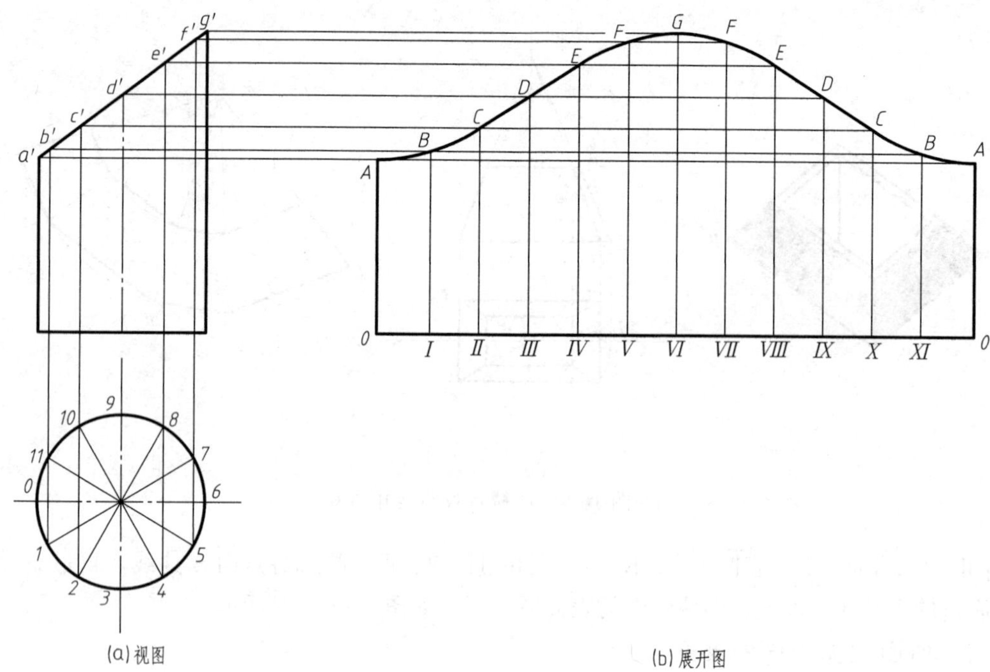

图 10-7　斜口圆管的展开

② 将圆柱底圆展开成一直线段，在其上以等分圆弧的弦长，截取等分点Ⅰ、Ⅱ、Ⅲ…Ⅶ…Ⅰ；

③ 由各等分点作铅垂线 OA、ⅠB、…、ⅦG，在其上量取各素线在正面投影中的实长，得端点 A、B、…、G；

④ 把 A、B…各端点光滑连接，即得展开图。

三、正圆锥管的展开

正圆锥管的展开图是个扇形。作图时，可看作是棱线无限多的正棱锥，其展开方法与棱锥面相似。

作图步骤如下：

① 将俯圆 12 等分，在主视图上作出相应素线 $S'1'$、$S'2'$…；

② 以素线实长 $S'7'$ 为半径画弧，在圆弧上依次量取 12 段等弦长 ⅠⅡ $=\overset{\frown}{12}$、ⅡⅢ$=\overset{\frown}{23}$…，得一扇形，即为正圆锥管展开图，如图 10-8(b) 所示。

若用计算法，扇形中心角 $\alpha=180°\dfrac{d}{L}$，其展开图如图 10-8(c) 所示。

四、斜口正圆锥管的展开

图 10-9(a) 所示为斜口正圆锥管的两面投影。展开时，一般把斜口正圆锥管假想延伸成完整的正圆锥，即延伸至顶点 S。

(1) 求斜口正圆锥管各素线的实长　求斜口正圆锥管各素线的实长可用旋转法，作图过程如图 10-9 所示。

① 将俯圆进行 12 等分，得 a、b、…各点；

② 根据投影关系求出 a'、b'、…各点，并与 S'相连，即得各素线的正面投影，各素线交于斜口上 $1'$、$2'$、…各点；

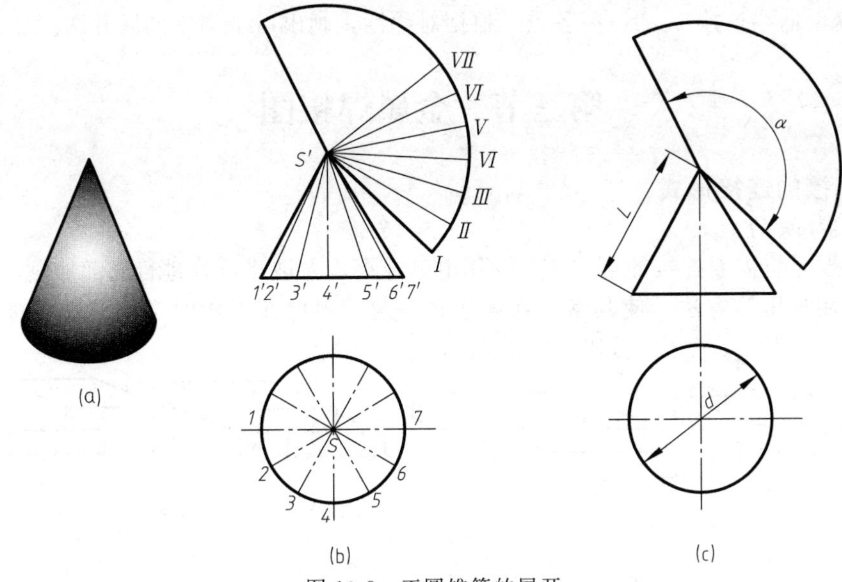

图 10-8 正圆锥管的展开

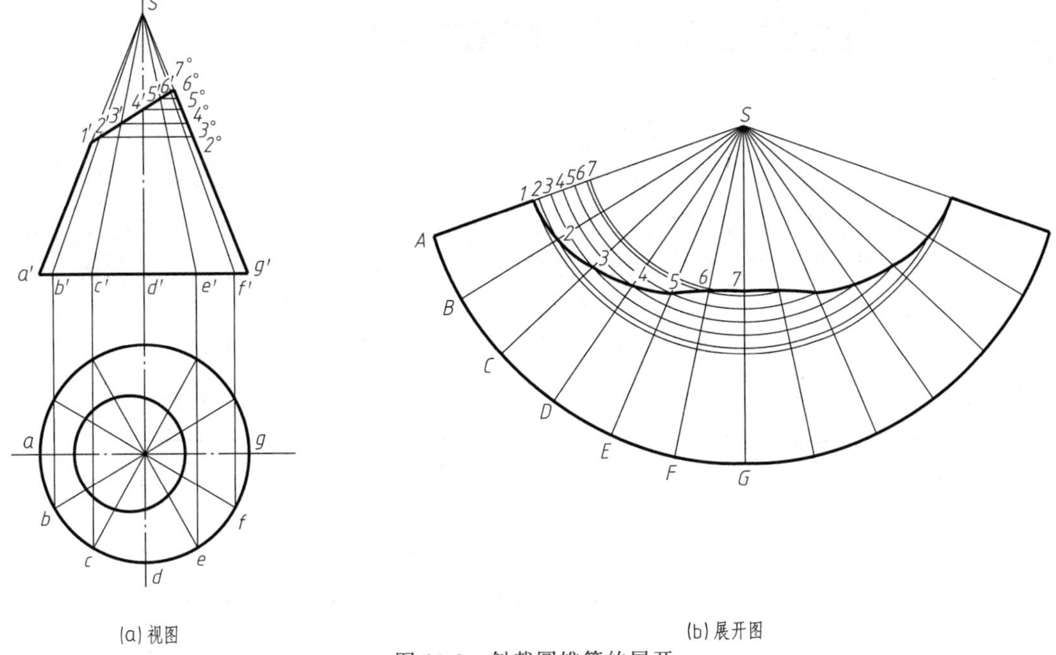

图 10-9 斜截圆锥管的展开

③ 过 2′、3′、4′、5′、6′各点作水平线交于 $s'g'$ 上，得 2°、3°、4°、5°、6°点，1′a'、2°g'、3°g'、4°g'、5°g'、6°g'、7′g'分别是 1A、2B、3C、4D、5E、6F、7G 的实长。

(2) 求斜口正圆锥管的展开图 作图过程如图 10-9(b) 所示。

① 任选一点 S 为圆心，以 $s'g'$为半径画圆弧；

② 以圆锥底圆 1/12 弦长为半径，在圆弧上截取 12 等分，得 A、B、…各点，并与 S 点相连，即得各素线的展开位置；

③ 分别以 S 点为圆心，s'1′、s'2°、s'3°、s'4°、s'5°、s'6°、s'7′为半径画圆弧，交于 SA、SB、…上得 1、2、…各点；

④ 用光滑曲线连接 1、2、…各点，根据对称性，画出后半圆锥的展开图。

第三节　金属焊接图

一、焊接的连接形式

1. 焊接接头的形式

焊接主要是将需要连接的金属零件，用电弧或火焰在被连接处进行局部加热，同时填充熔化金属或用加压等方法，使其熔合而连接在一起。零件在焊接时常用的焊接接头有：对接、塔接头、T 形接、角接，如图 10-10 所示。

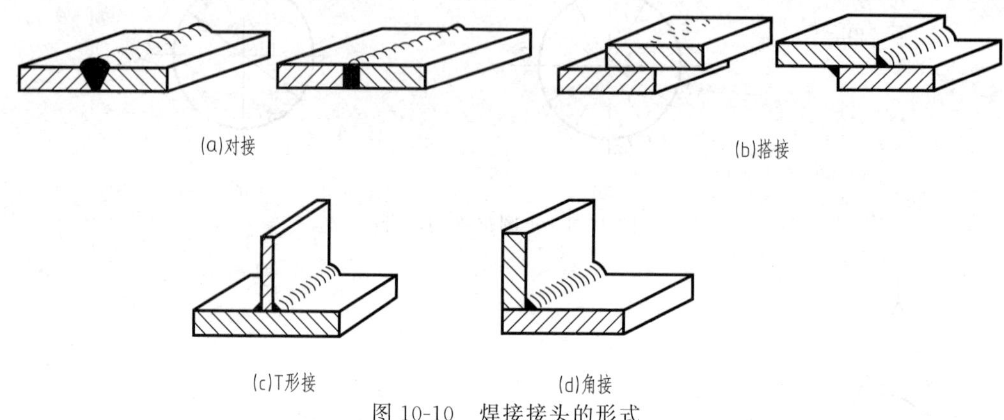

图 10-10　焊接接头的形式

2. 焊缝的规定画法

在视图中，焊缝用一系列粗实线段（允许徒手绘制）表示，也允许采用特粗线（$2d\sim3d$）表示。但在同一图样中只允许采用一种画法。在剖视图或断面图上，金属的熔焊区通常应涂黑表示。当机件的焊缝分布较简单时，可见焊缝一般用可见轮廓线表示，不可见焊缝用虚线表示，在剖视图中，焊缝的剖面形状可以省略不画，如图 10-11 所示。

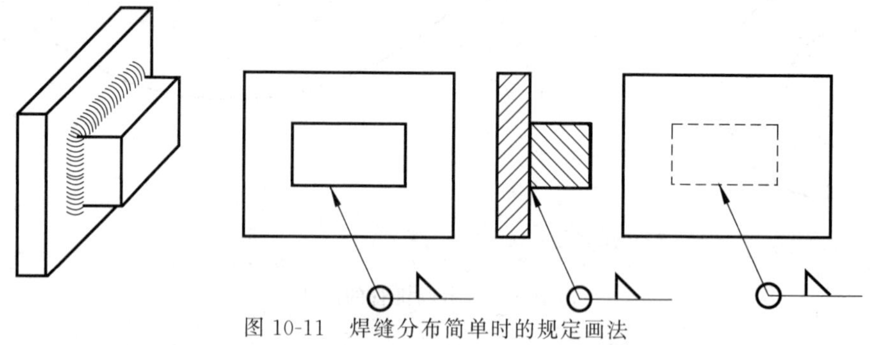

图 10-11　焊缝分布简单时的规定画法

当焊缝分布较复杂时，除标注焊缝代号外，还应该用两倍粗实线或用栅线来表示焊缝，并在剖视图中画出焊缝剖面的大概形状，并用涂黑来表示，如图 10-12 所示。

二、焊缝的表示方法

根据国家标准《焊缝符号表示法》的规定。焊缝符号一般由基本符号与指引线组成。必要时还可以加上辅助符号、补充符号和焊缝尺寸符号。

1. 焊缝符号

（1）基本符号　基本符号是表示焊缝横剖面形状的符号，用粗实线绘制，见表 10-1。

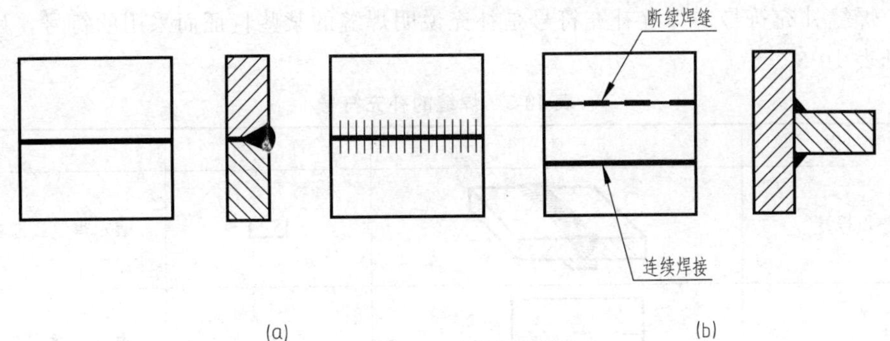

图 10-12　焊缝分布复杂时的规定画法

表 10-1　焊缝的基本符号

焊缝名称	示　意　图	符号	焊缝名称	示　意　图	符号
I 形焊缝		‖	V 形焊缝		V
单边 V 形焊缝		V	带钝边 V 形焊缝		Y
带钝边单边 V 形焊缝		Г	带钝边 U 形焊缝		Y
带钝边 J 形焊缝		Y	角焊缝		◺
点焊缝		○	槽焊缝		⊓

（2）辅助符号　辅助符号表示焊缝表面形状特征的符号。辅助符号用粗实线绘制。常用的辅助符号见表 10-2。不需要确切说明焊缝表面的形状时，可以不用辅助符号。

表 10-2　焊缝的辅助符号

名　　称	示　意　图	符　　号	说　　明
平面符号		—	焊缝表面齐平
凹面符号		◡	焊缝表面凹陷
凸面符号		◠	焊缝表面凸起

（3）焊缝补充符号　焊缝补充符号是补充说明焊缝的某些特征而采用的符号，用粗实线绘制，见表 10-3。

表 10-3　焊缝的补充符号

名　称	示　意　图	符　号	说　明
带垫板符号		▭	表示焊缝底部有垫板
三面焊缝符号		⊏	表示三面带有焊缝（要求符号开口方向与焊缝方向一致）
周围焊缝符号		○	表示环绕工作周围焊缝
现场符号		▶	表示在现场或工地上进行焊接
尾部符号		<	可以参照 GB 5185 标注焊接工艺方法等内容
交错断续符号		Z	两侧焊缝交错断续

2. 符号在图样上的位置

（1）指引线　指引线一般由带箭头的指引线（简称箭头线）和两条基准线（一条为细实线，另一条为细虚线）两部分组成，基准线一般与主标题栏平行。指引线有箭头的一端指向有关焊缝，细虚线表示焊缝在接头的非箭头侧。如图 10-13 所示，在需要表示焊接方法等说明时，可在基准线末端加一尾部符号。

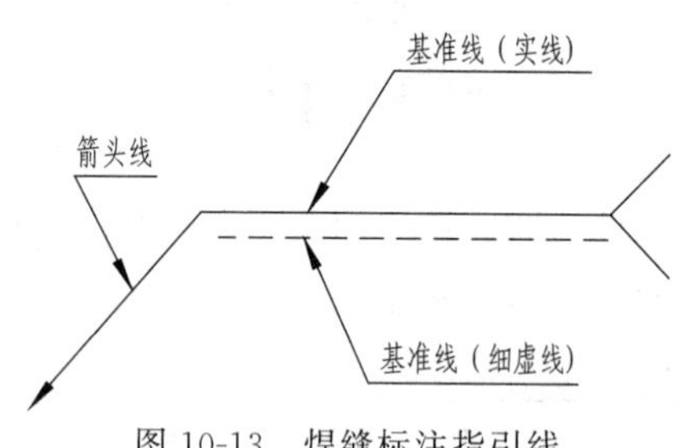

图 10-13　焊缝标注指引线

（2）箭头线的位置　箭头线对于焊缝的位置一般没有特殊的要求。当箭头线直接指向焊缝时，可以指向焊缝的正面或反面。但当标注单边 V 形焊缝、带钝边的单边 V 形焊缝、带钝边 J 形焊缝时，箭头线应当指向有坡口一侧的工件，如图 10-14（a）所示。必要时允许箭头弯折一次，如图 10-14(b）所示。

3. 焊缝的尺寸符号

焊缝尺寸主要是指焊缝横截面形状的尺寸，焊缝的尺寸一般不标准。如设计或生产需要注明焊缝尺寸时，可按（GB 324—1988）焊缝代号的规定标注。常用的焊缝尺寸符号见表 10-4。

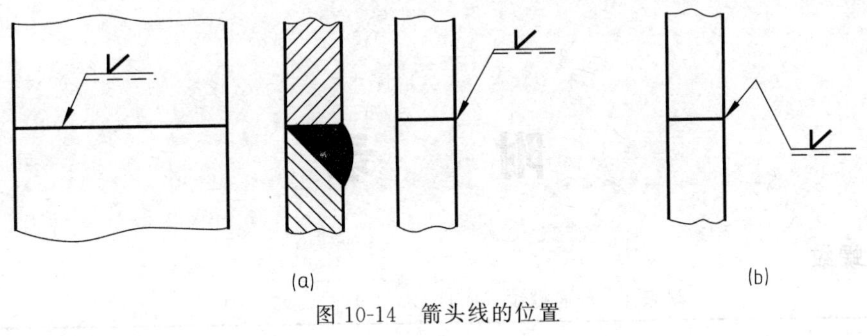

图 10-14 箭头线的位置

表 10-4 常用的焊缝尺寸符号

符号	名称	示意图	符号	名称	示意图
δ	工件厚度		α	坡口角度	
b	根部间隙		β	坡口面角度	
P	钝边		K	焊角尺寸	
H	坡口深度		l	焊缝长度	
c	焊缝宽度		n	焊缝段数	$n=5$
S	焊缝有效厚度		e	焊缝间隙	
h	余高		N	相同焊缝数量	$N=3$
R	根部半径				
d	熔核直径				

为使图样清晰和减轻绘图工作量，可按国家标准《GB/T 324—1988 焊缝符号表示法》中规定的焊缝符号表示焊缝。

附　　录

一、螺纹

附表 1　普通螺纹（摘自 GB/T 193、196—2003）　　mm

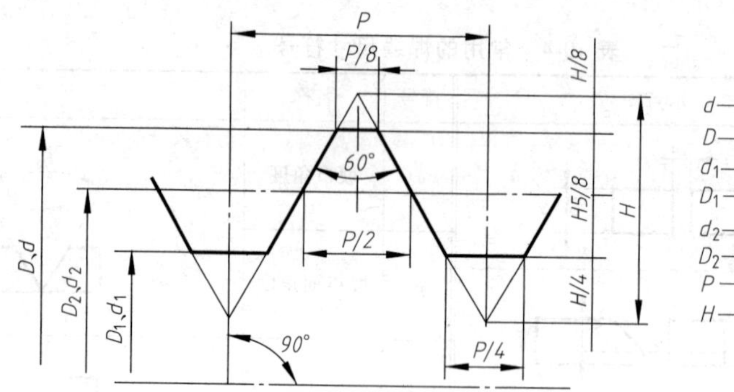

标记示例：

M12-5g（粗牙普通外螺纹，公称直径 d＝12，中径及大径公差带均为 5g，中等旋合长度、右旋）

M12×1.5—6HLH（普通细牙内螺纹、公称直径 D＝12、螺距 P＝1、中径及小径公差带均为 6H、中等旋合长度、左旋）

M12×1.5-6H-LH

<table>
<tr><th colspan="3">公称直径 D、d</th><th colspan="2">螺距 P</th><th rowspan="2">粗牙螺纹小径 D₁、d₁</th></tr>
<tr><th>第一系列</th><th>第二系列</th><th>第三系列</th><th>粗牙</th><th>细牙</th></tr>
<tr><td>4</td><td></td><td></td><td>0.7</td><td rowspan="2">0.5</td><td>3.242</td></tr>
<tr><td>5</td><td></td><td></td><td>0.8</td><td>4.134</td></tr>
<tr><td>6</td><td></td><td></td><td rowspan="2">1</td><td rowspan="2">0.75、(0.5)</td><td>4.917</td></tr>
<tr><td></td><td></td><td>7</td><td>5.917</td></tr>
<tr><td>8</td><td></td><td></td><td>1.25</td><td>1、0.75、(0.5)</td><td>6.647</td></tr>
<tr><td>10</td><td></td><td></td><td>1.5</td><td>1.25、1、0.75、(0.5)</td><td>8.376</td></tr>
<tr><td>12</td><td></td><td></td><td>1.75</td><td rowspan="2">1.5、1.25、1、(0.75)、(0.5)</td><td>10.106</td></tr>
<tr><td></td><td>14</td><td></td><td>2</td><td>11.835</td></tr>
<tr><td></td><td></td><td>15</td><td></td><td>1.5、(1)</td><td>13.376</td></tr>
<tr><td>16</td><td></td><td></td><td>2</td><td>1.5、1、(0.75)、(0.5)</td><td>13.835</td></tr>
<tr><td></td><td>18</td><td></td><td rowspan="3">2.5</td><td rowspan="3">2、1.5、1、(0.75)、(0.5)</td><td>15.294</td></tr>
<tr><td>20</td><td></td><td></td><td>17.294</td></tr>
<tr><td></td><td>22</td><td></td><td>19.294</td></tr>
<tr><td>24</td><td></td><td></td><td>3</td><td>2、1.5、1、(0.75)</td><td>20.752</td></tr>
<tr><td></td><td></td><td>25</td><td></td><td>2、1.5、(1)</td><td>22.835</td></tr>
<tr><td></td><td>27</td><td></td><td>3</td><td>2、1.5、(1)、(0.75)</td><td>23.752</td></tr>
<tr><td>30</td><td></td><td></td><td rowspan="2">3.5</td><td rowspan="2">(3)、2、1.5、(1)、(0.75)</td><td>26.211</td></tr>
<tr><td></td><td>33</td><td></td><td>29.211</td></tr>
<tr><td></td><td></td><td>35</td><td></td><td>1.5</td><td>33.376</td></tr>
<tr><td>36</td><td></td><td></td><td rowspan="2">4</td><td rowspan="2">3、2、1.5、(1)</td><td>31.670</td></tr>
<tr><td></td><td>39</td><td></td><td>34.670</td></tr>
<tr><td></td><td></td><td>40</td><td></td><td>(3)、(2)、1.5</td><td>36.752</td></tr>
<tr><td>42</td><td></td><td></td><td rowspan="2">4.5</td><td rowspan="3">(4)、3、2、1.5、(1)</td><td>37.129</td></tr>
<tr><td></td><td>45</td><td></td><td>40.129</td></tr>
<tr><td>48</td><td></td><td></td><td>5</td><td>42.587</td></tr>
</table>

注：1. 优先选用第一系列，其次是第二系列，第三系列尽可能不选用。

2. M14×1.25 仅用于火花塞；M35×1.5 仅用于滚动轴承锁紧螺钉。

3. 括号内尺寸尽可能不选用。

附表 2 管螺纹

mm

用螺纹密封的管螺纹（摘自 GB/T 7306—2000）　　非螺纹密封的管螺纹（摘自 GB/T 7307—2001）

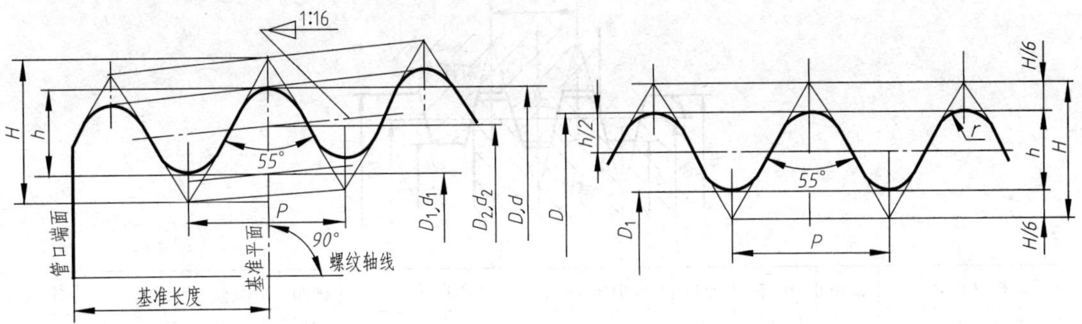

标记示例：

R½（圆锥外螺纹、右旋、尺寸代号为½）

R_C½（圆锥内螺纹、右旋、尺寸代号为½）

R_P½—LH（圆柱内螺纹、左旋、尺寸代号为½）

标记示例：

G½A—LH（外螺纹、左旋、A 级、尺寸代号为½）

G½B（外螺纹、右旋、B 级、尺寸代号为½）

G½（内螺纹、右旋、尺寸代号为½）

尺寸代号	基面上的直径（GB/T 7306）基本直径（GB/T 7307）			螺距 P	牙高 h	圆弧半径 r	每 25.4mm 内的牙数 n	有效螺纹长度（GB/T 7306）	基准的基本长度（GB/T 7306）
	大径 $d=D$	中径 $d_2=D_2$	小径 $d_1=D_1$						
1/16	7.723	7.142	76.561	0.907	0.581	0.125	28	6.5	4.0
1/8	9.728	9.147	8.566						
1/4	13.157	12.301	11.445	1.337	0.856	0.184	19	9.7	6.0
3/8	16.662	15.806	14.950					10.1	6.4
1/2	20.955	19.793	18.631	1.814	1.162	0.249	14	13.2	8.2
3/4	26.441	25.279	24.117					14.5	9.5
1	33.249	31.770	30.291	2.309	1.479	0.317	11	16.8	10.4
1¼	41.910	40.431	38.952					19.1	12.7
1½	47.803	46.324	44.845						
2	59.614	58.135	56.656					23.4	15.9
2½	75.184	73.705	72.226					26.7	17.5
3	87.884	86.405	84.926					29.8	20.6
4	113.030	111.551	136.951					35.8	25.4
5	138.430	136.951	135.472					40.1	28.6
6	163.830	162.351	160.872						

附表 3　梯形螺纹（摘自 GB/T 5796.2—2005、GB/T 5796.3—2005）　　mm

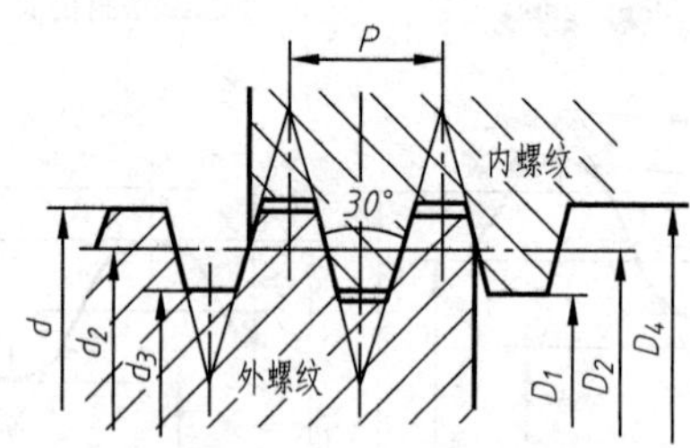

公称直径 d		螺距	中径	大径	小径	
第一系列	第二系列	P	$d_2=D_2$	D_4	d_3	D_1
8		1.5	7.25	8.30	6.20	6.50
	9	1.5	8.25	9.30	7.20	7.50
		2	8.00	9.50	6.50	7.00
10		1.5	9.25	10.30	8.20	8.50
		2	9.00	10.50	7.50	8.00
	11	2	10.00	11.50	8.50	9.00
		3	9.50	11.50	7.50	8.00
12		2	11.00	12.50	9.50	10.00
		3	10.50	12.50	8.50	9.00
	14	2	13.00	14.50	11.50	12.00
		3	12.50	14.50	10.50	11.00
16		2	15.00	16.50	13.50	14.00
		4	14.00	16.50	11.50	12.00
	18	2	17.00	18.50	15.50	16.00
		4	16.00	18.50	13.50	14.00
20		2	19.00	20.50	17.50	18.00
		4	18.00	20.50	15.50	16.00
	22	3	20.50	22.50	18.50	19.00
		5	19.50	22.50	16.50	17.00
		8	18.00	23.00	13.00	14.00
24		3	22.50	24.50	20.50	21.00
		5	21.50	24.50	18.50	19.00
		8	20.00	25.00	15.00	16.00
	26	3	24.50	26.50	22.50	23.00
		5	23.50	26.50	20.50	21.00
		8	22.00	27.50	17.50	18.00
28		3	26.50	28.50	24.50	25.00
		5	25.50	28.50	22.50	23.00
		8	24.00	29.00	19.00	20.00
	30	3	28.50	30.50	26.50	29.00
		6	27.00	31.00	23.00	24.00
		10	25.00	31.00	19.00	20.00
32		3	30.50	32.50	28.50	29.00
		6	29.00	33.00	25.00	26.00
		10	27.00	33.00	21.00	22.00
	34	3	32.50	34.50	30.50	31.00
		6	31.00	35.00	27.00	28.00
		10	29.00	35.00	23.00	24.00
36		3	34.50	36.50	32.50	33.00
		6	33.00	37.00	29.00	30.00
		10	31.00	37.00	25.00	26.00
	38	3	36.50	38.50	34.50	35.00
		7	34.50	39.00	30.00	31.00
		10	33.00	39.00	27.00	28.00
40		3	38.50	40.50	36.50	37.00
		7	36.50	41.00	32.00	33.00
		10	35.00	41.00	29.00	30.00

二、常用标准件

附表 4　六角头螺栓　　mm

六角头螺栓—C 级(GB/T 5780—2000)、六角头螺栓—A 和 B 级(GB/T 5782—2000)

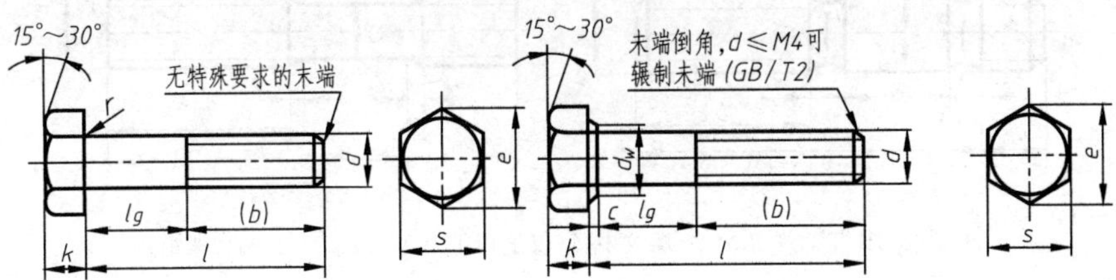

标记示例：

螺纹规格 d＝M12、公称长度 l＝80、性能等级为 8.8 级，表面氧化、A 级的六角头螺栓

螺栓　GB/T 5782　M12×80

螺纹规格 d			M3	M4	M5	M6	M8	M10	M12	M16	M20	M24	M30	M36	M42
b 参考	l≤125		12	14	16	18	22	26	30	38	46	54	66	—	—
	125＜l≤200		18	20	22	24	28	32	36	44	52	60	72	84	96
	l＞200		31	33	35	37	41	45	49	57	65	73	85	97	109
c			0.4	0.4	0.5	0.5	0.6	0.6	0.6	0.8	0.8	0.8	0.8	0.8	1
d_w	产品等级	A	4.57	5.88	6.88	8.88	11.63	14.63	16.63	22.49	28.19	33.61	—	—	—
		B、C	4.45	5.74	6.74	8.74	11.47	14.47	16.47	22	27.7	33.25	42.75	51.11	59.95
e	产品等级	A	6.01	7.66	8.79	11.05	14.38	17.77	20.03	26.75	33.53	39.98	—	—	—
		B、C	5.88	7.50	8.63	10.89	14.20	17.59	19.85	26.17	32.95	39.55	50.85	60.79	72.02
k　公称			2	2.8	3.5	4	5.3	6.4	7.5	10	12.5	15	18.7	22.5	26
r			0.1	0.2	0.2	0.25	0.4	0.4	0.6	0.6	0.8	0.8	1	1	1.2
s　公称			5.5	7	8	10	13	16	18	24	30	36	46	55	65
l(商品规格范围)			20～30	25～40	25～50	30～60	40～80	45～100	50～120	65～160	80～200	90～240	110～300	140～360	160～440
l 系列			12,16,20,25,30,35,40,45,50,55,60,65,70,80,90,100,110,120,130,140,150,160,180,200,220,240,260,280,300,320,340,360,380,400,420,440,460,480,500												

注：1. A 级用于 d≤24 和 l≤10d 或≤150 的螺栓；

B 级用于 d＞24 和 l＞10d 或＞150 的螺栓。

2. 螺纹规格 d 范围：GB/T 5780 为 M5～M64；GB/T 5782 为 M1.6～M64。

3. 公称长度范围：GB/T 5780 为 25～500；GB/T 5782 为 12～500。

附表 5　双头螺柱（GB/T 897—1988、GB/T 898—1988、GB/T 899—1988、GB/T 900—1988）

mm

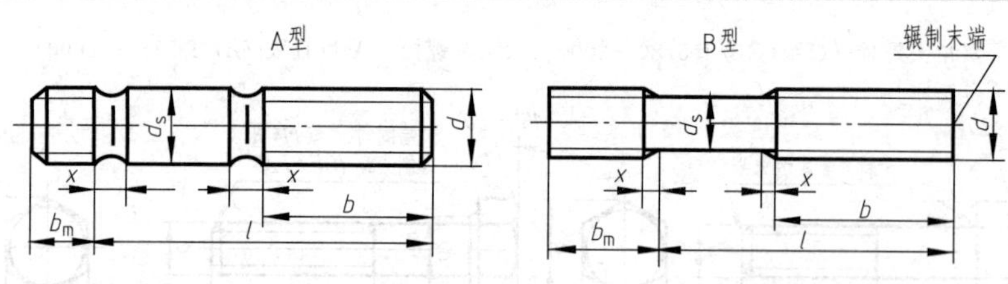

末端按 GB/T 2 规定；d_s≈螺纹中径（仅适用于 B 型）；$x_{max}=1.5P$（螺距）

标记示例：

两端均为粗牙普通螺纹，$d=10$mm，$l=50$mm，性能等级为 4.8 级，不经表面处理，B 型，$b_m=1.25d$ 的双头螺柱

螺柱　GB/T 898—1988　M10×1×50

旋入机体一端为粗牙普通螺纹、旋入螺母一端为螺距 $P=1$mm 的细牙普通螺纹，$d=10$mm，$l=5$mm，性能等级为 4.8 级、不经表面处理，A 型，$b_m=1.25d$ 的双头螺柱

螺柱　GB/T 898—1988　AM10—M10×1×50

螺纹规格	b_m				l/b
	GB/T 897—1988 $b_m=1d$	GB/T 898—1988 $b_m=1.25d$	GB/T 899—1988 $b_m=1.5d$	GB/T 900—1988 $b_m=2d$	
M5	5	6	8	10	16～22/10，25～50/16
M6	6	8	10	12	20～22/10，25～30/14，32～75/18
M8	8	10	12	16	20～22/12，25～30/16，32～90/22
M10	10	12	15	20	25～28/14，30～38/16，40～120/26，130/32
M12	12	15	18	24	25～30/16，32～40/20，45～120/30，130～180/36
(M14)	14	18	21	28	30～35/18，38～50/25，55～120/34，130～180/40
M16	16	20	24	32	30～35/20，40～55/30，60～120/38，130～200/44
(M18)	18	22	27	36	35～40/22，45～60/35，65～120/42，130～200/48
M20	20	25	30	40	30～40/25，45～65/35，70～120/46，130～200/52
(M22)	22	28	33	44	40～55/30，50～7/40，75～120/50，130～200/56
M24	24	30	36	48	45～50/30，55～75/45，80～120/54，130～200/60
(M27)	27	35	40	54	50～60/35，65～85/50，90～120/60，130～200/66
M30	30	38	45	60	60～65/40，70～90/50，95～120/66，130～200/72
(M33)	33	41	49	66	65～70/45，75～95/60，100～120/72，130～200/78
M36	36	45	54	72	65～75/45，80～110/60，130～200/84，210～300/97
(M39)	39	49	58	78	70～80/50，85～120/65，120/90，210～300/103
M42	42	52	64	84	70～80/50，85～120/70，130～200/96，210～300/109
M48	48	60	72	96	80～90/60，95～110/80，130～200/108，210～300/121
(l 系列)	16，(18)，20，(22)，25，(28)，30，(32)，35，(38)，40，45，50，(55)，60，(65)，70，(75)，80，(85)，90，(95)，100，110，120，130，140，150，160，170，180，190，200，210，220，230，240，250，260，270，280，290，300				

注：1. 尽可能不采用括号内的规格。

2. P—粗牙螺纹的螺距。

附表 6 螺钉（摘自 GB/T 67～69—2000）

mm

开槽盘头螺钉(GB/T 67—2000)　开槽沉头螺钉(GB/T 68—2000)　开槽半沉头螺钉(GB/T 69—2000)

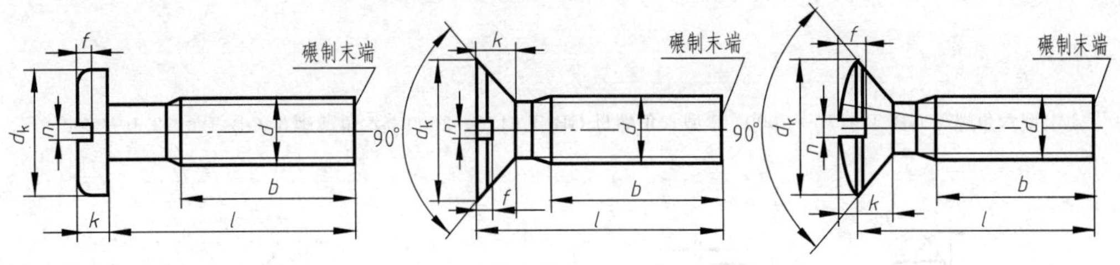

标记示例：

螺钉 GB/T 69—2000 M6×25

（螺纹规格 $d=6$、公称长度 $l=25$、性能等级为 4.8 级、不经表面处理的开槽半沉头螺钉）

螺纹规格 d	P	b_{min}	n	f	r_f	k_{max}		d_{kmax}		t_{max}			l 范围		全螺纹时最大长度	
				GB/T 69	GB/T 69	GB/T 67	GB/T 68 GB/T 69	GB/T 67	GB/T 68 GB/T 69	GB/T 67	GB/T 68	GB/T 69	GB/T 67	GB/T 68 GB/T 69	GB/T 67	GB/T 68
M2	0.4	25	0.5	0.5	4	1.3	1.2	4.0	3.8	0.5	0.4	0.8	2.5～20	3～20	30	30
M3	0.5	25	0.8	0.7	6	1.8	1.65	5.6	5.5	0.7	0.6	1.2	4～30	5～30		
M4	0.7	38	1.2	1	9.5	2.4	2.7	8.0	8.4	1	1	1.6	5～40	6～40	40	45
M5	0.8	38	1.2	1.2	9.5	3.0	2.7	9.5	9.3	1.2	1.1	2	6～50	8～50		
M6	1	38	1.6	1.4	12	3.6	3.3	12	11.3	1.4	1.2	2.4	8～60	8～60		
M8	1.25	38	2	2	16.5	4.8	4.65	16	15.8	1.9	1.8	3.2	10～80	10～80		
M10	1.5	38	2.5	2.3	19.5	6	5	20	18.3	2.4	2	3.8	12～80	12～80		
l 系列	2、2.5、3、4、5、6、8、10、12、(14)、16、20～50(5 进位)、(55)、60、(65)、70、(75)、80															

注：螺纹公差为 6g；机械性能等级为 4.8、5.8；产品等级为 A。

附表 7 紧定螺钉（摘自 GB/T 71、73、75—1985）

mm

开槽锥端紧定螺钉（摘自 GB/T 71—1985）　开槽平端紧定螺钉（摘自 GB/T 73—1985）　开槽长圆柱端端紧定螺钉（摘自 GB/T 75—1985）

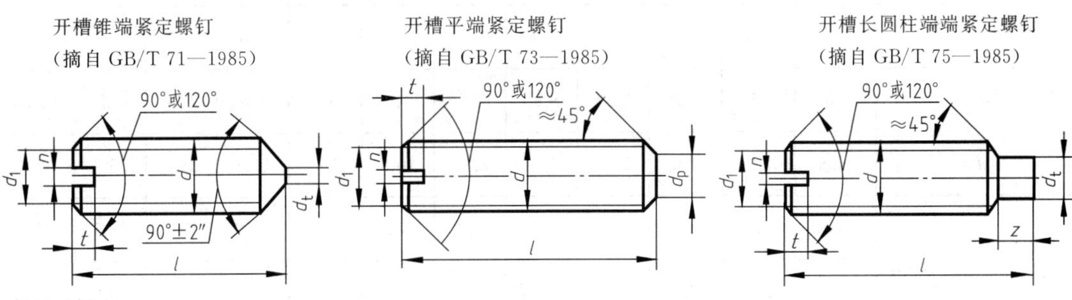

标记示例：

螺钉 GB/T 73—1985 M6×12

（螺纹规格 $d=6$、公称长度 $l=12$、性能等级为 14H 级、表面氧化的开槽平端紧定螺钉）

螺纹规格 d	P	d_f≈	d_{tmax}	d_{pmax}	n 公称	t_{max}	z_{max}	l 范围		
								GB/T 71	GB/T 73	GB/T 75
M2	0.4	螺纹小径	0.2	1	0.25	0.84	1.25	3～10	2～10	3～10
M3	0.5		0.3	2	0.4	1.05	1.75	4～16	3～16	5～16
M4	0.7		0.4	2.5	0.6	1.42	2.25	6～20	4～20	6～20
M5	0.8		0.5	3.5	0.8	1.63	2.75	8～25	5～25	8～26
M6	1		1.5	4	1	2	3.25	8～30	6～30	8～30
M8	1.25		2	5.5	1.2	2.5	4.3	10～40	8～40	10～40
M10	1.5		2.5	7	1.6	3	5.3	12～50	10～50	12～50
M12	1.75		3	8.5	2	3.6	6.3	14～60	12～60	14～60
l 系列	2、2.5、3、4、5、6、8、10、12、(14)、16、20、25、30、35、40、45、50、(55)、60									

附表 8 螺母 mm

1 型六角螺母 GB/T 6170—2000 2 型六角螺母 GB/T 6175—2000 六角薄螺母 GB/T 6172.1—2000

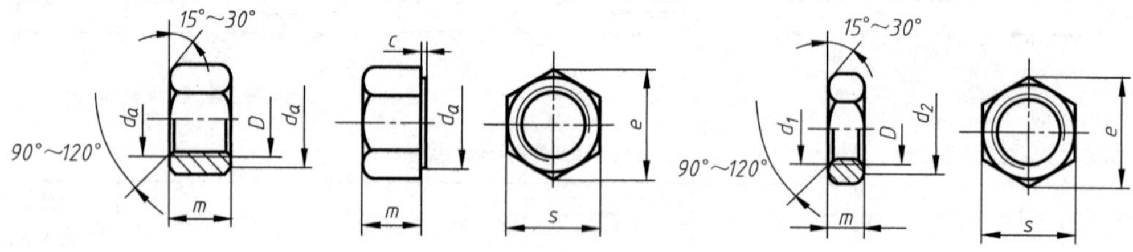

标记示例：

螺纹规格 D=M10、性能等级为 8 级、不经表面处理、产品等级为 A 级的 1 型六角螺母，标记为螺母 GB/T 6170 M10

螺纹规格 D		M3	M4	M5	M6	M8	M10	M12	M16	M20	M24	M30
e	min	6.01	7.66	8.79	11.05	14.38	17.77	20.03	26.75	32.95	39.55	50.85
s	max	5.5	7	8	10	13	16	18	24	30	36	46
	min	5.32	6.78	7.78	9.78	12.73	15.73	17.73	23.67	29.16	35	45
c	min	0.4	0.4	0.5	0.5	0.6	0.6	0.6	0.8	0.8	0.8	0.8
d_w	min	4.57	5.88	6.88	8.88	11.63	14.63	16.63	22.49	27.7	33.25	42.75
d_s	max	3.45	4.6	5.75	6.75	8.75	10.8	13	17.3	21.6	25.9	32.4
m GB/T 6170—2000	max	2.4	3.2	4.7	5.2	6.8	8.4	10.8	14.8	18	21.5	25.6
	min	2.15	2.9	4.4	4.9	6.44	8.04	10.37	14.1	16.9	20.2	24.3
m GB/T 6172.1—2000	max	1.8	2.2	2.7	3.2	4	5	6	8	10	12	15
	min	1.55	1.95	2.45	2.9	3.7	4.7	5.7	7.42	9.1	10.9	13.9
m GB/T 6175—2000	max	—	—	5.1	5.7	7.5	9.3	12	16.4	20.3	23.9	28.6
	min	—	—	4.8	5.4	7.14	8.94	11.57	15.7	19	22.6	27.3

注：1. GB/T 6170—2000 和 GB/T 6172.1—2000 的螺纹规格为 M1.6～M64；GB/T 6175—2000 的螺纹规格 M5～M36。

2. 产品等级为 A、B 是由公差取值大小决定的，A 级公差数值小。A 级用于 $D\leqslant$16mm 的螺母，B 级用于 $D>$16mm 的螺母。

3. 钢制 1 型和 2 型螺母用与之相配的螺栓性能等级最高的第一部分数值标记，1 型螺母的性能等级有 6 级、8 级、10 级，8 级为常用。2 型螺母的性能等级有 9 级、12 级，9 级为常用。薄螺母的性能等级有 04、05 级，04 级为常用。

附表 9 垫圈

mm

平垫圈—A 级(摘自 GB/T 97.1—2002) 平垫圈倒角型—A 级(摘自 GB/T 97.2—2002)
小垫圈—A 级(摘自 GB/T 848—2002) 平垫圈—C 级(摘自 GB/T 95—2002) 大垫圈—A 和 C 级(摘自 GB/T 96—2002)

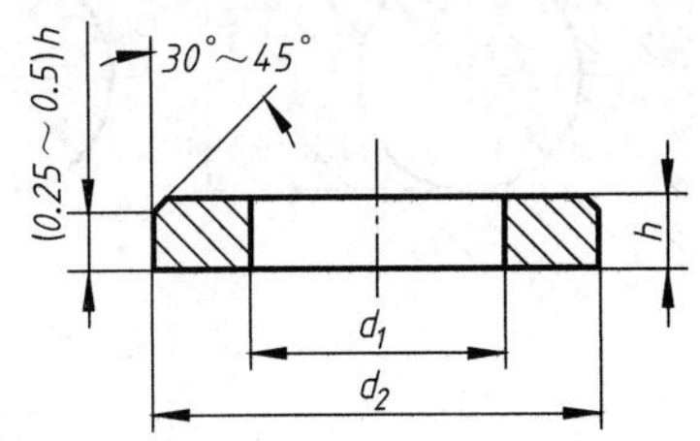

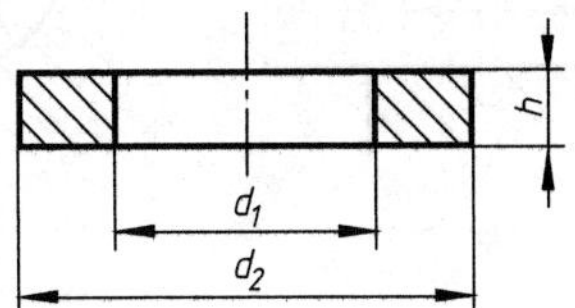

标记示例:
垫圈 GB/T 95—2002 10—100HV
(标准系列、公称尺寸 d=10、性能等级为 100HV 级、不经表面处理的平垫圈)
垫圈 GB/T 97.2—2002 10—A140
(标准系列、公称尺寸 d=10、性能等级为 A140HV 级、倒角型、不经表面处理的平垫圈)

公称直径 d (螺纹规格)		4	5	6	8	10	12	14	16	20	24	30	36	42	48
GB/T 848—2002 (A 级)	d_1	4.3	5.3	6.4	8.4	10.5	13	15	17	21	25	31	37	—	—
	d_2	8	9	11	15	18	20	24	28	34	39	50	60	—	—
	h	0.5	1	1.6	1.6	1.6	2	2.5	2.5	3	4	4	5	—	—
GB/T 97.1—2002 (A 级)	d_1	4.3	5.3	6.4	8.4	10.5	13	15	17	21	25	31	37	—	—
	d_2	9	10	12	16	20	24	28	30	37	44	56	66	—	—
	h	0.8	1	1.6	1.6	2	2.5	2.5	3	3	4	4	5	—	—
GB/T 97.2—2002 (A 级)	d_1	—	5.3	6.4	8.4	10.5	13	15	17	21	25	31	37	—	—
	d_2	—	10	12	16	20	24	28	30	37	44	56	66	—	—
	h	—	1	1.6	1.6	2	2.5	2.5	3	3	4	4	5	—	—
GB/T 95—2002 (C 级)	d_1	—	5.5	6.6	9	11	13.5	15.5	17.5	22	26	33	39	45	52
	d_2	—	10	12	16	20	24	28	30	37	44	56	66	78	92
	h	—	1	1.6	1.6	2	2.5	2.5	3	3	4	4	5	8	8
GB/T 96—2002 (A 级和 C 级)	d_1	4.3	5.6	6.4	8.4	10.5	13	15	17	22	26	33	39	45	52
	d_2	12	15	18	24	30	37	44	50	60	72	92	110	125	145
	h	1	1.2	1.6	2	2.5	3	3	3	4	5	6	8	10	10

注:1. A 级适用于精装配系列,C 级适用于中等装配系列。
2. C 级垫圈没有 Ra3.2 和去毛刺的要求。

附表 10 平键及键各部分尺寸（GB/T 1095、1096—2003） mm

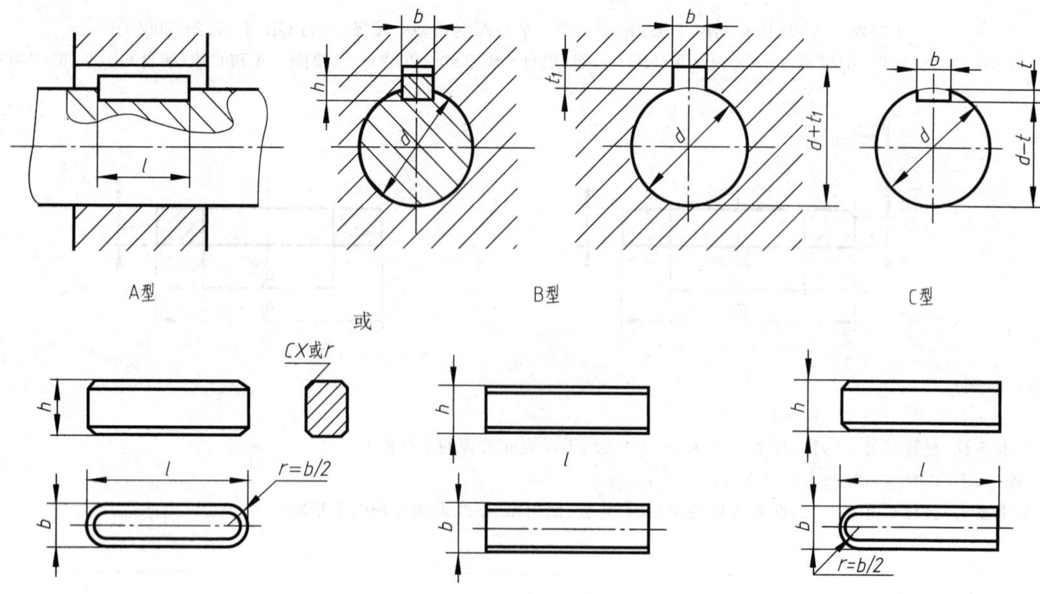

标记示例：

键 12×60 GB/T 1096—2003(圆头普通平键、$b=12$、$h=8$、$l=60$)

键 B12×60 GB/T 1096—2003(平头普通平键、$b=12$、$h=8$、$l=60$)

键 C12×60 GB/T 1096—2003(单圆头普通平键、$b=12$、$h=8$、$l=60$)

轴	键		键槽											
公称直径 d	公称尺寸 $b\times h$	长度 l	宽度 b						深度				半径 r	
			公称尺寸 b	极限偏差					轴 t		毂 t_1			
				较松键连接		一般键连接		较紧键连接						
				轴 H9	毂 D10	轴 N9	毂 JS9	轴和毂 P9	公称	偏差	公称	偏差	最大	最小
>10～12	4×4	8～45	4	+0.030 +0.000	+0.078 +0.030	−0.000 −0.030	±0.015	−0.012 −0.042	2.5	+0.1 0	1.8	+0.1 0	0.08	0.16
>12～17	5×5	10～56	5						3.0		2.3		0.16	0.25
>17～22	6×6	14～70	6						3.5		2.8			
>22～30	8×7	18～90	8	+0.036 +0.000	+0.098 +0.040	−0.000 −0.036	±0.018	−0.015 −0.051	4.0	+0.2 0	3.3	+0.2 0		
>30～38	10×8	22～110	10						5.0		3.3		0.25	0.40
>38～44	12×8	28～140	12	+0.043 +0.003	+0.120 +0.050	−0.003 −0.043	±0.0215	−0.018 −0.061	5.0		3.3			
>44～50	14×9	36～160	14						5.5		3.8			
>50～58	16×10	45～180	16						6.0		4.3			
>58～65	18×11	50～200	18						7.0		4.4			
>65～75	20×12	56～220	20	+0.052 +0.002	+0.149 +0.065	−0.052 −0.052	±0.062	−0.002 −0.074	7.5		4.9		0.40	0.60
>75～85	22×14	63～250	22						9.0		5.4			
>85～95	25×14	70～280	25						9.0		5.4			
>95～110	28×16	80～320	28						10.0		6.4			

注：1. 键 b 的极限偏差为 h9，键 h 的极限偏差为 h11，键长 l 的极限偏差 h14。

2. $d-t$ 和 $d+t_1$ 两组组合尺寸的极限偏差按相应的 t 和 t_1 的极限偏差选取，但 $d-t$ 极限偏差应取负号（−）。

3. l 系列：6～22（2 进位）、25、28、32、36、40、45、50、56、63、70、80、90、100、110、125、140、160、180、200、220、250、280、320、360、400、450、500。

附表 11 圆柱销 不淬硬钢和奥氏体不锈钢（GB/T 119.1—2000）、圆柱销 淬硬钢和马氏体不锈钢（GB/T 119.2—2000）

mm

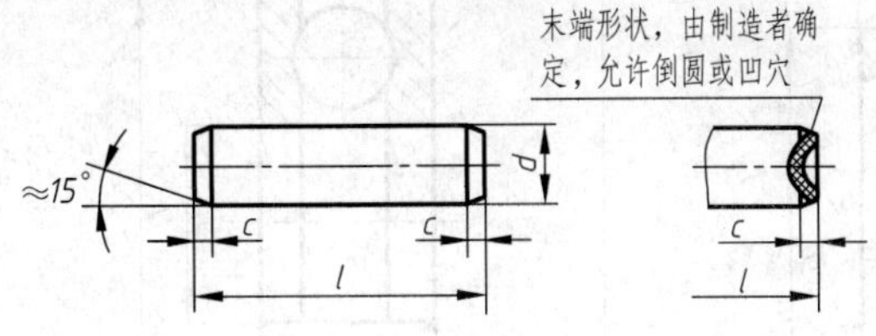

标记示例：

公称直径 d=6mm、公差 m6、公称长度 l=30mm、材料为钢、不经淬火、不经表面处理的圆柱销，其标记为：

销 GB/T 119.1 6m6×30

公称直径 d=6mm、公称长度 l=30mm、材料为钢、普通淬火（A 型）、表面氧化处理的圆柱销，其标记为：

销 GB/T 119.2 6×30

公称直径 d		3	4	5	6	8	10	12	16	20	25	30	40	50
c≈		0.50	0.63	0.80	1.2	1.6	2.0	2.5	3.0	3.5	4.0	5.0	6.3	8.0
公称长度 l	GB/T 119.1	8～30	8～40	10～50	12～60	14～80	18～95	22～140	26～180	35～200	50～200	60～200	80～200	95～200
	GB/T 119.2	8～30	10～40	12～50	14～60	18～80	22～100	26～100	40～100	50～100	—	—	—	—
l 系列		8,10,12,14,16,18,20,22,24,26,28,30,32,35,40,45,50,55,60,65,70,75,80,85,90,95,100,120,140,160,180,200												

注：1. GB/T 119.1—2000 规定圆柱销的公称直径 d=0.6～50mm，公称长度 l=2～200mm，公差有 m6 和 h8。

2. GB/T 119.2—2000 规定圆柱销的公称直径 d=1～20mm，公称长度 l=3～100mm，公差仅有 m6。

3. 当圆柱销公差为 h8 时，其表面粗糙度 Ra≤1.6μm。

附表 12 圆锥销（GB/T 117—2000）

mm

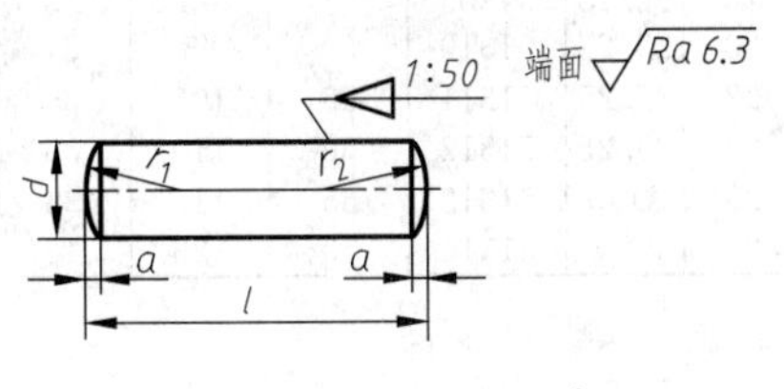

$r_1 \approx d \quad r_2 \approx d+\frac{a}{2}+\frac{(0.02l)^2}{8a}$

标记示例：

公称直径 d=10mm、公称长度 l=60mm、材料为 35 钢、热处理硬度（28～38）HRC、表面氧化处理的 A 型圆锥销，其标记为：

销 GB/T 117 10×60

公称直径 d	4	5	6	8	10	12	16	20	25	30	40	50
a≈	0.5	0.63	0.8	1	1.2	1.6	2	2.5	3	4	5	6.3
公称长度 l	14～55	18～60	22～90	22～120	26～160	32～180	40～200	45～200	50～200	55～200	60～200	65～200
l 系列	2,3,4,5,6,8,10,12,14,16,18,20,22,24,26,28,30,32,35,40,45,50,55,60,65,70,75,80,85,90,95,100,120,140,160,180,200											

注：1. 标准规定圆锥销的公称直径 d=0.6～50mm。

2. 有 A 型和 B 型。A 型为磨削，锥面表面粗糙度 Ra=0.8μm；B 型为切削或冷镦，锥面粗糙度 Ra=3.2μm。

附表 13 滚动轴承

深沟球轴承
(GB/T 276—1994)

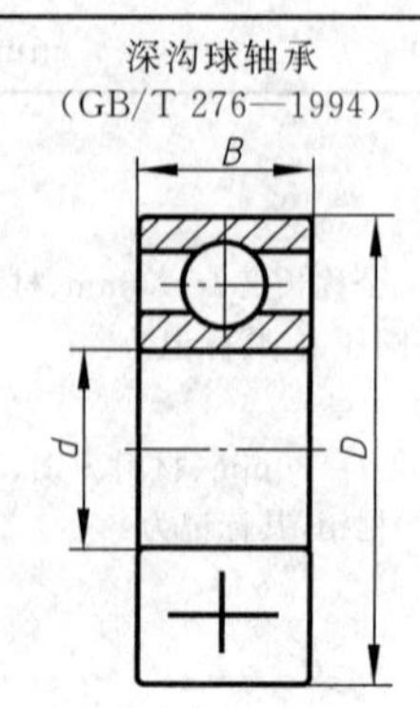

标记示例：
滚动轴承 6212 GB/T 276—1994

圆锥滚子轴承
(GB/T 297—1994)

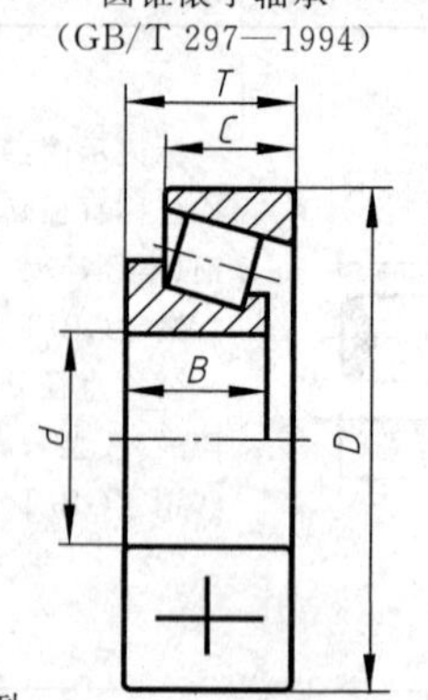

标记示例：
滚动轴承 30213 GB/T 297—1994

推力球轴承
(GB/T 301—1995)

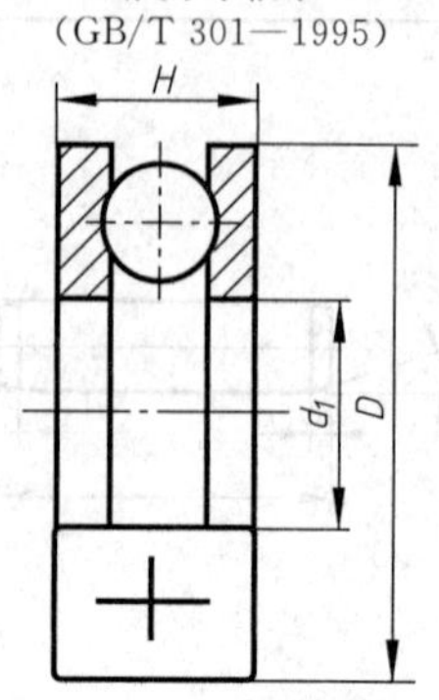

标记示例：
滚动轴承 51304 GB/T 301—1995

轴承型号	尺寸/mm			轴承型号	尺寸/mm					轴承型号	尺寸/mm			
	d	D	B		d	D	B	C	T		d	D	H	$d_{1\min}$
尺寸系列(02)				尺寸系列(02)						尺寸系列(12)				
6202	15	35	11	30203	17	40	12	11	13.25	51202	15	32	12	17
6203	17	40	12	30204	20	47	14	12	15.25	51203	17	35	12	19
6204	20	47	14	30205	25	52	15	13	16.25	51204	20	40	14	22
6205	25	52	15	30206	30	62	16	14	17.25	51205	25	47	15	27
6206	30	62	16	30207	35	72	17	15	18.25	51206	30	52	16	32
6207	35	72	17	30208	40	80	18	16	19.75	51207	35	62	18	37
6208	40	80	18	30209	45	85	19	16	20.75	51208	40	68	19	42
6209	45	85	19	30210	50	90	20	17	21.75	51209	45	73	20	47
6210	50	90	20	30211	55	100	21	18	22.75	51210	50	78	22	52
6211	55	100	21	30212	60	110	22	19	23.75	51211	55	90	25	57
6212	60	110	22	30213	65	120	23	20	24.75	51212	60	95	26	62
尺寸(03)				尺寸系列(03)						尺寸系列(13)				
6302	15	42	13	30302	15	42	13	11	14.25	51304	20	47	18	22
6303	17	47	14	30303	17	47	14	12	15.25	51305	25	52	18	27
6304	20	52	15	30304	20	52	15	13	16.25	51306	30	60	21	32
6305	25	62	17	30305	25	62	17	15	18.25	51307	35	68	24	37
6306	30	72	19	30306	30	72	19	16	20.75	51308	40	78	26	42
6307	35	80	21	70307	35	80	21	18	22.75	51309	45	85	28	47
6308	40	90	23	30308	40	90	23	20	25.25	51310	50	95	31	52
6309	45	100	25	30309	45	100	25	22	27.25	51311	55	105	35	57
6310	50	110	27	30310	50	110	27	23	29.25	51312	60	110	35	62
6311	55	120	29	30311	55	120	29	25	31.5	51313	65	115	36	67
6312	60	130	31	30312	60	130	31	26	33.5	51314	70	125	40	72

三、极限与配合

1. 标准公差数值

附表 14 标准公差数值

基本尺寸/mm		公差等级																			
		IT01	IT0	IT1	IT2	IT3	IT4	IT5	IT6	IT7	IT8	IT9	IT10	IT11	IT12	IT13	IT14	IT15	IT16	IT17	IT18
大于	至	μm													mm						
—	3	0.3	0.5	0.8	1.2	2	3	4	6	10	14	25	40	60	0.10	0.14	0.25	0.40	0.60	1.0	1.4
3	6	0.4	0.6	1	1.5	2.5	4	5	8	12	18	30	48	75	0.12	0.18	0.30	0.48	0.75	1.2	1.8
6	10	0.4	0.6	1	1.5	2.5	4	6	9	15	22	36	50	90	0.15	0.22	0.36	0.58	0.90	1.5	2.2
10	18	0.5	0.8	1.2	2	3	5	8	11	18	27	43	70	110	0.18	0.27	0.43	0.70	1.10	1.8	2.7
18	30	0.6	1	1.5	2.5	4	6	9	13	21	33	52	84	130	0.21	0.33	0.52	0.84	1.30	2.1	3.3
30	50	0.6	1	1.5	2.5	4	7	11	16	25	39	62	100	160	0.25	0.39	0.62	1.00	1.60	2.5	3.9
50	80	0.8	1.2	2	3	5	8	13	19	30	46	74	120	190	0.30	0.46	0.74	1.20	1.90	3.0	4.6
80	120	1	1.5	2.5	4	6	10	15	22	35	54	87	140	220	0.35	0.54	0.87	1.40	2.20	3.5	5.4
120	180	1.2	2	3.5	5	8	12	18	25	40	63	100	160	250	0.40	0.63	1.00	1.60	2.50	4.0	6.3
180	250	2	3	4.5	7	10	14	20	29	46	72	115	185	290	0.46	0.72	1.15	1.85	2.90	4.6	7.2
250	315	2.5	4	6	8	12	16	23	32	52	81	130	210	320	0.52	0.81	1.30	2.10	3.20	5.2	8.1
315	400	3	5	7	9	13	18	25	36	57	89	140	230	360	0.57	0.89	1.40	2.30	3.60	5.7	8.9

注：基本尺寸小于 1mm 时，无 IT14 至 IT18。

2. 优先选用及其次选用（常用）公差带极限偏差数值表（摘自 GB/T 1800.4—1999）

(1) 轴

附表 15 常用及优先轴公差带的极限偏差

基本尺寸/mm		常用及优先公差带(带圈者为优先公差带)/μm												
		a	b		c			d				e		
大于	至	11	11	12	9	10	⑪	8	⑨	10	11	7	8	9
—	3	−270 −330	−140 −200	−140 −240	−60 −85	−60 −100	−60 −120	−20 −34	−20 −45	−20 −60	−20 −80	−14 −24	−14 −28	−14 −39
3	6	−270 −345	−140 −215	−140 −260	−70 −100	−70 −118	−70 −145	−30 −48	−30 −60	−30 −78	−30 −105	−20 −32	−20 −38	−20 −50
6	10	−280 −370	−150 −240	−150 −300	−80 −116	−80 −138	−80 −170	−40 −62	−40 −76	−40 −98	−40 −130	−25 −40	−25 −47	−25 −61
10	14	−290 −400	−150 −260	−150 −330	−95 −138	−95 −165	−95 −205	−50 −77	−50 −93	−50 −120	−50 −160	−32 −50	−32 −59	−32 −75
14	18													
18	24	−300 −430	−160 −290	−160 −370	−110 −162	−110 −194	−110 −240	−65 −98	−65 −117	−65 −149	−65 −195	−40 −61	−40 −73	−40 −92
24	30													
30	40	−310 −470	−170 −330	−170 −420	−120 −182	−120 −220	−120 −280	−80 −119	−80 −142	−80 −180	−80 −240	−50 −75	−50 −89	−50 −112
40	50	−320 −480	−180 −340	−180 −430	−130 −192	−130 −230	−130 −290							
50	65	−340 −530	−190 −380	−190 −490	−140 −214	−140 −260	−140 −330	−100 −146	−100 −174	−100 −220	−100 −290	−60 −90	−60 −106	−60 −134
65	80	−360 −550	−200 −390	−200 −500	−150 −224	−150 −270	−150 −340							
80	100	−380 −600	−220 −440	−220 −570	−170 −257	−170 −310	−170 −390	−120 −174	−120 −207	−120 −260	−120 −340	−72 −107	−72 −126	−72 −159
100	120	−410 −630	−240 −460	−240 −590	−180 −267	−180 −320	−180 −400							
120	140	−460 −710	−260 −510	−260 −660	−200 −300	−200 −360	−200 −450	−145 −208	−145 −245	−145 −305	−145 −395	−85 −125	−85 −148	−85 −185
140	160	−520 −770	−280 −530	−280 −680	−210 −310	−210 −370	−210 −460							
160	180	−580 −830	−310 −560	−310 −710	−230 −330	−230 −390	−230 −480							
180	200	−660 −950	−340 −630	−340 −800	−240 −355	−240 −425	−240 −530	−170 −242	−170 −285	−170 −355	−170 −460	−100 −146	−100 −172	−100 −215
200	225	−740 −1030	−380 −670	−380 −840	−260 −375	−260 −445	−260 −550							
225	250	−820 −1110	−420 −710	−420 −880	−280 −395	−280 −465	−280 −570							
250	280	−920 −1240	−480 −800	−480 −1000	−300 −430	−300 −510	−300 −620	−190 −271	−190 −320	−190 −400	−190 −510	−110 −162	−110 −191	−110 −240
280	315	−1050 −1370	−540 −860	−540 −1060	−330 −460	−330 −540	−330 −650							
315	355	−1200 −1560	−600 −960	−600 −1170	−360 −500	−360 −590	−360 −720	−210 −299	−210 −350	−210 −440	−210 −570	−125 −182	−125 −214	−125 −265
355	400	−1350 −1710	−680 −1040	−680 −1250	−400 −540	−400 −630	−400 −760							
400	450	−1500 −1900	−760 −1160	−760 −1390	−440 −595	−440 −690	−440 −840	−230 −327	−230 −385	−230 −480	−230 −630	−135 −198	−135 −232	−135 −290
450	500	−1650 −2050	−840 −1240	−840 −1470	−480 −635	−480 −730	−480 −880							

续表

基本尺寸/mm		常用及优先公差带(带圈者为优先公差带)/μm															
		f					g			h							
大于	至	5	6	⑦	8	9	5	⑥	7	5	⑥	7	9	⑨	10	⑪	12
—	3	−6 −10	−6 −12	−6 −16	−6 −20	−6 −31	−2 −6	−2 −8	−2 −12	0 −4	0 −6	0 −10	0 −14	0 −25	0 −40	0 −60	0 −100
3	6	−10 −15	−10 −18	−10 −22	−10 −28	−10 −40	−4 −9	−4 −12	−4 −16	0 −5	0 −8	0 −12	0 −18	0 −30	0 −48	0 −75	0 −120
6	10	−13 −19	−13 −22	−13 −28	−13 −35	−13 −49	−5 −11	−5 −14	−5 −20	0 −6	0 −9	0 −15	0 −22	0 −36	0 −58	0 −90	0 −150
10 14	14 18	−16 −24	−16 −27	−16 −34	−16 −43	−16 −59	−6 −14	−6 −17	−6 −24	0 −8	0 −11	0 −18	0 −27	0 −43	0 −70	0 −110	0 −180
18 24	24 30	−20 −29	−20 −33	−20 −41	−20 −53	−20 −72	−7 −16	−7 −20	−7 −28	0 −9	0 −13	0 −21	0 −33	0 −52	0 −84	0 −130	0 −210
30 40	40 50	−25 −36	−25 −41	−25 −50	−25 −64	−25 −87	−9 −20	−9 −25	−9 −34	0 −11	0 −16	0 −25	0 −39	0 −62	0 −100	0 −160	0 −250
50 65	65 80	−30 −43	−30 −49	−30 −60	−30 −76	−30 −104	−10 −23	−10 −29	−10 −40	0 −13	0 −19	0 −30	0 −46	0 −74	0 −120	0 −190	0 −300
80 100	100 120	−36 −51	−36 −58	−36 −71	−36 −90	−36 −123	−12 −27	−12 −34	−12 −47	0 −15	0 −22	0 −35	0 −54	0 −87	0 −140	0 −220	0 −350
120 140 160	140 160 180	−43 −61	−43 −68	−43 −83	−43 −106	−43 −143	−14 −32	−14 −39	−14 −54	0 −18	0 −25	0 −40	0 −63	0 −100	0 −160	0 −250	0 −400
180 200 225	200 225 250	−50 −70	−50 −79	−50 −96	−50 −122	−50 −165	−15 −35	−15 −44	−15 −61	0 −20	0 −29	0 −46	0 −72	0 −115	0 −185	0 −290	0 −460
250 280	280 315	−56 −79	−56 −88	−56 −108	−56 −137	−56 −186	−17 −40	−17 −49	−17 −69	0 −23	0 −32	0 −52	0 −81	0 −130	0 −210	0 −320	0 −520
315 355	355 400	−62 −87	−62 −98	−62 −119	−62 −151	−62 −202	−18 −43	−18 −54	−18 −75	0 −25	0 −36	0 −57	0 −89	0 −140	0 −230	0 −360	0 −570
400 450	450 500	−68 −95	−68 −108	−68 −131	−68 −165	−68 −223	−20 −47	−20 −60	−20 −83	0 −27	0 −40	0 −63	0 −97	0 −155	0 −250	0 −400	0 −630

续表

基本尺寸/mm		常用及优先公差带(带圈者为优先公差带)/μm														
		js			k			m			n			p		
大于	至	5	6	7	5	⑥	7	5	6	7	5	⑥	7	5	⑥	7
—	3	±2	±3	±5	+4 0	+6 0	+10 0	+6 +2	+8 +2	+12 +2	+8 +4	+10 +4	+14 +4	+10 +6	+12 +6	+16 +6
3	6	±2.5	±4	±6	+6 +1	+9 +1	+13 +1	+9 +4	+12 +4	+16 +4	+13 +8	+16 +8	+20 +8	+17 +12	+20 +12	+24 +12
6	10	±3	±4.5	±7	+7 +1	+10 +1	+16 +1	+12 +6	+15 +6	+21 +6	+16 +10	+19 +10	+25 +10	+21 +15	+24 +15	+30 +15
10	14	±4	±5.5	±9	+9 +1	+12 +1	+19 +1	+15 +7	+18 +7	+25 +7	+20 +12	+23 +12	+30 +12	+26 +18	+29 +18	+36 +18
14	18															
18	24	±4.5	±6.5	±10	+11 +2	+15 +2	+23 +2	+17 +8	+21 +8	+29 +8	+24 +15	+28 +15	+36 +15	+31 +22	+35 +22	+43 +22
24	30															
30	40	±5.5	±8	±12	+13 +2	+18 +2	+27 +2	+20 +9	+25 +9	+34 +9	+28 +17	+33 +17	+42 +17	+37 +26	+42 +26	+51 +26
40	50															
50	65	±6.5	±9.5	±15	+15 +2	+21 +2	+32 +2	+24 +11	+30 +11	+41 +11	+33 +20	+39 +20	+50 +20	+45 +32	+51 +32	+62 +32
65	80															
80	100	±7.5	±11	±17	+18 +3	+25 +3	+38 +3	+28 +13	+35 +13	+48 +13	+38 +23	+45 +23	+58 +23	+52 +37	+59 +37	+72 +37
100	120															
120	140	±9	±12.5	±20	+21 +3	+28 +3	+43 +3	+33 +15	+40 +15	+55 +15	+45 +27	+52 +27	+67 +27	+61 +43	+68 +43	+83 +43
140	160															
160	180															
180	200	±10	±14.5	±23	+24 +4	+33 +4	+50 +4	+37 +17	+46 +17	+63 +17	+54 +31	+60 +31	+77 +31	+70 +50	+79 +50	+96 +50
200	225															
225	250															
250	280	±11.5	±16	±26	+27 +4	+36 +4	+56 +4	+43 +20	+52 +20	+72 +20	+57 +34	+66 +34	+86 +34	+79 +56	+88 +56	+108 +56
280	315															
315	355	±12.5	±18	±28	+29 +4	+40 +4	+61 +4	+46 +21	+57 +21	+78 +21	+62 +37	+73 +37	+94 +37	+87 +62	+98 +62	+119 +62
355	400															
400	450	±13.5	±20	±31	+32 +5	+45 +5	+68 +5	+50 +23	+63 +23	+86 +23	+67 +40	+80 +40	+103 +40	+95 +68	+108 +68	+131 +68
450	500															

续表

基本尺寸/mm		常用及优先公差带(带圈者为优先公差带)/μm														
		r			s			t			u		v	x	y	z
大于	至	5	6	7	5	⑥	7	5	6	7	⑥	7	6	6	6	6
—	3	+14 +10	+16 +10	+20 +10	+18 +14	+20 +14	+24 +14	—	—	—	+24 +18	+28 +18	—	+26 +20	—	+32 +26
3	6	+20 +15	+23 +15	+27 +15	+24 +19	+27 +19	+31 +19	—	—	—	+31 +23	+35 +23	—	+36 +28	—	+43 +35
6	10	+25 +19	+28 +19	+34 +19	+29 +23	+32 +23	+38 +23	—	—	—	+37 +28	+43 +28	—	+43 +31	—	+51 +42
10	14	+31 +23	+34 +23	+41 +23	+36 +28	+39 +28	+46 +28	—	—	—	+44 +33	+51 +33	—	+51 +40	—	+61 +50
14	18							—	—	—			+50 +39	+56 +45	—	+71 +60
18	24	+37 +28	+41 +28	+49 +28	+44 +35	+48 +35	+56 +35	—	—	—	+54 +41	+62 +41	+60 +47	+67 +54	+76 +63	+86 +73
24	30							+50 +41	+54 +41	+62 +41	+61 +43	+69 +48	+68 +55	+77 +64	+88 +75	+101 +88
30	40	+45 +34	+50 +34	+59 +34	+54 +43	+59 +43	+68 +43	+59 +48	+64 +48	+73 +48	+76 +60	+85 +60	+84 +68	+96 +80	+110 +94	+128 +112
40	50							+65 +54	+70 +54	+79 +54	+86 +70	+95 +70	+97 +81	+113 +97	+130 +114	+152 +136
50	65	+54 +41	+60 +41	+71 +41	+66 +53	+72 +53	+83 +53	+79 +66	+85 +66	+96 +66	+106 +87	+117 +87	+121 +102	+141 +122	+163 +144	+191 +172
65	80	+56 +43	+62 +43	+73 +43	+72 +59	+78 +59	+89 +59	+88 +75	+94 +75	+105 +75	+121 +102	+132 +102	+139 +120	+165 +146	+193 +174	+229 +210
80	100	+66 +51	+73 +51	+86 +51	+86 +71	+93 +71	+106 +71	+106 +91	+113 +91	+126 +91	+146 +124	+159 +124	+168 +146	+200 +178	+236 +214	+280 +258
100	120	+69 +54	+76 +54	+89 +54	+94 +79	+101 +79	+114 +79	+110 +104	+126 +104	+136 +104	+166 +144	+179 +144	+194 +172	+232 +210	+276 +254	+332 +310
120	140	+81 +63	+88 +63	+103 +63	+110 +92	+117 +92	+132 +92	+140 +122	+147 +122	+162 +122	+195 +170	+210 +170	+227 +202	+273 +248	+325 +300	+390 +365
140	160	+83 +65	+90 +65	+105 +65	+118 +100	+125 +100	+140 +100	+152 +134	+159 +134	+174 +134	+215 +190	+230 +190	+253 +228	+305 +280	+365 +340	+440 +415
160	180	+86 +68	+93 +68	+108 +68	+126 +108	+133 +108	+148 +108	+164 +146	+171 +146	+186 +146	+235 +210	+250 +210	+277 +252	+335 +310	+405 +380	+490 +465
180	200	+97 +77	+106 +77	+123 +77	+142 +122	+151 +122	+168 +122	+186 +166	+195 +166	+212 +166	+265 +236	+282 +236	+313 +284	+379 +350	+454 +425	+549 +520
200	225	+100 +80	+109 +80	+126 +80	+150 +130	+159 +130	+176 +130	+200 +180	+209 +180	+226 +180	+287 +258	+304 +258	+339 +310	+414 +385	+499 +470	+604 +575
225	250	+104 +84	+113 +84	+130 +84	+160 +140	+169 +140	+186 +140	+216 +196	+225 +196	+242 +196	+313 +284	+330 +284	+369 +340	+454 +425	+549 +520	+669 +640
250	280	+117 +94	+126 +94	+146 +94	+181 +158	+290 +158	+210 +158	+241 +218	+250 +218	+270 +218	+347 +315	+367 +315	+417 +385	+507 +475	+612 +580	+742 +710
280	315	+121 +98	+130 +98	+150 +98	+193 +170	+202 +170	+222 +170	+263 +240	+272 +240	+292 +240	+382 +350	+402 +350	+457 +425	+557 +525	+682 +650	+822 +790
315	355	+133 +108	+144 +108	+165 +108	+215 +190	+226 +190	+247 +190	+293 +268	+304 +268	+325 +268	+426 +390	+447 +390	+511 +475	+626 +590	+766 +730	+936 +900
355	400	+139 +114	+150 +114	+171 +114	+233 +208	+244 +208	+265 +208	+319 +294	+330 +294	+351 +294	+471 +435	+492 +435	+566 +530	+696 +660	+856 +820	+1036 +1000
400	450	+153 +126	+166 +126	+189 +126	+259 +232	+272 +232	+295 +232	+357 +330	+370 +330	+393 +330	+530 +490	+553 +490	+635 +595	+780 +740	+960 +920	+1140 +1100
450	500	+159 +132	+172 +132	+195 +132	+279 +252	+292 +252	+315 +252	+387 +360	+400 +360	+423 +360	+580 +540	+603 +540	+700 +660	+860 +820	+1040 +1000	+1290 +1250

注：基本尺寸小于 1mm 时，各级的 a 和 b 均不采用。

（2）孔

附表 16　常用及优先孔公差带的极限偏差

<table>
<tr><th colspan="2" rowspan="2">基本尺寸
/mm</th><th colspan="14">常用及优先公差带(带圈者为优先公差带)/μm</th></tr>
<tr><th>A</th><th colspan="2">B</th><th>C</th><th colspan="4">D</th><th colspan="2">E</th><th colspan="4">F</th></tr>
<tr><th>大于</th><th>至</th><th>11</th><th>11</th><th>12</th><th>⑪</th><th>8</th><th>⑨</th><th>10</th><th>11</th><th>8</th><th>9</th><th>6</th><th>7</th><th>⑧</th><th>9</th></tr>
<tr><td>—</td><td>3</td><td>+330
+270</td><td>+200
+140</td><td>+240
+140</td><td>+120
+60</td><td>+34
+20</td><td>+45
+20</td><td>+60
+20</td><td>+80
+20</td><td>+28
+14</td><td>+39
+14</td><td>+12
+6</td><td>+16
+6</td><td>+20
+6</td><td>+31
+6</td></tr>
<tr><td>3</td><td>6</td><td>+345
+270</td><td>+215
+140</td><td>+260
+140</td><td>+145
+70</td><td>+48
+30</td><td>+60
+30</td><td>+78
+30</td><td>+105
+30</td><td>+38
+20</td><td>+50
+20</td><td>+18
+10</td><td>+22
+10</td><td>+28
+10</td><td>+40
+10</td></tr>
<tr><td>6</td><td>10</td><td>+370
+280</td><td>+240
+150</td><td>+300
+150</td><td>+170
+80</td><td>+62
+40</td><td>+76
+40</td><td>+98
+40</td><td>+130
+40</td><td>+47
+25</td><td>+61
+25</td><td>+22
+13</td><td>+28
+13</td><td>+35
+13</td><td>+49
+13</td></tr>
<tr><td>10</td><td>14</td><td rowspan="2">+400
+290</td><td rowspan="2">+260
+150</td><td rowspan="2">+330
+150</td><td rowspan="2">+205
+95</td><td rowspan="2">+77
+50</td><td rowspan="2">+93
+50</td><td rowspan="2">+120
+50</td><td rowspan="2">+160
+50</td><td rowspan="2">+59
+32</td><td rowspan="2">+75
+32</td><td rowspan="2">+27
+16</td><td rowspan="2">+34
+16</td><td rowspan="2">+43
+16</td><td rowspan="2">+59
+16</td></tr>
<tr><td>14</td><td>18</td></tr>
<tr><td>18</td><td>24</td><td rowspan="2">+430
+300</td><td rowspan="2">+290
+160</td><td rowspan="2">+370
+160</td><td rowspan="2">+240
+110</td><td rowspan="2">+98
+65</td><td rowspan="2">+117
+65</td><td rowspan="2">+149
+65</td><td rowspan="2">+195
+65</td><td rowspan="2">+73
+40</td><td rowspan="2">+92
+40</td><td rowspan="2">+33
+20</td><td rowspan="2">+41
+20</td><td rowspan="2">+53
+20</td><td rowspan="2">+72
+20</td></tr>
<tr><td>24</td><td>30</td></tr>
<tr><td>30</td><td>40</td><td>+470
+310</td><td>+330
+170</td><td>+420
+170</td><td>+280
+120</td><td rowspan="2">+119
+80</td><td rowspan="2">+142
+80</td><td rowspan="2">+180
+80</td><td rowspan="2">+240
+80</td><td rowspan="2">+89
+50</td><td rowspan="2">+112
+50</td><td rowspan="2">+41
+25</td><td rowspan="2">+50
+25</td><td rowspan="2">+64
+25</td><td rowspan="2">+87
+25</td></tr>
<tr><td>40</td><td>50</td><td>+480
+320</td><td>+340
+180</td><td>+430
+180</td><td>+290
+130</td></tr>
<tr><td>50</td><td>65</td><td>+530
+340</td><td>+380
+190</td><td>+490
+190</td><td>+330
+140</td><td rowspan="2">+146
+100</td><td rowspan="2">+170
+100</td><td rowspan="2">+220
+100</td><td rowspan="2">+290
+100</td><td rowspan="2">+106
+60</td><td rowspan="2">+134
+60</td><td rowspan="2">+49
+30</td><td rowspan="2">+60
+30</td><td rowspan="2">+76
+30</td><td rowspan="2">+104
+30</td></tr>
<tr><td>65</td><td>80</td><td>+550
+360</td><td>+390
+200</td><td>+500
+200</td><td>+340
+150</td></tr>
<tr><td>80</td><td>100</td><td>+600
+380</td><td>+440
+220</td><td>+570
+220</td><td>+390
+170</td><td rowspan="2">+174
+120</td><td rowspan="2">+207
+120</td><td rowspan="2">+260
+120</td><td rowspan="2">+340
+120</td><td rowspan="2">+126
+72</td><td rowspan="2">+159
+72</td><td rowspan="2">+58
+36</td><td rowspan="2">+71
+36</td><td rowspan="2">+90
+36</td><td rowspan="2">+123
+36</td></tr>
<tr><td>100</td><td>120</td><td>+630
+410</td><td>+460
+240</td><td>+590
+240</td><td>+400
+180</td></tr>
<tr><td>120</td><td>140</td><td>+710
+460</td><td>+510
+260</td><td>+660
+260</td><td>+450
+200</td><td rowspan="3">+208
+145</td><td rowspan="3">+245
+145</td><td rowspan="3">+305
+145</td><td rowspan="3">+395
+145</td><td rowspan="3">+148
+85</td><td rowspan="3">+185
+85</td><td rowspan="3">+68
+43</td><td rowspan="3">+83
+43</td><td rowspan="3">+106
+43</td><td rowspan="3">+143
+43</td></tr>
<tr><td>140</td><td>160</td><td>+770
+520</td><td>+530
+280</td><td>+680
+280</td><td>+460
+210</td></tr>
<tr><td>160</td><td>180</td><td>+830
+580</td><td>+560
+310</td><td>+710
+310</td><td>+480
+230</td></tr>
<tr><td>180</td><td>200</td><td>+950
+660</td><td>+630
+340</td><td>+800
+340</td><td>+530
+240</td><td rowspan="3">+242
+170</td><td rowspan="3">+285
+170</td><td rowspan="3">+355
+170</td><td rowspan="3">+460
+170</td><td rowspan="3">+172
+100</td><td rowspan="3">+215
+100</td><td rowspan="3">+79
+50</td><td rowspan="3">+96
+50</td><td rowspan="3">+122
+50</td><td rowspan="3">+165
+50</td></tr>
<tr><td>200</td><td>225</td><td>+1030
+740</td><td>+670
+380</td><td>+840
+380</td><td>+550
+260</td></tr>
<tr><td>225</td><td>250</td><td>+1110
+820</td><td>+710
+420</td><td>+880
+420</td><td>+570
+280</td></tr>
<tr><td>250</td><td>280</td><td>+1240
+920</td><td>+800
+480</td><td>+1000
+480</td><td>+620
+300</td><td rowspan="2">+271
+190</td><td rowspan="2">+320
+190</td><td rowspan="2">+400
+190</td><td rowspan="2">+510
+190</td><td rowspan="2">+191
+110</td><td rowspan="2">+240
+110</td><td rowspan="2">+88
+56</td><td rowspan="2">+108
+56</td><td rowspan="2">+137
+56</td><td rowspan="2">+186
+56</td></tr>
<tr><td>280</td><td>315</td><td>+1370
+1050</td><td>+860
+540</td><td>+1060
+540</td><td>+650
+330</td></tr>
<tr><td>315</td><td>355</td><td>+1560
+1200</td><td>+960
+600</td><td>+1170
+600</td><td>+720
+360</td><td rowspan="2">+299
+210</td><td rowspan="2">+350
+210</td><td rowspan="2">+440
+210</td><td rowspan="2">+570
+210</td><td rowspan="2">+214
+125</td><td rowspan="2">+265
+125</td><td rowspan="2">+98
+62</td><td rowspan="2">+119
+62</td><td rowspan="2">+151
+62</td><td rowspan="2">+202
+62</td></tr>
<tr><td>355</td><td>400</td><td>+1710
+1350</td><td>+1040
+680</td><td>+1250
+680</td><td>+760
+400</td></tr>
<tr><td>400</td><td>450</td><td>+1900
+1500</td><td>+1160
+760</td><td>+1390
+760</td><td>+840
+440</td><td rowspan="2">+327
+230</td><td rowspan="2">+385
+230</td><td rowspan="2">+480
+230</td><td rowspan="2">+630
+230</td><td rowspan="2">+232
+135</td><td rowspan="2">+290
+135</td><td rowspan="2">+108
+68</td><td rowspan="2">+131
+68</td><td rowspan="2">+165
+68</td><td rowspan="2">+223
+68</td></tr>
<tr><td>450</td><td>500</td><td>+2050
+1650</td><td>+1240
+840</td><td>+1470
+840</td><td>+880
+480</td></tr>
</table>

续表

基本尺寸/mm		常用及优先公差带(带圈者为优先公差带)/μm																	
		G		H							Js			K			M		
大于	至	6	⑦	6	⑦	⑧	⑨	10	⑪	12	6	7	8	6	⑦	8	6	7	8
—	3	+8 +2	+12 +2	+6 0	+10 0	+14 0	+25 0	+40 0	+60 0	+100 0	±3	±5	±7	0 −6	0 −10	0 −14	−2 −8	−2 −12	−2 −16
3	6	+12 +4	+16 +4	+8 0	+12 0	+18 0	+30 0	+48 0	+75 0	+120 0	±4	±6	±9	+2 −6	+3 −9	+5 −13	−1 −9	0 −12	+2 −16
6	10	+14 +5	+20 +5	+9 0	+15 0	+22 0	+36 0	+58 0	+90 0	+150 0	±4.5	±7	±11	+2 −7	+5 −10	+6 −16	−3 −12	0 −15	+1 −21
10	14	+17 +6	+24 +6	+11 0	+18 0	+27 0	+43 0	+70 0	+110 0	+180 0	±5.5	±9	±13	+2 −9	+6 −12	+8 −19	−4 −15	0 −18	+2 −25
14	18																		
18	24	+20 +7	+28 +7	+13 0	+21 0	+33 0	+52 0	+84 0	+130 0	+210 0	±6.5	±10	±16	+2 −11	+6 −15	+10 −23	−4 −17	0 −21	+4 −29
24	30																		
30	40	+25 +9	+34 +9	+16 0	+25 0	+39 0	+62 0	+100 0	+160 0	+250 0	±8	±12	±19	+3 −13	+7 −18	+12 −27	−4 −20	0 −25	+5 −34
40	50																		
50	65	+29 +10	+40 +10	+19 0	+30 0	+46 0	+74 0	+120 0	+190 0	+300 0	±9.5	±15	±23	+4 −15	+9 −21	+14 −32	−5 −24	0 −30	+5 −41
65	80																		
80	100	+34 +12	+47 +12	+22 0	+35 0	+54 0	+87 0	+140 0	+220 0	+350 0	±11	±17	±27	+4 −18	+10 −25	+16 −38	−6 −28	0 −35	+6 −48
100	120																		
120	140	+39 +14	+54 +14	+25 0	+40 0	+63 0	+100 0	+160 0	+250 0	+400 0	±12.5	±20	±31	+4 −21	+12 −28	+20 −43	−8 −33	0 −40	+8 −55
140	160																		
160	180																		
180	200	+44 +15	+61 +15	+29 0	+46 0	+72 0	+115 0	+185 0	+290 0	+460 0	±14.5	±23	±36	+5 −24	+13 −33	+22 −50	−8 −37	0 −46	+9 −63
200	225																		
225	250																		
250	280	+49 +17	+69 +17	+32 0	+52 0	+81 0	+130 0	+210 0	+320 0	+520 0	±16	±26	±40	+5 −27	+16 −36	+25 −56	−9 −41	0 −52	+9 −72
280	315																		
315	355	+54 +18	+75 +18	+36 0	+57 0	+89 0	+140 0	+230 0	+360 0	+570 0	±18	±28	±44	+7 −29	+17 −40	+28 −61	−10 −46	0 −57	+11 −78
355	400																		
400	450	+60 +20	+83 +20	+40 0	+63 0	+97 0	+155 0	+250 0	+400 0	+630 0	±20	±31	±48	+8 −32	+18 −45	+29 −68	−10 −50	0 −63	+11 −86
450	500																		

续表

基本尺寸/mm		常用及优先公差带(带圈者为优先公差带)/μm											
		N			P		R		S		T		U
大于	至	6	⑦	8	6	⑦	6	7	9	⑦	6	7	⑦
—	3	−4 −10	−4 −14	−4 −18	−6 −12	−6 −16	−10 −16	−10 −20	−14 −20	−14 −24	—	—	−18 −28
3	6	−5 −13	−4 −16	−2 −20	−9 −17	−8 −20	−12 −20	−11 −23	−16 −24	−15 −27	—	—	−19 −31
6	10	−7 −16	−4 −19	−3 −25	−12 −21	−9 −24	−16 −25	−13 −28	−20 −29	−17 −32	—	—	−22 −37
10	14	−9 −20	−5 −23	−3 −30	−15 −26	−11 −29	−20 −31	−16 −34	−25 −36	−21 −39	—	—	−26 −44
14	18												
18	24	−11 −24	−7 −28	−3 −36	−18 −31	−14 −35	−24 −37	−20 −41	−31 −44	−27 −48	—	—	−33 −54
24	30										−37 −50	−33 −54	−40 −61
30	40	−12 −28	−8 −33	−3 −42	−21 −37	−17 −42	−29 −45	−25 −50	−38 −54	−34 −59	−43 −59	−39 −64	−51 −76
40	50										−49 −65	−45 −70	−61 −86
50	65	−14 −33	−9 −39	−4 −50	−26 −45	−21 −51	−35 −54	−30 −60	−47 −66	−42 −72	−60 −79	−55 −85	−76 −106
65	80						−37 −56	−32 −62	−53 −72	−48 −78	−69 −88	−64 −94	−91 −121
80	100	−16 −38	−10 −45	−4 −58	−30 −52	−24 −59	−44 −66	−38 −73	−64 −86	−58 −93	−84 −106	−78 −113	−111 −146
100	120						−47 −69	−41 −76	−72 −94	−66 −101	−97 −119	−91 −126	−131 −166
120	140	−20 −45	−12 −52	−4 −67	−36 −61	−28 −68	−56 −81	−48 −88	−85 −110	−77 −117	−115 −140	−104 −147	−155 −195
140	160						−58 −83	−50 −90	−93 −118	−85 −125	−127 −152	−119 −159	−175 −215
160	180						−61 −86	−53 −93	−101 −126	−93 −133	−139 −164	−131 −171	−195 −235
180	200	−22 −51	−14 −60	−5 −77	−41 −70	−33 −79	−68 −97	−60 −106	−113 −142	−105 −151	−157 −186	−149 −195	−219 −265
200	225						−71 −100	−63 −109	−121 −150	−113 −159	−171 −200	−163 −209	−241 −287
225	250						−75 −104	−67 −113	−131 −160	−123 −169	−187 −216	−179 −225	−267 −313
250	280	−25 −57	−14 −66	−5 −86	−47 −79	−36 −88	−85 −117	−74 −126	−149 −181	−138 −190	−209 −241	−198 −250	−295 −347
280	315						−89 −121	−78 −130	−161 −193	−150 −202	−231 −263	−220 −272	−330 −382
315	355	−26 −62	−16 −73	−5 −94	−51 −87	−41 −98	−97 −133	−87 −144	−179 −215	−169 −226	−257 −293	−247 −304	−369 −426
335	400						−103 −139	−93 −150	−197 −233	−187 −244	−283 −319	−273 −330	−414 −471
400	450	−27 −67	−17 −80	−6 −103	−55 −95	−45 −108	−113 −153	−103 −166	−219 −259	−209 −272	−317 −357	−307 −370	−467 −530
450	500						−119 −159	−109 −172	−239 −279	−229 −292	−347 −387	−337 −400	−517 −580

注：基本尺寸小于 1mm 时，各级的 A 和 B 均不采用。

四、形位公差

附表 17　形位公差带定义、图例和解释（摘自 GB/T 1182—1996）

分类	项目	公差带定义	标注和解释
形状公差	直线度公差	在给定平面内，公差带是距离为公差值 t 的两平行直线之间的区域 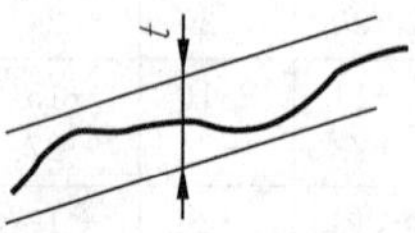	被测表面的素线，必须位于平行于图样所示投影面且距离为公差值 0.1 的两平行直线内 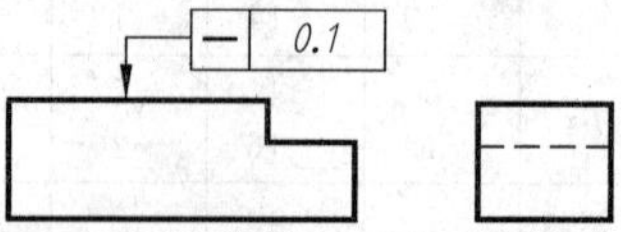
	平面度公差	公差带是距离为公差值 t 的两平行平面之间的区域 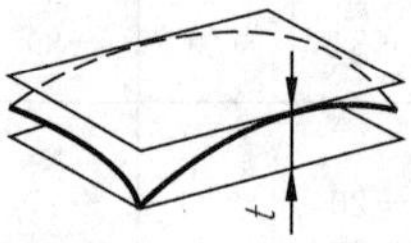	被测表面必须位于距离为公差 0.08 的两平行平面内 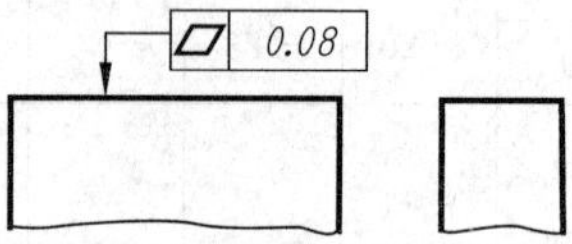
	圆度公差	公差带是在同一正截面上，半径差为公差值 t 的两同心圆之间的区域 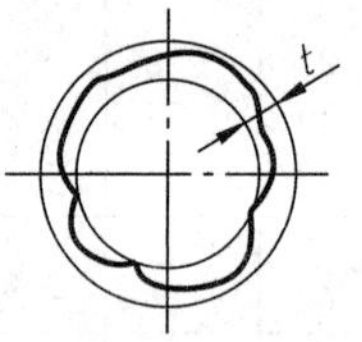	被测圆柱面任一正截面的圆周，必须位于半径差为公差值 0.03 的同心圆之间 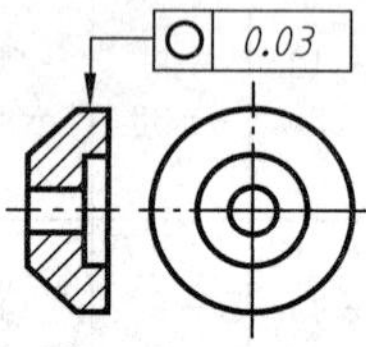
	圆柱度公差	公差带是半径差为公差值 t 的两同轴圆柱面之间的区域 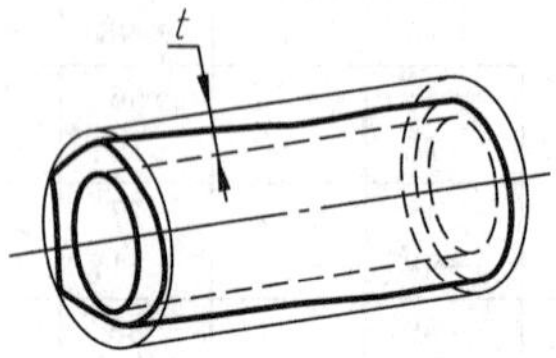	被测圆柱面，必须位于半径差为公差值 0.1 的两同轴圆柱面之间 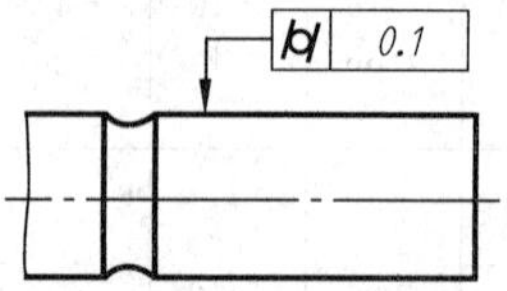
形状或位置公差	线轮廓度公差	公差带是包络一系列直径为公差值 t 的圆的两包络线之间的区域。诸圆的圆心位于具有理论正确几何形状的线上（右图为无基准要求的线轮廓度公差） 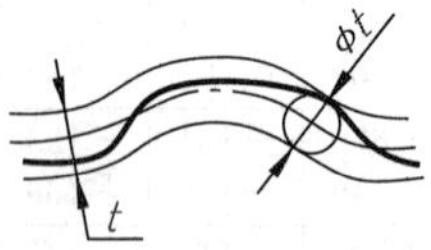 $d=t$	在平行于图样所示投影面的任一截面上，被测轮廓线必须位于包络一系列直径为公差值 0.04、且圆心位于具有理论正确几何形状的线上的两包络线之间 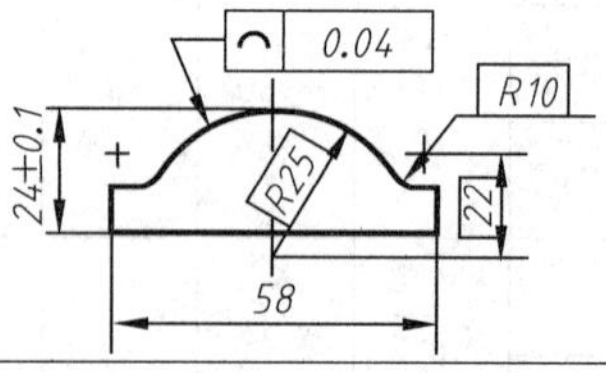
	面轮廓度公差	公差带是包络一系列直径为公差值 t 的球的两包络面之间的区域，诸球的球心应位于具有理论正确几何形状的面上（右图为有基准要求面轮廓度公差） 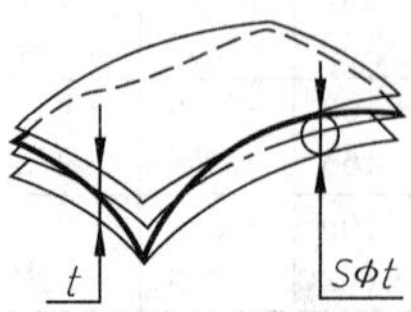 $d=t$	被测轮廓面必须位于包络一系列球的两包络面之间，诸球的直径为公差值 0.1，且球心位于具有理论正确几何形状的面上的两包络面之间 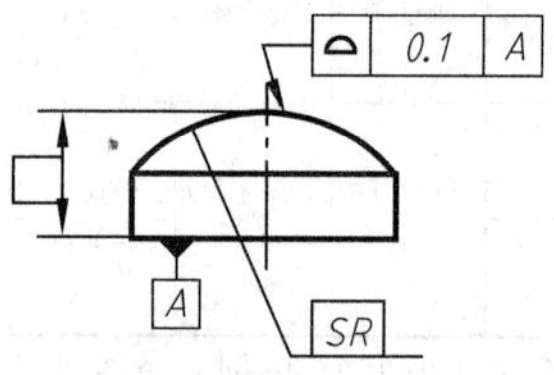

续表

分类	项目	公差带定义	标注和解释
位置公差	平行度公差	公差带是距离为公差值 t 且平行于基准面的两平行平面之间的区域 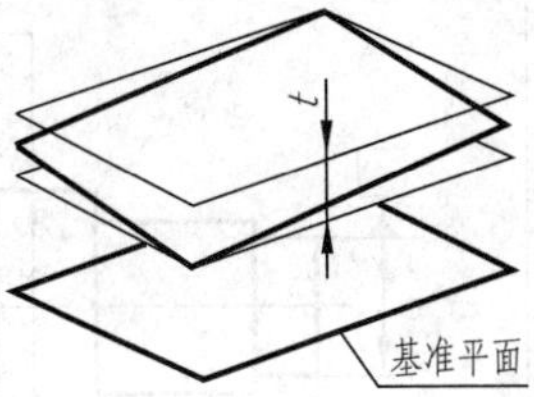 基准平面	被测表面必须位于距离为公差值 0.01 且平行于基准表面 D（基准平面）的两平行平面之间 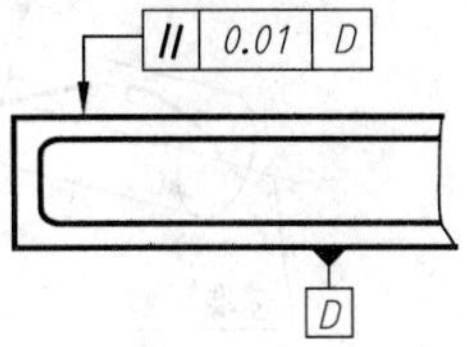 // 0.01 D D
	垂直度公差	如果公差值前加注 ϕ，则公差带是直径为公差值 t 且垂直于基准面的圆柱面内的区域 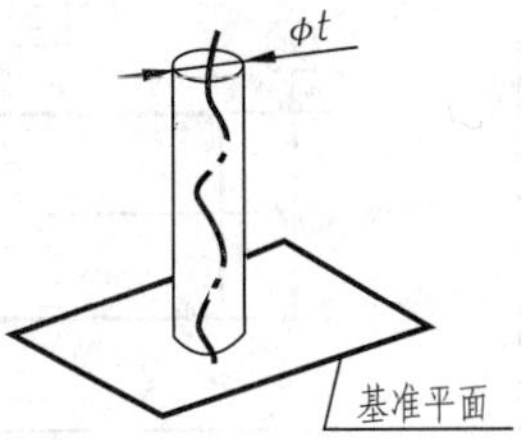 ϕt 基准平面	被测轴线必须位于直径为公差值 ϕ0.01 且垂直于基准面 A（基准平面）的圆柱面内 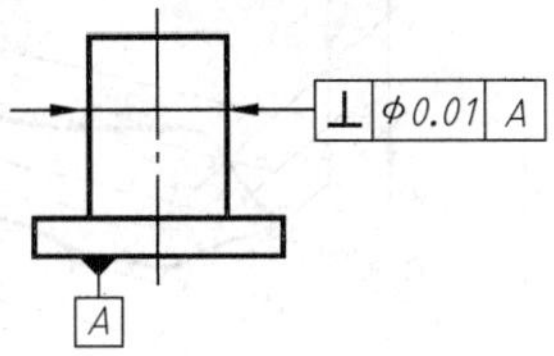 ⊥ Φ0.01 A A
	倾斜度公差	被测线与基准线在同一平面内：公差带是距离为公差值 t 且与基准线成一给定角度的两平行平面之间的区域 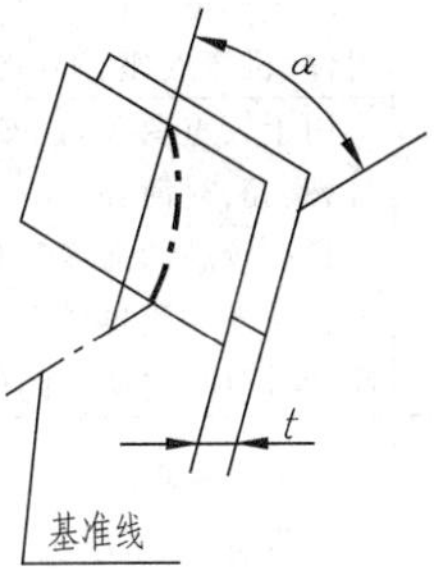 α t 基准线	被测轴线必须位于距离为公差值 0.08 且与 A—B 公共基准线成一理论正确角度的两平行平面之间 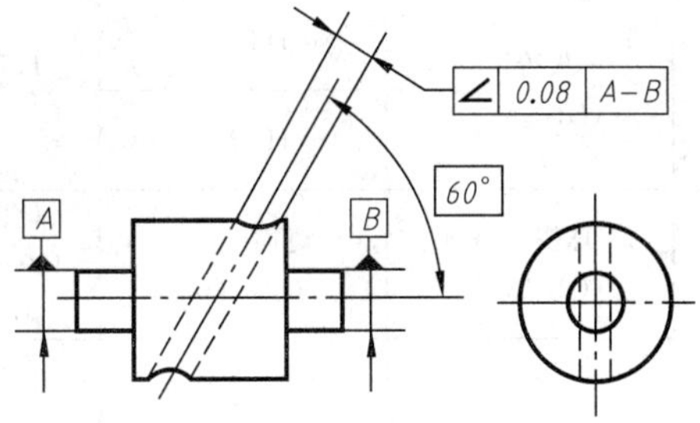 ∠ 0.08 A-B 60° A B
	位置度公差	如果公差值前加注 ϕ，则公差带是直径为公差值 t 的圆内的区域。圆公差带的中心点的位置，由相对于基准 A 和 B 的理论正确尺寸确定 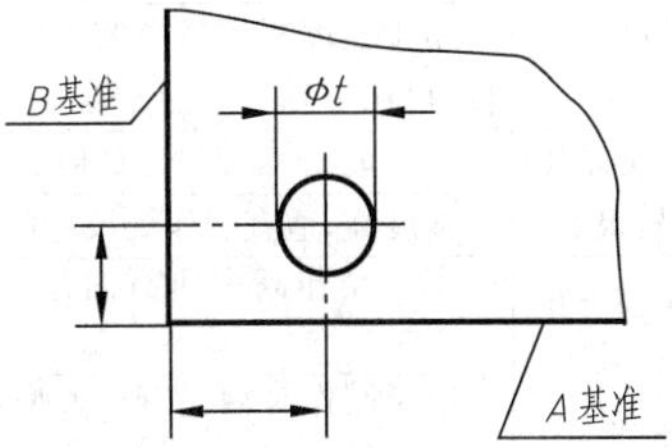 B基准 ϕt A基准	两个中心线的交点，必须位于直径为公差值 0.3 的圆内，该圆的圆心位于由相对基准 A 和 B（基准直线）的理论正确尺寸所确定的点的理想位置上 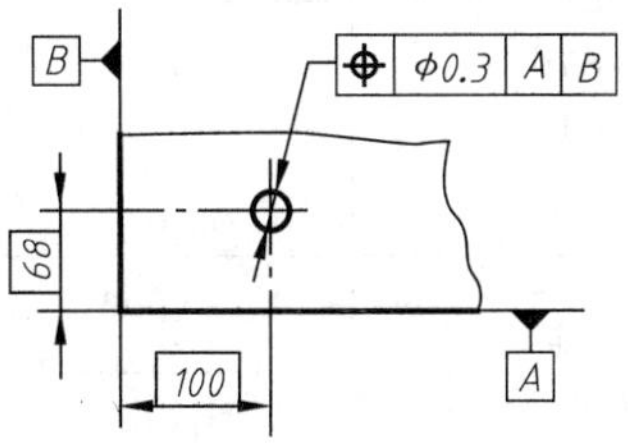 B ⊕ Φ0.3 A B 68 100 A

续表

分类	项目	公差带定义	标注和解释
位置公差	同轴度公差	公差带是直径为公差值 ϕt 的圆柱面内的区域，该圆柱面的轴线与基准轴线同轴 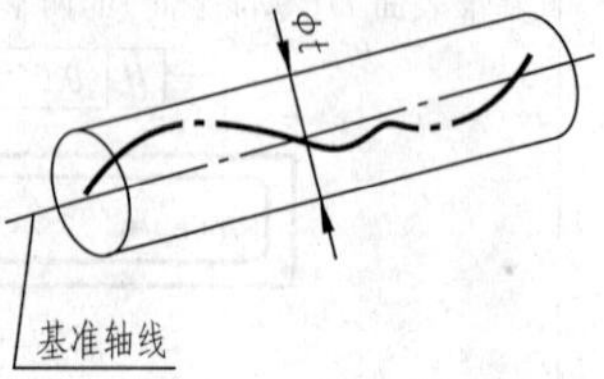 基准轴线	大圆柱面的轴线，必须位于直径为公差值 $\phi 0.08$ 且与公共基准线 A—B（公共基准轴线）同轴的圆柱面内 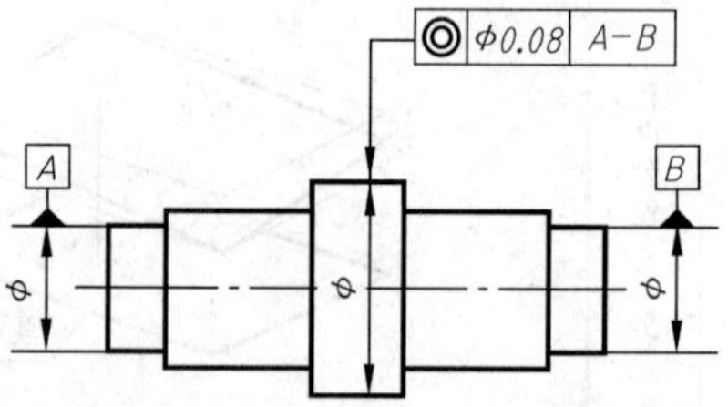
	对称度公差	公差带是距离为公差值 t 且相对基准的中心平面对称配置的两平行平面之间的区域 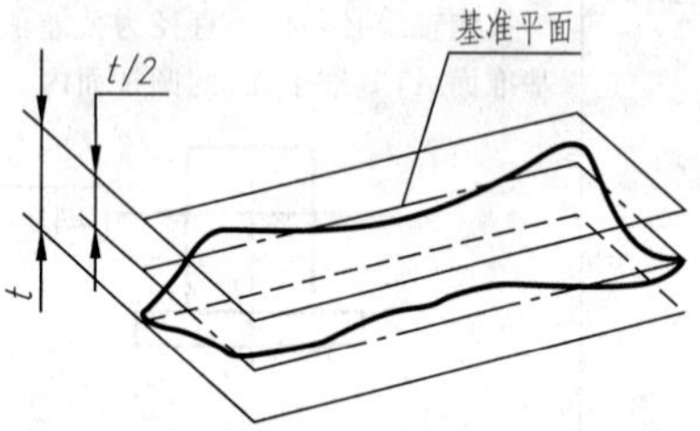 基准平面	被测中心平面，必须位于距离为公差值 0.08 且相对于基准中心平面 A 对称配置的两平行平面之间 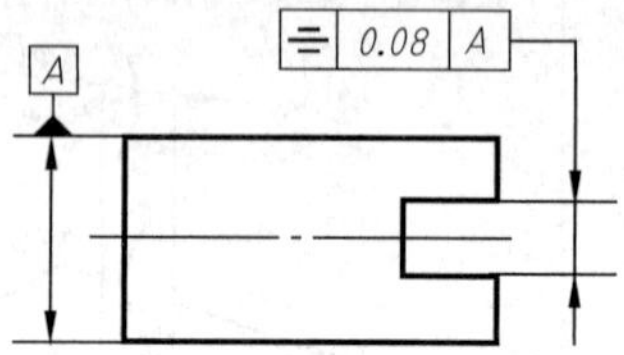

五、常用材料

附表 18　常用的金属材料和非金属材料

名　称		牌　号	说　明	应用举例
黑色金属	灰铸铁 (GB 9439)	HT150	HT—"灰铁"代号 150—抗拉强度/MPa	用于制造端盖、带轮、轴承座、阀壳、管子及管子附件、机床底座、工作台等
		HT200		用于较重要铸件，如汽缸、齿轮、机架、飞轮、床身、阀壳、衬筒等
	球墨铸铁 (GB 1348)	QT450-10 QT500-7	QT—"球铁"代号 450—抗拉强度/MPa 10—伸长率(%)	具有较高的强度和塑性。广泛用于机械制造业中受磨损和受冲击的零件，如曲轴、汽缸套、活塞环、摩擦片、中低压阀门、千斤顶座等
	铸钢 (GB 11352)	ZG200-400 ZG270-500	ZG—"铸钢"代号 200—屈服强度/MPa 400—抗拉强度/MPa	用于各种形状的零件，如机座、变速箱座、飞轮、重负荷机座、水压机工作缸等
	碳素结构钢 (GB 700)	Q215-A Q235-A	Q—"屈"字代号 215—屈服点数值/MPa A—质量等级	有较高的强度和硬度，易焊接，是一般机械上的主要材料。用于制造垫圈、铆钉、轻载齿轮、键、拉杆、螺栓、螺母、轮轴等
	优质碳素结构钢 (GB 699)	15	15—平均含碳量 (万分之几)	塑性、韧性、焊接性和冷冲性能均良好，但强度较低，用于制造螺钉、螺母、法兰盘及化工储器等
		35		用于强度要求较高的零件，如汽轮机叶轮、压缩机、机床主轴、花键轴等
		15Mn 65Mn	15—平均含碳量(万分之几) Mn—含锰量较高	其性能与 15 钢相似，但其塑性、强度比 15 钢高 强度高，适宜制作大尺寸的各种扁弹簧和圆弹簧
	低合金结构钢 (GB 1591)	15MnV	15—平均含碳量(万分之几) Mn—含锰量较高 V—合金元素钒	用于制作高中压石油化工容器、桥梁、船舶、起重机等
		16Mn		用于制作车辆、管道、大型容器、低温压力容器、重型机械等

续表

名　称		牌　号	说　明	应用举例
有色金属	普通黄铜（GB 5232）	H96	H—“黄”铜的代号 96—基体元素铜的含量	用于导管、冷凝管、散热器管、散热片等
		H59		用于一般机器零件、焊接件、热冲及热轧零件等
	铸造锡青铜（GB 1176）	ZCuSn10Zn2	Z—“铸”造代号 Cu—基体金属铜元素符合 Sn10—锡元素符号及名义含量（%）	在中等及较高载荷下工作的重要管件以及阀、旋塞、泵体、齿轮、叶轮等
	铸造铝合金（GB 1173）	ZAlSi5Cu1Mg	Z—“铸”造代号 Al—基体元素铝元素符号 Si5—硅元素符号及名义含量（%）	用于水冷发动机的汽缸体、汽缸头、汽缸盖、空冷发动机头和发动机曲轴箱等
非金属	耐油橡胶板（GB 5574）	3707 3807	37，38—顺序号 07—扯断强度/kPa	硬度较高，可在温度为－30～＋100℃的机油、变压器油、汽油等介质中工作，适于冲制各种形状的垫圈
	耐热橡胶板（GB 5574）	4708 4808	47，48—顺序号 08—扯断强度 1kPa	较高硬度，具有耐热性能，可在温度为30～＋100℃且压力不大的条件下于蒸汽、热空气等介质中工作，用做冲制各种垫圈和垫板
	油浸石棉盘根（JC 68）	YS350 YS250	YS—“油石”代号 350—适用的最高温度	用于回转轴、活塞或阀门杆上做密封材料，介质为蒸汽、空气、工业用水、重质石油等
	橡胶石棉盘根（JC 67）	XS550 XS350	XS—“橡石”代号 550—适用的最高温度	用于蒸汽机、往复泵的活塞和阀门杆上做密封材料
	聚四氟乙烯（PTFE）			主要用于耐腐蚀、耐高温的密封元件，如填料、衬垫、涨圈、阀座，也用做输送腐蚀介质的高温管路、耐腐蚀衬里，容器的密封圈等

参考文献

[1] 钱可强主编. 机械制图. 北京：高等教育出版社，2007.
[2] 王晨曦主编. 机械制图. 北京：北京邮电大学出版社，2012.
[3] 郭建尊主编. 机械制图与计算机绘图. 北京：人民邮电出版社，2009.
[4] 吕思科，周宪科主编. 机械制图. 北京：北京理工大学出版社，2013.